CC3200 Wi-Fi 微控制器原理与实践

——基于 MiCO 物联网操作系统

沈建华　编著

北京航空航天大学出版社

内 容 简 介

本书介绍了物联网及无线连接技术的基础知识，并以 ARM Cortex-M4 内核 Wi-Fi SoC 微控制器 CC3200 为核心，详细讲述了与 M4 内核、CC3200 应用相关的各种外设模块的原理和编程结构，包括电源与时钟管理、存储器、通用输入/输出(GPIO)、定时器、异步和同步通信接口、模拟外设等。同时，对物联网操作系统 MiCO 作了简明阐述，并给出很多操作例程代码。最后，介绍了 CC3200 的软硬件开发环境、软件库，以及物联网应用实例。

本书完整地介绍了基于 CC3200 的物联网应用开发过程，包括设备端、云端接入、移动端 APP 等，并配套有完整的教学资源和源代码，包括 MiCOKit－3200 实验平台和实验指导书等。

本书可作为高等院校计算机、电子、自动化、仪器仪表等专业嵌入式系统、微机接口、单片机、物联网技术、嵌入式 Wi-Fi 等课程的教材，也适合广大从事物联网、智能硬件应用系统开发的工程技术人员作为学习、参考用书。

图书在版编目(CIP)数据

CC3200 Wi-Fi 微控制器原理与实践 ：基于 MiCO 物联网操作系统 / 沈建华编著. -- 北京 ：北京航空航天大学出版社，2015.11

ISBN 978－7－5124－1935－3

Ⅰ. ①C… Ⅱ. ①沈… Ⅲ. ①微控制器 Ⅳ. ①TP332.3

中国版本图书馆 CIP 数据核字(2015)第 267209 号

CC3200 Wi-Fi 微控制器原理与实践

——基于 MiCO 物联网操作系统

沈建华　编著

责任编辑　杨　昕

*

北京航空航天大学出版社出版发行

北京市海淀区学院路 37 号(邮编 100191)　http://www.buaapress.com.cn

发行部电话：(010)82317024　传真：(010)82328026

读者信箱：emsbook@buaacm.com.cn　邮购电话：(010)82316936

涿州市新华印刷有限公司印装　各地书店经销

*

开本：710×1 000　1/16　印张：24.75　字数：527 千字

2015 年 11 月第 1 版　2015 年 11 月第 1 次印刷　印数：3 000 册

ISBN 978－7－5124－1935－3　定价：59.00 元

前　言

物联网(Internet of Things)是物-物相连的互联网。大量的"物"都要嵌入智能(MPU 或 MCU),并要联网,这是嵌入式系统的又一个巨大机遇。由于"物"的差异性很大,物联网各种应用对 MCU 都会有不同的要求,如速度性能、外设功能、封装尺寸等,因此各种 MCU 都会有各自的应用市场。与传统的 MCU 应用相比,物联网时代的 MCU 应用,其重要的技术特征和需求是:模拟、低功耗、无线(RF)和嵌入式软件。

传统的 MCU 主要是一个数字器件,最多加上 ADC、DAC、模拟比较器等很少的模拟外设。物联网时代,大量"物"要联网,而这些"物"(传感器、执行器等)的信号一般都是模拟量。现在有些 MCU(如 TI 和 ADI 的部分 MCU)已经加入了一些高性能的模拟电路,预计今后的 MCU 都会针对特定的应用领域,加强模拟外设的功能,比如可编程的高性能放大器、模拟比较器、调制器、高精度的 ADC 和 DAC 等(包括 RF 部分)更好地与"物"无缝连接。

现在对应用产品的功耗要求越来越高,采用电池供电的设备也越来越多。从局部而言,低功耗可以延长电池的使用时间,提升用户的使用感受。从整体而言,低功耗也是绿色计算、节能环保的要求。客观地说,现在很多 MCU,如 ARM Cortex-M3/M4、AVR、PIC 等,比 10 年前的 MCU,其性能/功耗指标都已经有很大提升,可以称得上是低功耗 MCU。一般非电池供电的嵌入式系统,普通 MCU 基本都可以满足功耗要求。实际上,考查 MCU 功耗时,更应注意性能/功耗比,以及中断和时钟系统的切换速度。因为在很多应用系统中,采用合理的软件结构,可以使 CPU 大部分时间都处于低功耗的休眠状态或低速运行状态,实际激活工作时间的占空比可以做得很小,这样可以大大降低系统的平均功耗。这是软件设计要重点考虑的,也是最能体现低功耗设计水平的。

传统的嵌入式系统,虽然使用了 MCU,但大部分都是独立(孤立)的应用系统,比如一个测试仪表、一台机器等。随着物联网时代的到来,大量的"物"中将嵌入智能(MCU),而且这些"物"必须是联网的,任何一个智能的"物"都是网络中的一个节点,这可以说是 MCU 应用(嵌入式系统)的一个新起点。对 MCU 应用而言,未来无线互联将成为一个基本的要求。

以往很多简单的无线应用,没有统一的技术标准,用户只是选用一个 RF 芯片或带 RF 的 MCU,其 RF 调制技术一般也是简单的、抗干扰性较差的 FSK、ASK、

GFSK、OOK 等，用户需要自己编写一些专用的程序（或使用厂家提供的专用协议）来进行无线通信。这种方式导致的后果是：每家公司的产品都是封闭的，不同公司的无线产品之间不能互联互通，可靠性差，安全性无保障，很难形成大批量应用，不利于降低系统成本。在物联网时代，这种模式肯定是不行的。虽然今后一些简单的 RF 应用（无 MAC 标准）仍有一定的市场，但随着物联网技术的普及，基于标准（PHY、MAC、网络协议）的 RF 应用势必成为主流。从目前的现状和趋势来看，短距离无线网络技术，IEEE 802.11（Wi-Fi）、IEEE 802.15.4（ZigBee）和 IEEE8 02.15.1（Bluetooth，BLE），这些标准都是最基本、最成熟的，增长势头强劲，具有广阔的应用前景。

基于 IEEE 802.11 的 Wi-Fi 技术，是目前已被证明了的最稳定、最成熟的无线局域网（WLAN）技术。它的优势是带宽高，基础实施完善，可直接联网。迄今为止，全球已有数十亿个 Wi-Fi 设备在运行。Wi-Fi 的覆盖区域也已经非常大，一般的公关场合，如机场、酒店、学校等，以及很多城区，都进行了 Wi-Fi 覆盖。2010 年，Wi-Fi 产品的出货量就有 7.7 亿个。ABI Research 报告指出，2009—2015 年，Wi-Fi 的产品复合年增长率约为 25%。利用 Wi-Fi 进行联网，无需投资专用的网络设备，即可使嵌入式设备直接接入标准的无线局域网，或直接与 iPAD、手机进行高速数据通信。由于 Wi-Fi 技术（Wi-Fi 驱动、TCP/IP 协议、WEP、WPA2 安全认证等）的复杂性，一般基于 MCU 的嵌入式应用系统，如果要使用 Wi-Fi，建议使用独立的嵌入式 Wi-Fi 模块，如上海庆科信息技术有限公司的低功耗 Wi-Fi 模块。

CC3200 是美国德州仪器公司（TI）的新一代嵌入式 Wi-Fi SoC 产品，它内部集成了一个 Cortex-M4 的 MCU 主处理器和一个 Wi-Fi 协处理器子系统。其 Wi-Fi 协处理器子系统完成了 Wi-Fi 基带处理、MAC、TCP/IP、WPA 安全认证等网络功能，MCU 主处理器可以实现各种用户应用，是一个嵌入式 Wi-Fi 应用的 SoC 芯片。使用 CC3200 进行物联网应用开发，不再需要一个外部的 MCU，而且也不需要开发 TCP/IP 等协议栈代码，可以大大简化嵌入式 Wi-Fi 应用系统的软硬件设计。另外，CC3200 的低功耗特性，也是一般 Wi-Fi 产品不具备的，特别适合电池供电的嵌入式 Wi-Fi 产品。受德州仪器公司（TI）委托，我们编写了此书。

与传统 MCU 应用系统相比，MCU 物联网应用的最大挑战就是嵌入式软件的复杂度。由于涉及网络连接，设备端的固件不仅需要实现各种外设功能，还要维持网络连接、保持云端功能。本书介绍的物联网操作系统 MiCO，是我们很多实际应用项目中选用、验证过的一个物联网操作系统，功能齐全、结构清晰，资源和论坛内容丰富，值得推荐，详见 http://www.mico.io。

为了便于读者快速学习、实践 CC3200 和 MiCO 系统，我们设计开发了配套的实验平台 MiCOKit-3200，并提供了大量实验代码和 Demo 例程。为了完整介绍物联网系统的开发，除了设备端的开发，本书还介绍了云端接入和移动端（手机 APP）的相关内容，并提供了相关的代码，使读者可以完整体验、实践一个物联网应用的全部过程。MCU 物联网应用的软件复杂性和系统性，是前所未有的，也是今后 MCU 教

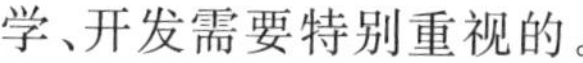

学、开发需要特别重视的。

华东师范大学计算机系嵌入式系统实验室曾与多家全球著名的半导体厂商（如 TI、Atmel、ST 等）合作，在 MCU 和无线通信（Wi-Fi、BLE、ZigBee 等）应用开发、推广方面积累了丰富的经验。本书也是根据我们多年的 MCU 教学、物联网应用项目开发的积累和经验，结合最新的智能硬件设计开发和应用案例编写的。

参与本书编写和资料整理、硬件设计及代码验证等工作的，还有华东师范大学计算机系孙乐晨、彭晓晶、洪明杰、杜欣宇、贺佳杰、候立阳、郝立平等。在本书成稿过程中，得到了 TI 大学计划部沈洁、王承宁、潘亚涛、崔萌，上海德研电子科技有限公司陈宫、姜哲，上海庆科信息技术有限公司王永虹，北京航空航天大学出版社胡晓柏的大力支持。在此向他们表示衷心的感谢。

由于时间仓促和水平所限，本书有些内容还不尽完善，错误之处也在所难免，恳请读者批评指正，以便我们及时修正。有关此书的信息和配套资源，会及时发布在网站 http://www.emlab.net、www.gototi.com 上。

作　者

2015 年 8 月于华东师范大学

目　　录

第 1 章

物联网及无线技术概述

本章将介绍与物联网相关的一些基础知识和 CC3200 Wi-Fi 单片机的基本特点。

1.1 物联网概述

什么是物联网？它与我们生活中常见的其他网络有何区别？是因为它相对于其他网络更依赖于实际物体吗？

首先需要知道，即使是基础网络，在使用时，也会感觉到年复一年的巨大变化。它从一个巨大的信息共享系统，变成了一个更好的面向基础设施的服务。目前，大多数的网站流量已经非人为产生，而且大部分的页面内容也是动态自动创建的。

在线服务的大规模爆发，进一步激发了智能手机的变革，使得这些在线服务非常方便，也为机器与机器之间的通信创造了一个充分利用技术的新需求，同时降低了为产品添加通信功能的成本。

云计算的发展，不仅提供了更强的存储能力，也带来了衡量、处理数据的能力，即数据可以被经济而有效地存储，这也是机器能定期产生和收集大量数据的一个原因。

这些数据必须经过处理、分析和筛选，以便有意义的内容能被提取，或挖掘出某些行为特征。使这些数据有意义地处理通常也称为大数据分析。

然而，虽然已经完成了上述内容，目前仍然不清楚人类网络（人与网络交互）和机器网络（机器与网络交互）的融合程度。虽然两者有相同的基础设施，但是两者间的相互作用还非常有限。实际上，关于这个问题本质的研究才刚刚开始。换句话说，了解有哪些种类的英特网是非常重要的。我们认为所有的网络最终都会朝着一个单一的方向融合，自动处理来自于机器的海量信息是该技术实现的关键。互联网流量来源分布如图 1－1 所示。

物联网今后可能会出现在各种场合，包括跨越不同范围、全天候的不同设备。在私人空间网络中，我们使用各种物联设备来提高自己的安全性和便利性。在家里，我们被不断增加的智能设备所包围，比如多媒体设备和其他各种电子设备。在出行方面，我们利用私人或公共的交通工具和基础设施，来提高出行效率。在工业生产方面，传感器将被用于提高生产效率、设备维护和系统管理。而在大都市中，智能楼宇管理系统和基础设施的远程管理、日常维护，以及资产跟踪也都将被有效实施。

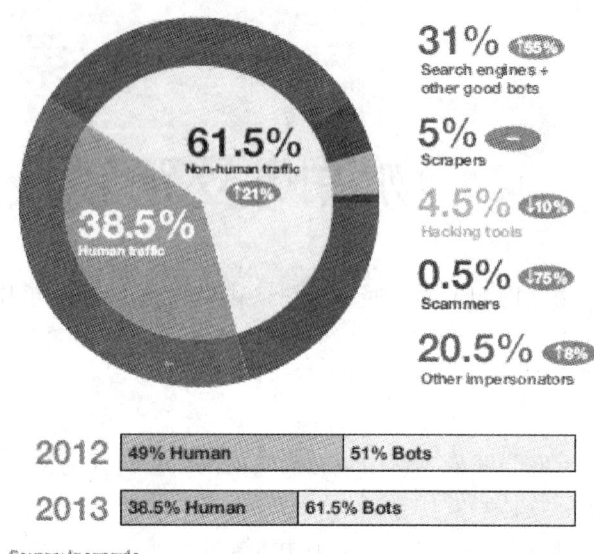

图1-1 互联网流量来源分布

此外，物联网并非仅限于特定类型的产品。无论是高科技产品还是非常简单的产品，都可能是信息流动的提供者或使用者。同时其也不仅限于电子电器产品的范围，也适用于其他传统方式设计的产品。

一个不联网的设备是孤立的，它不能产生或使用其他在线设备的数据和能力，所以它的能力是相对有限的，今后也将被视作非智能的。一个连接英特网的设备被称为智能硬件，或智能设备。

最终，任何的设备、装置和实体都会被无缝地连接到互联网中。连接不会是该设备的主要特征，但却能拓展该设备的功能。任何无线连接框架的构思，都应该是足够抽象到能在任何地方运行的，包括地理上的和网络拓扑结构上的。前者是指基础互联网的普及，后者是指在互联网访问受限，或未知的网络环境中克隆框架的能力。目前，不是所有的东西都连接到物联网上了，但是一个易于使用和安全的物联网生态系统已经不再遥远。任何人都将能使用物联网，任何人都将能把他们的产品连接到物联网中来，也将能根据自己的喜好进行定制。

人、数据、设备均被连接、在线、交互，即形成物联网。

1.1.1 "物"的关键

上述物联网系统的描述涉及到"物"和网络。由此可见，这些"物"通过某些方式连接到互联网中，如很有可能通过无线 Wi-Fi，或其他无线方式再通过网关连接到路由器。当然，有线连接仍然是一个可行的选择，但不会成为主流。

上述这些基本特点已经很好地诠释了物联网。这些特点中最重要的是功耗、安全、数据处理和简单。

1. 功　耗

设备的功耗问题正变得越来越重要，在电池供电的设备中尤为突出。在某些设计中，设备功耗甚至成为了产品设计的最大制约因素。为了支持任何人、事、物的交互，大量的连接物会不断涌现，节能是必须的。设备的功耗涉及设备硬件、软件系统的有效设计和配合。

当涉及到能源时，面临的挑战是要在确保添加网络连接的同时，不改变电源供给。换句话说，理想的是添加网络应该在现有的功率范围之内。最理想的是最终能产生一个在整体系统级别的能量平衡。随着大量节点的出现，也提供了一个能量管理的机遇。例如，一个沸水系统，假如这个系统配备了一个温度传感器和一个大数据分析系统的组合，来监测实际用水量和水沸腾次数的关系，这个系统可以通过分析来避免不必要的加热循环，所节约的能量远远超过系统间信息交流所消耗的能量。

2. 安　全

安全在数据网络中始终是一个挑战。这种挑战在简单的物联网情况下将更加严峻，因为它有更多的切入点从而造就了更多的弱点。这增加了系统漏洞，所以物联网安全保卫战在所难免。在一个物联网解决方案中，威胁被提升到一个新的等级，因为被置于危险中的不仅仅是数据。随着物联网的潜在危险增高(例如，门被远程打开，使报警系统失效)，物联网技术也会朝着更安全的方向斗争、前进。在任何情况下，一个国家最先进的安全机制都需要在这方面领先，如已成功应用于美国联邦系统和电子商务系统、已经被业界验证的安全系统都是很好的例子。

3. 数据处理

大规模的终端节点部署将导致更高的节点密度，大量生成的数据也需要一个大容量、可访问的存储。此外，有限的系统资源、网络延迟也带来了新的挑战。考虑到这些限制，在前期设计应用程序时就应该避免性能问题。虽然这主要是给开发商提的要求，但一个设计合理的网络引擎调节流量将会减少很多麻烦。

好的设计应该在网络访问量和数据传输量之间有一个平衡。可能的话，汇总数据将会提高性能和实际吞吐量。另一方面，如果延迟和响应时间是决定因素的话，那么汇总可能不是好的办法。

4. 简　单

应该使用最为简单可靠的方法，使产品具有添加到某个网络连接的功能。方法越简单，就会有越多的产品和解决方案使用。理解流程中每个单独阶段的需求期望是产品成功的关键。这个阶段可能包括前期展望和产品评估、原型设计、现场测试、批量生产和部署。在每一个设计阶段中，都需要奉行简单化原则，最终使得产品易于使用。

在这种情况下，最大的挑战在于如何将主观评价变成客观标准，用于进行评价和比较。一旦完成就可以更容易评估和简单地提高水平。由于设备需要进行网络连接，所以产生了一些涉及网络连接的问题和更多的 bug，这加大了代码的编程难度，不得不使用一些新的协议。

1.1.2　物联网成员

前面已经阐述了一个单独互联网的全部基础理论，并对新节点的主要特性做了介绍，现在让我们后退一步以便对物联网有一个更广阔的视野。要做到这一点，关键成员必须首先确定，我们做了三组成员：用户、事物和服务。物联网成员如图 1－2 所示。

- 用户——是参与使用服务和他们自己的终端设备的人员。他们大多数是消费信息的，也可能通过配置文件设置和其他的决策过程来激发行动。
- 事物——是物理或虚拟的终端节点，代表任何一个数据源、数据接收器或两者都是。它们在互联网上产生或消费信息，这通常也被称为“云”。
- 服务——是信息的聚合器，也可能提供工具来分析不同种类的数据。在某些情况下，能被用来在客户端、用户或物体上进行动作请求。

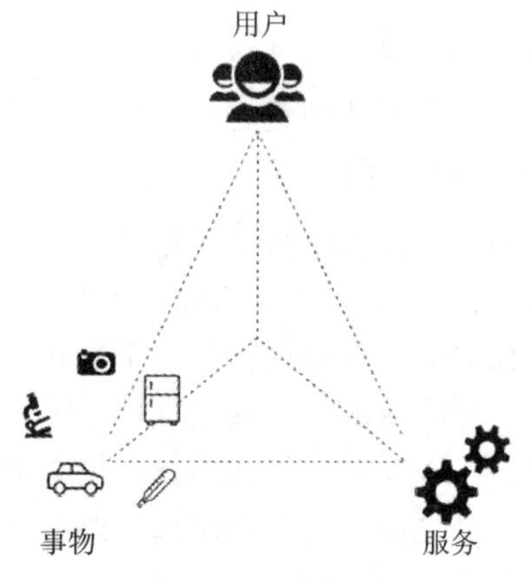

图 1－2　物联网成员

是时候解决一些迫在眉睫的问题了：为什么要将设备联入互联网，或者说为什么要赋予设备通信功能？同时为什么有些人认为这种行为会开启一个新的时代？

要回答这些问题，首先看一个简单的装置——一个电灯开关。电灯连接到一个开关就能在一个更长的距离来控制和监视，从而延长它在物理位置上的功能。这创造了一种情况：几乎无处不在的开关能共同控制一个灯。

此外，上述介绍的功能又将其他的功能增加到开关上。例如，一个开关控制某盏灯，该灯作为网络上别处发生的各种行为的回馈路径。每个进入的消息都会产生一个短闪烁，用户喜欢的光可能会被记录到账户中，等等。我们都知道，这些功能改变了开关的定义。

一旦这样的设备普及并且稳定和可操作，就可能会破坏已经建立的“生态系统”。在灯开关的例子中，它的连接可能会激发一个新的房屋建造和有线连接的方式。这意味着不需要在每个灯上都添加开关，但能确保每个灯能路由到预定的地方。此外，开关可以自由安装在家里任何地方，而不需要事先检测，它们可以完全避免或按意愿来重新编程控制灯光。这种设计思想虽然看起来很牵强，但是会在越来越多的领域中发挥重要的作用，甚至能够重塑整个"生态系统"。

传统和物联网方式下的电灯开关如图 1－3 所示。

图 1－3　传统和物联网方式下的电灯开关

1.2　物联网无线技术

物联网无线技术是指通过无线连接技术将物联网设备接入互联网或局域网中的一种技术。常见的物联网设备往往是一种轻型移动设备，突出的特点是小巧、低功耗以及便于移动。但是已有的有线网络连接技术在空间上有很大的局限性，如何将该物联网设备高速、便捷地连入互联网就成为一个关键性问题。无线通信技术消除了有线网络对接入设备的位置限制，同时也节省了光纤、电缆等有线信号传输设施的成本。这就意味着人们可以以相对低廉的价格且非常方便地在餐厅、教学楼、机场等有无线信号覆盖的区域上网浏览和获取信息。本节先简要介绍各个国家对无线频段使用的规范，接着按照网络的不同属性对网络进行划分，随后介绍目前常见的无线网络协议并对其进行比较，最后介绍嵌入式 Wi-Fi。

1.2.1　全球无线频段的划分

无线电信号传输的规则在世界范围内被一些像美国联邦通信委员会（FCC）和欧洲邮政和电信会议（CEPT）之类的组织制定。这些组织为指定的用途分配频带，同时为无线电发射器制定标准和认证计划。多数地区的绝大多数可用的频带范围通过许可的方式进行分配，即用户需向当地的无线电信号传输管理者购买许可，然后才能在指定的频道上运行无线电发射器。一个常见的使用授权频带的例子是蜂窝通信。全世界都采用政府拍卖的形式将频带出售给移动运营商以规范商业频带的分配。

国际电信联盟无线电通信部门（ITU－R）协调无线电频率的全球共享使用，它为工业、科学、医学（ISM）的应用保留了几个频段。这几个频段是非授权的，并且国与国之间有细小的差别。近年来，比较常见的ISM频段是433 MHz、868 MHz、915 MHz和2.4 GHz，这些频段分别被远程控制、无绳电话、Wi-Fi等无线通信系统使用。图1-4展示了各个地区常见的ISM频段。由于所有地区都可以以非授权的形式使用2.4 GHz频段，因此2.4 GHz频段变得十分受欢迎。各国2.4 GHz频段的普及使得研发以2.4 GHz频段为基础的产品更为容易。

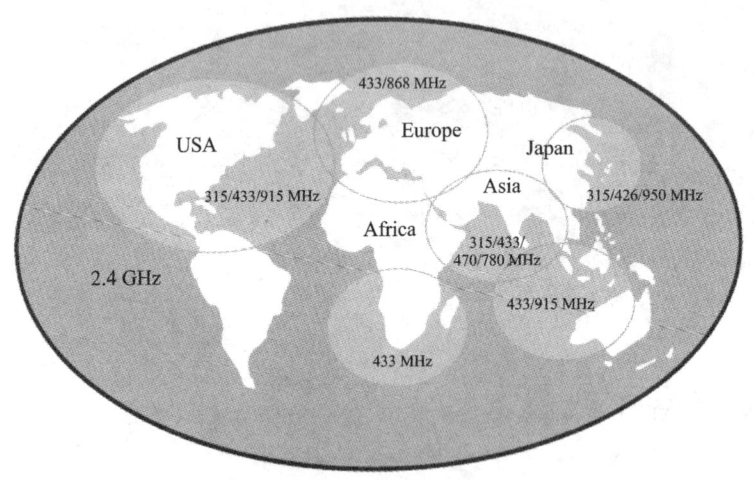

图1-4 全球非授权波段

依据一般的规则，高频带可以提供更多的频道和带宽，因此可以服务于大型网络和驾驭更大的数据吞吐量。低频无线电波比高频无线电波更易传播，因此低频无线电波可以获取更大的传播范围，在建筑物内部尤其明显。

1.2.2 网络拓扑结构和规模大小

如图1-5所示，根据网络的覆盖范围，一般将网络划分为4类：个人网(PAN)、局域网(LAN)、邻域网(NAN)、广域网(WAN)。

个人网通常采用无线连接技术，覆盖范围大约10 m。在个人无线网中，通常利用蓝牙技术将智能手机与少量配件相连接，如无线耳机、手表和健身设备。个人无线网络设备通常具有较低的无线发射功率，并使用小型电池带动。

局域网既有有线连接的，也有无线连接的(或者是二者的混合)。无线局域网的覆盖范围通常能够达到100 m。常见的例子是家庭Wi-Fi网络，它向个人电脑、智能电话、电视机，甚至是物联网设备如自动调温器和家电提供网络接口。

邻域网通常采用无线连接技术，覆盖范围至少能达到25 km。邻域网的一个例子是智能电网，它利用专有协议在900 MHz的无线电信号上传送家用电表的读数到公共事业公司。

广域网可以在很广的范围内传播数据，这个范围可以大到整个地球。互联网被认为是一个广域网，它是各种有线连接和无线连接混杂在一起的复杂事物。

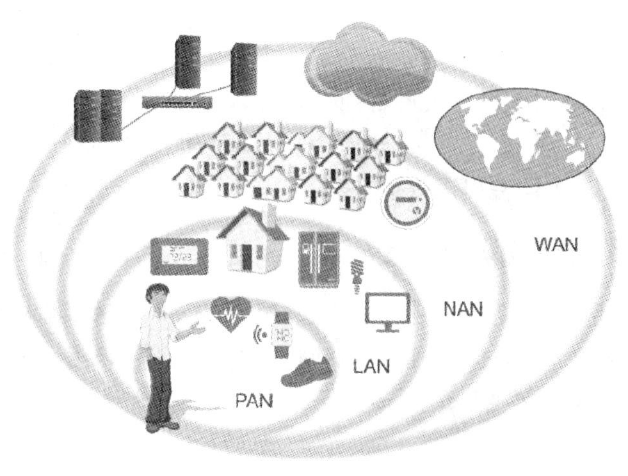

图 1－5　个人网、局域网、邻域网、广域网的覆盖范围和各自的应用

无线网络也可以根据其拓扑结构——网络节点的排列和连接方式来分类。如图 1－6所示，两个最基础的网络拓扑结构是星形和网状结构。

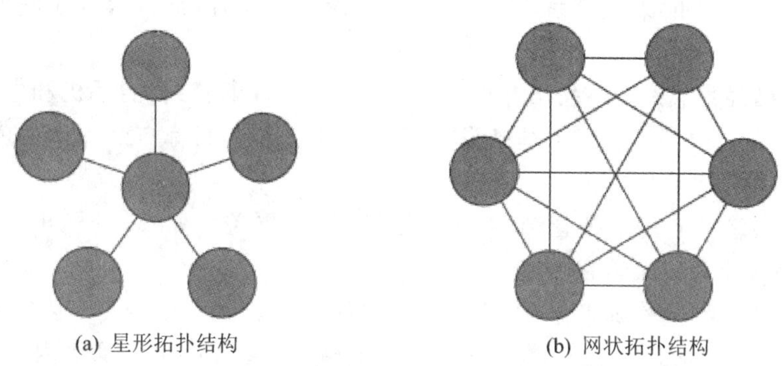

(a) 星形拓扑结构　　(b) 网状拓扑结构

图 1－6　星形拓扑网络和网状拓扑结构

在星形拓扑结构中，所有的节点都与一个中心节点相连接，这个中心节点常被用作互联网的网关。常见的星形网络是 Wi-Fi 网，中心节点被称为无线访问接入点(AP)，而其他节点被称为站点。

在网状结构网络中，每个节点都可以与其他节点相连。网络中一个或多个节点可以充当因特网网关。在图 1－6 中，网络中的每个节点都与其他的所有节点相连接。现实生活中的网状拓扑结构十分简单。常见的网状拓扑结构网络例子是 ZigBee－Light Link——并联的灯构成了网状拓扑结构网络，从而在大型建筑物内扩展网络的覆盖范围。ZigBee 中的一个节点被称为协调者，它通常也用作因特网网关。

与星形拓扑网络相比，网状拓扑结构网络十分复杂且难以设计，获取来自远距离节点的信息会有更大的延时。网状拓扑结构的优点是：可以在保持较低的无线电发射功率的情况下，通过多重跳跃技术扩展网络范围；同时，由于网状拓扑结构有多条数据传播路径，因此它有更好的可靠性。

网络大小，或者说可同时接入设备的最大数目，是系统设计中另一个需要重点考虑的因素。一些技术，如蓝牙，可以支持20个设备相连接；而另一些技术，如ZigBee，则可以支持上千的设备相连接。

1.2.3 常见的无线网络协议

本节主要介绍一些常见的无线网络协议，包括：Wi-Fi技术、蓝牙技术、ZigBee技术等。通过本小节的介绍，读者可以对各种常见无线网络协议有一个初步的认识，并能正确了解每种技术的优缺点。

1. Wi-Fi技术

开发以IEEE 802.11标准为基础的Wi-Fi技术，是为了对流行的有线IEEE 802.3以太网标准进行无线方面的替代。因此，从第一天起它就是面向互联网连接的。虽然Wi-Fi技术主要定义了本地网络的数据链路层，但是由于它与TCP/IP协议栈有着与生俱来的集成关系，所以当人们提及Wi-Fi时，常暗示着他们也在使用TCP/IP协议。

Wi-Fi已经集成到所有新出品的笔记本电脑、平板电脑、智能手机和电视机中。利用家庭和企业中已有的庞大基础设施，Wi-Fi下一步的目标自然而然的就是将新时代物联网接入互联网中。

Wi-Fi网络具有星形拓扑结构，AP充当互联网网关。Wi-Fi的输出功率很高，在大多数情况下足以覆盖整个家庭。

大多数Wi-Fi网络都工作在ISM 2.4 GHz频带。Wi-Fi也可以工作在5 GHz频带，以实现更多的传输频道和更高的数据传输率。然而，在建筑物内部，相对于2.4 GHz信号，5 GHz的无线电信号的覆盖范围较小，因此5 GHz在企业应用中往往伴随着多重AP以保证良好的Wi-Fi覆盖范围。

Wi-Fi和TCP/IP软件是相当庞大和复杂的。对于具有高性能处理器和较大内存的平板电脑及智能手机来说，压力不大；但是将Wi-Fi添加到具有低性能处理器的设备中，如自动调温器和家电，是不大可能实现或不符合成本效益的。如今，市面上出现的硅器件和模块在其内部嵌入了Wi-Fi软件和TCP/IP软件。这些新设备消除了来自MPU的大多数开销，从而使用小型的微控制器就可以实现无线网络连接。在这些Wi-Fi设备中，不断提高的集成水平消除了所有必需的无线电设计阶段，同时也减少了Wi-Fi一体化的障碍。

为了实现较高的数据传输率（在某些情况下超过100 Mbps）和良好的室内覆盖范围，Wi-Fi的功耗较高。这对一些使用电池且不能频繁充电的物联网设备来说，有些太费电了。由于大多数物联网设备并不需要Wi-Fi所提供的最大数据传输率，智

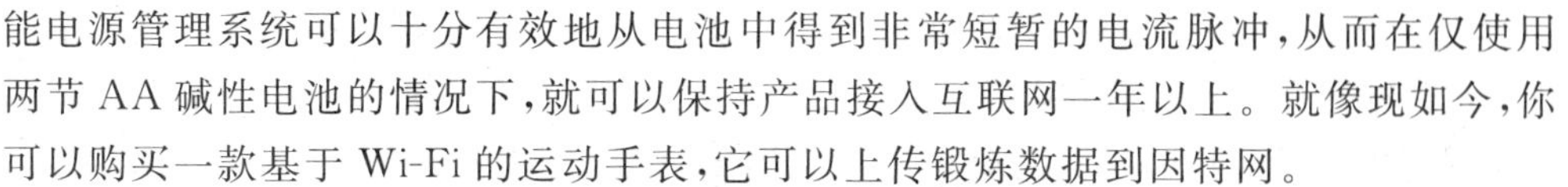

能电源管理系统可以十分有效地从电池中得到非常短暂的电流脉冲，从而在仅使用两节AA碱性电池的情况下，就可以保持产品接入互联网一年以上。就像现如今，你可以购买一款基于Wi-Fi的运动手表，它可以上传锻炼数据到因特网。

大多数Wi-Fi接入点(AP)宣称能同时支持高达250个设备进行连接。企业级接入点(AP)能够支持更大的接入量，但是一些流行的消费级接入点(AP)所支持的连接数不超过50。

总的来说，Wi-Fi是现如今最常见的无线互联网接入技术。它的高功率和复杂性成为物联网开发者最主要的障碍，不过新的硅器件和模块减少了许多障碍，使得Wi-Fi融入了新兴的物联网应用和电池驱动的设备中。

2. 蓝牙技术

以古代斯堪的纳维亚国王命名的蓝牙技术，是由爱立信公司于1994年发明的，该技术是电话和计算机之间通信的标准。蓝牙的链路层工作在ISM 2.4 GHz频带，它在以前被标准化为IEEE 802.15.1标准，但如今这个IEEE标准不再维持，蓝牙标准由蓝牙技术联盟(Bluetooth SIG)控制。

蓝牙在移动手机领域取得了巨大成功，这使得所有的移动手机，甚至是入门级手机都配有蓝牙连接。蓝牙技术最初主要运用在需配合耳机和车载套件使用的免提电话上，这一应用使蓝牙技术变得流行起来。此后，随着移动电话性能的提高，蓝牙技术有了更多的应用，如高保真的音乐流媒体、以数据驱动的健康和健身配件。

蓝牙是一种个人网络(PAN)技术，目前可以当成一种替代短程通信的"电缆"。它支持2 Mbps的数据吞吐量，虽然它支持多种复杂的拓扑结构，但是蓝牙主要应用在点对点或星形网络的拓扑结构中。这项技术有着相当低的功耗，采用这项技术的设备通常使用小型充电电池或两节碱性电池。

蓝牙低耗能(或者被称为智能蓝牙)技术是最近添加到蓝牙规范上的。蓝牙低耗能技术专为低数据吞吐量而设计，它可以显著地降低蓝牙设备的功耗，在使用纽扣电池的情况下也可以工作多年。由于新一代智能手机与平板电脑的支持，蓝牙低耗能技术加速了蓝牙市场的发展，大大地扩展了新的应用范围，涵盖了健康和健身、玩具、汽车和工业领域。此外蓝牙低耗能技术还有一些新的应用，如一些基于位置的服务，像信标和地理围栏的应用。

典型的蓝牙协议支持多达8台设备同时连接到一个星形网络中。蓝牙低耗能协议移除了这一限制，理论上可以支持无限数目的设备进行连接，但实际上，可同时连接的设备数量在10～20之间。

蓝牙协议的一个优点是它包含了应用程序配置文件。这些配置文件十分详细地定义了应用程序如何交换数据从而完成指定的计划。举例来说，音频/视频远程控制配置文件(AVRCP)定义了如何向一个具有蓝牙远程控制接口的音频/视频设备传递诸如播放、暂停、停止等命令。

蓝牙技术与物联网有什么联系呢？它可以将10 m范围内的具有无线功能的配件连接到智能手机或平板电脑上，在这个过程中，它充当了互联网网关的角色。有许多采用蓝牙技术实现的物联网应用，如可穿戴式心脏监测仪在健康云中记录数据、电话控制的门禁系统向安全公司报告它的状态。

3. ZigBee技术

ZigBee这一名字的来历十分有趣，当野外飞回的蜜蜂与蜂房内的其他蜜蜂交流它们发现的食物的距离、方向和类型时，会跳一种摇摆舞，而ZigBee就是以这种摇摆舞命名的。这暗示着ZigBee与生俱来的网状结构，它可以沿多个方向和路径，从一个节点到另一个节点逐步地传输数据，从而在整个大型网络中传输数据。

基于IEEE 802.15.4链路层标准的ZigBee技术具有低吞吐量、低功耗和低成本的特点。它主要运行在ISM 2.4 GHz频带，该技术也支持在ISM 868 MHz和ISM 915 MHz频带运行。尽管ZigBee技术可以提供高达250 kbps的数据吞吐量，但一般只在需要很低数据传输率的应用中使用该技术。它可以保持很长的睡眠间隔和低运行占空比，这样在仅依靠纽扣电池供电的情况下就可以运行数年之久。上市的新型ZigBee设备甚至采用了能量采集技术来实现无需电池即可运行的技术。

ZigBee联盟负责ZigBee协议的维护工作。该组织执行认证项目以确保设备之间的互通性，通过认证的产品可以贴ZigBee认证的标签。该协议在802.15.4链路层之上定义了更高的网络层，并采用了多种应用程序配置文件，以实现全系统间的互通。ZigBee协议可以在多种应用上使用，在智能能源、家居自动化和照明控制应用中获得了巨大的推动力和成功，这几个特别的应用每个都有自己独特的ZigBee配置文件和ZigBee认证。之所以ZigBee协议能在这些应用领域取得很好的表现，其原因是其网状网络拓扑，这种拓扑结构可以支持多达数千个节点。

尽管ZigBee协议拥有IP规范，但是它一般与受用户青睐的智能能源、家居自动化和光链路配置文件相分离，在行业中并没有得到多大的推动力。为了与物联网相连，ZigBee网络需要一个应用层网关。这个网关作为ZigBee网络的一个节点，并行地运行TCP/IP协议栈和应用，以便通过以太网或Wi-Fi的连接将ZigBee网络连接到因特网中。

4. 6LoWPAN协议

6LoWPAN是IPv6 over Low power Wireless Personal Area Networks(基于低功耗无线个人区域网络的IPv6)的缩写。6LoWPAN承诺将IP应用到体积极小、功耗极低且处理器能力有限的设备中。6LoWPAN是第一个真正意义上的为物联网开发的无线连接协议。由于6LoWPAN通常用来构建局域网，因此6LoWPAN的缩写内包含术语“个人网络”令人十分困惑。

该协议是由因特网工程任务组(IETF)中的6LoWPAN工作组设计制定的，同时于2011年9月以RFC 6282文档——Compression format for IPv6 datagrams over IEEE 802.15.4 based networks 使之标准化。就像这篇请求意见(RFC)的标题所说的那样,6LoWPAN 协议仅仅定义了一个位于 802.15.4 链路层和 TCP/IP 协议栈之间的高效的适配层。

在行业中,常常宽泛地使用术语 6LoWPAN 来指代整个协议栈,该协议栈包括 802.15.4 链路层、IETF 的 IP 头压缩层和 TCP/IP 协议栈。但可惜的是,没有为整个协议栈制定的行业标准,也没有一个标准化组织为 6LoWPAN 协议的产品进行认证。由于 802.15.4 链路层有多种可选模式,不同的供应商采用的解决方案在本地网络这一级可能会导致无法互通,而它们都被称为"6LoWPAN 网络"。好消息是,只要它们使用相同的因特网应用协议,运行在不同网络的 6LoWPAN 设备就可以通过互联网进行相互之间的通信。此外,6LoWPAN 设备可以与因特网上任何基于 IP 的服务器或设备进行通信,包括 Wi-Fi 和以太网设备。

IPv6 协议是 6LoWPAN 协议(除 IPv4 之外)唯一支持的网络间互连的协议(IP),这是由于 IPv6 协议支持更大的地址空间因而支持更大的网络,同时它还内置支持网络自动配置。

6LoWPAN 网络需要以太网或 Wi-Fi 网关来访问因特网。与 Wi-Fi 类似,该网关是一个 IP 层网关而不是应用层网关,这使得 6LoWPAN 节点和应用可以直接访问因特网。由于目前大多数部署的因特网依旧使用 IPv4,因此 6LoWPAN 网关通常包括一个 IPv6 到 IPv4 的转换协议。

对市场而言 6LoWPAN 是一个相当新的事物。最初同时使用了 2.4 GHz 和 ISM 868 MHz/915 MHz 频带。以 802.15.4 协议的优势为基础——网状拓扑结构、巨大的网络规模、可靠的通信和低功耗,再加上 IP 通信的优点,使得 6LoWPAN 有了一个很好的定位,从而给本已火爆的市场"添油加薪",如一些互联网连接的传感器市场、其他一些低数据吞吐量和通过电池供电的应用设备的市场。

5. Sub-1 GHz

现如今大多数的工业应用,在无线收发器层面使用专用协议。无线电收发器提供网络的链路层(有时只提供物理层)。网络协议的其余部分通过 OEM 的方式实现。这种方式的系统架构在牺牲互通性和开发时间的情况下,给系统设计师带来了更多的灵活性。

这些专用无线电系统主要使用较低的 ISM 频段,如 433 MHz、868 MHz 和 915 MHz,因而常被称为 Sub-1 GHz(低于 1 GHz)解决方案。Sub-1 GHz 解决方案一般采用较大的传输功率,利用点对点或星形拓扑结构可以传输 25 km 以上。许多公共事业公司使用专有的 NAN 网络将仪表读数传送到附近的收集点中。其他一些使用 Sub-1 GHz 技术的常见应用是安全系统和工业控制监督系统。

为了与物联网设备相连接,Sub-1 GHz 系统需要一个应用层因特网网关。许多情况下是利用一台运行 TCP/IP 协议栈的个人计算机来充当。

1.2.4 各种无线技术的比较

世界上有许多种无线连接技术，每一种都有其优缺点，没有一个是完美的。你所需要回答的问题是“哪种技术对我的应用来说最好?”。希望这种探讨有助于更好地理解流行的物联网无线连接技术，了解它们的优缺点。图1-7展示了各种无线连接技术之间关于范围、吞吐量、电源、网络拓扑结构的差别。

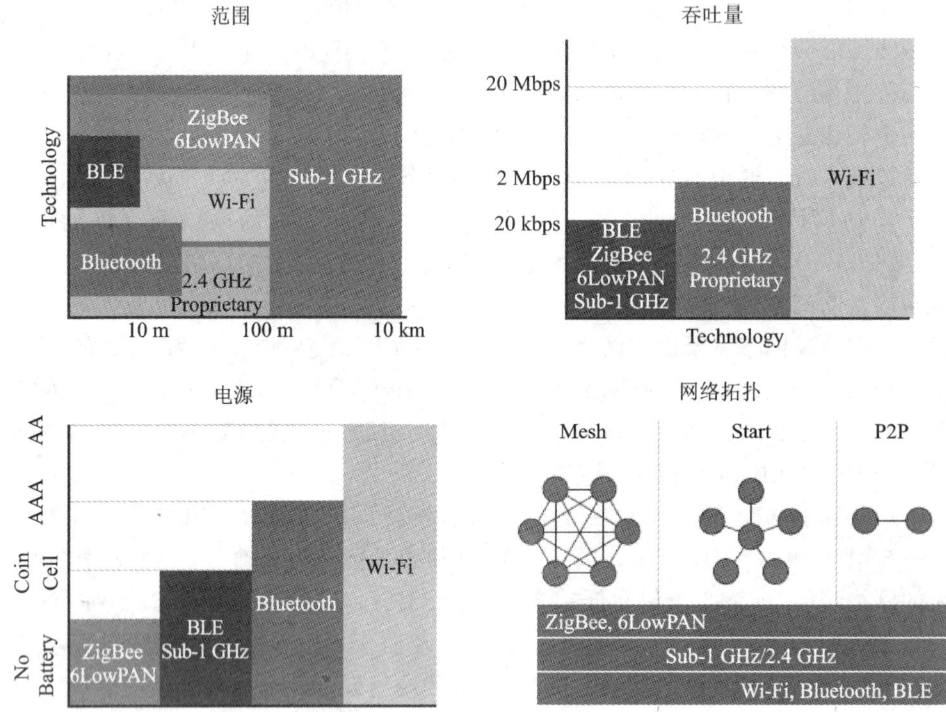

图1-7 各种无线连接技术比较

其他需要注意的事项是成本、集成度和安全性，但这超出了本文的讨论范围。我们看到许多新产品对成本和集成度方面进行了重大改善，无一例外这些产品都使用了无线连接技术。成本和集成度应该依据具体的应用进行深度的考虑。物联网应用的安全方面包括对每种协议的支持情况，以及额外的硬件和软件方面的考虑，这些都在一篇单独的文章中被很好地论述。

1.2.5 嵌入式 Wi-Fi 介绍

Wi-Fi 是当今最普及的无线连接方式。在其成为了所有笔记本、智能手机、平板设备的标准配置后，Wi-Fi 功能又被进一步地加入到一些更简单的产品，例如各种家电、恒温器、和很多其他家居和建材类自动化产品中，而这些设备又正在不断地加入当今迅猛发展的物联网(IOT)中。

1. 什么是 Wi-Fi 配置

Wi-Fi 配置指的是 Wi-Fi 设备连接到 Wi-Fi 网络的过程。Wi-Fi 配置过程包括读取 Wi-Fi 热点的网络名和其安全证书。Wi-Fi 安全标准分为个人安全类型(用于家庭或者商业环境)和企业安全类型(用于大型办公场所或者学校)。提供企业类安全的 Wi-Fi 热点通常包括安装可以验证热点合法性的证书和可以被 IT 部门进行安全管理的网络。而对于私人安全网络,换句话说,就是家里用的 Wi-Fi 网络,只要简单地设置一个密码即可。为了保证安全性,这个密码允许长达 64 个字符。

2. 无线配置方式在物联网应用中面临的挑战

Wi-Fi 网络可以允许可移动设备,如笔记本电脑以及后来的手机和平板电脑等,以无线方式连接到互联网。这些个人计算设备自带显示器和键盘用于和用户交互。在智能手机上通常的配置过程是通过 Wi-Fi 设置界面来设置,手机扫描 Wi-Fi 网络并提供给用户一个存在的 Wi-Fi 网络列表,当用户选择网络后,会弹出密码输入界面。如果密码输入正确,则配置就成功了,通常手机的状态栏里会有一个符号表示 Wi-Fi 已连接。

在物联网产品中面临的挑战是,很多产品没有显示器和键盘,甚至有些时候,它们不需要和用户有任何交互。这些无头设备(headless devices)需要一些替代的方式从用户那里获取无线网络名和密码,而且这些方式还必须简单和安全。大多数时候,这种方式是利用个人计算机或者手机的屏幕和键盘来提供网络信息的。

接下来将简单介绍一些市场上流行的配置方案。然后讨论一些在选择正确配置方案中所需要考虑的关键内容,并对系统设计者提供一些指导。

3. Wi-Fi 安全配置(WPS)

Wi-Fi Protected Setup (WPS)是目前用于对无头设备进行配置的、唯一可用的行业标准。它是由 Wi-Fi 联盟于 2006 年颁布的标准,为设备提供安全而方便的网络配置方式,而这种方式不需要知道网络名和密码就可以配置。这个标准为 WPS 接入点(APs)定义了两个强制性的方法:个人识别码(PIN)方法和按钮配置(PBC)方法。

在 PIN 码方式下,接入点或配置设备上会有一个打印了 8 位 PIN 码的标签,如图 1-8 所示。用户需要从一个设备上读出 PIN 码,并使用另一台设备的键盘进行键入。因为接入设备没有键盘,所以通常的做法是把 PIN 码打印在 AP(接入点)上,然后通过用户在配置端将其键入。这种方式很明显的缺点是对无头设备根本无效,因为它需要至少一个数字键盘来输入 PIN 码。

而在 PBC 方法中,用户需要按下一个 AP 端和配置设备上同时存在的按钮。一旦 AP 端的按钮被按下,拥有 WPS 功能的设备便可以加入网络 2 min。但这种方式的缺点在于,即使不考虑 2 min 自由时间的安全性问题,用户也必须提供一个物理信

D-Link AP上印刷的WPS PIN

Cisco AP上的WPS按钮

图 1-8　D-Link AP 上印刷的 WPS PIN 和 Cisco AP 上的 WPS 按钮

道接入到 AP 端。而如果这个 AP 端被设置到人们难以接触到的地方，那么这种方法就很难应对。

在 PIN 和 PBC 两种方法中，都是通过 AP 接入点和配置设备之间交换信息来建立一个临时的安全链接，用于在两者之间发送 SSID(网络名称)和密码。

在 2011 年，Stefan Viehbock 先生公布了 WPS 方案中最严重的问题。他发现在 PIN 方法中存在一个设计漏洞，通过这个漏洞，最多用 4 h 的暴力破解就可以获取网络的密码。同时 PIN 方法会强制实现 WPS 认证，市场上所有 2007 年以后销售的 AP 设备都默认地支持 PIN 方法。而更糟糕的是，很多 AP 接入设备根本没有关掉 WPS 功能的选项。

在这个安全漏洞被发现后，绝大多数的 AP 供应商都建议禁用 WPS 功能，随后大部分供应商都对此进行了安全升级。但是目前 WPS 在业界中的名声已毁，很多国家至今都禁止使用 WPS 设备。

4. 常用的无线配置方式

(1) AP 技术

AP 模式(接入点模式)是当下在无线设备中最常用的配置方法。在 AP 模式中，未配置的设备在首次启用时都会使用一个由生产商默认的接入点名称。第一次进入家庭网络时，这类的设备会自动创建一个网络，以允许个人电脑和智能手机直接接入对其进行用户配置。

在这个模式下，未被配置的设备也会拥有一个嵌入式的网络服务页面。当用户把他的手机接入到这个设备时，可以通过智能手机的网络浏览器访问设备的服务器 Web 页面。

在这个嵌入式的 Web 站点中，用户可以输入自己想要的家庭网络的网络名称和登录密码。然后 AP 设备会存储这些网络凭证信息到其内部的非易失性存储器中。随后 AP 设备就会利用这些已经存储的网络验证信息自动地运行站点模式来连接家庭网络，而不再使用初始的 AP 模式。

如图 1-9 所示，是在 iPad 屏幕上显示的由德州仪器（TI）公司生产的 SimpleLink Wi-Fi CC3200 产品的嵌入式 Web 选项卡页面。在这个页面下允许用户为多个网络配置文件提供网络名词（SSID）和安全密钥。在设置完成后，CC3200（或 CC3100）就会自动通过用户设定的优先级来加入可用的网络。

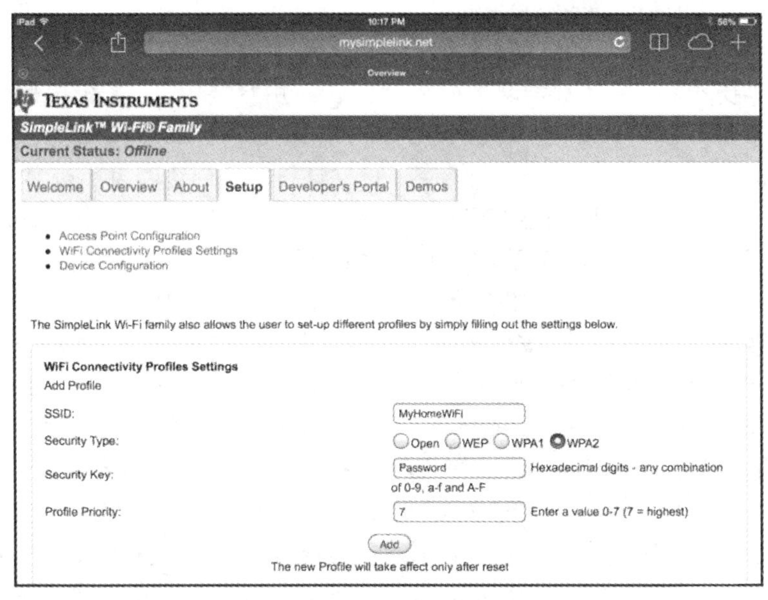

图 1-9　SimpleLink Wi-Fi CC3200 产品的嵌入式 Web 选项卡页面

AP 模式的第一个优势在于使用了所有智能手机、平板电脑和个人 PC 上都有的标准功能。第二个优势是只要把这些设备接入 Wi-Fi 网络，那么供应商就可以简单地登录设备的嵌入式页面，然后设置额外的参数。

为了增强安全性，设备上也会提供一个按钮。只要按下就会激活接入点模式，启用一个预设定的密码。

但 AP 模式的缺点在于，当接入未配置设备的 AP 网络时，智能手机会与家庭网络中断，这样可能会导致数据丢失并产生一些错误的信息。对于个人电脑，如果同时连接到 Wi-Fi 网络和以太网络上，浏览器会优先使用以太网络，而不会去通过 Wi-Fi 连入未配置的无线设备。所以用户必须在断掉以太网络后才能在 AP 模式下配置 Wi-Fi。

最近发布的智能手机都会检测 Wi-Fi 网络是否可以真正地连接到互联网。如果互联网连接失败（例如，这部手机连接的是未经设置的 AP 接入点），那么智能手机就会自动断开 Wi-Fi 网络并强行接入蜂窝网络。虽然，取消这种设置是可行的，但是需要用户手动修改手机设置页面的高级设置，这无疑降低了用户体验。

(2) 苹果的无线设备配置技术(WAC)

WAC无线设备配置技术指的是一种被苹果MFI授权的技术,用于一些可以连接到iPod、iPhone和iPad上的MFI外设。这些支持WAC的MFI外设可以很简单地通过iPod、iPhone和iPad进行设置,而不需要用户输入网络名和连接密码。WAC详细内容会被提供给已被苹果授权的MFI开发商和制造者。

(3) EasyLink和SmartConfig技术

EasyLink和SmartConfig技术是分别由上海庆科(MXCHIP)和德州仪器(TI)提供的类似技术,其专为无线设备而设计。它利用智能手机、平板电脑中的移动App程序来向Wi-Fi设备中广播安全证书。当EasyLink/SmartConfig功能在未经配置的设备中激活时,它将进入一个特殊的扫描模式,等待获取由手机APP广播的网络信息。但手机必须要先连接到Wi-Fi网络才能在空中传播EasyLink/SmartConfig信号。通常配置端和需要配置的新设备要处于同一个家庭网络。

手机正在连接的Wi-Fi网络名会自动显示在手机的APP上。用户只需要输入网络的密码,然后点击Start按钮来进行连接。同时,这里还可以添加一个设备名称,通过手机把其与网络的信息一起广播,然后会写入Wi-Fi设备的内存中。为了强化安全性,EasyLink/SmartConfig里有个选项,启用后可以使用一个预共享密匙来加密智能手机和设备之间的广播数据。这个预共享的密匙通常打印在设备包装盒的一个标签上,可以在EasyLink/SmartConfig功能启用前扫描进手机的APP中。

在网络凭证被SimpleLink设备获取后,它就会自动地连接到网络中并发送一个服务已启用的信息到手机上。手机端App获取该信息后会向用户弹出一个通知提示新设备已配置完成。

图1-10展示了EasyLink/SmartConfig手机端的截图。在左边的屏幕截图上,用户输入设备名称和密码;而在右边的屏幕上可以看到,当设备配置成功后会弹出的一个通告消息。

上海庆科(MXCHIP)和德州仪器(TI)分别为iOS和Android开发平台提供EasyLink/SmartConfig的库文件和一个用于演示的App应用程序,其在苹果商店和谷歌商店里有对应的版本。许多物联网的产品都有手机客户端,用于控制和监视其设备,也包括在线的产品注册。供应商可以使用EasyLink/SmartConfig的库文件轻松地把EasyLink/SmartConfig功能整合到他们自己开发的APP中。使用EasyLink/SmartConfig功能的两个关键性的好处在于使用简单和可以无缝地整合到产品手机端的APP中。

但是,SmartConfig功能只能工作在TI生产的设备上,而且手机端必须连接到需要配置的设备所支持的频带和数据速率的网络上才行。打个比方说,如果这个待配置的设备仅支持2.4 GHz的频段,而手机是使用5 GHz双频网络进行通信的,那么SmartConfig功能就不能工作。其原因在于未配置的设备根本不会监听5 GHz频段的网络。最近有些路由器和手机为了增加数据吞吐量,使用自用的独特数据率,

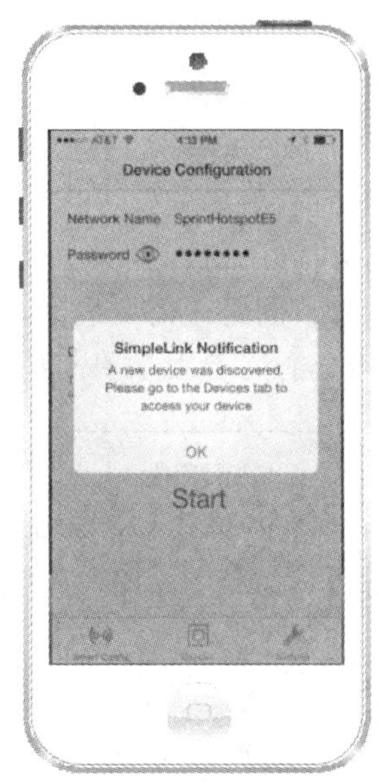

图 1－10　EasyLink/SmartConfig 手机 APP 界面

那么也不能使用 SmartConfig 功能。不过绝大部分的路由器都运行在 2.4 GHz 频段和标准 Wi-Fi 速率，所以 SmartConfig 技术在大多数情况下运行良好。

相对于 SmartConfig，上海庆科的 EasyLink 配网方式适应性更广，配置成功率更高，并且可以支持目前阿里小智 APP、微信 Airkiss 等主流的国内智能硬件产品。

(4) 带外配置

到目前为止所提到的配置方法都可以被归纳为频带内配置方法，因为它们都是利用 Wi-Fi 无线信号来发送网络信息给未经配置的设备。频带内配置的好处在于它不需要额外的接口和系统组件来进行配置，仅需要已经配置在产品内的 Wi-Fi 无线功能即可。

带外配置方法使用的是一种非 Wi-Fi 的媒介来向设备发送网络信息。带外方法可以是有线的，例如利用 USB 接口；当然也可以是无线的，比如 NFC(近场通信)或者蓝牙技术。此外，带外配置方法使得产品提高了健壮性和灵活性，但是增加了成本。

5. 无线网络的设计考虑

前面已经回顾了在市场上的几种主要的 Wi-Fi 配置方案，并讨论了它们的关键属性和互相之间的优缺点。接下来，将会谈到当选择配置方法时所需要进行的一些重要思考因素，并提供指导方案，以应对在不同应用时所需要的正确方法。接着将重点介绍频带内配置方案，因为这些方案通常会带来绝大部分的问题和挑战。

(1) 易用性

易用性是用户在消费产品时一个重要的考虑因素。很多简单的物联网设备的消费群体是普通的家庭用户，通常这些用户对配置过程了解有限，而且有些时候甚至没有足够的计算机水平去操作电脑。更关键的是，配置设备是用户打开设备盒子后首先要做的事情，所以配置设备这个环节往往会形成用户对产品的整体认知。在这种情况下，易用性是设计者最先要考虑的方面。

在考虑产品易用性的情况下，必须关注一些琐碎的事情，例如用户在配置一个设备时需要几个步骤。同时还需要思考，如果用户可以使用已经会用的工具来完成配置任务，那么是否还有必要去学习新的工具。

WPS、WAC 和 EasyLink/SmartConfig 技术是最容易使用的方法。WPS 甚至不需要任何的背景知识和操作工具，而仅仅是物理连接到 Wi-Fi 路由器，然后按下 WPS 按钮。由于大部分智能手机使用者都很熟悉下载和使用手机 APP，SmartConfig 技术为用户提供了一个类似的界面来进行操作，用户需要的仅仅是输入网络密码而已。

(2) 安全性

在 Wi-Fi 配置上有两个主要的安全风险如下：

首先，窃听者可以获取网络密码，并使用它来登录家庭网络。其次，恶意攻击者可以利用配置界面来控制整个设备。而通常第一个风险是最需要考虑的。

合理地说，如果使用方法正确，那么上文所提到的所有物联网设备的 Wi-Fi 配置所产生的安全风险都是有限的。首先，这类配置在产品的使用过程中，一般需要一次或者非常少的几次。其次，在进行配置时，网络密码的发送只需一个非常短的时间，而且发送时间可以被用户控制。一个网络攻击者进行攻击时需要明确地了解何时正在进行网络配置，而且只有非常短的时间周期可以进行攻击。再次，攻击者需要在用户进行网络配置时处于 Wi-Fi 网络的覆盖范围之内。不过，尽管如此，安全性绝不应被低估，它在很多应用环境下是至关重要的。

在 AP 模式下，WAC 和 EasyLink/SmartConfig 中都有内置的安全性技术。而在 AP 模式和 EasyLink/SmartConfig 模式下，设计者必须明确地选择使用的安全技术（即在 AP 模式下，AP 接入点明确地进行安全性配置；而在 EasyLink/SmartConfig 模式下，明确地选择是否加密）。最后，在 WAC 中，安全性功能则始终被使用。

WPS 按钮配置方法的风险在于，当 AP 接入点处于 WPS 模式时，任何的 Wi-Fi 设备都可以通过 WPS 功能接入到 Wi-Fi 网络中去。

(3) 健壮性和灵活性

健壮性和灵活性与易用性紧紧地关联在一起，因为它们关系到，如设备配置失败和出现故障的可能性大小。然而，由于每种配置方法都有一些独特的性质，所以这类问题需要分开讨论。

WPS 的明显局限性在于并不是所有的接入点都支持它。而很多接入点虽然支持 WPS 功能，但都默认关闭了它，导致这个问题的原因（安全漏洞），就是在 PIN 方法中讨论过的。如果 WPS 被禁用了，用户就需要登录到该接入点的 Web 管理页面来打开 WPS 功能。这对大部分用户来说太复杂了。

SmartConfig 技术的一些内在局限性在上文已经讨论过，它在于 SmartConfig 技术在一些使用 5 GHz 波段或者独特数据速率的接入点上会失效。

AP 模式也许是最具有健壮性和普及型的 Wi-Fi 配置方法了。但在上文讨论过，一些最新的手机在 Wi-Fi 网络没有接入到互联网时会自动断开，当然了，这种特性可以在设置中取消。AP 模式的健壮性和普及型也许就是现在大多数物联网设备和产品都选择 AP 模式作为它们 Wi-Fi 配置方法的原因。

在多数情况下都需要重点考虑健壮性的问题，因此往往会使用一些额外的配置方法，如利用 USB 进行配置。

(4) 统一评价

相对于 WPS 和 WAC 只执行 Wi-Fi 配置这一单一任务，AP 模式和 EasyLink/SmartConfig 技术则可以很好地整合到产品控制框架中去，并可以吸收产品的其他功能。EasyLink/SmartConfig 技术可以被整合到产品手机的 APP 端，以提供统一的用户体验，可以允许相同的用户界面存在多个配置的选项。AP 模式提供类似的好处，它可以通过 Web 浏览器在一个地方进行数个产品功能的交互。

前面已经讨论了在设备中几种主要的 Wi-Fi 配置方法，并强调了它们各自的优势和使用中遇到的挑战。显而易见的是，没有一种配置方案是完美的，一个好的、实用的方法可以在产品中支持多个选项。

对于专业化或者工业化的产品，AP 模式也许是足够的，因为它有最佳的健壮性和灵活性。所以当下有许多的物联网产品都选择 AP 模式，作为它们唯一的配置方案。

如果使用 MFI 设备连接到 iPod、iPhone 或者 iPad，那么 WAC 是自然而然的选择。但是如果要支持配置与其他类型的智能手机、平板电脑或者个人计算机，则需要在设备里增加一些额外的配置方法。

当易用性成为关键的时候，WPS 或者 EasyLink/SmartConfig 技术则是合适的选择，因为它们会提供最简便的用户体验。而当需要使用手机端 App 时，EasyLink/SmartConfig 技术则是自然而然的选择。

当没有强制要使用手机端 App 时，WPS 则是正确的选择。WPS 或者 EasyLink/SmartConfig 技术可以满足大部分产品的安装需求，但是并不是 100% 满足所有情况。所以，建议增加 AP 模式作为选项，并把它作为“专家模式”。在 WPS 和 EasyLink/SmartConfig 都无法使用的情况下，用户可以根据指导来操作 AP 模式。

第2章

CC3200 器件特性

本章对 CC3200 器件做了一个统一的、面向整体的介绍，简要介绍芯片的内部组成要素，具体的细节和结构将在第 3 章进行详细的介绍。本章着重介绍 CC3200 的外部特性，包含 CC3200 器件综述、架构总览、总体特点、存储器结构、引导模式、芯片各个引脚的配置与功能、芯片的电气特性以及一些典型的应用电路。

2.1 器件综述

CC3200 是业界首款内置 Wi-Fi 连接的单片机。为物联网设计的 SimpleLink CC3200 设备是一个集成了高性能 ARM Cortex-M4 芯片的无线单片机，允许用户在单个集成电路上开发完整的应用。使用片上提供的 Wi-Fi 功能并利用互联网和强大的安全协议，用户可以快速开发一些基于互联网的应用，而并不需要 Wi-Fi 开发经验。CC3200 设备是一个完整的平台解决方案，包括相应软件、应用示例程序、用户和编程指南，以及一些参考设计和来自 TI E2E 社区的支持。该器件采用 QFN 封装，便于器件布局。

CC3200 器件的 MCU 子系统（应用微控制器子系统）包含一个运行频率为 80 MHz的符合行业标准的 ARM Cortex-M4 内核。此 MCU 子系统包含多种外设，包括一个快速并行相机接口、I^2S、SD/MMc、UART、SPI、I^2C 和一个 4 通道 ADC。CC3200 系列包括一个用于存储代码和数据的内部 RAM，以及一个具有外部串行闪存引导加载程序和外设驱动程序的 ROM。

CC3200 器件的 Wi-Fi 网络处理器子系统包含一个片上的 Wi-Fi 系统和一个专用的符合 ARM 标准的 MCU（这样 MCU 子系统就无需处理与 Wi-Fi 和网络协议相关的内容）。这个子系统包含 802.11 b/g/n 射频、基带和具有强大加密引擎的 MAC，以实现支持 256 位加密的快速、安全互联网连接。CC3200 设备不仅支持基站、AP 和 Wi-Fi 直连模式。同时还支持 WAP2 和 WPS2.0 协议。片上的 Wi-Fi 网络子系统包含一个内嵌的 TCP/IP 和 TLS/SSL 协议栈，并支持 HTTP 服务和多个网络协议。

CC3200 器件的电源管理子系统包含一个集成的 DC－DC（直流-直流）转换器，可以提供一个范围电压输出。当启用低功耗模式比如冬眠模式时，该子系统的 RTC

模块需求的电流小于 4 μA。

CC3200 适合各种物联网应用，比如：云连通性、家庭自动化、家用电器、访问控制、安全系统、智能能源、互联网网关、工业控制、智能插件和计量、无线音频、IP 网络传感器节点等。

用户可以在德州仪器的网站上查阅最新的和其他附加的器件文档资料：http://www.ti.com/simplelinkwifi 和 http://www.ti.com/simplelinkwifi-wiki。

2.1.1 特　点

CC3200 SimpleLink Wi-Fi 由应用微控制器子系统、Wi-Fi 网络处理器子系统和电源控制子系统组成。

1. 应用微控制器子系统

- ARM Cortex-M4 芯片运频率为 80 MHz。
- 内嵌的存储器：
  - RAM 内存(高达 256 KB)；
  - 外部串行闪存的引导程序(BootLoader)和存储在 ROM 中的外设驱动。
- 32 路通道的直接内存访问(μDMA)。
- 用于实现快速安全的硬件加密引擎：
  - AES,DES 和 3DES；
  - SHA2 和 MD5；
  - CRC 与校验和。
- 8 位并行相机接口。
- 1 个多路音频串行端口(McASP)支持接入 2 路 I^2S 通道。
- 1 个 SD/MMC 接口。
- 2 个通用异步接收/发送器(UARTs)。
- 1 个串行外设接口(SPI)。
- 1 个内部集成电路(I^2C)。
- 4 个含 16 位宽脉冲宽度调制模式的通用定时器。
- 1 个看门狗定时器。
- 4 个 12 位模/数转换器通道(ADCs)。
- 多达 27 个可独立编程复用的 GPIO(通用输入/输出)引脚。

2. Wi-Fi 网络处理器子系统

- 特有的 Wi-Fi Internet-On-a-Chip。
- 专用 ARM 的 MCU——从应用微控制器中完全卸载 Wi-Fi 和网络协议。
- ROM 中的 Wi-Fi 和网络协议。
- 支持 802.11 b/g/n 射频、基带、介质访问控制(MAC)、Wi-Fi 驱动器和请求者。

- TCP/IP 协议栈：
  - 行业标准的 BSD 套接字应用编程接口(APIs)；
  - 8 路同时的 TCP 或 UDP 套接字；
  - 2 路同时的 TLS 和 SSL 套接字。
- 强大的加密引擎，用于与针对 TLS 和 SSL 连接的 256 位 AES 加密的快速、安全 Wi-Fi 和互联网连接。
- 基站(Station)、访问点(AP)、Wi-Fi 直连模式。
- WPA2 个人和企业安全性。
- 为自主和快速 Wi-Fi 连接提供的 SimpleLink 连接管理器。
- SmartConfig 技术、AP 模式和 WAP2 技术提供了简单和灵活的 Wi-Fi 供应。
- TX 功率：
  - 18.0 dBm @ 1 DSSS；
  - 14.5 dBm @ 54 OFDM。
- RX 灵敏度：
  - −95.7 dBm @ 1 DSSS；
  - −74.0 dBm @ 54 OFDM。

3. 电源管理子系统

- 集成的 DC-DC(直流-直流)转换器支持的电压范围宽度为：
  - V_{BAT}电压宽度模式：2.1～3.6 V；
  - 预稳压 1.85 V 模式。
- 先进的低功耗模式：
  - 休眠模式：4 μA；
  - 低功耗深度睡眠(LPDS)：120 μA；
  - RX 传输(MCU 活跃)：59 mA @ 54 OFDM；
  - TX 传输(MUC 活跃)：229 mA @ 54 OFDM，最大功率；
  - 空闲连接(MCU 处于 LPDS)：695 μA @ DTIM=1。

4. 时钟源

- 具有内部振荡器的 40 MHz 的晶振。
- 32.768 kHz 的晶振或外部 RTC 时钟。

5. 封装和工作温度

- 0.5 mm 间距，64 个引脚，9 mm×9 mm 的四方扁平无引线 QFN。
- 工作环境温度范围：−40～85 ℃。

2.1.2　架构总览

面对各种不同的应用需求，CC3200 提供了丰富的外围设备。为了向应用程序开发者提供所需的便利性，CC3200 完善了总线矩阵和内存管理。本小节简要介绍了 CC3200 的内部细节，包括硬件总览、软件总览、功能框图以及 CC3200 SimpleLink 无线网络解决方案的功能框图。

图 2-1 为 CC3200 的硬件总览。该图简要介绍了 CC3200 所包含的各种硬件，包括调试 JTAG、与系统相关的硬件(DMA、定时器、GPIOs、晶振)、与电源管理相关的硬件(DC2DC、BAT Monitor、休眠专用 RTC)、外设接口(如 SPI、UART、I²C、SD/MMC、I²S/PCM)、模拟输出系统(如 ADC、PWM)，以及 ROM、RAM 和网络处理系统。

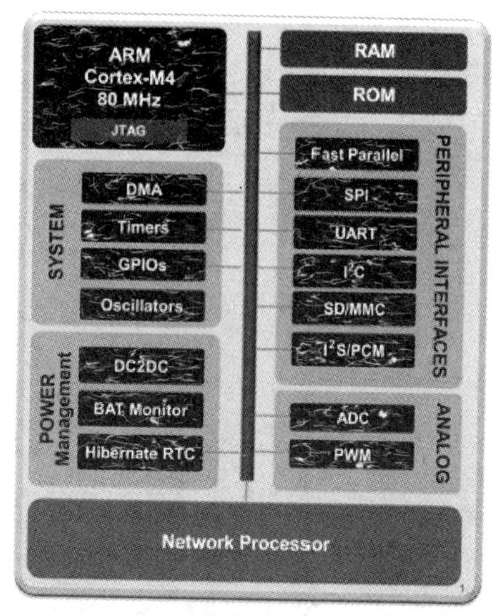

图 2-1　CC3200 硬件总览

图 2-2 为 CC3200 内嵌的软件总览。用户应用使用的处理器是一个 80 MHz 的符合 ARMCortex-M4 规范的处理器，网络部分包含两个主要模块：嵌入式 Internet 和嵌入式 Wi-Fi。各个模块的构成已在图中详细列出。

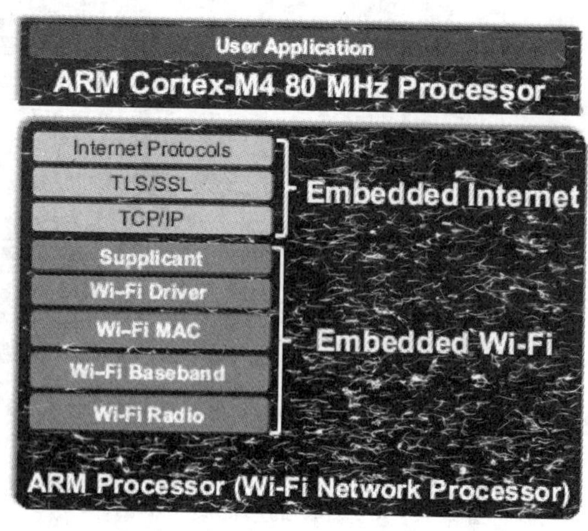

图 2-2　CC3200 内嵌软件总览

图2-3为CC3200的功能结构框图，该图详细说明了CC3200各个功能模块是如何连接及协同工作的。图2-4展示了CC3200 SimpleLink无线网络解决方案的功能框图。当向CC3200提供合适的电压后，只需提供一个32 kHz和一个40 MHz的时钟，以及一个SPI Flash，就可以正常工作。用户可以根据自己的需求按照图中所示添加各种外设。

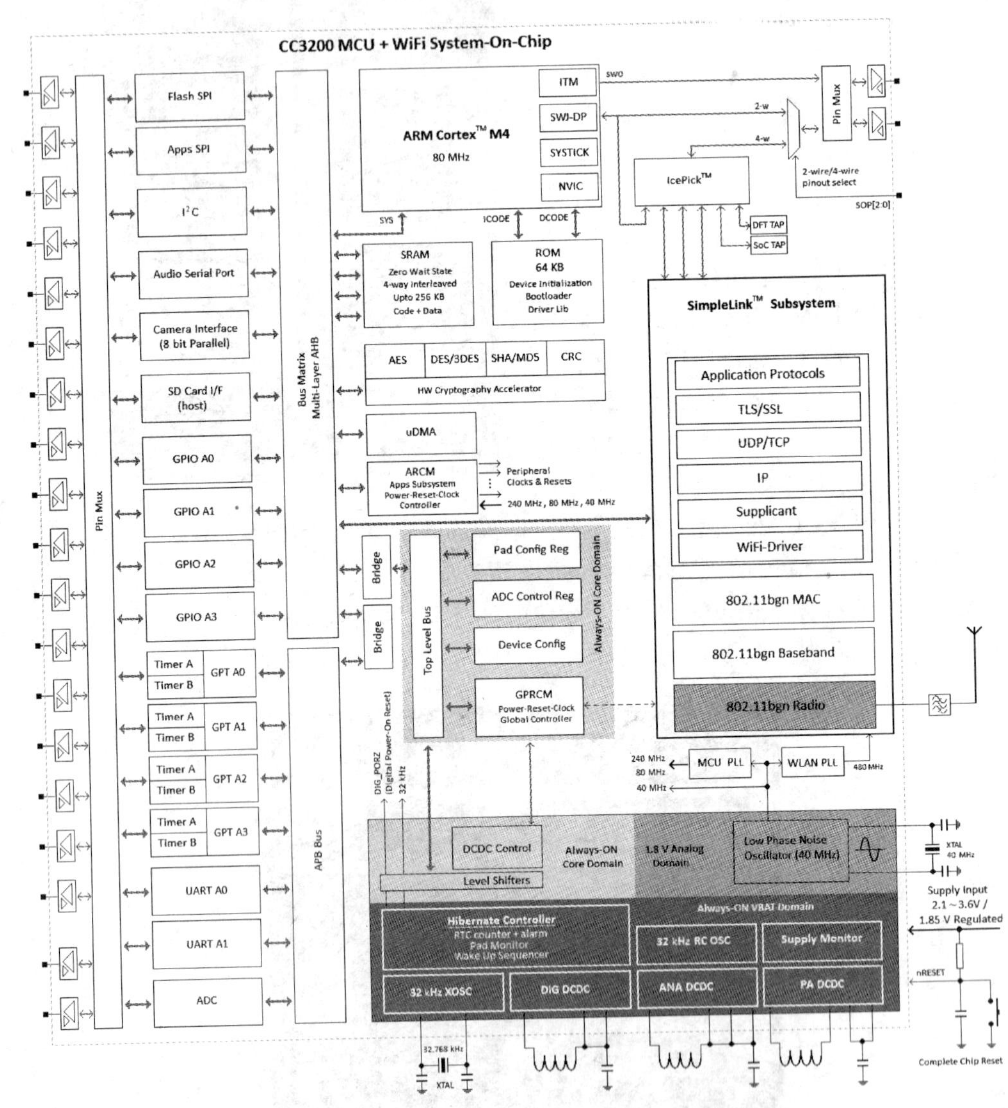

图2-3 CC3200的功能结构框图

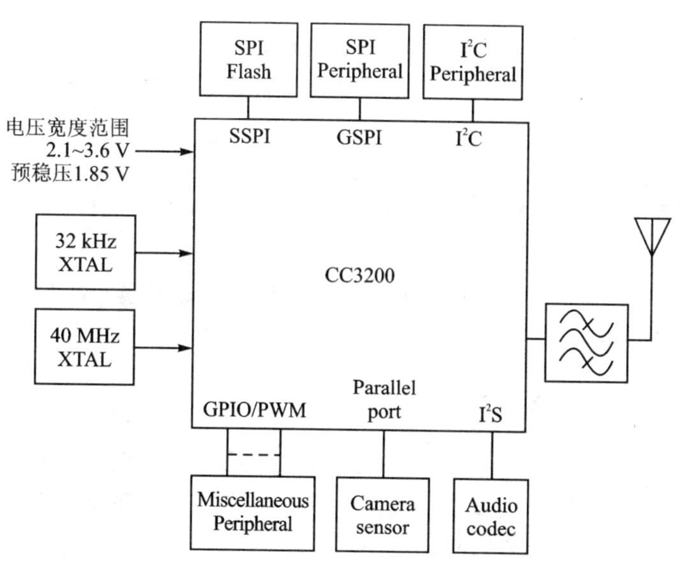

图 2-4　应用功能框图

2.1.3　CC3200 安全加密

图 2-5 展示了利用 CC3200 实现的一个标准 MCU 结构。对应用图像和用户数据文件不进行加密，而网络证书则采用特定于设备的密钥进行加密。

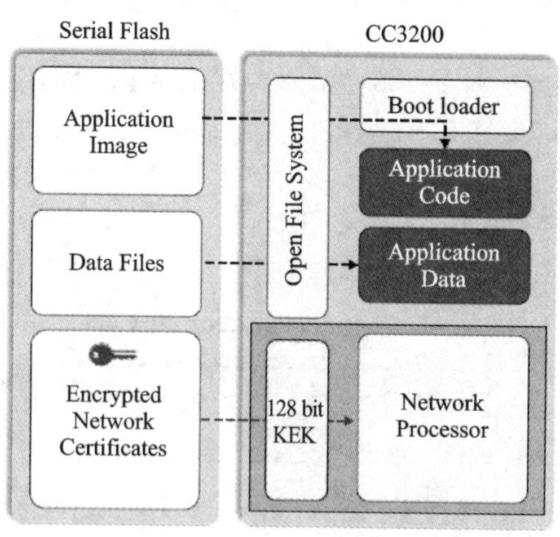

图 2-5　CC3200 标准 MCU

CC3200 的安全体系包括一套最先进的、高吞吐量的硬件加速器，以实现快速密码运算（AES、DES、3-DES）、散列（SHA、MD5）和 CRC 算法的应用。它也被称为数据散列和转换引擎（DTHE）。

注意：

① 目前发布的芯片有加密上锁(Fuse Farm)，用户可以在程序中使用。

② 安全的 MCU 要确保使用加密引擎的用户应用程序能安全引导。该器件的新版本将会支持此功能。

2.2　存储器

本节主要介绍 CC3200 提供的外部存储器和内部存储器(SRAM、ROM)，并介绍该器件的内存映射功能。

2.2.1　外部存储器

CC3200 在 SFlash 中会维持一个专门的文件系统。该文件系统存储服务包文件、系统文件、配置文件、证书文件、网页文件和用户文件。利用 API 提供的格式化的命令，用户可以调整文件系统的大小，但是用户不能设置文件系统的起始地址，该地址始终位于 SFlash 的开始位置处。应用微控制器必须通过 CC3200 文件系统才能访问 SFlash 存储区域，不能直接访问 SFlash 存储区域。

该文件系统按照文件的载入顺序分配用于存储该文件的 SFlash 块，这意味着在文件系统中，一个指定文件的存储位置是不固定的。对于存储在 SFlash 中的文件，采用可读的文件名而不是文件 IDs 进行命名。文件系统的 API 采用纯文本的方式进行工作，文件的加密和解密对用户而言是透明的。加密文件只能通过文件系统进行访问。

在文件系统中，每种类型文件最多可以存在 128 个。所有的文件都保存在大小为 4 KB 的块中，因此可用的 Flash 空间的最小单位是 4 KB。如果使用带有防故障和可选安全支持的加密文件格式，那么该文件所占用空间的大小会是原始文件大小的两倍，同时最小的分配空间大小为 8 KB，支持的最大文件大小为 16 MB。

表 2-1 列出了 CC3200 SFlash 推荐大小。

表 2-1　CC3200 SFlash 推荐大小

类　型	典型的防故障文件大小	典型的非防故障文件大小
文件系统	20 KB	20 KB
服务包	224 KB	112 KB
系统和配置文件	216 KB	108 KB
MCU 代码	512 KB	256 KB
总　计	4 MB	2 MB
推　荐	16 MB	8 MB

CC3200 支持符合 JEDEC 规范的 SFDP(串行 Flash 设备参数)。除了那些在设

计参考中提到的设备外，已确定下列的 SFlash 设备可以在 CC3200 上正常工作：

- Micron (N25Q128-A13BSE40)：128 MB。
- Spansion (S25FL208K)：8 MB。
- Winbond (W25Q16V)：16 MB。
- Adesto (AT25DF081A)：8 MB。
- Macronix (MX25L12835F-M2)：128 MB。

为了与 CC3200 实现兼容，SFlash 设备必须支持下列的命令：

- 命令 0x9F(读取设备 ID[JEDEC])。执行过程：发送 0x9F，读取 3 字节数据。
- 命令 0x05(读取 SFLASH 的状态)。执行过程：发送 0x05，读取 1 字节数据。假定 0 表示处于忙状态，1 表示可以写入。
- 命令 0x06(设置写使能)。执行过程：发送 0x06，持续读取状态直到写使能位置位。
- 命令 0xC7(芯片擦除)。执行过程：发送 0xC7，持续读取状态直到忙状态位清除。
- 命令 0x03(读数据)。执行过程：发送 0x03，发送 24 位的地址，读取 n 字节的数据。
- 命令 0x02(写页面)。执行过程：发送 0x02，发送 24 位的地址，写入 n 字节数据($0<n<256$)。
- 命令 0x20(扇区擦除)。执行过程：发送 0x20，发送 24 位的地址，持续读取状态信息，直到忙状态位清除。扇区大小假定为 4 KB。

2.2.2　内部存储器

CC3200 内含一个片上 SRAM，应用程序在 SRAM 上载入和执行。应用程序开发者必须让代码和数据共享该 SRAM。微型直接内存访问(μDMA)控制器可以与 SRAM 和各个外设交换数据。CC3200 中的 ROM 保存有丰富的外设驱动，节约了 SRAM 的空间。

1. SRAM

CC3200 系列提供了一个 256 KB 的具有零等待性质的片上 SRAM。在 LPDS 模式下，内部 RAM 能够选择性地保留部分内容，这可以进一步降低低功耗模式下的设备功耗。内部 SRAM 在设备的内存映射表中的偏移量为 0x2000 0000。CC3200 支持使用 μDMA 控制器与 SRAM 进行数据交换。

当设备进入低功耗模式后，应用程序开发者可以根据需要选择保留存储器哪一部分的数据。在低功耗模式下保留较多的存储器信息可以加快唤醒过程，保留较少的信息则可以降低功耗，因此 CC3200 器件允许应用程序开发者根据需求选择需要保留的存储单元的数量，但该数目必须是 64 KB 的整倍数。

2. ROM

CC3200中的内部无等待态ROM的起始地址为0x0000 0000,主要包括以下部分:

- 引导程序。
- 面向特定产品的外设和接口提供的外设驱动库(DriverLib)。

引导程序相当于一个初始程序的加载程序(当串行Flash存储器为空时)。CC3200中DriverLib软件库通过引导程序获得控制片上外设的能力。驱动库完成外设的初始化和控制功能,随后选择轮询或中断的方式驱动外设。应用程序可以直接调用ROM中保存的驱动库函数,这样可以减少应用程序对Flash存储器容量的需求,并将节省下来的Flash存储器空间用于其他用途。

3. 内存映射

表2-2描述了CC3200器件支持的外设,并详细说明了它们是如何映射到处理器内存中的。

表2-2　内存映射

起始地址	结束地址	描　述	注　释
0x0000 0000	0x0007 FFFF	片上ROM (Bootloader + DriverLib)	
0x2000 0000	0x2003 FFFF	片上SRAM的位带	
0x2200 0000	0x23FF FFFF	从0x2000 0000～0x200F FFFF作为位带别名	
0x4000 0000	0x4000 0FFF	看门狗定时器A0	
0x4000 4000	0x4000 4FFF	GPIO port A0	
0x4000 5000	0x4000 5FFF	GPIO port A1	
0x4000 6000	0x4000 6FFF	GPIO port A2	
0x4000 7000	0x4000 7FFF	GPIO port A3	
0x4000 C000	0x4000 CFFF	UART A0	
0x4000 D000	0x4000 DFFF	UART A1	
0x4002 0000	0x400 07FF	I^2C A0 (Master)	
0x4002 0800	0x4002 0FFF	I^2C A0 (Slave)	
0x4003 0000	0x4003 0FFF	通用定时器A0	
0x4003 1000	0x4003 1FFF	通用定时器A1	
0x4003 2000	0x4003 2FFF	通用定时器A2	
0x4003 3000	0x4003 3FFF	通用定时器A3	

续表 2 - 2

起始地址	结束地址	描　述	注　释
0x400F 7000	0x400F 7FFF	配置寄存器	
0x400F E000	0x400F EFFF	系统控制	
0x400F F000	0x400F FFFF	μDMA	
0x4200 0000	0x43FF FFFF	从 0x4000 0000～0x400F FFFF 作为位带别名	
0x4401 C000	0x4401 EFFF	McASP	
0x4402 0000	0x4402 0FFF	SSPI	用于外部串行 Flash
0x4402 1000	0x4402 2FFF	GSPI	用于应用处理器
0x4402 5000	0x4402 5FFF	MCU 复位时钟管理	
0x4402 6000	0x4402 6FFF	MCU 配置空间	
0x4402 D000	0x4402 DFFF	全局电源、复位和时钟管理(GPRCM)	
0x4402 E000	0x4402 EFFF	MCU 共享配置	
0x4402 F000	0x4402 FFFF	休眠配置	
0x4403 0000	0x4403 FFFF	加密范围(包括以下所有与加密相关的模块)	
0x4403 0000	0x4403 0FFF	DTHE 寄存器和 TCP 校验和	
0x4403 5000	0x4403 5FFF	MD5/SHA	
0x4403 7000	0x4403 7FFF	AES	
0x4403 9000	0x4403 9FFF	DES	
0xE000 0000	0xE000 0FFF	仪表跟踪 Macrocell	
0xE000 1000	0xE000 1FFF	数据观测和跟踪点(DWT)	
0xE000 2000	0xE000 2FFF	Flash 代码修正和断点(FPB)	
0xE000 E000	0xE000 EFFF	嵌套向量中断控制器(NVIC)	
0xE004 0000	0xE004 0FFF	跟踪端口接口单元(TPIU)	
0xE004 1000	0xE004 1FFF	为嵌入式跟踪宏单元(ETM)保留	
0xE004 2000	0xE00F FFFF	保留	

2.3　引导模式

应用处理器的引导过程包含两个阶段：第一阶段的访问过程不受任何限制，该阶段可以访问所有的寄存器空间和特定设备设定的配置信息；第二阶段，应用处理器执行用户指定的代码。

图 2 - 6 为引导程序流程图。

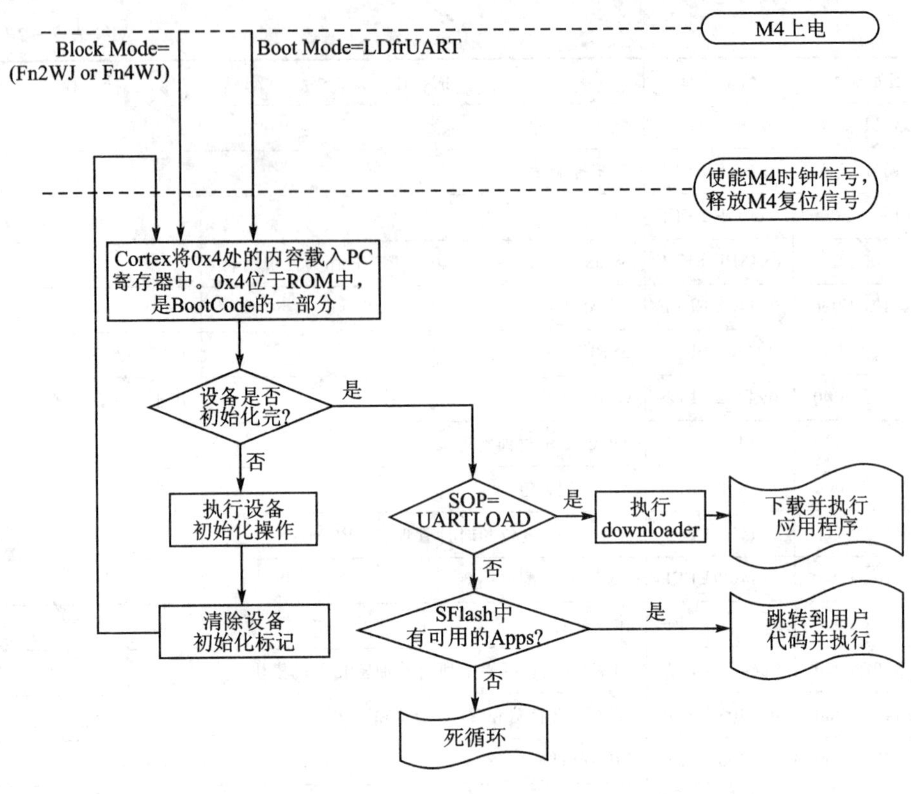

图 2－6　引导程序流程图

2.3.1　调用序列/引导模式选择

在 Cortex 处理器启动期间，相关事件按如下顺序发生：

① 上电复位(POR)后，处理器开始执行代码。

② 处理器跳转到 ROM 的前几行代码(FFL)处，随后决定当前的启动是第一次(设备初始化)启动还是第二次(MCU)启动(判断依据是保存在某个安全寄存器中的设备初始化标记)。上电复位后，将设备初始化标识置位。只有在设备初始化模式下才能访问处于安全区域的寄存器。

③ 如果当前的启动过程为第一次启动，处理器就执行 ROM 中的设备初始化代码。

④ 该启动过程的最后一步工作是：处理器清除设备初始化标记并改变处理器和 DMA 的主 ID。该过程牵涉到的所有寄存器都是受保护寄存器。

⑤ 处理器自行重启，执行第二次启动。

⑥ 在第二次启动期间，处理器将重读设备初始化标记，该标记的值应处于“清除”状态，随后处理器获得一个不同的主 ID。

⑦ 当执行 FFL 和不安全的启动代码后，处理器跳转到应用程序开发者的代码处(即应用程序)。

⑧ 在下一次的电源启动周期到来之前，剩下的操作主要是：MCU 指定的 Cortex 模式。在这个过程中，对安全区域寄存器的访问是受限的。

2.3.2 启动模式列表

CC3200 采用 Sense on Power(SoP)方案来决定设备的操作模式。设备在加电时可以选择以下三种模式之一启动。

- Fn4WJ：一种将 4 接口 JTAG 映射到固定端口的功能模式。
- Fn2WJ：一种将 2 接口 SWD 映射到固定端口的功能模式。
- LDfrUART：一种在开发阶段或 OEM 组装阶段采用的模式，该模式通过 UART 接口将模式载入系统 Flash(例如，将串行 Flash 连接到 CC3200R 设备上)。

在上电的过程中，SoP 的值可以从设备的引脚处获得，该值决定启动流程。在设备完成重启的过程前，SoP 的值被复制到寄存器中，并以此决定上电完成后设备的操作模式。这些值决定启动流程和对某些引脚(JTAG、SWD、UART0)的默认映射。表 2－3 列出了利用上拉和下拉所能实现的模式配置。

表 2－3　CC3200 功能配置

名　字	SoP[2]	SoP[1]	SoP[0]	SoP 模式	说　明
UARTLOAD	上拉	下拉	下拉	LDfrUART	Factory/Lab、Flash/SRAM 将通过 UART 接口载入。设备将无限期等待 UART 的代码载入工作。SoP 位随后必须进行改变，从而使设备进入功能模式。将 JTAG 置为 4 线模式
FUNCTIONAL_2WJ	下拉	下拉	上拉	Fn2WJ	功能开发模式，该模式下，2 引脚的 SWD 对开发者可用。TMS 和 TCK 对调试连接可用
FUNCTIONAL_4WJ	下拉	下拉	下拉	Fn4WJ	功能开发模式。该模式下，4 引脚的 JTAG 对开发者可用。TDI、TMS、TCK 和 TDO 对调试连接可用

用于 SOP0 和 SOP1 的上拉电阻推荐值为 100 kΩ，SOP2 的上拉电阻推荐值为 2.7 kΩ。当芯片上电完成后，应用程序可以将 SOP2 用作其他功能。然而，为了避免在上电过程中获得不正确的 SoP 值，TI 强烈建议只将 SOP2 引脚用作输出信号。另一方面，SOP1 和 SOP2 引脚可以用作 WLAN 的模拟测试引脚，但无法复用为其他功能。

2.4 CC3200 引脚配置与功能

图 2－7 展示了采用 64－PIN QFN 封装方式时各个引脚的分配情况。

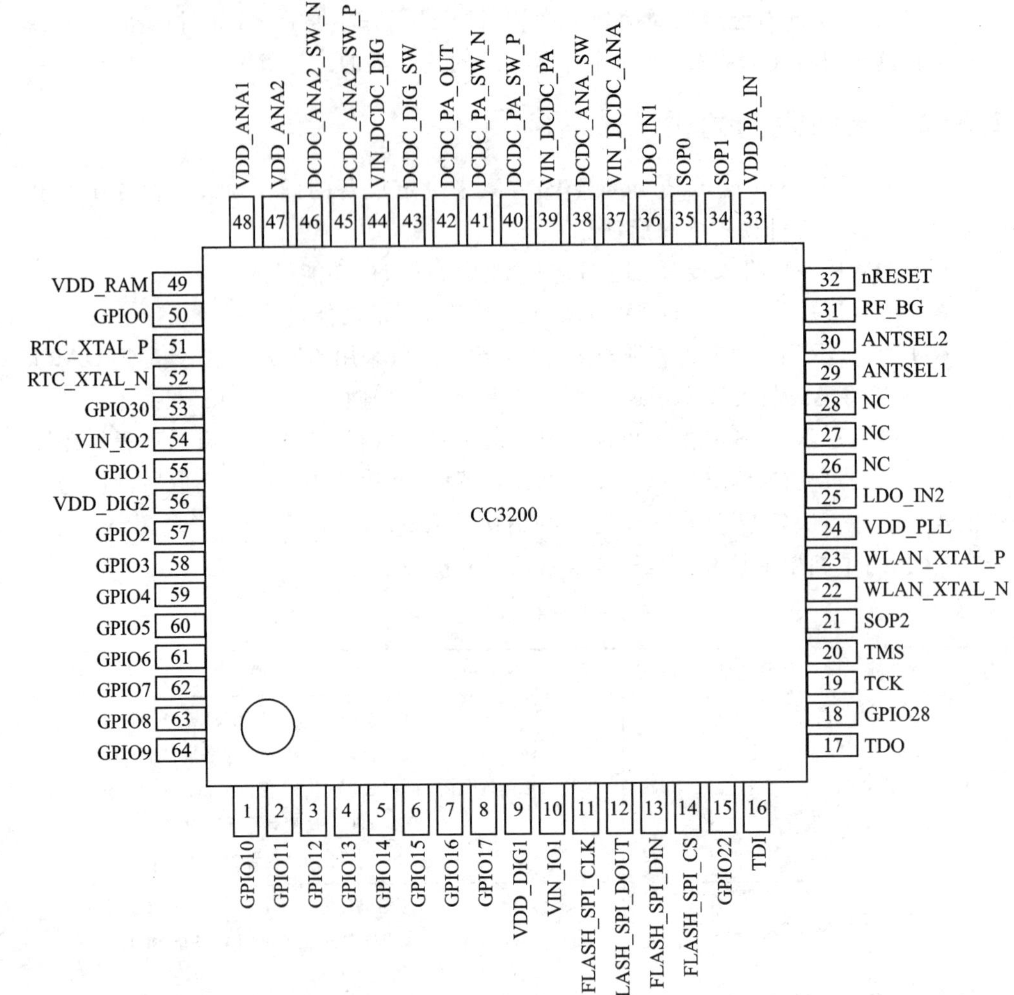

图 2-7 QFN 64-PIN 引脚的分配

2.4.1 引脚属性和引脚复用

CC3200 使用了大量的引脚复用技术，这能够保证在极小的封装结构下满足大部分的外设对引脚的需求。为了实现这一功能，引脚复用功能通过硬件配置(在设备重启时)和寄存器二者共同进行控制。

注意： TI 强烈建议使用 CC3200 的引脚复用技术来获得需要的引脚输出。

电路和软件的设计者负责对引脚进行正确的复用配置。硬件本身无法确保根据使用中的外设或接口模式进行正确的引脚复用配置。

表 2-4 列出了默认的引脚状态以及引脚复用的简要说明。所有的引脚复用都是利用引脚复用寄存器实现的。

表 2-4　引脚多路复用

引脚属性						功能					PadStates		
封装的引脚号	别称	用途	作为唤醒源	作为模拟信号引脚	JTAG 是否占用	配置寄存器的地址	模式	功能名	功能描述	方向	LPDS(1)	Hib(2)	nRESET =0
1	GPIO10	I/O	No	No	No	GPIO_PAD_CONFIG_10 (0x4402E0C8)	0	GPIO10	通用 I/O 端口	I/O	Hi-Z	Hi-Z	Hi-Z
							1	I2C_SCL	I^2C 时钟端口	O (Open Drain)	Hi-Z		
							3	GT_PWM06	PWM 输出端口	O	Hi-Z		
							7	UART1_TX	UART 发送数据端口	O	1		
							6	SDCARD_CLK	SD Card 时钟端口	O	0		
							12	GT_CCP01	定时器捕获端口	I	Hi-Z		
2	GPIO11	I/O	Yes	No	No	GPIO_PAD_CONFIG_11 (0x4402E0CC)	0	GPIO11	通用 I/O 端口	I/O	Hi-Z	Hi-Z	Hi-Z
							1	I2C_SDA	I^2C 数据端口	I/O(Open Drain)	Hi-Z		
							3	GT_PWM07	PWM 输出端口	O	Hi-Z		
							4	pXCLK (XVCLK)	用作并行相机的时钟	O	0		
							6	SDCARD_CMD	SD Card 命令线	I/O	Hi-Z		
							7	UART1_RX	UART 接收数据端口	I	Hi-Z		
							12	GT_CCP02	定时器捕获端口	I	Hi-Z		
							13	McAFSX	I^2S 音频帧同步	O	Hi-Z		
3	GPIO12	I/O	No	No	No	GPIO_PAD_CONFIG_12 (0x4402E0D0)	0	GPIO12	通用 I/O 端口	I/O	Hi-Z	Hi-Z	Hi-Z
							3	McACLK	I^2S 音频时钟输出	O	Hi-Z		
							4	pVS(VSYNC)	并行相机垂直同步	I	Hi-Z		
							5	I2C_SCL	I^2C 时钟端口	I/O(Open Drain)	Hi-Z		
							7	UART0_TX	UART0 发送数据端口	O	1		
							12	GT_CCP03	定时器捕获端口	I	Hi-Z		

续表 2-4

引脚属性						功 能					PadStates		
封装的引脚号	别 称	用 途	作为唤醒源	作为模拟信号引脚	JTAG 是否占用	配置寄存器的地址	模 式	功能名	功能描述	方 向	LPDS(1)	Hib(2)	nRESET =0
4	GPIO13	I/O	Yes	No	No	GPIO_PAD_CONFIG_13 (0x4402E0D4)	0	GPIO13	通用 I/O 端口	I/O	Hi-Z	Hi-Z	Hi-Z
							5	I2C_SDA	I^2C 数据端口	I/O(Open Drain)			
							4	pHS(HSYNC)	并行相机水平同步	I			
							7	UART0_RX	UART0 接收数据端口	I			
							12	GT_CCP04	定时器捕获端口	I			
5	GPIO14	I/O		No	No	GPIO_PAD_CONFIG_14 (0x4402E0D8)	0	GPIO14	通用 I/O 端口	I/O	Hi-Z	Hi-Z	Hi-Z
							5	I2C_SCL	I^2C 时钟端口	I/O(Open Drain)			
							7	GSPI_CLK	通用 SPI 时钟线	I/O			
							4	pDATA8 (CAM_D4)	并行相机数据位 4	I			
							12	GT_CCP05	定时器捕获端口	I			
6	GPIO15	I/O		No	No	GPIO_PAD_CONFIG_15 (0x4402E0DC)	0	GPIO15	通用 I/O 端口	I/O	Hi-Z	Hi-Z	Hi-Z
							5	I2C_SDA	I^2C 数据端口	I/O(Open Drain)			
							7	GSPI_MISO	SPI 总线主机输入/从机输出	I/O			
							4	pDATA9 (CAM_D5)	串行摄像机数据位 5	I			
							13	GT_CCP06	定时器捕获端口	I			
7	GPIO16	I/O		No	No	GPIO_PAD_CONFIG_16 (0x4402E0E0)	0	GPIO16	通用 I/O 端口	I/O	Hi-Z Hi-Z Hi-Z	Hi-Z	Hi-Z
							7	GSPI_MOSI	SPI 总线主机输出/从机输入	I/O	Hi-Z		
							4	pDATA10 (CAM_D6)	串行摄像机数据位 6	I	Hi-Z		
							5	UART1_TX	UART1 发送数据端口	O	1		
							13	GT_CCP07	定时器捕获端口	I	Hi-Z		

续表 2-4

引脚属性						功 能					PadStates		
封装的引脚号	别 称	用 途	作为唤醒源	作为模拟信号引脚	JTAG 是否占用	配置寄存器的地址	模 式	功能名	功能描述	方 向	LPDS(1)	Hib(2)	nRESET =0
8	GPIO17	I/O	Wake-UpSource	No	No	GPIO_PAD_ CONFIG_17 (0x4402E0E4)	0	GPIO17	通用 I/O 端口	I/O	Hi-Z	Hi-Z	Hi-Z
							5	UART1_RX	UART1 接收数据端口	I			
							7	GSPI_CS	SPI 片选	I/O			
							4	pDATA11 (CAM_D7)	串行摄相机数据位 7	I			
9	VDD_DIG1	Intpwr	N/A	N/A	N/A	N/A	N/A	VDD_DIG1	内核电压				
10	VIN_IO1	Sup. input	N/A	N/A	N/A	N/A	N/A	VIN_IO1	芯片供电电压(VBAT)				
11	FLASH_ SPI_CLK	O	N/A	N/A	N/A	N/A	N/A	FLASH_SPI_CLK	串行 Flash 的 SPI 时钟 (FixedDefault)	O	Hi-Z(3)	Hi-Z	Hi-Z
12	FLASH_ SPI_DOUT	O	N/A	N/A	N/A	N/A	N/A	FLASH_SPI_DOUT	串行 Flash 的 SPI 数据输出(FixedDefault)	O	Hi-Z(3)	Hi-Z	Hi-Z
13	FLASH_ SPI_DIN	I	N/A	N/A	N/A	N/A	N/A	FLASH_SPI_DIN	串行 Flash 的 SPI 数据输入(FixedDefault)	I			
14	FLASH_ SPI_CS	O	N/A	N/A	N/A	N/A	N/A	FLASH_SPI_CS	串行 Flash 的 SPI 片选(FixedDefault)	O	1	Hi-Z	Hi-Z
15	GPIO22	I/O	No	No	No	GPIO_PAD_ CONFIG_22 (0x4402E0F8)	0	GPIO22	通用 I/O 端口	I/O	Hi-Z	Hi-Z	Hi-Z
							7	McAFSX	I²S 音频帧同步	O	Hi-Z		
							5	GT_CCP04	定时器捕获端口	I			
16	TDI	I/O	No	No	MUXed with JTAGTDI	GPIO_PAD_ CONFIG_23 (0x4402E0FC)	1	TDI	JTAG 的 TDI 端口 这是复位时默认的引脚分配	I	Hi-Z	Hi-Z	Hi-Z
							0	GPIO23	通用 I/O 端口	I/O			
							2	UART1_TX	UART1 发送数据端口	O	1		
							9	I2C_SCL	I²C 时钟端口	I/O(Open Drain)	Hi-Z		

续表 2-4

引脚属性						功　能					PadStates		
封装的引脚号	别　称	用　途	作为唤醒源	作为模拟信号引脚	JTAG 是否占用	配置寄存器的地址	模　式	功能名	功能描述	方　向	LPDS(1)	Hib(2)	nRESET =0
17	TDO	I/O	Wake-UpSource	No	MUXed with JTAG TDO	GPIO_PAD_ CONFIG_24 (0x4402E100)	1	TDO	JTAG 的 TDO 端口 这是复位时默认的引脚分配	O	Hi-Z	Hi-Z	Hi-Z
							0	GPIO24	通用 I/O 端口	I/O			
							5	PWM0	PWM 输出端口	O			
							2	UART1_RX	UART1 接收数据端口	I			
							9	I2C_SDA	I^2C 数据端口	I/O(Open Drain)			
							4	GT_CCP06	定时器捕获端口	I			
							6	McAFSX	I^2S 音频帧同步	O			
18	GPIO28	I/O		No		GPIO_PAD_ CONFIG_28 (0x4402E110)	0	GPIO28	通用 I/O 端口	I/O	Hi-Z	Hi-Z	Hi-Z
19	TCK	I/O	No	No	MUXed with JTAG/ SWD-TCK		1	TCK	JTAG/SWD 的 TCK 端口 这是复位时默认 的引脚分配	I	Hi-Z	Hi-Z	Hi-Z
							8	GT_PWM03	PWM 输出	O			
20	TMS	I/O	No	No	MUXed with JTAG/ SWD-TMSC	GPIO_PAD_ CONFIG_29 (0x4402E114)	1	TMS	JATG/SWD 的 TMS 端口 这是复位时默认 的引脚分配	I/O	Hi-Z	Hi-Z	Hi-Z
							0	GPIO29	通用 I/O 端口				
21(4)(5)	SOP2	OOnly	No	No	No	GPIO_PAD_ CONFIG_25 (0x4402E104)	0	GPIO25	通用 I/O 端口	O	Hi-Z	Hi-Z	Hi-Z
							9	GT_PWM02	PWM 输出	O	Hi-Z		
							2	McAFSX	I^2S 音频帧同步	O	Hi-Z		
							See(6)	TCXO_EN	使能外部可选温度 补偿晶体振荡器(TCXO)	O	O		
							See(7)	SOP2	Sense-On-Power2	I			

续表 2-4

引脚属性						功能					PadStates		
封装的引脚号	别称	用途	作为唤醒源	作为模拟信号引脚	JTAG 是否占用	配置寄存器的地址	模式	功能名	功能描述	方向	LPDS(1)	Hib(2)	nRESET =0
22	WLAN_XTAL_N	WLAN Ana	N/A	N/A	N/A	N/A	See(6)	WLAN_XTAL_N	如果使用外部 TCXO,则需要 40 MHz 的外部晶振				
23	WLAN_XTAL_P	WLAN Ana	N/A	N/A	N/A	N/A		WLAN_XTAL_P	40 MHz 的外部晶振或 TCXO 时钟输入				
24	VDD_PLL	Int. Pwr	N/A	N/A	N/A	N/A		VDD_PLL	内部模拟电压				
25	LDO_IN2	Int. Pwr	N/A	N/A	N/A	N/A		LDO_IN2	模拟射频电源				
26	NC	WLAN Ana	N/A	N/A	N/A	N/A		NC	保留				
27	NC	WLAN Ana	N/A	N/A	N/A	N/A		NC	保留				
28	NC	WLAN Ana	N/A	N/A	N/A	N/A		NC	保留				
29(8)	ANTSEL1	OOnly	No	User confignot required(9)	No	GPIO_PAD_CONFIG_26 (0x4402E108)	0	ANTSEL1(3)	天线选择控制	O	Hi-Z	Hi-Z	Hi-Z
30(8)	ANTSEL2	OOnly	No	User confignot required(9)	No	GPIO_PAD_CONFIG_27 (0x4402E10C)	0	ANTSEL2(3)	天线选择控制	O	Hi-Z	Hi-Z	Hi-Z
31	RF_BG	WLAN Ana	N/A	N/A	N/A	N/A		RF_BG	RF BG band				
32	nRESET	Glob. Rst	N/A	N/A	N/A	N/A		nRESET	主芯片复位(低电平有效)				
33	VDD_PA_IN	Int. Pwr	N/A	N/A	N/A	N/A		VDD_PA_IN	PA 电源				

续表 2-4

引脚属性						功能					PadStates		
封装的引脚号	别称	用途	作为唤醒源	作为模拟信号引脚	JTAG是否占用	配置寄存器的地址	模式	功能名	功能描述	方向	LPDS(1)	Hib(2)	nRESET=0
34(5)	SOP1	Config-Sense	N/A	N/A	N/A	N/A		SOP1	SenseOnPower1				
35(5)	SOP0	Config-Sense	N/A	N/A	N/A	N/A		SOP0	SenseOnPower0				
36	LDO_IN1	Internal-Power	N/A	N/A	N/A	N/A		LDO_IN1	模拟射频电源				
37	VIN_DC-DC_ANA	Supply-Input	N/A	N/A	N/A	N/A		VIN_DC-DC_ANA	AnalogDC-DCinput（连接芯片输入电压[VBAT]）				
38	DC-DC_ANA_SW	Internal-Power	N/A	N/A	N/A	N/A		DC-DC_ANA_SW	模拟DC-DC开关节点				
39	VIN_DC-DC_PA	Supply-Input	N/A	N/A	N/A	N/A		VIN_DC-DC_PA	PADC-DCinput（连接芯片输入电压[VBAT]）				
40	DC-DC_PA_SW_P	Internal-Power	N/A	N/A	N/A	N/A		DC-DC_PA_SW_P	PA的模拟DC-DC开关节点				
41	DC-DC_PA_SW_N	Internal-Power	N/A	N/A	N/A	N/A		DC-DC_PA_SW_N	PA的模拟DC-DC开关节点				
42	DC-DC_PA_O UT	Internal-Power	N/A	N/A	N/A	N/A		DC-DC_PA_OUT	PA降压变换器输出				
43	DC-DC_DIG_SW	Internal-Power	N/A	N/A	N/A	N/A		DC-DC_DIG_SW	数字DC-DC开关节点				
44	VIN_DC-DC_DIG	Supply-Input	N/A	N/A	N/A	N/A		VIN_DC-DC_DIG	DIGDC-DCinput（连接芯片输入电压[VBAT]）				

续表 2-4

引脚属性						功能					PadStates		
封装的引脚号	别称	用途	作为唤醒源	作为模拟信号引脚	JTAG是否占用	配置寄存器的地址	模式	功能名	功能描述	方向	LPDS(1)	Hib(2)	nRESET =0
45(10)	DC-DC_ANA2_SW_P	I/O	No	User confignot required(9),(11)	No	GPIO_PAD_CONFIG_31 (0x4402E11C)	0	GPIO31	通用 I/O 端口	I/O	Hi-Z	Hi-Z	Hi-Z
							9	UART0_RX	UART0 接收数据端口	I			
							12	McAFSX	I^2S 音频帧同步端口	O			
							2	UART1_RX	UART1 接收数据端口	I			
							6	McAXR0	I^2S 音频数据端口 0（接收/发送）	I/O			
							7	GSPI_CLK	SPI 时钟端口	I/O			
							See(6)	DC-DC_ANA2_SW_P	ANA2 DC-DC 转换器的开关节点				
46	DC-DC_ANA2_SW_N	Internal Power	N/A	N/A	N/A	N/A	N/A	DC-DC_ANA2_SW_N	ANA2 DC-DC 转换器的开关节点				
47	VDD_ANA2	Internal Power	N/A	N/A	N/A	N/A	N/A	VDD_ANA2	ANA2 DC-DCO				
48	VDD_ANA1	Internal Power	N/A	N/A	N/A	N/A	N/A	VDD_ANA1	模拟电压供电				
49	VDD_RAM	Internal Power	N/A	N/A	N/A	N/A	N/A	VDD_RAM	SRAM LDO 输出				

续表 2-4

引脚属性						功能					PadStates		
封装的引脚号	别称	用途	作为唤醒源	作为模拟信号引脚	JTAG是否占用	配置寄存器的地址	模式	功能名	功能描述	方向	LPDS(1)	Hib(2)	nRESET=0
50	GPIO0	I/O	No	User confignot required(9)	No	GPIO_PAD_CONFIG_0 (0x4402E0A0)	0	GPIO0	通用I/O端口	I/O	Hi-Z	Hi-Z	Hi-Z
							12	UART0_CTS	UART0清除发送（低电平有效）	I	Hi-Z		
							6	McAXR1	I^2S音频数据端口1（RX/TX）	I/O	Hi-Z		
							7	GT_CCP00	定时器捕获端口	I	Hi-Z		
							9	GSPI_CS	SPI片选	I/O	Hi-Z		
							10	UART1_RTS	UART1请求发送端口（低电平有效）	O	1		
							3	UART0_RTS	UART0请求发送端口（低电平有效）	O	1		
							4	McAXR0	I^2S音频数据端口0（发送/接收）	I/O	Hi-Z		
51	RTC_XTAL_P	RTC Clock	N/A	N/A	N/A	N/A		RTC_XTAL_P	接入32.768 kHz的XTAL或使用外部CMOS时钟				
52(10)	RTC_XTAL_N	OOnly		User confignot required(9),(12)	No	GPIO_PAD_CONFIG_32 (0x4402E120)		RTC_XTAL_N	接入32.768 kHz的XTAL或在Vsupply处接入100 kΩ的电阻			Hi-Z	Hi-Z
							0	GPIO32	通用I/O端口	I/O	Hi-Z		
							2	McACLK	I^2S音频时钟端口	O	Hi-Z		
							4	McAXR0	I^2S音频数据端口（仅支持输出）	O	Hi-Z		

续表 2-4

引脚属性						功　能					PadStates		
封装的引脚号	别　称	用　途	作为唤醒源	作为模拟信号引脚	JTAG 是否占用	配置寄存器的地址	模　式	功能名	功能描述	方　向	LPDS[1]	Hib[2]	nRESET =0
52[10]	RTC_ XTAL_ N	OOnly		User confignot requi-red[9],[12]	No	GPIO_PAD_ CONFIG_32 (0x4402E120)	6	UART0_RTS	UART0 请求发送端口 (ActiveLow)	O	1	Hi-Z	Hi-Z
							8	GSPI_MOSI	SPI 主机输出/从机输入端口	I/O	Hi-Z		
53	GPIO30	I/O	No	User confignot required[9]	No	GPIO_PAD_ CONFIG_30 (0x4402E118)	0	GPIO30	通用 I/O 端口	I/O	Hi-Z	Hi-Z	Hi-Z
							9	UART0_TX	UART0 发送数据端口	O	1		
							2	McACLK	I^2S 音频时钟输出	O	Hi-Z		
							3	McAFSX	I^2S 音频帧同步	O	Hi-Z		
							4	GT_CCP05	定时器捕获端口	I	Hi-Z		
							7	GSPI_MISO	SPI 主机输入/从机输出	I/O	Hi-Z		
54	VIN_IO2	Supply Input	N/A	N/A	N/A	N/A		VIN_IO2	芯片供电电压(VBAT)				
55	GPIO1	I/O	No	No	No	GPIO_PAD_ CONFIG_1 (0x4402E0A4)	0	GPIO1	通用 I/O 端口	I/O	Hi-Z	Hi-Z	Hi-Z
							3	UART0_TX	UART0 发送数据端口	O	1		
							4	pCLK (PIXCLK)	并行相机传感器的像素时钟	I	Hi-Z		
							6	UART1_TX	UART1 发送数据端口	O	1		
							7	GT_CCP01	定时器捕获端口	I	Hi-Z		
56	VDD_ DIG2	Internal Power	N/A	N/A	N/A	N/A		VDD_DIG2	内核电压				

续表 2-4

引脚属性						功　能					PadStates		
封装的引脚号	别　称	用　途	作为唤醒源	作为模拟信号引脚	JTAG 是否占用	配置寄存器的地址	模　式	功能名	功能描述	方　向	LPDS[1]	Hib[2]	nRESET =0
57[13]	GPIO2	Analog Input (upto 1.5V)/ Digital I/O	Wake-Up Source	See[10],[14]	No	GPIO_PAD_ CONFIG_2 (0x4402E0A8)	See[6]	ADC_CH0	ADC 输入通道 0 (1.5 Vmax)	I		Hi-Z	Hi-Z
							0	GPIO2	通用 I/O 端口	I/O	Hi-Z		
							3	UART0_RX	UART0 接收数据端口	I	Hi-Z		
							6	UART1_RX	UART1 接收数据端口	I	Hi-Z		
							7	GT_CCP02	定时器捕获端口	I	Hi-Z		
58[13]	GPIO3	Analog Input (upto 1.5 V)/ Digital I/O.	No	See[10],[14]	No	GPIO_PAD_ CONFIG_3 (0x4402E0AC)	See[6]	ADC_CH1	ADC 输入通道 1 (1.5Vmax)	I		Hi-Z	Hi-Z
							0	GPIO3	通用 I/O 端口	I/O	Hi-Z		
							6	UART1_TX	UART1 发送数据端口	O	1		
							4	pDATA7(CAM_D3)	并行相机数据位 3	I	Hi-Z		
59[13]	GPIO4	Analog Input (upto 1.5V)/ Digital I/O	Wake-up Source	See[10],[14]	No	GPIO_PAD_ CONFIG_4 (0x4402E0B0)	See[6]	ADC_CH2	ADC 输入通道 2 (1.5 Vmax)	I		Hi-Z	Hi-Z
							0	GPIO4	通用 I/O 端口	I/O	Hi-Z		
							6	UART1_RX	UART1 接收数据端口	I	Hi-Z		
							4	pDATA6 (CAM_D2)	并行相机数据位 2	I	Hi-Z		
60[13]	GPIO5	Analog Input (upto 1.5V)/ Digital I/O	No	See[10],[14]	No	GPIO_PAD_ CONFIG_5 (0x4402E0B4)	See[6]	ADC_CH3	ADC 输入通道 3 (1.5 Vmax)	I		Hi-Z	Hi-Z
							0	GPIO5	通用 I/O 端口	I/O	Hi-Z		
							4	pDATA5(CAM_D1)	并行相机数据位 1	I	Hi-Z		
							6	McAXR1	I^2S 音频数据端口 1 (发送/接收)	I/O	Hi-Z		
							7	GT_CCP05	定时器捕获端口	I	Hi-Z		

续表 2-4

引脚属性						功能					PadStates		
封装的引脚号	别称	用途	作为唤醒源	作为模拟信号引脚	JTAG是否占用	配置寄存器的地址	模式	功能名	功能描述	方向	LPDS[1]	Hib[2]	nRESET =0
61	GPIO6	No	No	No	No	GPIO_PAD_CONFIG_6 (0x4402E0B8)	0	GPIO6	通用 I/O 端口	I/O	Hi-Z	Hi-Z	Hi-Z
							5	UART0_RTS	UART0 请求发送端口（低电平有效）	O	1		
							4	pDATA4 (CAM_D0)	并行相机数据位 0	I	Hi-Z		
							3	UART1_CTS	UART1 清除发送（低电平有效）	I	Hi-Z		
							6	UART0_CTS	UART0 清除发送（低电平有效）	I	Hi-Z		
							7	GT_CCP06	定时器捕获端口	I	Hi-Z		
62	GPIO7	I/O	No	No	No	GPIO_PAD_CONFIG_7 (0x4402E0BC)	0	GPIO7	通用 I/O 端口	I/O	Hi-Z	Hi-Z	Hi-Z
							13	McACLKX	I²S 音频时钟输出	O	Hi-Z		
							3	UART1_RTS	UART1 请求发送（低电平有效）	O	1		
							10	UART0_RTS	UART0 请求发送（低电平有效）	O	1		
							11	UART0_TX	UART0 发送数据端口	O	1		
63	GPIO8	I/O	No	No	No	GPIO_PAD_CONFIG_8 (0x4402E0C0)	0	GPIO8	通用 I/O 端口	I/O	Hi-Z	Hi-Z	Hi-Z
							6	SDCARD_IRQ	响应 SDCard 中断 (Future support)	I			
							7	McAFSX	I²S 音频帧同步	O			
							12	GT_CCP06	定时器捕获端口	I			

续表 2-4

引脚属性						功 能					PadStates		
封装的引脚号	别 称	用 途	作为唤醒源	作为模拟信号引脚	JTAG 是否占用	配置寄存器的地址	模 式	功能名	功能描述	方 向	LPDS(1)	Hib(2)	nRESET =0
64	GPIO9	I/O	No	No	No	GPIO_PAD_CONFIG_9 (0x4402E0C4)	0	GPIO9	通用 I/O 端口	I/O	Hi-Z	Hi-Z	Hi-Z
							3	GT_PWM05	PWM 输出	O			
							6	SDCARD_DATA	SDCard 数据端口	I/O			
							7	McAXR0	I²S 音频数据(发送/接收)	I/O			
							12	GT_CCP00	定时器捕获端口	I			
65	GND_TAB								接地,隔热盘				

(1) LPDSmode:LPDS 模式下未使用的 GPIOs 处于输入端连接一个 500 kΩ 下拉电阻的状态。对所有可用的 GPIOs,用户都可以使能其内部电阻,使其处于可用状态。

(2) 休眠模式:当设备进入休眠模式时,CC3200 会将数字式引脚置于 Hi-Z 状态下,并关闭所有内部上下拉电阻。除非通过外部电阻将输出部分修正为有效的电平,否则可能会出现输出故障。

(3) 在 LPDS 模式下,为了最小化一些厂商串行闪存的漏电流,TI 建议用户应用程序应该一直使能 FLASH_SPI_DATA 和 FLASH_SPI_CLK 引脚处的内部弱下拉电阻。

(4) 该引脚具有两种功能:作为 SOP[2](设备操作模式)或外部 TCXO。当作为外部 TCXO 使用时,该引脚在上电时作为一个输出引脚,驱动逻辑高电平。在休眠低功耗模式下,该引脚处于高阻抗状态,但当进入 SOP 模式时会取消高阻抗状态并关闭 TCXO 功能。为满足 SOP 的功能所需,该引脚必须只能用作输出引脚。

(5) 当设备进入休眠模式时,由于浮空输入的原因,使得在板载串行闪存上产生更大的漏电流,请对照参考电路以获得推荐的上拉和下拉电阻。

(6) 有关正确使用该引脚的详细细节,请参照 2.4.2 小节,模拟数字复用引脚的驱动电流和默认状态。

(7) 该引脚同其他两个引脚一样,必须在板子上连接一个被动的上拉或下拉电阻,从而配置芯片的硬件上电模式。由于这个原因,如果使用该引脚的数字功能,必须只能用作输出引脚。

(8) 该引脚是为 WLAN 天线选择所保留的引脚,该引脚控制一个外部的 RF 切换开关,该开关在两个天线之间复用 CC3200 的 RF 引脚。通常情况下,这些引脚不应该用作其他功能。

(9) 在 ROM 启动期间,设备固件会自动使能数字通道。

(10) Pin 45 引脚用于连接内部 DC-DC(ANA2_DC-DC),Pin 52 用于连接 RTC XTAL 晶振器。这些模块均采用自适应技术。因此,一些板卡级的配置必须使用 Pin 45 和 Pin 52 的数字功能(请看图 2-8)。由于 CC3200R 设备无须使用 ANA2_DC-DC,Pin 45 引脚可以一直用作数字功能。但是 Pin 47 引脚必须连接到电源输入。一般而言,大多数应用会将 Pin 52 用于连接 RTC XTAL。然而,某些应用可能需要一个可用的 32.768 kHz 的方波时钟。在这种情况下,可以移除 XTAL 结构并将 Pin 52 用作数字功能,随后外部时钟必须连接到 Pin 51 引脚上。为了使芯片能够自动侦测到这种配置,必须在 Pin 52 引脚和电源线之间连接一个 100 kΩ 的上拉电阻。为了防止错误地检测到上述配置,TI 建议仅适用 Pin 52 引脚的输出功能。

(11) VDD_FLASH 必须连接 V_{supply}。

(12) 为了使用数字功能,RTC_XTAL_N 必须通过一个 100 kΩ 的电阻拉高至 V_{supply}。

(13) 该引脚由 ADC 输入和数字 I/O pad 单元共享。请注意:ADC 的输入可以承受 1.8 V,另一方面,数字 pads 能够承受 3.6 V 的电压。因此,必须要十分小心,避免 ADC 输入电压过高造成的意外损害。TI 建议应首先关闭对应于所需的 ADC 通道的数字 I/O 的输出缓存(也就是转换为高阻抗状态),随后,应使能各自的通道开关(S7、S8、S9、S10)。(请参照 2.4.2 小节,模拟数字复用引脚的驱动电流和默认状态。)

(14) 需要用户配置使能 ADC 通道的模拟开关(初始时,该开关为关闭状态)。在使能 ADC 开关之前,数字 I/O 需要一直连接并处于 Hi-Z 状态。

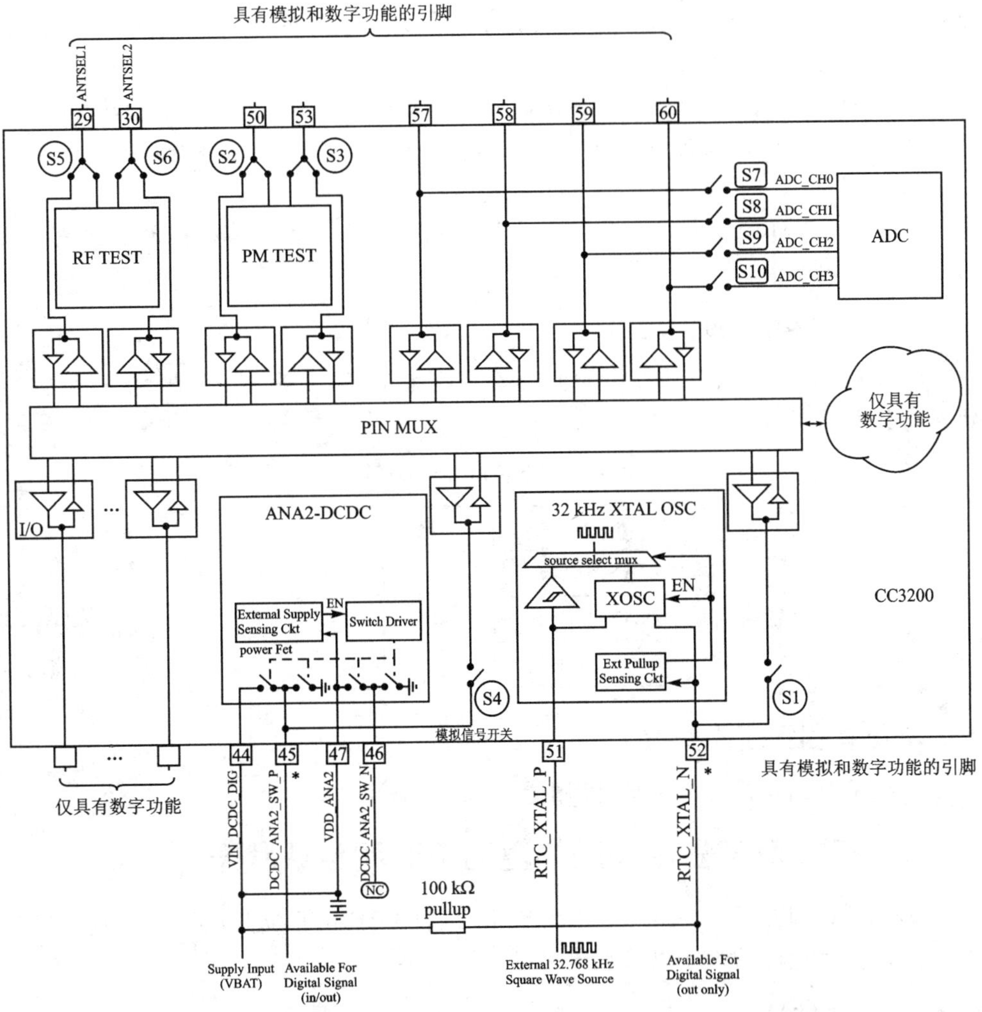

图 2-8　将 Pin 45 和 Pin 52 用作数字信号时开发板的连接配置

以下事项需要特别注意：

- 所有的 I/O 接口都支持大小为 2 mA、4 mA 和 6 mA 的驱动电流。每个引脚的驱动电流都可以独立配置。
- 所有的 I/O 接口都支持大小为 10 μA 的上拉和下拉电流。
- 当设备处于休眠状态时，上述的上、下拉处于非活跃状态，并且所有的 I/O 接口都处于浮空状态。
- 在任意时刻，V_{IO} 和 V_{BAT} 电源都必须连在一起。
- 所有的数字 I/O 接口都不具有安全保障功能。

注意： 如果某个外部设备驱动一个正向电压流向信号模块，同时 CC3200 设备尚未启动，那么会使当前 DC 电流的来源变更为其他设备。如果外部设备的驱动电流刚好达到某一要求，那么 CC3200 设备可能在不经意间被唤醒和启动。为了防止上述事件的发生，TI 有以下建议：

- 所有与 CC3200 相连的设备接口都必须采用和芯片一致的电源启动流程。
- 当 CC3200 与采用独立电源启动流程的外部设备相连接时，采用电平转换器。
- CC3200 的 nRESET 引脚必须在 V_{BAT} 电源驱动设备并保持稳定之前保持低电平状态。

1. 对未使用引脚的连接

所有未使用的引脚必须保留为未连接（NC）状态，称之为 NC 引脚。NC 引脚的列表如表 2－5 所列。

表 2－5　未使用引脚的连接

功　能	信号名	引脚号
WLAN Analog	NC	26
WLAN Analog	NC	27
WLAN Analog	NC	28

2. 推荐引脚复用配置

表 2－6 列出了推荐的引脚复用配置。

2.4.2　模拟数字复用引脚的驱动电流和默认状态

表 2－7 详细介绍了在第一次上电或重启（将 nRESET 拉低）时，各引脚的使用注意事项、驱动电流的大小以及默认状态。

2.4.3　在芯片上电后复位释放前的引脚状态

当 CC3200 第一次正常上电，或电源电压从前一周期的 1.5 V 以下恢复到正常供电电压时，在 nRESET 释放到 DIG_DC－DC 的启动期间，数字 Pads 的电平处于不确定状态。该状态最多会持续 10 ms 左右，在此期间，可以通过两种方式对 Pads 进行弱的上下拉。如果需要一组特定的引脚在这个“预”上电复位期间获得确定的值，那么必须在板级使用一个适当的上拉或下拉电阻。推荐的外部上下拉电阻值是 2.7 kΩ。

表 2-6 推荐的引脚复用配置

PinNumber	Pinout＃11	Pinout＃10	Pinout＃9	Pinout＃8	Pinout＃7	Pinout＃6	Pinout＃5	Pinout＃4	Pinout＃3	Pinout＃2	Pinout＃1
	Home SecurityHigh-endToys	WifiAudio ++Industrial	Sensor-Tag	HomeSecurity Toys	WifiAudio ++Industrial	WiFiRemotew/7x7 keypadand audio	SensorDoor-LockFire-Alarm Toysw/oCam	IndustrialHome Appliances	IndustrialHome Appliances Smart-Plug	IndustrialHome Appliances"	GPIOs
	External32 kHz(2)	External32 kHz(2)								ExternalTCXO 40MHZ(-40 to+85°C)	
	Cam+I2S (TxorRx)+I2C+ SPI+SWD+ UART-Tx+ (AppLogger) 2GPIO+ 1PWM+＊4 overlaid wakeupfromHib	I2S(Tx&Rx) +1ChADC +1x4wire UART+1x 2wireUART+ 1bitSDCard +SPI+I2C+ SWD+3GPIO+ 1PWM+1GPIO withWake-From-Hib	I2S(Tx&Rx) +2ChADC+ 2wireUART+ SPI+I2C +SWD+2 PMW+6 GPIO+3 GPIOwithWake-From-Hib	Cam+I2S (TxorRx)+ I2C+SWD+ UART-Tx+ (AppLogger) 4GPIO+ 1PWM+＊4 overlaid wakeup fromHIB	I2S(Tx&Rx) +1ChADC+ 2x2wire UART+ 1bitSDCard+SPI +I2C+SWD+4 GPIO+1 PWM+1 GPIOwithWake-From-Hib	I2S(Tx&Rx) +1ChADC+ UART(Tx Only)I2C+ SWD+15 GPIO+1 PWM+1 GPIOwithWake-From-Hib	I2S(TxorRx) +2ChADC+ 2wireUART +SPI+I2C+ 3PMW+3 GPIOwithWake-From-Hib+ 5GPIOSWD+	4ChADC+ 1x4wire UART +1x2wireUART +SPI+I2C+ SWD+1PWM+6 GPIO+1 GPIOwith Wake-From-HibEnablefor Ext40MHzTCXO	3ChADC+ 2wireUART+ SPI+I2C+ SWD+3 PWM+9 GPIO+2 GPIOwithWake-From-Hib	2ChADC+ 2wireUART+ I2C+SWD+ 3PWM+11 GPIO+5 GPIOwithWake-From-Hib	
52	GSPI-MOSI	McASP-D0 (Tx)									GPIO_32 outputonly
53	GSPI-MISO	MCASP-ACLKX	MCASP-ACLKX	GPIO_30	GPIO_30	GPIO_30	GPIO_30	UART0-TX	GPIO_30	UART0-TX	GPIO_30
45	GSPI-CLK	McASP-AFSX	McASP-D0	GPIO_31	McASP-AFSX	McASP-AFSX	McASP-AFSX	UART0-RX	GPIO_31	UART0-RX	GPIO_31
50	GSPI-CS	McASP-D1 (Rx)	McASP-D1	McASP-D1	McASP-D1	McASP-D1	McASP-D1	UART0-CTS	GPIO_0	GPIO_0	GPIO_0
55	pCLK (PIXCLK)	UART0-TX	UART0-TX	PIXCLK	UART0-TX	UART0-TX	UART0-TX	GPIO-1	UART0-TX	GPIO_1	GPIO_1
57	(wake)GPIO2	UART0-RX	UART0-RX	(wake)GPIO2	UART0-RX	GPIO_2	UART0-RX	ADC-0	UART0-RX	(wake)GPIO_2	(wake)GPIO_2
58	pDATA7(D3)	UART1-TX	ADC-CH1	pDATA7(D3)	UART1-TX	GPIO_3	ADC-1	ADC-1	ADC-1	ADC-1	GPIO_3
59	pDATA6(D2)	UART1-RX	(wake)GPIO_4	pDATA6(D2)	UART1-RX	GPIO_4	(wake)GPIO_4	ADC-2	ADC-2	(wake)GPIO_4	(wake)GPIO_4
60	pDATA5(D1)	ADC-3	ADC-3	pDATA5(D1)	ADC-3	ADC-3	ADC-3	ADC-3	ADC-3	ADC-3	GPIO_5
61	pDATA4(D0)	UART1-CTS	GPIO_6	pDATA4(D0)	GPIO_6	GPIO_6	GPIO_6	UART0-RTS	GPIO_6	GPIO_6	GPIO_6

续表 2-6

PinNumber	Pinout#11	Pinout#10	Pinout#9	Pinout#8	Pinout#7	Pinout#6	Pinout#5	Pinout#4	Pinout#3	Pinout#2	Pinout#1
62	McASP-ACLKX	UART1-RTS	GPIO_7	McASP-ACLKX	McASP-ACLKX	McASP-ACLKX	McASP-ACLKX	GPIO_7	GPIO_7	GPIO_7	GPIO_7
63	McASP-AFSX	SDCARD-IRQ	McASP-AFSX	McASP-AFSX	SDCARD-IRQ	GPIO_8	GPIO_8	GPIO_8	GPIO_8	GPIO_8	GPIO_8
64	McASP-D0	SDCARD-DATA	GT_PWM5	McASP-D0	SDCARD-DATA	GPIO_9	GT_PWM5	GT_PWM5	GT_PWM5	GT_PWM5	GPIO_9
1	UART1-TX	SDCARD-CLK	GPIO_10	UART1-TX	SDCARD-CLK	GPIO_10	GT_PWM6	UART1-TX	GT_PWM6	GPIO_10	GPIO_10
2	(wake) pXCLK (XVCLK)	SDCARD-CMD	(wake) GPIO_11	(wake) pXCLK (XVCLK)	SDCARD-CMD	GPIO_11	(wake)GPIO_11	UART1-RX	(wake)GPIO_11	(wake)GPIO_11	(wake)GPIO_11
3	pVS(VSYNC)	I2C-SCL	I2C-SCL	pVS(VSYNC)	I2C-SCL	GPIO_12	I2C-SCL	I2C-SCL	I2C-SCL	GPIO_12	GPIO_12
4	(wake)pHS (HSYNC)	I2C-SDA	I2C-SDA	(wake)pHS (HSYNC)	I2C-SDA	GPIO_13	I2C-SDA	I2C-SDA	I2C-SDA	(wake)GPIO_13	(wake)GPIO_13
5	pDATA8(D4)	GSPI-CLK	GSPI-CLK	pDATA8(D4)	GSPI-CLK	I2C-SCL	GSPI-CLK	GSPI-CLK	GSPI-CLK	I2C-SCL	GPIO_14
6	pDATA9(D5)	GSPI-MISO	GSPI-MISO	pDATA9(D5)	GSPI-MISO	I2C-SDA	GSPI-MISO	GSPI-MISO	GSPI-MISO	I2C-SDA	GPIO_15
7	pDATA10 (D6)	GSPI-MOSI	GSPI-MOSI	pDATA10 (D6)	GSPI-MOSI	GPIO_16	GSPI-MOSI	GSPI-MOSI	GSPI-MOSI	GPIO_16	GPIO_16
8	(wake) pDATA11(D7)	GSPI-CS	GSPI-CS	(wake) pDATA11(D7)	GSPI-CS	GPIO_17	GSPI-CS	GSPI-CS	GSPI-CS	(wake)GPIO_17	(wake)GPIO_17
11	SPI-FLASH_CLK	SPI-FLASH_CLK	SPI-FLASH_CLK	SPI-FLASH_CLK	SPI-FLASH_CLK	SPI-FLASH_CLK	SPI-FLASH_CLK	SPI-FLASH_CLK	SPI-FLASH_CLK	SPI-FLASH_CLK	SPI-FLASH_CLK
12	SPI-FLASH-DOUT	SPI-FLASH-DOUT	SPI-FLASH-DOUT	SPI-FLASH-DOUT	SPI-FLASH-DOUT	SPI-FLASH-DOUT	SPI-FLASH-DOUT	SPI-FLASH-DOUT	SPI-FLASH-DOUT	SPI-FLASH-DOUT	SPI-FLASH-DOUT
13	SPI-FLASH-DIN	SPI-FLASH-DIN	SPI-FLASH-DIN	SPI-FLASH-DIN	SPI-FLASH-DIN	SPI-FLASH-DIN	SPI-FLASH-DIN	SPI-FLASH-DIN	SPI-FLASH-DIN	SPI-FLASH-DIN	SPI-FLASH-DIN
14	SPI-FLASH-CS	SPI-FLASH-CS	SPI-FLASH-CS	SPI-FLASH-CS	SPI-FLASH-CS	SPI-FLASH-CS	SPI-FLASH-CS	SPI-FLASH-CS	SPI-FLASH-CS	SPI-FLASH-CS	SPI-FLASH-CS
15	GPIO_22	GPIO_22	GPIO_22	GPIO_22	GPIO_22	GPIO_22	GPIO_22	GPIO_22	GPIO_22	GPIO_22	GPIO_22
16	I2C-SCL	GPIO_23	GPIO_23	I2C-SCL	GPIO_23	GPIO_23	GPIO_23	GPIO_23	GPIO_23	GPIO_23	GPIO_23
17	I2C-SDA	(wake)GPIO_24	(wake)GPIO_24	I2C-SDA	(wake)GPIO_24	(wake)GPIO_24	(wake)GPIO_24	(wake)GPIO_24	(wake)GPIO_24	GT-PWM0	(wake)GPIO_24
19	SWD-TCK	SWD-TCK	SWD-TCK	SWD-TCK	SWD-TCK	SWD-TCK	SWD-TCK	SWD-TCK	SWD-TCK	SWD-TCK	SWD-TCK
20	SWD-TMS	SWD-TMS	SWD-TMS	SWD-TMS	SWD-TMS	SWD-TMS	SWD-TMS	SWD-TMS	SWD-TMS	SWD-TMS	SWD-TMS
18	GPIO_28	GPIO_28	GPIO_28	GPIO_28	GPIO_28	GPIO_28	GPIO_28	GPIO_28	GPIO_28	GPIO_28	GPIO_28
21	GT_PWM2	GT_PWM2	GT_PWM2	GT_PWM2	GT_PWM2	GT_PWM2	GT_PWM2	TCXO_EN	GT_PWM2	GT_PWM2	GPIO_25outonly

注：(1) 可以利用有“wake”标记的引脚来唤醒处于 HIBERNATE 或 LPDS 状态的芯片。当前的设计版本中，任何有“wake”功能的引脚都可以唤醒处于 HIBERNATE 状态的芯片。在休眠控制模块中，唤醒监控器通过逻辑 ORs 字段可以屏蔽某些引脚的唤醒功能。而只有一个引脚能够唤醒处于 LPDS 状态的芯片，该引脚可以在进入 LPDS 状态前进行配置。核心数字式唤醒监视器使用 MUX 来从中选择一个引脚进行监视。

(2) 设备支持 32.768 kHz 的外部时钟。这种配置可以节约一个引脚(32K_XTAL_N)的使用，该引脚通过接入一个 100 kΩ 的上拉电阻配置成一种仅可以输出的模式。

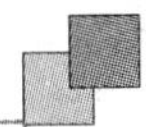

表 2-7 模拟数字复用引脚的驱动电流和默认状态

引 脚	板级配置及使用	第一次上电或强制重启后的默认状态	配置模拟开关后的状态(ACTIVE、LPDS 和 HIB 能耗模式)	最大有效驱动电流/mA
29	连接到 RF 开关的使能引脚,不推荐其他使用方法	模拟和数字 I/O 均是独立的	由 I/O 的状态决定,数字 I/Os 也是如此	4
30	连接到 RF 开关的使能引脚,不推荐其他使用方法	模拟和数字 I/O 均是独立的	由 I/O 的状态决定,数字 I/Os 也是如此	4
45	VDD_ANA2 (Pin 47)必须与输入电源相连,否则,该引脚将被 ANA2 DC-DC 驱动	模拟和数字 I/O 均是独立的	由 I/O 的状态决定,数字 I/Os 也是如此	4
50	通用 I/O	模拟和数字 I/O 均是独立的	由 I/O 的状态决定,数字 I/Os 也是如此	4
52	该引脚必须通过一个外接的 100 kΩ上拉电阻连接到电源线,并且只能用作输出信号	模拟和数字 I/O 均是独立的	由 I/O 的状态决定,数字 I/Os 也是如此	4
53	通用 I/O	模拟和数字 I/O 均是独立的	由 I/O 的状态决定,数字 I/Os 也是如此	4
57	模拟信号(稳定的 1.8 V,1.46 V 满量程)	ADC 和数字 I/O 均是独立的	由 I/O 的状态决定,数字 I/Os 也是如此	4
58	模拟信号(稳定的 1.8 V,1.46 V 满量程)	ADC 和数字 I/O 均是独立的	由 I/O 的状态决定,数字 I/Os 也是如此	4
59	模拟信号(稳定的 1.8 V,1.46 V 满量程)	ADC 和数字 I/O 均是独立的	由 I/O 的状态决定,数字 I/Os 也是如此	4
60	模拟信号(稳定的 1.8 V,1.46 V 满量程)	ADC 和数字 I/O 均是独立的	由 I/O 的状态决定,数字 I/Os 也是如此	4

2.5 典型应用电路

本节主要介绍两种典型的 CC3200 应用电路:一种是宽电压模式,一种是预稳压模式。

2.5.1 典型用途——CC3200 宽电压模式

图 2-9 展示了一个使用 CC3200 宽电压模式的应用项目的结构图。

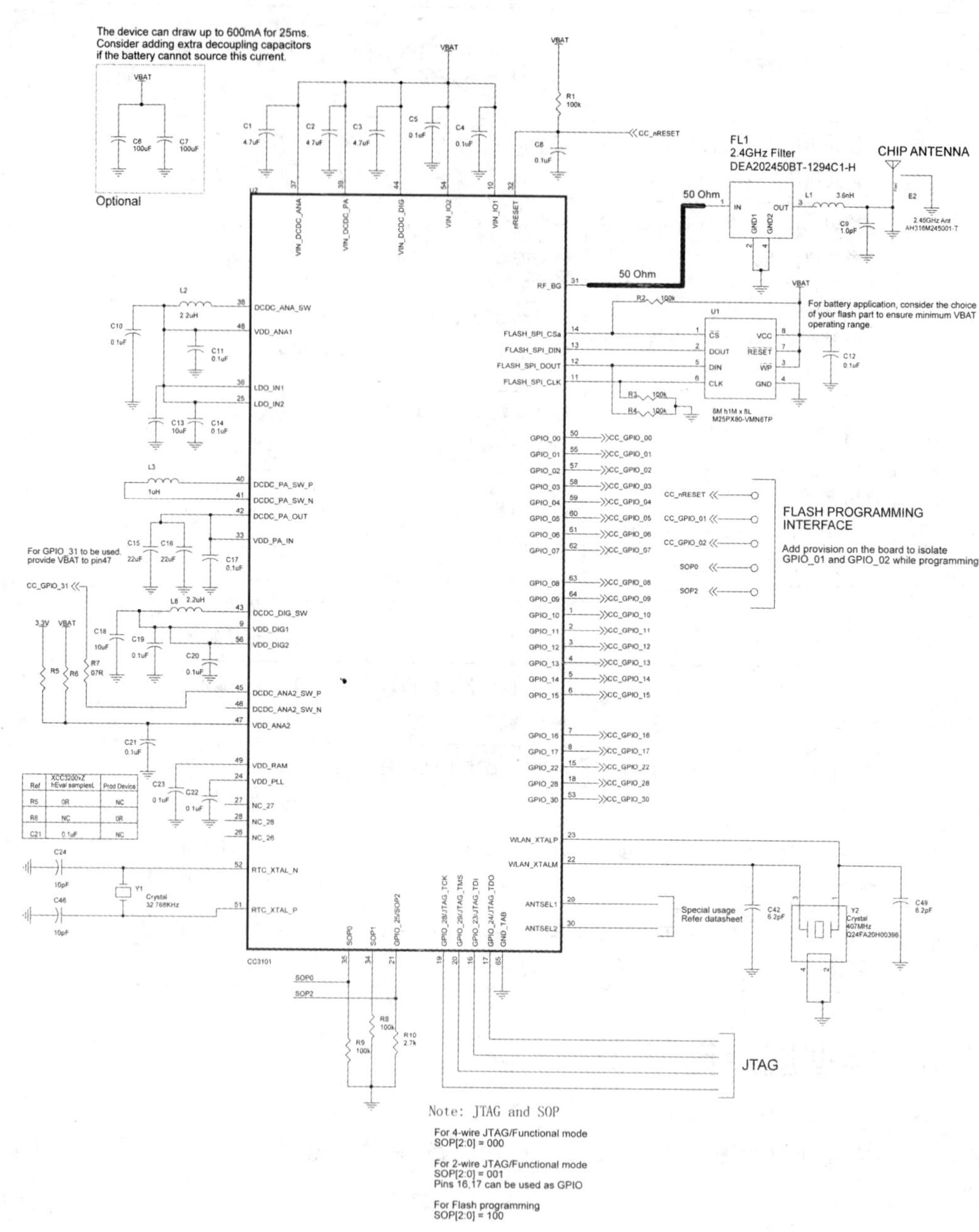

图 2-9 CC3200 宽电压模式应用结构图

表 2－8 列出了在使用 CC3200 宽电压模式的情况下，应用项目所需的材料清单。

表 2－8　使用 CC3200 宽电压模式的应用所需材料清单

编　号	数　量	型号参考	大　小	制造商	型　号	描　述
1	3	C1、C2、C3	4.7 μF	Samsung Electro-Mechanics America, Inc	CL05A475MQ5NRNC	瓷片电容：4.7 μF，6.3 V，20% X5R 0402
2	13	C4、C5、C8、C11、C12、C13、C14、C17、C19、C20、C21、C22、C23	0.1 μF	Taiyo Yuden	LMK105BJ104KV-F	瓷片电容：0.1μF，10 V，10% X5R 0402
3	1	C9	1.0 pF	Murata Electronics North America	GJM1555C1H1R0BB01D	瓷片电容：1 pF，50 V，NP0 0402
4	2	C10、C18	10 μF	Murata Electronics North America	GRM188R60J106ME47D	瓷片电容：10 μF，6.3 V，20% X5R 0603
5	2	C15、C16	22 μF	Taiyo Yuden	AMK107BBJ226MAHT	瓷片电容：22 μF，4 V，20% X5R 603
6	2	C24、C46	10 pF	Murata Electronics North America	GRM1555C1H100FA01D	瓷片电容：10 pF，50 V，1% NP0 402
7	2	C42、C49	6.2 pF	Murata Electronics North America	GRM1555C1H6R2BA01D	瓷片电容：6.2 pF 50 V NP0 0402
8	1	E2	2.4 GHz Ant	Taiyo Yuden	AH316M245001-T	芯片天线：50 Ω Bluetooth WLAN ZigBee WIMAX
9	1	FL1	2.4 GHz Filter	TDK-Epcos	DEA202450BT-1294C1-H	带通滤波器：2.4 GHz WLAN SMD
10	1	L1	3.6 nH	Murata Electronics North America	LQP15MN3N6B02D	电感器：3.6 nH，0.1 nH，0402
11	2	L2、L8	2.2 μH	Murata Electronics North America	LQM2HPN2R2MG0L	电感器：2.2 μH，20%，1 300 mA 1008

续表 2－8

编　号	数　量	型号参考	大　小	制造商	型　号	描　述
12	1	L3	1 μH	Murata	LQM2HPN1R0MJ0L	电感器，Power：1.0 μH，1 500 mA，1007
16	1	U1	8 MB (1 MB×8)	Micron Technology Inc	M25PX80-VMN6TP	IC Flash：8 MB，75 MHz，8SO
17	1	U2	CC3200	Texas Instruments	CC3200R1-M2RTDR	ARM M4 MCU with 802.11bgn Wi-Fi
18	1	Y1	Crystal	Abracon Corporation	ABS07-32.768KHZ-T	晶振：32.768 kHz，12.5 pF，SMD
19	1	Y2	Crystal	Epson	Q24FA20H00396	晶振：40 MHz，8 pF，SMD

2.5.2　典型用途——CC3200 预稳压 1.85 V 模式

图 2－10 展示了一个使用 CC3200 预稳压 1.85 V 模式的应用项目的结构图。

表 2－9 列出了在使用 CC3200 预稳压 1.85 V 模式的情况下，应用项目所需材料清单。

表 2－9　使用 CC3200 预稳压 1.85 V 模式的应用所需材料清单

编　号	数　量	型号参考	大　小	制造商	型　号	描　述
1	3	C1、C2、C3	4.7 μF	Samsung Electro-Mechanics America，Inc	CL05A475MQ5NRNC	瓷片电容：4.7 μF，6.3 V，20% X5R 0402
2	12	C4、C5、C8、C11、C12、C14、C17、C19、C20、C21、C22、C23	0.1 μF	Taiyo Yuden	LMK105BJ104KV-F	瓷片电容：0.1 μF，10 V，10% X5R 0402
3	1	C9	1.0 pF	Murata Electronics North America	GJM1555C1H1R0BB01D	瓷片电容：1 pF，50 V，NP0 0402
4	1	C16	22 μF	Taiyo Yuden	AMK107BBJ226MAHT	瓷片电容：22 μF，4 V，20% X5R 0603

续表 2-9

编 号	数 量	型号参考	大 小	制造商	型 号	描 述
5	2	C13、C18	10 μF	Murata Electronics North America	GRM188R60J106ME47D	瓷片电容:10 μF,6.3 V,20% X5R 0603
6	2	C24、C46	10 pF	Murata Electronics North America	GRM1555C1H100FA01D	瓷片电容:10 pF,50 V,1% NP0 402
7	2	C42、C49	6.2 pF	Murata Electronics North America	GRM1555C1H6R2BA01D	瓷片电容:6.2 pF,50 V NP0 0402
8	1	E2	2.4 GHz Ant	Taiyo Yuden	AH316M245001-T	芯片天线:50 Ω Bluetooth WLAN ZigBee WIMAX
9	1	FL1	2.4 GHz Filter	TDK-Epcos	DEA202450BT-1294C1-H	带通滤波器:2.4 GHz WLAN SMD
10	1	L1	3.6 nH	Murata Electronics North America	LQP15MN3N6B02D	电感器:3.6 nH,0.1 nH 0402
11	1	L8	2.2 μH	Murata Electronics North America	LQM2HPN2R2MG0L	电感器:2.2 μH,20%,1 300 mA 1008
15	1	U1	8 MB (1 MB×8)	Winbond	W25Q80BWZPIG	IC FLASH 8 MB 75 MHz 8WSON
16	1	U2	CC3200	Texas Instruments	CC3200R1-M2RTDR	ARM M4 MCU with 802.11bgn Wi-Fi
17	1	Y1	Crystal	Abracon Corporation	ABS07-32.768KHZ-T	晶振:32.768 kHz,12.5 pF,SMD
18	1	Y2	Crystal	Epson	Q24FA20H00396	晶振:40 MHz,8 pF,SMD

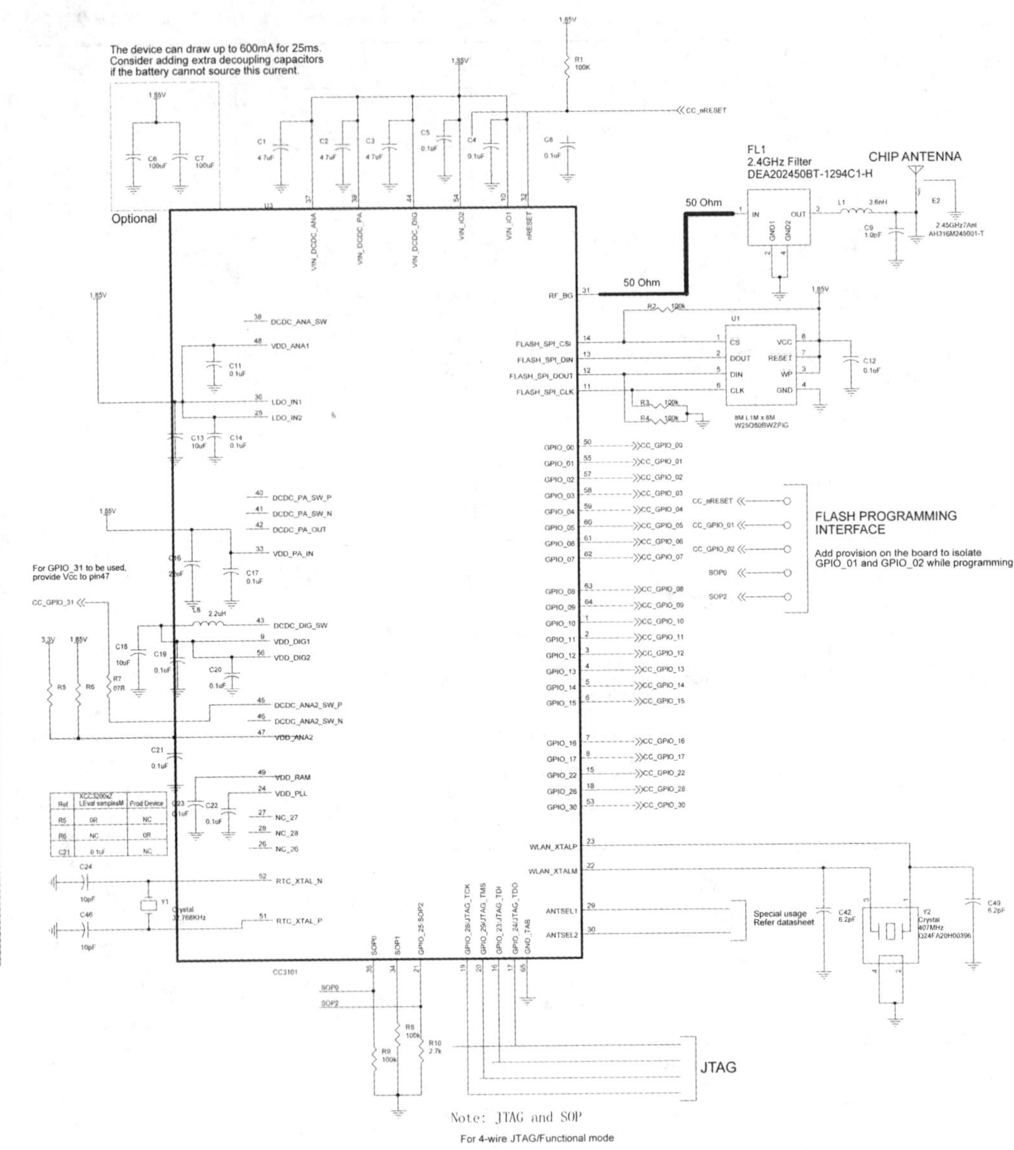

图 2-10　CC3200 预稳压 1.85 V 模式应用结构图

2.6　电气特性

本节主要列出了 CC3200 器件的电器特性，需要注意的是：除特殊说明外，所有的测量值均指设备引脚处的值。

2.6.1 绝对最大额定值

绝对最大额定值见表 2-10。

表 2-10 绝对最大额定值

参　数	引　脚	最小值	最大值	单　位
V_{BAT}和V_{IO}	37,39,44	−0.5	3.8	V
$V_{IO}-V_{BAT}$(差分)	10,54		0.0	V
数字输入		−0.5	V_{IO}+0.5	V
RF 引脚		−0.5	2.1	V
模拟引脚(XTAL)		−0.5	2.1	V
工作温度范围(T_A)		−40	+85	℃

注：在开放空间的工作温度范围(另有说明的除外)。

2.6.2 处理率

处理率见表 2-11。

表 2-11 处理率

参　数	条　件		最小值	最大值	单　位
T_{stg}	存储温度范围		−55	+125	℃
V_{ESD}	静电放电	人体模型(HBM)	−2 000	+2 000	V
		充电设备模型(CDM)	−500	+500	V

2.6.3 推荐工作环境

推荐工作环境见表 2-12。

表 2-12 推荐工作环境

参　数	引　脚	状　态	最小值	常见值	最大值	单　位
V_{BAT}、V_{IO}(连接到V_{BAT}上)	10,37,39,44,54	直接连接电池	2.1	3.3	3.6	V
V_{BAT}、V_{IO}(连接到V_{BAT}上)	10,37,39,44,54	连接到预调制的 1.85 V	1.76	1.85	1.9	V
环境热转换			−20		20	℃/min

注：在室温下工作(除非另有说明)。

① 工作温度随晶振频率变化而变化。

② 为了保证 WLAN 功能不受影响，2.1～3.3 V 的供电电压必须保证小于±300 mV的波动。

③ 为了保证 WLAN 功能不受影响，1.85 V 预稳压供电电压必须保证小于 2%(±40 mV)的波动。

无论何时，一旦供电电压下降到比 V_{BROWN} 还低，设备就会进入掉电状态(如图 2-11 所示)。在进行电源布线设计(尤其是利用电池供电)时必须考虑上述情况。一些操作(如发送数据包)需要大电流，这会引起供电电压的降低，有可能会使设备进入掉电状态。在设计过程中要考虑的电阻包括电池的内阻、电池盒的接触电阻(两节 AA 电池共有 4 个接触面)、线路和 PCB 布线电阻。

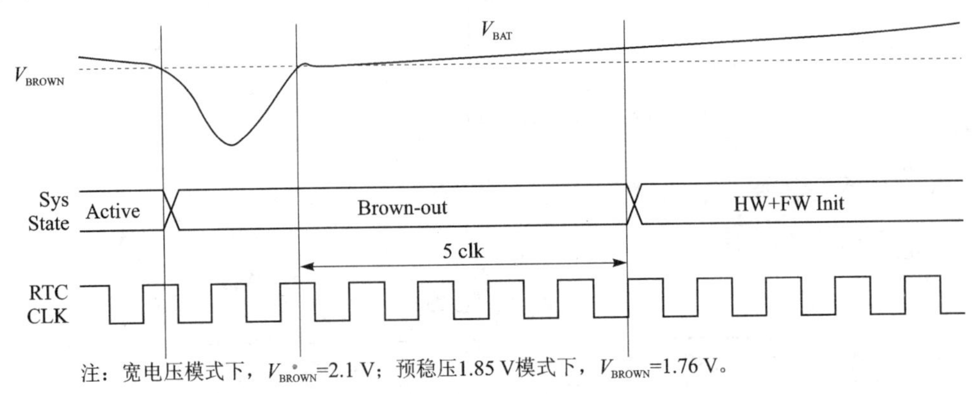

图 2-11　掉电时序图

例如，假设设备的供电电压为 2.3 V，且当该设备以最大功率发送一个 DSSS 数据包时需要 400 mA 的电流，那么如果线路电阻为 0.5 Ω，则该发送操作会使电源电压下降 200 mV。

当设备进入掉电状态时，除休眠模块(包括 32 kHz RTC 时钟)保持不变外，设备的其余部分进入重启状态。在该状态下设备的电流大约是 400 μA。

2.6.4　电气特性

电气特性见表 2-13～表 2-15。

表 2-13　电气特性(1)

3.3 V，25 ℃

GPIOPins 除了 29,30,45,50,52,and53 外(25℃)(1)

参数		测试条件	最小值	常见值	最大值	单位
C_{IN}	引脚电容			4		pF
V_{IH}	作为高电平时的输入电压		$0.65\times V_{DD}$		$V_{DD}+0.5$ V	V

续表 2-13

参　数			测试条件	最小值	常见值	最大值	单　位
V_{IL}	作为低电平时的输入电压			−0.5		$0.35 \times V_{DD}$	V
I_{IH}	作为高电平时的输入电流				5		nA
I_{IL}	作为低电平时的输入电流				5		nA
V_{OH}	高电平时的输出电压(V_{DD}=3.0 V)			2.4			V
V_{OL}	低电平时的输出电压(V_{DD}=3.0 V)					0.4	V
I_{OH}	高电平时的拉电流，V_{OH}=2.4	2 mA Drive		2			mA
		4 mA Drive		4			mA
		6 mA Drive		6			mA
I_{OL}	低电平时的灌电流 V_{OH}=0.4	2 mA Drive		2			mA
		4 mA Drive		4			mA
		6 mA Drive		6			mA

(1) TI 建议开发者在设计程序时以最低驱动电流作为设计标准。这项措施可以有效地减少 WLAN 冲突的风险并降低任何可能导致射频灵敏度和性能下降的风险。默认的驱动电流是 6 mA。

表 2-14　电气特性(2)

3.3 V，25 ℃

GPIOPins 除 29,30,45,50,52,and53 外(25℃)(1)							
参　数			测试条件	最小值	常见值	最大值	单　位
C_{IN}	引脚电容				7		pF
V_{IH}	作为高电平时的输入电压			$0.65 \times V_{DD}$		V_{DD}+0.5 V	V
V_{IL}	作为低电平时的输入电压			−0.5		$0.35 \times V_{DD}$	V
I_{IH}	作为高电平时的输入电流				50		nA
I_{IL}	作为低电平时的输入电流				50		nA
V_{OH}	高电平时的输出电压(V_{DD}=3.0 V)			2.4			V
V_{OL}	低电平时的输出电压(V_{DD}=3.0 V)					0.4	V
I_{OH}	高电平时的拉电流，V_{OH}=2.4	2 mA Drive		1.5			mA
		4 mA Drive		2.5			mA
		6 mA Drive		3.5			mA
I_{OL}	低电平时的灌电流 V_{OH}=0.4	2 mA Drive		1.5			mA
		4 mA Drive		2.5			mA
		6 mA Drive		3.5			mA

(1) TI 建议开发者在设计程序时以最低驱动电流作为设计标准。这项措施可以有效地减少 WLAN 冲突的风险并降低任何可能导致射频灵敏度和性能下降的风险。默认的驱动电流是 6 mA。

表 2-15　电气特性(3)

3.3 V，25 ℃

引脚的内部上拉和下拉(25℃)[1]						
参　数		测试条件	最小值	常见值	最大值	单　位
I_{OH}	上拉电流，V_{OH}=2.4(V_{DD}=3.0 V)		5		10	μA
I_{OL}	下拉电流，V_{OL}=0.4(V_{DD}=3.0 V)		5			μA

(1) TI 建议开发者在设计程序时以最低驱动电流作为设计标准。这项措施可以有效地减少 WLAN 冲突的风险并降低任何可能导致射频灵敏度和性能下降的风险。默认的驱动电流是 6 mA。

2.6.5　WLAN 接收特性

WLAN 接收特性见表 2-16。

表 2-16　WLAN 接收特性

T_A=+25 ℃，V_{BAT}=2.1～3.6 V。以下各个参数的测量基于 SoC 引脚的通道 7[1]					
参　数	条件/Mbps	最小值	常见值	最大值	单　位
灵敏度 (11b 模式下最高 8%误包率，11g/11n 模式下最高 10%误包率)	1 DSSS		−95.7		dBm
	2 DSSS		−93.6		
	11 CCK		−88.0		
	6 OFDM		−90.0		
	9 OFDM		−89.0		
	18 OFDM		−86.0		
	36 OFDM		−80.5		
	54 OFDM		−74.0		
	MCS0(GF)[2]		−89.0		
	MCS7(GF)[2]		−71.0		
最大输入电平 (10%误包率)[1]	802.11b		−4.0		
	802.11g		−10.0		

(1) 使用通道 13(2 472 MHz)时，灵敏度会降低 1 dB。

(2) 使用混合模式时，灵敏度会降低 1 dB。

2.6.6　WLAN 发送特性

WLAN 发送特性见表 2-17。

表 2－17　WLAN 发送特性

T_A＝＋25 ℃，V_{BAT}＝2.1～3.6 V。以下各个参数的测量基于 SoC 引脚的通道 7(2 442 MHz)[1]

参　数	条件[2]	最小值	常见值	最大值	单　位
最大 RMS 输出功率（通过 IEEE 频谱遮罩或 EVM 进行测定）	1 DSSS		18.0		dBm
	2 DSSS		18.0		
	11 CCK		18.3		
	6 OFDM		17.3		
	9 OFDM		17.3		
	18 OFDM		17.0		
	36 OFDM		16.0		
	54 OFDM		14.5		
	MCS7(MM)		13.0		
发送中心频率精度		-25×10^{-6}		25×10^{-6}	

(1) 信道与信道之间的差别可能达到 2 dB。边缘通道(2 412 MHz 和 2 472 MHz)减少了发送功率，从而符合 FCC 对辐射范围的限制。

(2) 在预调制 1.85 V 模式下，当速率大于或等于 18 OFDM 调制模式时，最大发送功率将降低 0.25～0.75 dB。

2.6.7　电流消耗

电流消耗见表 2－18～表 2－19。

表 2－18　电流消耗(1)

T_A＝＋25 ℃，V_{BAT}＝3.6 V

参　数		测试条件[1],[2]			最小值	常见值	最大值	单　位
MCU 处于活动状态	NWP 活跃时	TX	1 DSSS	TX power level＝0		278		mA
				TX power level＝4		194		
			6 OFDM	TX power level＝0		254		
				TX power level＝4		185		
			54 OFDM	TX power level＝0		229		
				TX power level＝4		166		
		RX	1 DSSS			59		
			54 OFDM			59		
	NWP 连接闲置时[3]					15.3		

续表 2-18

参数		测试条件[(1),(2)]			最小值	常见值	最大值	单位
MCU处于休眠状态	NWP活跃时	TX	1 DSSS	TX power level=0		275		mA
				TX power level=4		191		
			6 OFDM	TX power level=0		251		
				TX power level=4		182		
			54 OFDM	TX power level=0		226		
				TX power level=4		163		
		RX	1 DSSS			56		
			54 OFDM			56		
	NWP连接闲置时[(3)]					12.2		

(1) TX power level = 0 表示最大功率();TX power level=4 表示输出功率减少大约 4 dB。

(2) CC3200 系统是一个恒定电源系统。处于活跃状态的模块数目取决于提供给 V_{BAT}的电压。

(3) DTIM = 1。

表 2-19 电流消耗(2)

T_A=+25 ℃,V_{BAT}=3.6 V

参数		测试条件[(1),(2)]			最小值	常见值	最大值	单位
MCU处于LPDS状态	NWP活跃时	TX	1 DSSS	TX power level=0		272		mA
				TX power level=4		188		
			6 OFDM	TX power level=0		248		
				TX power level=4		179		
			54 OFDM	TX power level=0		223		
				TX power level=4		160		
		RX	1 DSSS			53		
			54 OFDM			53		
	NWPLPDS[(4)]					0.12		
	NWP连接闲置时[(3)]					0.695		
MCU处于休眠状态	NWP休眠[(5)]					4		μA
峰值校准电流[(6)]		V_{BAT}=3.3 V				450		mA
		V_{BAT}=2.1 V				670		
		V_{BAT}=1.85 V				700		

(1) TX power level = 0 表示最大功率();TX power level=4 表示输出功率减少大约 4 dB。

(2) CC3200 系统是一个恒定电源系统。处于活跃状态的模块数目取决于提供给 V_{BAT}的电压。

(3) DTIM = 1。

(4) 表中 LPDS 电流并不包括外部串行 Flash 的电流;表中 LPDS 保留了 64 KB 的 MCU SRAM。CC3200 允许用户对 LPDS 模式下的 SRAM 大小进行配置(可以配置为 0 KB, 64 KB, 128 KB, 192 KB或 256 KB)。每保留 64 KB 的 SRAM 就会使 LPDS 的电流增加 4 μA。

(5) 该休眠模式下,没有包含处于掉电模式的串行 Flash 电流。

(6) 进行完全的校准需要 24 ms 并消耗电池中 17 mJ 的能量。当设备从休眠状态唤醒时,如果周围温度的改变超过 20 ℃或距上次校准工作已过去 24 h 以上,那么需要进行一次单独的校准工作。

1 DSSS 时 TX Power 和 I_{BAT} 随 TX 功率设置的变化，如图 2 - 12 所示；36 OFDM时 TX Power 和 I_{BAT} 随 TX 功率设置的变化，如图 2 - 13 所示；54 OFDM 时 TX Power 和 I_{BAT} 随 TX 功率设置的变化，如图 2 - 14 所示。

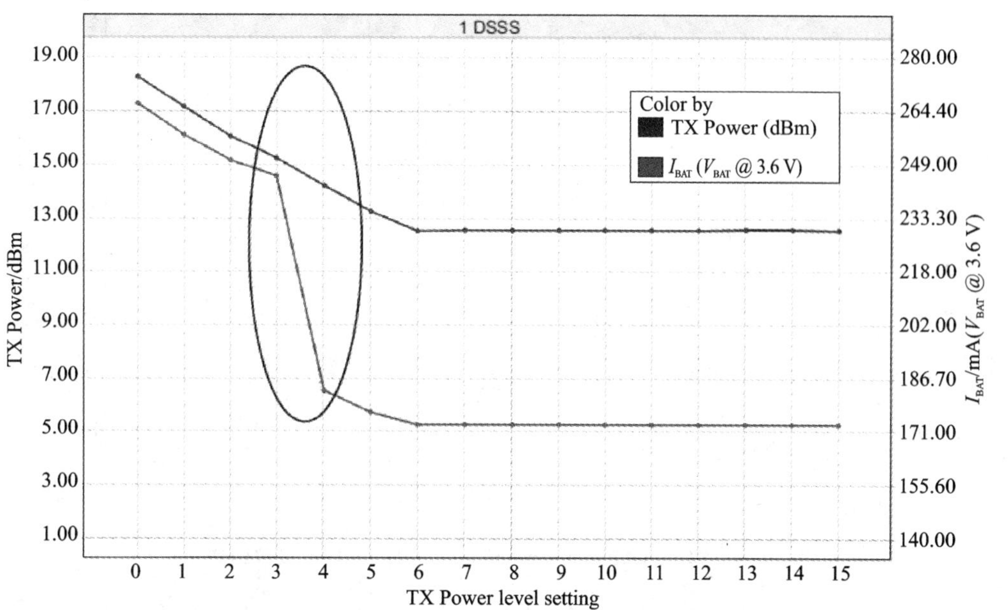

图 2 - 12　1 DSSS 时 TX Power 和 IBAT 随 TX 功率设置的变化

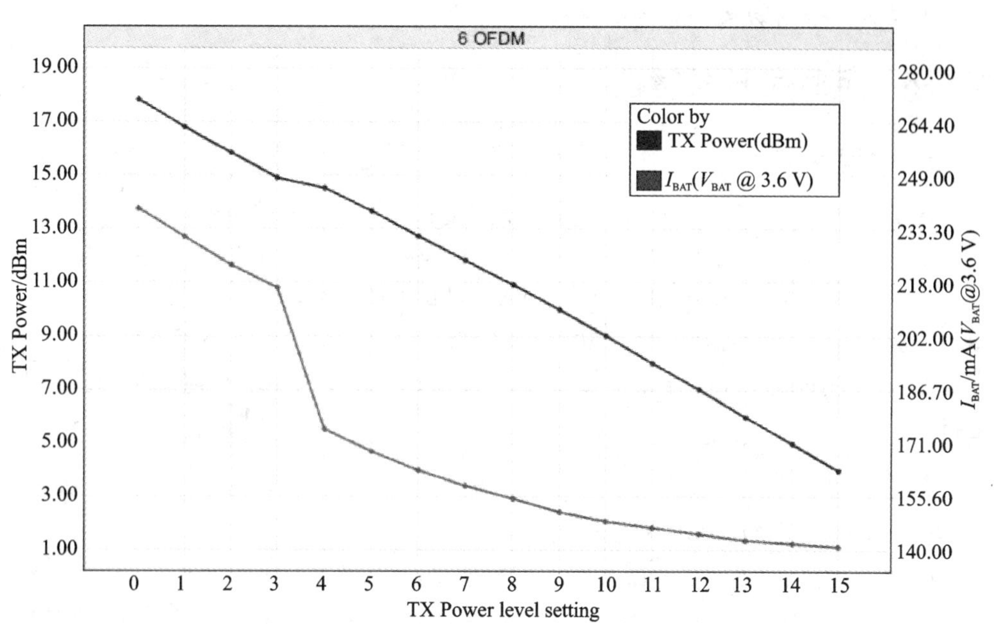

图 2 - 13　6 OFDM 时 TX Power 和 I_{BAT} 随 TX 功率设置的变化

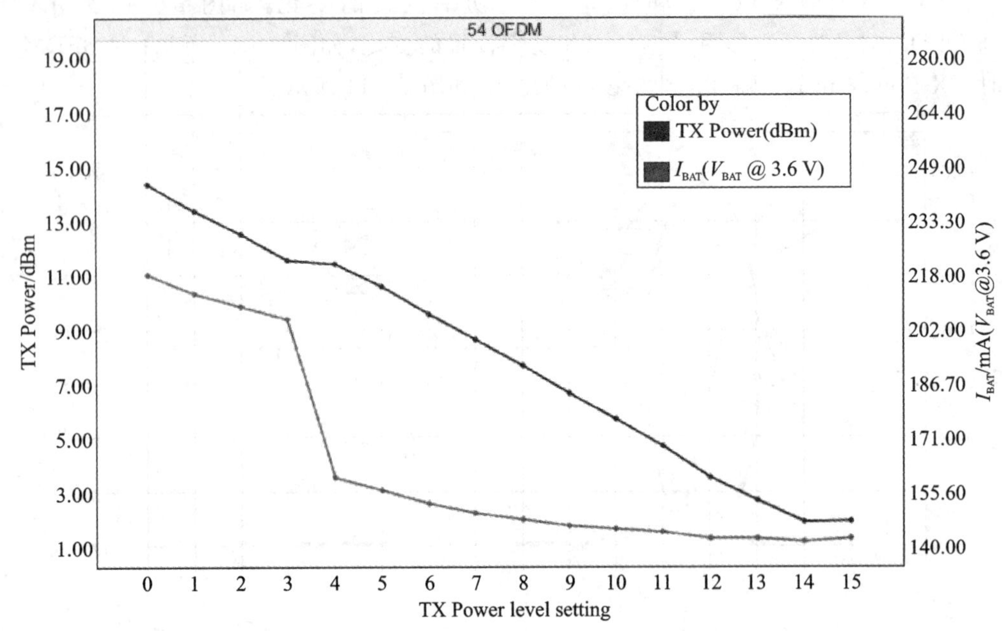

图 2－14　54 OFDM 时 TX Power 和 I_{BAT} 随 TX 功率设置的变化

注意： 图 2－12 中圆圈部分表明当 TX 功率设置从 3 过渡到 4 时，电流会有一个显著的降低。如果只有较低的范围覆盖要求(14 dBm 的输出功率)，TI 建议将 TX 功率设置为 4，这可以有效地减少电流。

2.6.8　定时和开关特性

1. 上电序列

为了正常使用 CC3200 设备，请按照下面推荐的上电序列执行操作：

① 将板子上的 V_{BAT}(第 37,39,44 引脚)和 V_{IO}(第 54、10 引脚)连接在一起。

② 电源电压逐步稳定期间保持 RESET 引脚为低电平，TI 建议使用一个简单的 RC 电路(100 kΩ||0.1 μF，RC ＝10 ms)。

③ 若使用外部 RTC 时钟，请确保在 RESET 引脚变为高电平前该时钟已正常运行。

2. 复位时间

(1) nRESET (32 kHz XTAL)

图 2－15 展示了以 32 kHz XTAL 时钟驱动时，首次上电和复位清除的时序图。

表 2－20 描述了以 32 kHz XTAL 时钟驱动时，首次上电和复位清除的时序要求。

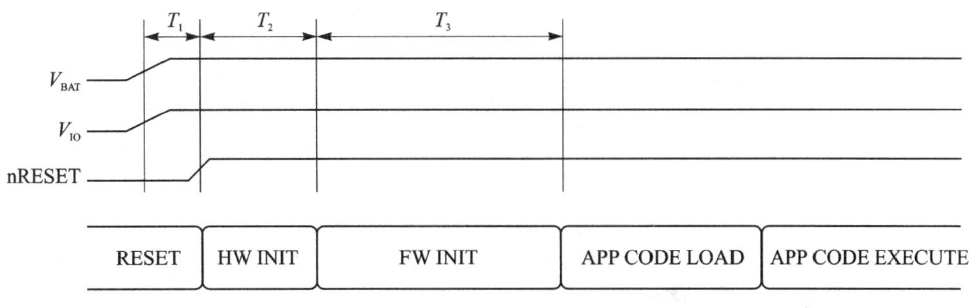

图 2-15　首次上电和复位清除的时序图(32 kHz XTAL)

表 2-20　首次上电和复位清除的时序要求

编　号	名　称	描　述	最小值	常见值	最大值
T_1	电源稳定时间	随应用板的电源等变化		3 ms	
T_2	硬件唤醒时间			25 ms	
T_3	ROM 固件初始化硬件所需的时间	包括一个 32.768 kHz 的 XOSC 稳定时间		1.1 s	

(2) nRESET (External 32 kHz)

图 2-16 展示了以 32 kHz 的外部时钟驱动时，首次上电和复位清除的时序图。

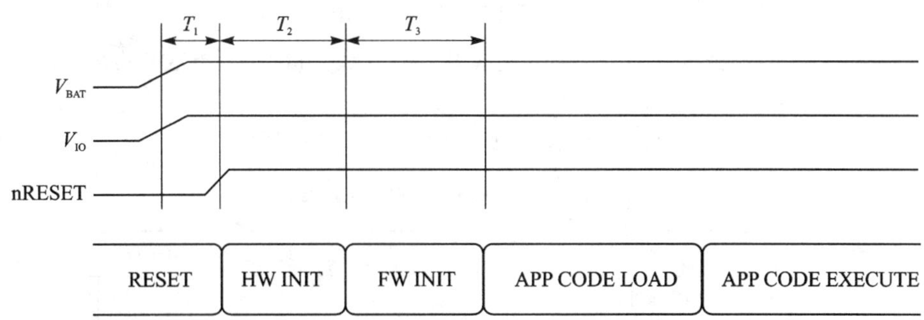

图 2-16　首次上电和复位清除的时序图(External 32 kHz)

表 2-21 描述了以 32 kHz 的外部时钟驱动时，首次上电和复位清除的时序要求。

表 2-21　首次上电和复位清除的时序要求(External 32 kHz)

编　号	含　义	描　述	最小值	常见值	最大值
T_1	电源稳定时间	随应用板的电源等变化		3 ms	
T_2	硬件唤醒时间			25 ms	
T_3	ROM 固件初始化硬件所需的时间	消耗时间由 ROM 固件的特性决定		3 ms	

(3) 从休眠状态中唤醒

图 2-17 显示了将设备从休眠状态唤醒的时序图。

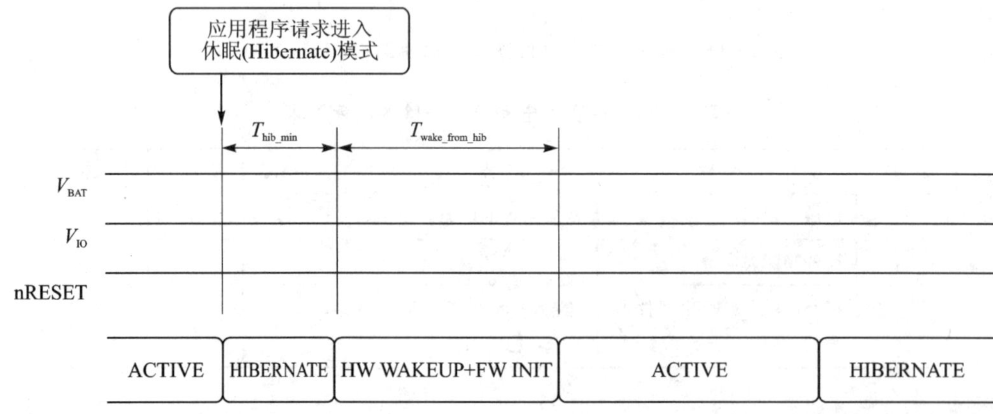

图 2-17　nHIB 时序图

注意：当芯片进入休眠状态时，默认状态下，32.768 kHz 的 XTAL 总是处于可用状态。

表 2-22 描述了 nHIB 的时序要求。

表 2-22　软件休眠时序要求

编　号	含　义	描　述	最小值	常见值	最大值
T_{hib_min}	最小休眠时间		10 ms		
$T_{wake\_from\_hib}$ (1)	硬件唤醒时间加上固件初始化时间			50 ms	

(1) 当执行校准操作时，在某些罕见情况下 $T_{wake\_from\_hib}$ 可能长达 200 ms。当退出休眠模式时，如果温度的变化超过 20 ℃或距上次校准操作已超过 24 h，那么此时需要进行单独的校准操作。

3. 时钟规格

为保证 CC3200 的正常功能，需要 2 个独立的时钟：

● 一个慢时钟(频率为 32.768 kHz)用于 RTC。

● 一个快时钟(频率为 40 MHz)用于内部处理器和 WLAN 子系统。

该设备具有内部振荡器,这使得用户可以使用更加便宜的晶振而不是专用的温度补偿型石英晶体谐振器(TCXOs)来驱动时钟。RTC 也可以使用外部时钟,从而实现系统现有时钟的重用,进而减少总成本。

(1) 使用内部振荡器的慢时钟

与设备相连的 RTC 晶振用来驱动自由运行的慢时钟。慢时钟的频率必须限制为 $32.768\times(1+1.5\times10^{-4})$kHz。在这种运行模式下,该晶振需配合一个合适的负载电容连接在 RTC_XTAL_P(Pin 51)与 RTC_XTAL_N(Pin 52)之间。

图 2-18 显示了慢时钟的晶振连接情况。

(2) 使用外部时钟的慢时钟

如果系统中已经存在一个 RTC 时钟振荡器,那么 CC3200 设备可以将该时钟作为一个输入时钟信号从而直接使用。该时钟信号与 RTC_XTAL_P 引脚相连,并且需要将 RTC_XTAL_N 引脚与 V_{IO}相连。该外部时钟必须是一个与设备上的 V_{IO}相兼容的 CMOS 电平时钟。

图 2-19 显示了将外部 RTC 时钟作为时钟源,如何与设备相连接。

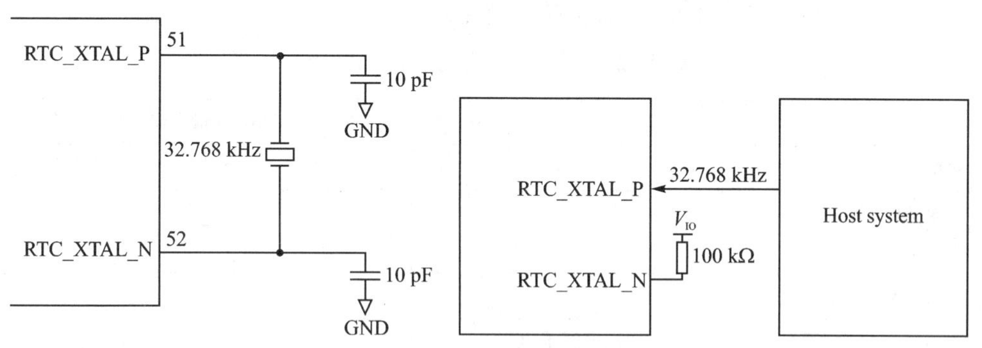

图 2-18 RTC 晶振的连接

图 2-19 与外部 RTC 时钟相连接

(3) 使用外部晶振的快时钟(f_{ref})

CC3200 集成了一个内部晶振用于驱动快时钟。XTAL 需配合一个合适的负载电容连接在 WLAN_XTAL_P (Pin 23)与 WLAN_XTAL_N (Pin 22)之间。

图 2-20 说明了如何连接外部晶振来驱动快时钟。

(4) 使用外部振荡器的快时钟(f_{ref})

CC3200 允许使用外部的温度补偿型石英晶体谐振器/石英晶体谐振器(TCXO/XO)作为器件所需的 40 MHz 时钟。在这种模式下,需要将输入的时钟信号连接到 WLAN_XTAL_P(Pin 23)引脚上并将 WLAN_XTAL_N(Pin 22)引脚连接到 GND 上。需要保证 CC3200 器件可以通过 TCXO_EN(Pin 21)引脚使能或关闭外部温度补偿型石英晶体谐振器/石英晶体谐振器(TCXO/XO),这种设计可以降低系统功耗。

如果温度补偿型石英晶体谐振器(TCXO)没有用作使能功能的引脚,可以使用带有使能功能的外部LDO型电源从而间接控制该晶体谐振器。使用LDO型电源可以减少TCXO的电源噪声。

图2-21说明了如何使用外部振荡器与CC3200设备相连接。

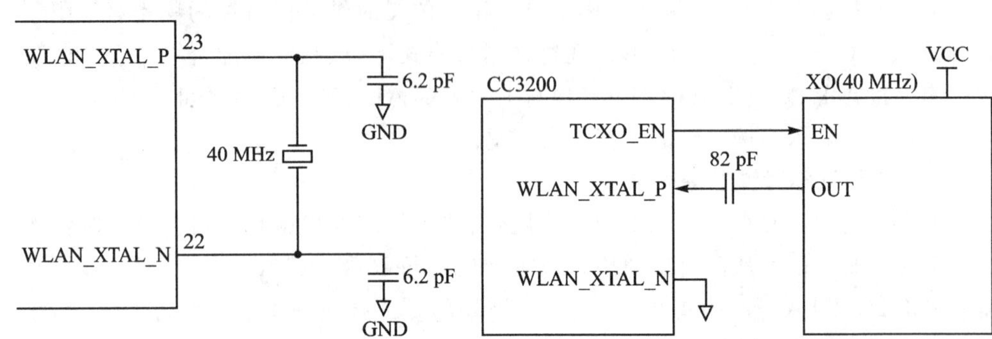

图2-20 用于快时钟晶振的连接

图2-21 外部TCXO作为快时钟的输入源

表2-23列出了对外部f_{ref}时钟的参数要求。

表2-23 对外部f_{ref}时钟的参数要求

参数		条件	符号	最小值	常见值	最大值	单位
频率					40.00		MHz
频率精度(Initial+temp+aging)						$\pm 20\times 10^{-6}$	
输入频率的占空比				45	50	55	%
时钟电压(峰-峰值)		正弦波或限幅正弦波,交流耦合	V_{pp}	0.7		1.2	V
相位噪声@40 MHz		@1 kHz				−125	dBc/Hz
		@10 kHz				−138.5	dBc/Hz
		@100 kHz				−143	dBc/Hz
输入阻抗	阻值			12			kΩ
	电容					7	pF

(5)输入时钟/振荡器

表2-24列出了RTC晶振的参数要求。

表 2-24　RTC 晶振的要求

参　数	条　件	符　号	最小值	常见值	最大值	单　位
频率				32.768		kHz
频率精度	Initial+temp+aging				$\pm 150\times10^{-6}$	
晶体的等效串联电阻(ESR)	32.768 kHz，$C_1=C_2=10$ pF				70	kΩ

表 2-25 列出了外部 RTC 数字时钟对各个参数的要求。

表 2-25　外部 RTC 数字时钟的要求

参　数	条　件	符　号	最小值	常见值	最大值	单　位
频率				32 768		Hz
频率精度(Initial+temp+aging)					$\pm 150\times10^{-6}$	
输入转换时间 t_r/t_f(10%～90%)		t_r/t_f			100	ns
输入频率的占空比			20	50	80	%
慢时钟的输入电压范围(峰值)	方波，直流耦合	V_{ih}	$0.65\times V_{IO}$		V_{IO}	V
		V_{il}	0		$0.35\times V_{IO}$	V
输入阻抗			1			MΩ
					5	pF

表 2-26 列出了 WLAN 快时钟对晶振的要求。

表 2-26　WLAN 快时钟晶振的要求

参　数	条　件	符　号	最小值	常见值	最大值	单　位
频率				40		MHz
频率精度	Initial+temp+aging				$\pm 20\times10^{-6}$	
晶体的等效串联电阻(ESR)	40 MHz，$C_1=C_2=6.2$ pF		40	50	60	Ω

4. 外　设

下面主要介绍 CC3200 设备支持的各种外设，包括：

- SPI；
- McASP；
- GPIO；

- I^2C；
- IEEE 1149.1 JTAG；
- ADC；
- Camera parallel port；
- UART。

(1) SPI

1) SPI 主机模式

CC3200 器件包含一个 SPI 模块，该模块可以配置成主机模式或从机模式。SPI 模块自身包含如下特性：一个可设定频率、极性及相位的串行时钟输出，一个可编程的位于片选和外部时钟之间的定时控制模块，并可以设定第一个 SPI 字发送前的等待时间。从机模式下，两个连续的 SPI 字之间不包含死循环。

图 2－22 说明了 SPI 处于主机模式下的时序图。

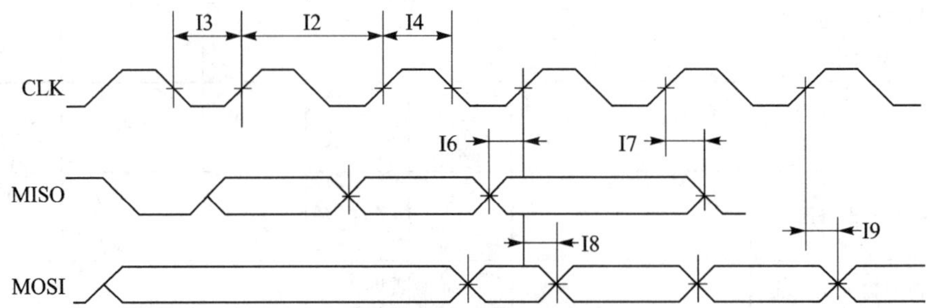

图 2－22 SPI 主机模式的时序图

表 2－27 列出了 SPI 处于主机模式下对各个时间参数的要求。

表 2－27 SPI 主机模式的时间参数

编 号	参数(1)	参数名	最小值	最大值	单 位
I1	f	时钟频率		20	MHz
I2	T_{clk}	时钟周期	50		ns
I3	t_{LP}	时钟的低电平周期		25	ns
I4	t_{HT}	时钟的高电平周期		25	ns
I5	D	占空比	45	55	%
I6	t_{IS}	RX 数据建立时间	1		ns
I7	t_{IH}	RX 数据保持时间	2		ns
I8	t_{OD}	TX 数据输出延时		8.5	ns
I9	t_{OH}	TX 数据保持时间		8	ns

(1) 此处时间参数的选取基于最大负载为 20 pF 的假定。

2) **SPI 从机模式**

图 2-23 介绍了 SPI 从机模式的时序图。

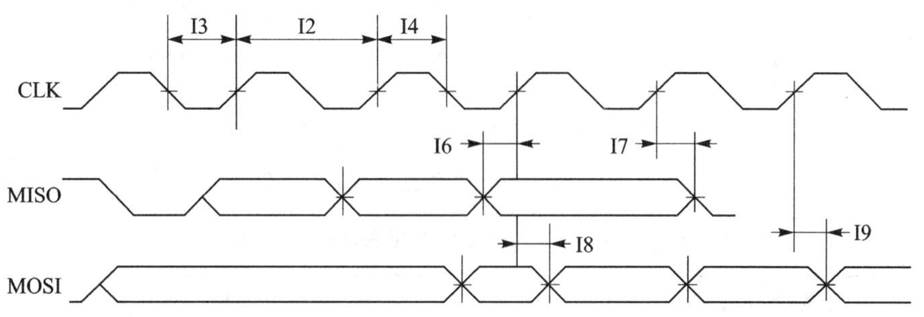

图 2-23　SPI 从机模式的时序图

表 2-28 列出了 SPI 处于从机模式下对各个时间参数的要求。

表 2-28　SPI 从机模式的时间参数

编　号	参数(1)	参数名	最小值	最大值	单　位
I1	f	时钟频率@V_{BAT}=3.3 V		20	MHz
		时钟频率@V_{BAT}≤2.1 V		12	
I2	T_{clk}	时钟周期	50		ns
I3	t_{LP}	时钟的低电平周期		25	ns
I4	t_{HT}	时钟的高电平周期		25	ns
I5	D	占空比	45	55	%
I6	t_{IS}	RX 数据建立时间	4		ns
I7	t_{IH}	RX 数据保持时间	4		ns
I8	t_{OD}	TX 数据输出延时		20	ns
I9	t_{OH}	TX 数据保持时间		24	ns

(1) 此处时间参数的选取基于在 3.3 V 时最大负载为 20 pF 的假定。

(2) McASP

CC3200 设备上的 McASP 接口是一个通用串行音频接口，该接口对使用多声道音频的应用进行了优化，通过两个数据引脚可以传输两个立体声通道。McASP 接口包含两个部分：发送部分和接收部分，这两个部分同步运行、具有可编程时钟以及帧同步的极性。小数分频器可以产生位时钟。

1) **I²S 发送模式**

图 2-24 描述了 I²S 发送模式的时序图。

表 2-29 列出了与 I²S 发送模式相关的时间参数。

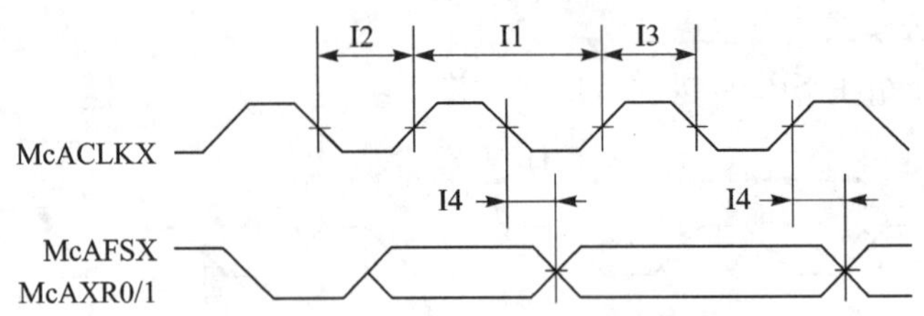

图 2-24 I²S 处于发送模式时的时序图

表 2-29 与 I²S 发送模式相关的时间参数

编 号	参数(1)	参数名	最小值	最大值	单 位
I1	f_{clk}	时钟频率		9.216	MHz
I2	t_{LP}	时钟的低电平周期		(1/2) f_{clk}	ns
I3	t_{HT}	时钟的高电平周期		(1/2) f_{clk}	ns
I4	t_{OH}	TX 数据保持时间		22	ns

(1) 此处时间参数的选取基于最大负载为 20 pF 的假定。

2) I²S 接收模式

图 2-25 描述了 I²S 处于接收模式时的时序图。

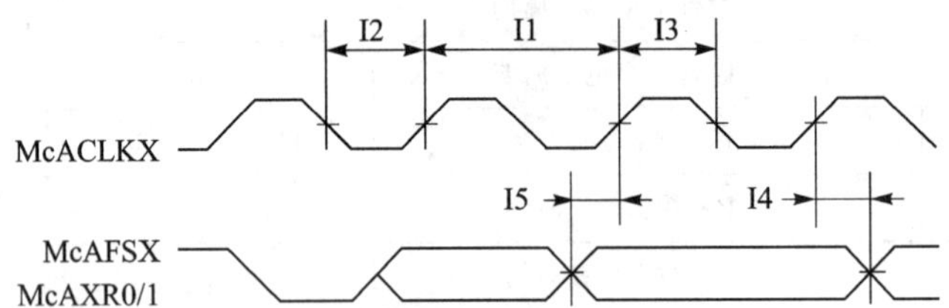

图 2-25 I²S 处于接收模式时的时序图

表 2-30 列出了与 I²S 接收模式相关的时间参数。

表 2-30 与 I²S 接收模式相关的时间参数

编 号	参数(1)	参数名	最小值	最大值	单 位
I1	f_{clk}	时钟频率		9.216	MHz
I2	t_{LP}	时钟的低电平周期		(1/2) f_{clk}	ns
I3	t_{HT}	时钟的高电平周期		(1/2) f_{clk}	ns
I4	t_{OH}	RX 数据保持时间		0	ns
I5	t_{OS}	RX 数据建立时间		15	ns

(1) 此处时间参数的选取基于最大负载为 20 pF 的假定。

(3) GPIO

CC3200 的所有数字引脚都可以用作通用输入/输出(GPIO)引脚。GPIO 模块包含 4 个 GPIO 块,每个 GPIO 模块都提供 8 个 GPIOs。GPIO 模块支持 24 个可独立编程的 GPIO 引脚。每个引脚都可以配置上拉和下拉电阻,配置驱动电流的大小(2 mA、4 mA、6 mA),使能各自引脚的开漏功能。

图 2-26 描述了 GPIO 引脚的时序图。

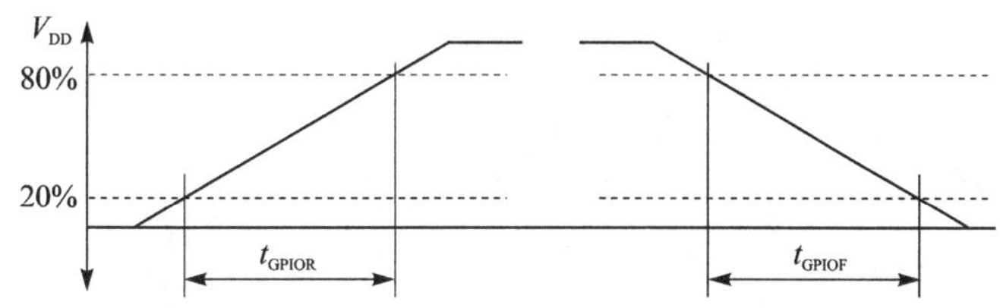

图 2-26　GPIO 时序

1) GPIO 输出转换时间(V_{supply}=3.3 V)

表 2-31 列出了当 V_{supply}=3.3 V 时,GPIO 引脚的输出转换时间。

表 2-31　GPIO 输出转换时间(V_{supply}=3.3 V)(1),(2)

驱动电流强度/mA	对应的驱动强度控制位	T_r/ns			T_f/ns		
		最小值	常见值	最大值	最小值	常见值	最大值
2	2MA_EN=1 4MA_EN=0 8MA_EN=0	8.0	9.3	10.7	8.2	9.5	11.0
4	2MA_EN=0 4MA_EN=1 8MA_EN=0	6.6	7.1	7.6	4.7	5.2	5.8
8	2MA_EN=0 4MA_EN=0 8MA_EN=1	3.2	3.5	3.7	2.3	2.6	2.9
14	2MA_EN=1 4MA_EN=1 8MA_EN=1	1.7	1.9	2.0	1.3	1.5	1.6

(1) V_{supply}=3.3 V, T=25 ℃, 总的引脚负载为 30 pF。

(2) 除了多路模拟-数字引脚(第 29、30、45、50、52 和 53 引脚)外,所有的引脚均使用以上转换数据。

2) GPIO 输出转换时间(V_{supply}=1.8 V)

表 2-32 列出了当 V_{supply}=1.8 V 时,GPIO 引脚的输出转换时间。

表 2-32 GPIO 输出转换时间(V_{supply}=1.8 V)[(1),(2)]

驱动电流强度/mA	对应的驱动强度控制位	T_r/ns			T_f/ns		
		最小值	常见值	最大值	最小值	常见值	最大值
2	2MA_EN=1 4MA_EN=0 8MA_EN=0	11.7	13.9	16.3	11.5	13.9	16.7
4	2MA_EN=0 4MA_EN=1 8MA_EN=0	13.7	15.6	18.0	9.9	11.6	13.6
8	2MA_EN=0 4MA_EN=0 8MA_EN=1	5.5	6.4	7.4	3.8	4.7	5.8
14	2MA_EN=1 4MA_EN=1 8MA_EN=1	2.9	3.4	4.0	2.2	2.7	3.3

(1) V_{supply}=3.3 V，T=25 ℃，总的引脚负载为 30 pF。

(2) 除了多路模拟-数字引脚(第 29、30、45、50、52 和 53 引脚)外，所有的引脚均使用以上转换数据。

3) GPIO 输入转换时间

表 2-33 列出了与 GPIO 输入转换时间相关的参数。

表 2-33 与 GPIO 输入转换时间相关的参数

参 数	条 件	符 号	最小值	最大值	单 位
输入转换时间(t_r,t_f)，10%～90%		t_r	1	3	ns
		t_f	1	3	

(4) I²C

CC3200 微控制器包含一个 I²C 模块，该模块支持 100 kbps 的标准传输速度和 400 kbps 的快速传输速度。

图 2-27 显示了 I²C 时序图。

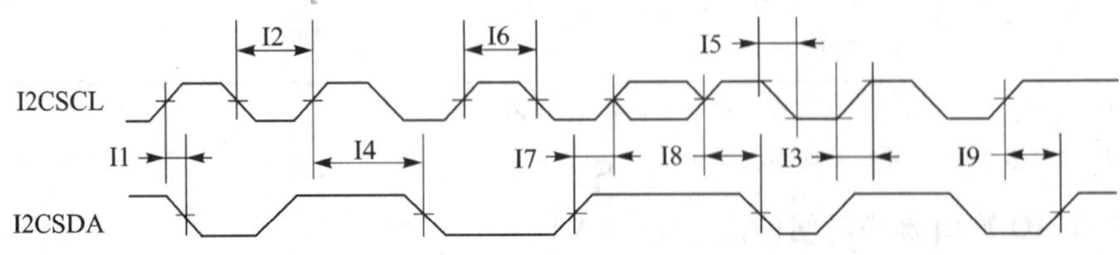

图 2-27 I²C 时序图

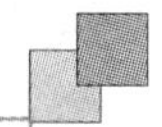

表 2-34 列出了与 I^2C 时序相关的参数。

表 2-34 与 I^2C 时序相关的参数[1]

编 号	参 数	参数名	最小值	最大值	单 位
I2	t_{LP}	时钟的低电平周期	See[2]	—	Systemclock
I3	t_{SRT}	SCL/SDA 上升时间	—	See[3]	ns
I4	t_{DH}	数据保持时间	NA	—	
I5	t_{SFT}	SCL/SDA 下降时间	—	3	ns
I6	t_{HT}	时钟的高电平周期	See[2]	—	Systemclock
I7	t_{DS}	数据建立时间	$t_{LP}/2$		Systemclock
I8	t_{SCSR}	开始信号建立时间	36	—	Systemclock
I9	t_{SCS}	停止信号建立时间	24	—	Systemclock

(1) 基于 6 mA 的驱动电流和 20 pF 的负载。

(2) I^2C 时钟周期寄存器中保存的可编程值决定该数值的大小。当寄存器取可编程值允许范围内的最小值时，得到的是最大的输出频率。

(3) 由于 I^2C 接口是一种开漏接口，只能输出逻辑 0，无法输出逻辑 1，逻辑 1 需要通过外部的上拉电阻产生。上升时间取决于外部信号的电容和外部上拉寄存器的值。

(5) IEEE 1149.1 JTAG

联合测试工作组(JTAG)接口是一种 IEEE 标准接口，该标准定义了一个测试访问端口(TAP)和扫描架构数字集成电路的方式，该接口提供了一个标准的串行接口来控制相关的测试逻辑。有关 JTAG 和 TAP 控制器运行的更多细节请参看 IEEE 标准 1149.1(Test Access Port and Boundary-Scan Architecture)。

图 2-28 描述了 JTAG 时序图。

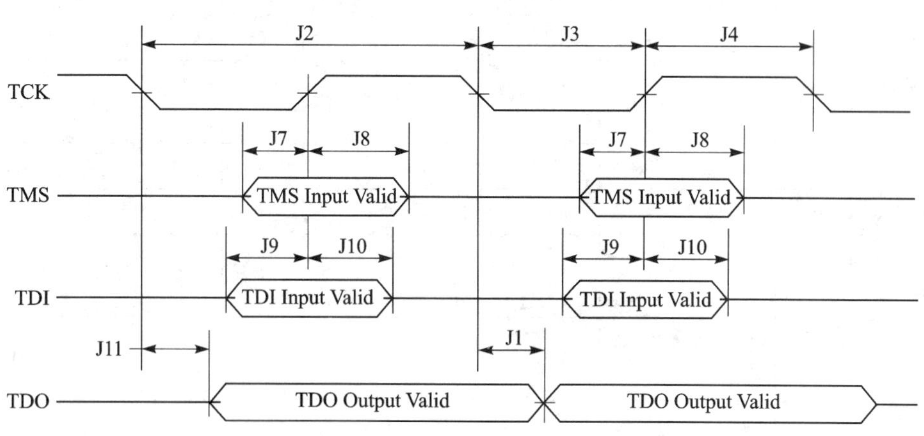

图 2-28 JTAG 时序图

表 2-35 列出了与 JTAG 时序图相关的参数。

表2-35 与JTAG时序图相关的参数

编 号	参 数	参数名	最小值	最大值	单 位
J1	f_{TCK}	时钟频率		15	MHz
J2	t_{TCK}	时钟周期		$1/f_{TCK}$	ns
J3	t_{CL}	时钟的低电平周期		$t_{TCK}/2$	ns
J4	t_{CH}	时钟的高电平周期		$t_{TCK}/2$	ns
J7	t_{TMS_SU}	TMS建立时间	1		
J8	t_{TMS_HO}	TMS保持时间	16		
J9	t_{TDI_SU}	TDI建立时间	1		
J10	t_{TDI_HO}	TDI保持时间	16		
J11	t_{TDO_HO}	TDO保持时间		15	

(6) ADC

表2-36列出了ADC电器规格。

表2-36 ADC电器规格

参 数	描 述	条件和假设	最小值	常见值	最大值	单 位
Nbits	比特数			12		bits
INL	非线性积分	整个量程的偏差值(基于直方图)。(不含第一和最后三个LSB)	−2.5		2.5	LSB
DNL	非线性微分	理想状态下,任何一个步骤的最坏偏差	−1		4	LSB
Input range			0		1.4	V
Driving source impedance					100	Ω
f_{CLK}	时钟速率	逐次逼近的输入时钟频率		10		MHz
Input capacitance				3.2		pF
Number of channels				4		
f_{sample}	每个ADC的采样率			62.5		KSPS
f_{input_max}	输入信号的最大频率				31	kHz

续表 2-36

参　数	描　述	条件和假设	最小值	常见值	最大值	单　位
SINAD	信噪和失真	输入频率从直流到 300 Hz，1.4V_{pp}方波输入	55	60		dB
I_{active}	主动电源电流	转换期间无参考电流时模/数转换的平均值		1.5		mA
I_{PD}	核心供电时的掉电电源电流	不活跃时模/数转换的总电流值(这必须是片上级测试)		1		μA
Absolute offset error		f_{CLK}=10 MHz		±2		mV
Gain error				±2		%

图 2-29 是 ADC 时钟时序图。

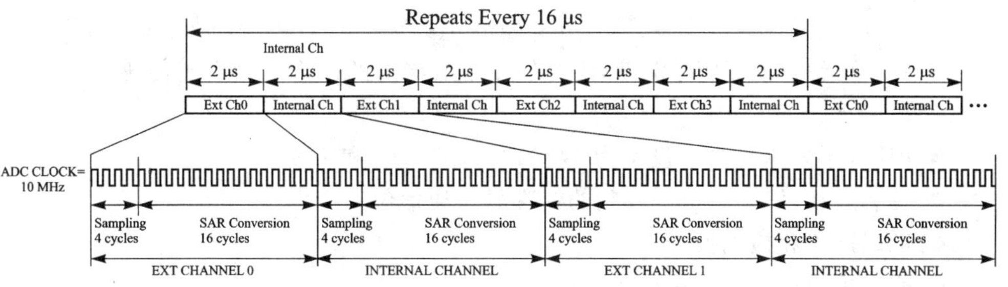

图 2-29　ADC 时钟时序图

(7) 并行相机接口

快速并行相机接口具有各种外部图像传感器，图像数据保存在 FIFO 中并可以产生 DMA 请求。该并行接口是 8 位并行接口。

图 2-30 展示了并行相机接口时序图。

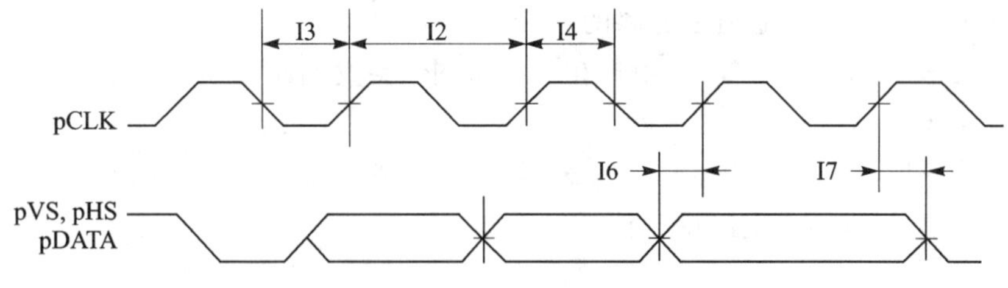

图 2-30　并行相机接口时序图

表 2-37 列出了与并行相机接口时序图相关的参数。

表 2-37 与并行相机接口时序图相关的参数

编 号	参 数	参数名	最小值	最大值	单 位
I2	T_{clk}	时钟周期		$1/p_{CLK}$	ns
I3	t_{LP}	时钟的低电平周期		$T_{clk}/2$	ns
I4	t_{HT}	时钟的高电平周期		$T_{clk}/2$	ns
I7	D	占空比		45～55	%
I8	t_{IS}	RX 数据建立时间		2	ns
I9	t_{IH}	RX 数据保持时间		2	ns

注：时钟频率(p_{CLK})的最大值是 2 MHz。

(8) UART

CC3200 内置两个 UART 接口，每个 UART 接口都具有如下特征：

- 具有一个可编程的波特率发生器，最大支持 3 Mbps 的传输速度。
- 具有独立的 16×8 的 TX 和 RX FIFO，减轻了 CPU 的中断服务时间。
- 具有可编程的 FIFO 深度，内含的 1 字节深度的操作可以实现传统的双缓冲接口。
- FIFO 触发深度可以设定为 1/8、1/4、1/2、3/4 和 7/8。
- 具有启动、停止和奇偶校验的标准异步通信位。
- 可以产生和检测换行。
- 完全可编程的串行接口特性：
  - 5、6、7 或 8 位的数据位；
  - 可选择奇校验、偶校验或不进行奇偶校验；
  - 产生 1 或 2 位停止位。
- 支持 RTS 和 CTS 硬件流。
- 标准的 FIFO 深度中断和传输结束中断。
- 采用 μDMA 高效传输：
  - 发送和接收的通道是分离的；
  - 接收数据时，在 FIFO 中产生单次请求，突发请求由可编程的 FIFO 深度触发；
  - 当 FIFO 未满时产生单次发送请求，突发请求由可编程的 FIFO 深度触发。
- 使用系统时钟产生波特时钟。

第3章

CC3200 系统结构

本章将主要介绍 CC3200 芯片的内部结构。首先描述芯片的一些主要特点，然后再介绍 ARM Cortex-M4 系统的三大组件：系统定时器(SysTick)、嵌套向量中断控制器(NVIC)以及系统控制板块。接着从用户使用的角度，介绍该芯片的调试方法以及 Cortex-M4 内核各个方面的特性。在最后的部分，将描述 CC3200 的电源、复位和时钟管理(CRPM)模块。

3.1 芯片结构

CC3200 装载了一颗特制的 ARM Cortex-M4 核芯，该核芯支持在 RTOS 操作系统环境或非 RTOS 操作系统环境下运行应用程序代码。

这颗 M4 核芯配备有一块大型的片上 SRAM，同时又拥有丰富的外设和先进的 DC-DC 电源管理。相比于其他基于离散 MCU 的解决方案，它可以使用更低功耗、更低成本以及更小型的解决方案来提供一个强大且无竞争的高性能程序运行平台。

这颗 Cortex-M4 核芯的特点如下：

- 专为小型化的嵌入式应用进行了优化。
- 拥有 80 MHz 的主频。
- 支持快速中断处理。
- 它所支持的 Thumb-2 指令集同时混合了 16 位和 32 位的指令表，这使得核芯在保持高效能的同时，降低了指令对内存的占用。在 Thumb-2 指令集下运行一个微控制程序只需要几千字节的内存，但一般来说，只有 8 位或 16 位设备能拥有如此小的内存占用。
- 支持单周期的乘法指令以及硬件除法。
- 支持原子位操作(bit-banding)，可以最大限度地利用内存空间并简化对外设的控制。
- 支持非对齐数据访问，使得数据可以更有效地被装入内存。
- 16 位 SIMD 矢量处理单元。
- 三级流水线的哈佛结构。
- 拥有硬件除法器和适用于高速数字信号处理的乘法累加器。

- 支持用于信号处理的饱和算法。
- 为时间敏感型应用提供稳定且高效的中断处理函数。
- 提供了丰富的断点，使得系统调试更加便捷。
- 应用了 SWD(串行线调试)和 SWT(串行线跟踪)技术，使得调试和跟踪所需的针脚数大大减少。
- 支持多种低能耗睡眠模式。

CC3200 上的 ARM Cortex-M4 应用处理器核芯并不包含浮点运算单元(FPU)和内存保护单元(MPU)。

本章提供了此处理器核芯的具体操作信息，包括程序设计模型、存储器模式、异常模型、错误处理以及电源管理。

关于指令集的更多技术细节请查阅 *ARM Cortex-M4 Devices Generic User Guide* 中的"Cortex-M4 instruction set"章节的内容。

3.1.1　处理器框图

处理器框图如 3-1 所示。

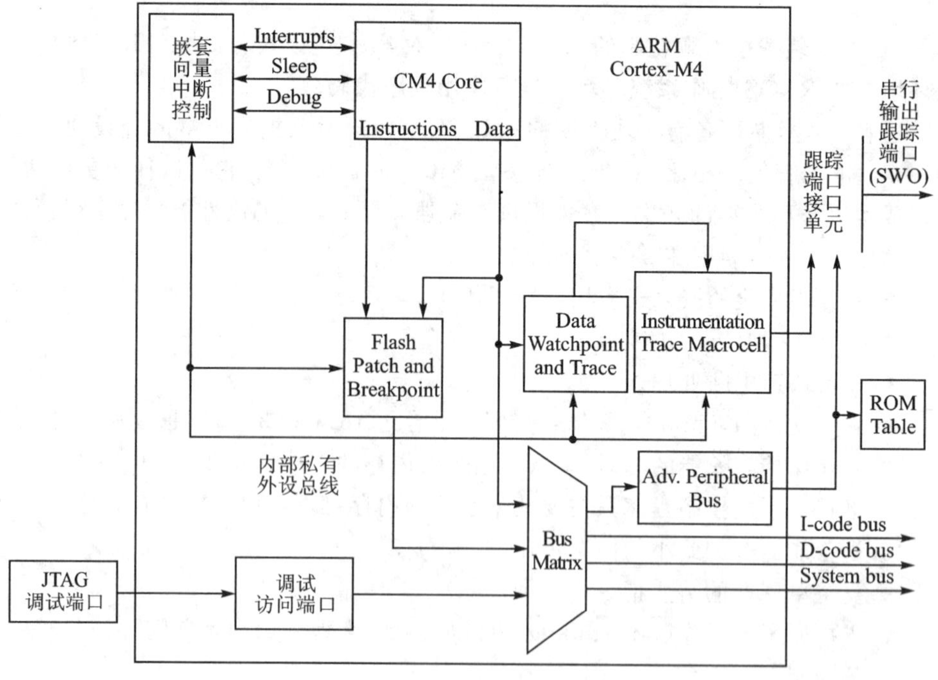

图 3-1　应用处理器框图

3.1.2　系统接口

CC3200 的处理器核芯提供了多个接口。这些接口使用了 AMBA 技术来提供

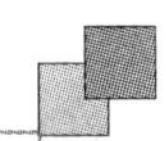

高速且低延迟的内存访问。与此同时，核芯还支持非对称数据接入和原子位操作，这些特性使得处理器可以进行更快的总线控制，还能支持系统自旋锁和线程安全的布尔值数据处理。

3.1.3 内置调试功能

CC3200 的应用处理器核芯实现了兼容 ARM CoreSight 的串行线 JTAG 调试接口（SWJ-DP）。这个 SWJ-DP 接口在单模块中同时支持 SWD 和 JTAG 调试接口。具体细节请参考 *ARM Debug Interface V5 Architecture Specification*。

CC3200 支持 IEEE 标准的 1149.1 JTAG（4 线）和低引脚数 ARM SWD（2 线）调试接口。根据板上电极配置上拉电阻功率，该芯片的 4 线 JTAG 或 2 线 SWD 接口是默认上电的。4 线 JTAG 信号从芯片引脚经由 ICEPICK 模块进行路由。TAP 不同于应用，MUC 会保留 TI 生产测试。TAP 选择序列需要被发送到设备来连接 ARM Cortex-M4 的 JTAG TAP。2 线模式会直接路由 ARM SWD-TMS 和 SWD-TCK 引脚，直连各自的片上引脚。

由于针脚数目的限制，CC3200 并不支持嵌入式跟踪宏单元（ETM）的 4 位跟踪接口，但作为替换，处理器集成了一块仪表跟踪宏单元（ITM），这个单元具有一些数据监测断点和一个分析模块。另外，Cortex-M4 中还集成有一个串行线查看器（SWV），通过它，仅用一根针脚就可以导出软件产生的信息（printf 型调试）。与此同时，Cortex-M4 也支持数据追踪和信息流剖析，使得对系统跟踪事件的分析变得既简单又高效。

CC3200 所具有的 FPB 单元为各个调试器提供了 8 个硬件级的断点比较器。在 FPB 中的这些比较器同时为内存代码区的程序代码提供 8 个字的地址重映射功能。FPB 也同样支持代码修补功能，但是由于 CC3200 的处理器核芯是基于 SRAM 构架，所以这种修补功能的意义不大。

跟踪端口接口单元（TPIU）一般充当 Cortex-M4 的跟踪数据和片外跟踪端口分析器，如图 3-2 所示。

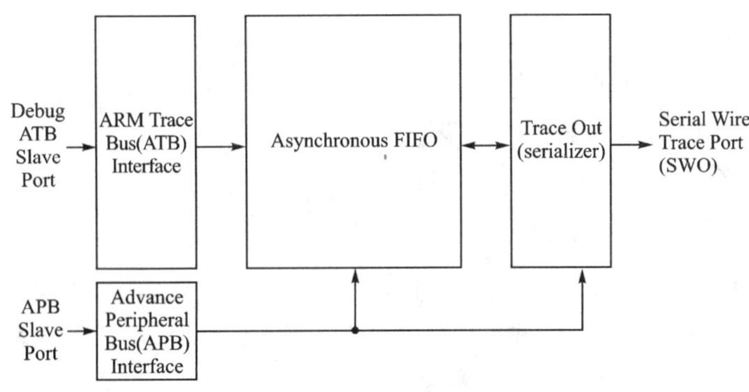

图 3-2 TPIU 框图

关于 Cortex-M4 调试功能的更多信息，请参阅 *ARM Debug Interface V5 Architecture Specification*。

3.1.4　芯片主要组件

ARM Cortex-M4 处理器提供了一个低成本的开发平台。这个平台能满足需要最小内存实现的需求。M4 芯片在减少了引脚数和使用低功耗技术的同时，提供了出色的计算能力和快速的系统中断响应。

Cortex-M4 应用处理器核芯包括以下几个系统组件：

- SysTck：一个 24 位的倒数定时器，可以用作实时系统的节拍器或用于一个简单的计时器。
- 嵌套向量中断控制器(NVIC)：一个内置的中断控制器，可以支持低延迟的中断处理。
- 系统控制块(SCB)：一个针对处理器的可编程模块接口。通过 SCB 可以获取系统的运行信息和进行系统控制，其中的功能包括对系统进行配置与操控，获取系统的异常报告。

1. 系统定时器(SysTick)

ARM Cortex-M4 处理器芯片包含有一个集成的系统定时器，即 SysTick。SysTick提供了一个简单的自装载计数器，支持 24 位写清零，递减，且结构功能灵活。

系统定时器的存在使得操作系统在两个 Cortex-M4 设备间的移植变得非常简单，这是因为不需要改写操作系统的系统定时器代码。系统定时器集成了 NVIC 功能来产生定时器异常(异常类型 15)。在很多操作系统中，需要硬件产生中断以便操作系统来执行任务管理(例如在硬件中断下，允许多重任务可以运行在不同的时间间隙，且不会被一条任务锁定整个系统)。为此，定时器必须能产生中断，并且如果可能的话，要保护它，使用户任务不能改变定时器行为。

计数器能应用在以下方面：

- RTOS 节拍定时器以一个可编程的速率(例如 100 Hz)运行并调用 SysTick 程序。
- 使用系统时钟的高速报警定时器。
- 用于测量使用时间和完成时间的简单计数器。
- 基于过错/满足持续时间的内部时钟源控制。

2. 嵌套向量中断控制器(NVIC)

CC3200 包含一个 NVIC。NVIC 和 Cortex-M3 在处理者模式下会对全部异常进行优先级判定和处理。该处理器的状态会自动存储到异常堆栈上并在中断服务线程(ISR)结束后自动从堆栈中恢复状态。中断向量支持并行状态存储，因此能提高进入中断的效率。同时处理器支持尾链技术，这意味着在连续的中断执行下不会有

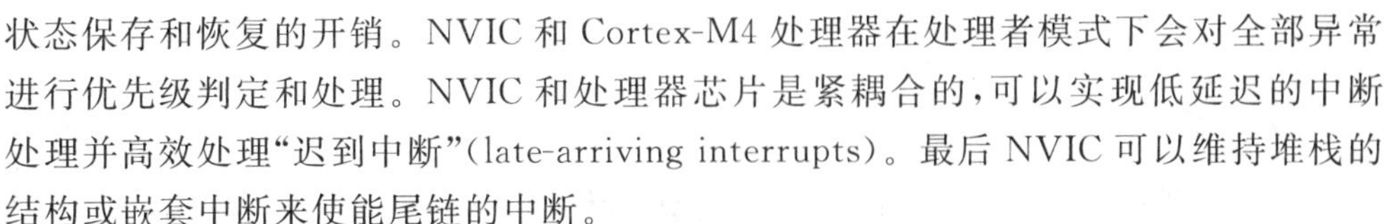

状态保存和恢复的开销。NVIC 和 Cortex-M4 处理器在处理者模式下会对全部异常进行优先级判定和处理。NVIC 和处理器芯片是紧耦合的，可以实现低延迟的中断处理并高效处理“迟到中断”(late-arriving interrupts)。最后 NVIC 可以维持堆栈的结构或嵌套中断来使能尾链的中断。

主要特征如下：

- 通过硬件完成需要的寄存器操作以达到优越的中断处理。
- 稳定快速的中断处理程序：总是 12 次或 6 次的尾链循环。
- 每个中断都可编程优先级。
- 低延迟中断和异常处理。
- 中断信号的电平与脉冲检测。
- 将中断分组到优先组和次优先组。
- 中断的末尾锁链技术。

3. 系统控制板块

系统控制板块(SCB)提供了系统实施信息和系统控制，包括配置、控制和汇报系统异常。

3.2 Cortex-M4 内核说明

CC3200 采用的 MCU 是 ARM Cortex-M4 处理器，该处理器具有杰出的计算性能、快速的中断响应能力，同时优化了应用程序的内存占用和功耗，这些特点使它非常适合作为嵌入式开发平台。

ARM Cortex-M4 处理器的主要特点如下：

- 32 位 ARM 芯片在一个很紧凑的尺寸内采用 Thumb－2 混合 16 位和 32 位的指令集提供了所期望的高性能。使得在给定设备内存大小的情况下有更丰富的应用。
- 单周期乘法指令和硬件除法，精确的位操作(位带操作)，交付的最大内存使用和精简的外设控制。
- 非对齐的数据访问，使数据能更有效地装入内存中。
- 快速代码执行允许更低速的时钟或增加睡眠模式时间。
- 硬件除法和快速乘法运算。
- 为时间敏感型应用提供稳定高效的中断处理。
- 位带操作支持内存和选择外设，包括位带原子的读和写操作。
- 能配置成 4 引脚(JTAG)和 2 引脚(SWJ-DP)的 debug 访问。
- 转换及断点单元来实现断点和代码修正。
- 超低功耗的睡眠模式，低工作状态功耗。

- 80 MHz 的操作。

3.2.1 编程模型

本小节将要介绍 Cortex-M4 的编程模型。其中包括对核芯寄存器的描述,处理器模式信息,软件的执行权限级别,以及各类堆栈。

1. 处理器模式和软件的执行权限级别

Cortex-M4 拥有 2 个执行模式:

- 线程模式:该模式用于执行应用程序。处理器在复位后就会进入线程模式。
- 处理者模式:用于处理异常。当处理器处理完异常后,就会返回线程模式。

此外,Cortex-M4 拥有两个权限级别。

- 非特权级别:在这个模式下,软件的执行将会有以下几种限制:
  - 访问 MSR 受限,执行 MRS 指令受限,不允许使用 CPS 指令;
  - 禁止访问系统定时器、NVIC 和系统控制块;
  - 对内存和外设的访问可能受限。
- 特权级别:在这个模式下,软件可以执行所有的指令,并允许访问所有的资源。

在线程模式下,CONTROL 寄存器控制软件所处的执行模式(特权模式或非特权模式);而在处理者模式下,软件的执行将始终处于特权模式。

只有处于特权模式下的软件,才能通过访问 CONTROL 寄存器来修改处于线程模式下软件的执行权限。而非特权模式下的软件可以使用 SVC 指令来产生一个系统调用。

2. 堆 栈

处理器使用的是一种全降序堆栈,这意味着,堆栈指针指向内存中堆栈的顶部(最后一个堆栈项的位置)。当处理器对一个新的项目进行入栈操作时,会把堆栈指针进行递减,然后把项目写入到新的内存地址中去。处理器拥有两个堆栈,主堆栈和进程堆栈,Cortex-M4 有两个堆栈指针 (SP),分别用于两个堆栈。一次只能看见一个堆栈指针,具体取决于正在使用的堆栈。

在线程模式下,CONTROL 寄存器会控制处理器具体使用哪个堆栈,主堆栈或者进程堆栈。而在处理者模式下,处理器只使用主堆栈。这种操作方式如表 3-1 所列。

表 3-1 处理器模式、特权等级、堆栈使用摘要

处理器模式	使用场景	特权等级	所使用的堆栈
线程模式	应用程序	特权级或非特权级	主堆栈或进程堆栈
处理者模式	异常处理	总是特权级	主堆栈

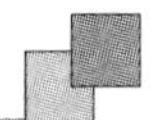

3.2.2　寄存器描述

1. 寄存器映射

图 3-3 展示了 Cortex-M4 寄存器组。表 3-2 列出了各类核心寄存器。这些核心寄存器并没有内存映射，且必须通过寄存器名访问，所以基地址标注为 n/a(不适用)，同时也没有内存偏移量。

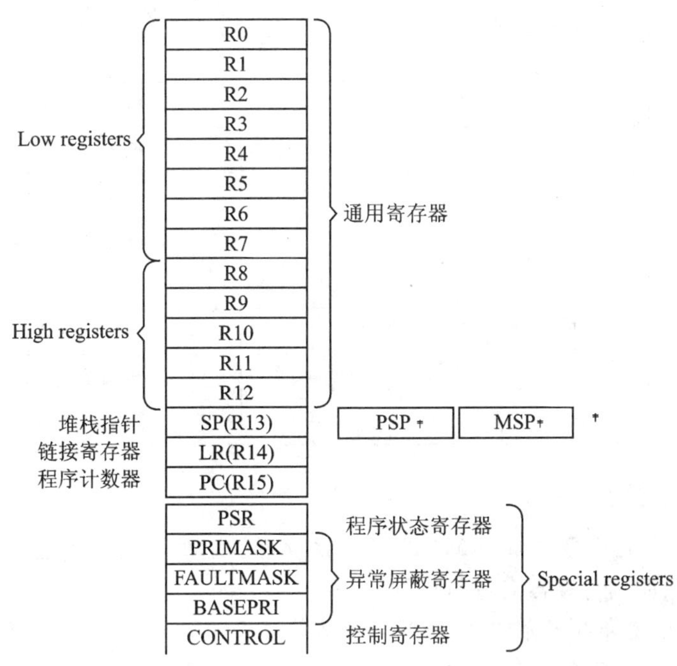

图 3-3　Cortex-M4 寄存器组

表 3-2　处理器寄存器映射

偏移量	寄存器名称	类　型	重　置	描　述
—	R0	RW	—	Cortex 通用寄存器 0
—	R1	R/W	—	Cortex 通用寄存器 1
—	R2	R/W	—	Cortex 通用寄存器 2
—	R3	R/W	—	Cortex 通用寄存器 3
—	R4	R/W	—	Cortex 通用寄存器 4
—	R5	R/W	—	Cortex 通用寄存器 5
—	R6	R/W	—	Cortex 通用寄存器 6
—	R7	R/W	—	Cortex 通用寄存器 7

续表 3-2

偏移量	寄存器名称	类　型	重　置	描　述
—	R8	R/W	—	Cortex 通用寄存器 8
—	R9	R/W	—	Cortex 通用寄存器 9
—	R10	R/W	—	Cortex 通用寄存器 10
—	R11	R/W	—	Cortex 通用寄存器 11
—	R12	R/W	—	Cortex 通用寄存器 12
—	SP	R/W	—	堆栈指针
—	LR	R/W	0xFFFF FFFF	连接寄存器
—	PC	R/W	—	程序计数器
—	PSR	R/W	0x0100 0000	程序状态寄存器
—	PRIMASK	R/W	0x0000 0000	优先级屏蔽寄存器
—	FAULTMASK	R/W	0x0000 0000	错误屏蔽寄存器
—	BASEPRI	R/W	0x0000 0000	基本优先级屏蔽寄存器
—	CONTROL	R/W	0x0000 0000	控制器寄存器
—	FPSC	R/W	—	浮点状态控制

2. 寄存器描述

下面列出并介绍了 Cortex-M4 的各个寄存器。这些核心寄存器并没有映射在内存中，所以只能用寄存器名进行访问。

注意：在下述寄存器介绍中，所显示的寄存器类型，指的是程序运行在线程模式下或者处理者模式下的情况。调试模式中可能有所不同。

R0～R12 都是 32 位通用寄存器，用于数据操作，在特权模式和非特权模式下都可以访问。

(1) 堆栈指针(SP)

在线程模式下，此寄存器的功能随着 CONTROL 寄存器中 ASP 位的变化而变化。如果 ASP 位被清零，那么此寄存器就作为主堆栈指针(MSP)使用，而如果 ASP 位被设置为 1，此寄存器就作为进程堆栈指针(PSP)。当系统进行复位操作时，ASP 位会被清零，处理器从地址 0x0000 0000 开始加载 MSP 的值。

注意：MSP 只可以在特权模式下被访问，而 PSP 则在特权模式或非特权模式下都接受访问。

(2) 链接寄存器(LR)

链接寄存器(LR)用于存储返回信息，这些返回信息可能来自子程序调用，也有可能是函数调用或者异常。链接寄存器在特权模式和非特权模式下都接受访问。当进入异常时，EXC_RETURN 被读入 LR。

(3) 程序计数器(PC)

程序计数器(PC)指向当前的程序地址。当系统复位时,处理器把复位向量的值写入PC中,复位向量的值在地址位0x0000 0004。PC寄存器在特权模式和非特权模式下都可以被访问。

(4) 程序状态寄存器(PSR)

注意: 这个寄存器也被称为xPSR。

程序状态寄存器(PSR)有三种功能,寄存器的位被分配给不同的功能使用。

- 应用程序状态寄存器(APSR),位31:27,位19:16。
- 执行程序状态寄存器(EPSR),位26:24,15:10。
- 中断程序状态寄存器(IPSR),位7:0。

PSR、IPSR和EPSR寄存器只能在特权模式下访问,而APSR寄存器则同时接受在特权模式或非特权模式下访问。

APSR寄存器存储着一些状态标记的当前数值,而这些状态标记来源于先前执行的指令。

在处理多重中断和多指令存储时,需要通过EPSR寄存器存储Thumb状态位和执行状态位来实现If-Then (IT)指令和中断-继续(ICI)指令。如果应用程序直接通过MSR指令直接读取EPSR,那么只会返回0。而如果应用程序使用MSR指令直接写EPSR的话,那么将被直接无视。错误处理程序可以通过检查堆栈中的PSR,然后通过EPSR值来判定这个执行错误。

IPSR保存当前中断服务程序(ISR)的异常类型号。

这些寄存器既可以被单独访问,也可以作为任意组合的整体被访问,只要通过MSR或者MRS指令加上对应寄存器名作为参数即可。打个比方,通过使用PSR作为MRS的参数就可以同时访问所有的寄存器,或者用APSR作为MSR指令的参数来进行单独访问。表3-3列出了所有组合型访问的方式。更多关于MRS和MSR指令的信息请参考*ARM Cortex-M4 Devices Generic User Guide*中Cortex-M4的指令集列表。

表3-3 PSR寄存器组合

寄存器	类　型	组　合
PSR	PSR R/W(1),(2)	APSR、EPSR和IPSR
IEPSR	RO	EPSR和IPSR
IAPSR	R/W(1)	APSR和IPSR
EAPSR	R/W(2)	APSR和EPSR

(1) 对IPSR寄存器位的写入将被忽略。

(2) 读EPSR寄存器位将只会返回0值,而写EPSR寄存器位的请求将被忽略。

(5) 优先级屏蔽寄存器(PRIMASK)

PRIMASK寄存器通过预编程的优先级列表屏蔽任意类型的中断。而复位、不可屏蔽中断和硬件错误是唯一3个优先级不可更改的中断(不受PRIMASK影响)。任何会影响到关键任务运行的异常都应该被屏蔽掉。这个寄存器只能在特权模式下访问,MSR和MRS指令都可以访问PRIMASK寄存器,而CPS指令可以用于修改PRIMASK。更多关于这些指令的信息请参考*ARM Cortex-M4 Devices Generic User Guide*中Cortex-M4的指令集列表。

(6) 故障屏蔽寄存器(FAULTMASK)

FAULTMASK可以屏蔽除不可屏蔽中断(NMI)外所有类型的中断。任何会影响到关键任务运行的异常都应该被屏蔽掉。这个寄存器只能在特权模式下访问,MSR和MRS指令都可以访问FAULTMASK寄存器,而CPS指令可以用于修改FAULTMASK。更多关于这些指令的信息请参考*ARM Cortex-M4 Devices Generic User Guide*中Cortex-M4的指令集列表。

(7) 基本优先级屏蔽寄存器(BASEPRI)

BASEPRI可以屏蔽所有优先级不高于某个具体数值的中断。若BASEPRI被设定为一个非零值,那么所有优先级等于和低于这个值的中断都会被屏蔽掉。任何会影响到关键任务运行的异常都应该被屏蔽掉。这个寄存器只能在特权模式下访问。

(8) 控制寄存器(CONTROL)

CONTROL寄存器用于控制堆栈的使用和在线程模式下软件执行的特权级别,并指示FPU状态。这个寄存器仅在特权模式下可以访问。

处理者模式下总是使用MSP,所以在此模式下,处理器拒绝对CONTROL中ASP位的直接写入。异常的进入和返回机制自动地根据EXC_RETURN的值更新CONTROL寄存器。在操作系统环境下,运行在线程模式下的线程应该使用进程堆栈,而内核和异常处理程序应该使用主堆栈。默认情况下,线程模式使用MSP,通过使用MSR指令修改ASP位可以使线程模式下使用PSP(具体细节请参考*ARM Cortex-M4 Devices Generic User Guide*中Cortex-M4的指令集列表),或者执行异常返回一个合适的EXC_RETURN值进入线程模式。

注意: 当改变堆栈指针时,软件在使用MSR指令后必须使用ISB指令,以保证ISB的后续指令都使用新指针。具体细节请参考*ARM Cortex-M4 Devices Generic User Guide*中Cortex-M4的指令集列表。

3. 异常和中断

CC3200的Cortex-M4处理器支持系统异常和中断。处理器和嵌套向量中断控制器(NVIC)用于设定优先级和处理所有异常。一个异常可以改变软件的正常执行流,处理器使用处理者模式来处理除复位以外的所有异常。

NVIC寄存器组用于控制中断处理。

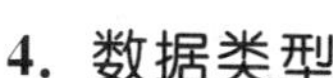

4. 数据类型

NVIC 寄存器组用于控制 Cortex-M4 支持 32 位字、16 位半字和 8 位比特。该处理器还支持 64 位数据传输指令，且所有的指令和数据访问都是低位优先(小端)。

3.2.3 内存模式

本小节描述处理器存储映射、存储器访问行为和位带操作(bit banding)的特征。处理器拥有一个固定的内存映射表，可提供高达 4 GB 的可寻址内存。表 3-4 列出了 CC3200 微控制器子系统的内存映射表。在本书中，寄存器地址的表示将会以十六进制增量的形式表示，这种增量是相对模块在内存映射中的基本地址给出的。

表 3-4 内存映射

起始地址	终止地址	描 述	注 释
0x0000 0000	0x0007 FFFF	片上 ROM(Bootloader+DriverLib)	
0x2000 0000	0x2003 FFFF	片上 SRAM 的位带区	
0x2200 0000	0x23FF FFFF	0x2000 0000～0x200F FFFF 地址的位带别名区	
0x4000 0000	0x4000 0FFF	看门狗定时器 A0	
0x4000 4000	0x4000 4FFF	GPIO A0	
0x4000 5000	0x4000 5FFF	GPIO A1	
0x4000 6000	0x4000 6FFF	GPIO A2	
0x4000 7000	0x4000 7FFF	GPIO A3	
0x4000 C000	0x4000 CFFF	UART A0	
0x4000 D000	0x4000 DFFF	UART A1	
0x4002 0000	0x4002 07FF	I^2C A0 (主)	
0x4002 0800	0x4002 0FFF	I^2C A0 (从)	
0x04003 0000	0x4003 0FFF	通用定时器 A0	
0x04003 1000	0x4003 1FFF	通用定时器 A1	
0x04003 2000	0x4003 2FFF	通用定时器 A2	
0x04003 3000	0x4003 3FFF	通用定时器 A3	
0x400F 7000	0x400F 7FFF	配置寄存器	
0x400F E000	0x400F EFFF	系统控制	
0x400F F000	0x400F FFFF	μDMA	
0x4200 0000	0x43FF FFFF	0x4000 0000～0x400F FFFF 地址的位带别名区	
0x4401 C000	0x4401 EFFF	McASP	
0x4402 0000	0x4402 0FFF	FlashSPI	用于外部串行闪存

续表 3-4

起始地址	终止地址	描 述	注 释
0x4402 1000	0x4402 2FFF	GSPI	用于应用程序处理器
0x4402 5000	0x4402 5FFF	MCU复位时钟管理器	
0x4402 6000	0x4402 6FFF	MCU配置空间	
0xE000 0000	0xE000 0FFF	仪表跟踪宏单元	
0xE000 1000	0xE000 1FFF	数据跟踪观察点(DWT)	
0xE000 2000	0xE000 2FFF	FPB	
0xE000 E000	0xE000 EFFF	Cortex-M4外设(NVIC,SysTick,SCB)	
0xE004 0000	0xE004 0FFF	跟踪端口接口单元(TPIU)	
0xE004 1000	0xE004 1FFF	为嵌入式跟踪宏保留(ETM)	

该部分的SRAM地址和外设地址都包含对应的位带区。位带功能可以对位数据提供原子操作。处理器为核心外设寄存器保留专用外设总线(PPB)的地址范围。

注意：在内存地址映射中，尝试对保留空间的地址的读/写将会导致一个总线错误。此外，尝试写入闪存的地址范围也会导致一个总线错误。

1. 位带操作

位带区中每个比特都在位带别名区中对应着一个字。在ARM Cortex-M4的结构中，位带区域至少在SRAM中占据1 MB的存储空间。通过32 MB的SRAM位带别名区可以访问SRAM位带区的每一位，如表3-5所列。

注意：对SRAM或外设的位带区的字访问，对应着对SRAM或外设的位带别名区的位访问。

对位带区地址的字访问将意味着对底层内存的字访问，半字或字节访问也相同。这种特性可以用于通过位带访问来访问底层外设。

CC3200系列的Wi-Fi微控制器支持高达256 KB的片上SRAM。这个SRAM起始于地址位0x2000 0000。

表3-5 SRAM内存位带区

地址范围		内存区	指令与数据访问
开 始	结 束		
0x2000 0000	0x2003 FFFF	SRAM位带区	直接访问该存储器范围的行，视作对SRAM存储器的访问，且这个区域也可以通过对应位带别名区访问
0x2200 0000	0x23FF FFFF	SRAM位带别名区	对这一区域的数据访问将会被重新映射到位带区。写操作的实际执行方式：读—修改—写。指令访问不会被重映射

(1) 直接位带别名区访问

对位带别名区写入一个字将改变位带区域对应的一个单独的比特位。

对位带别名区写入的字的第 0 位，将决定位带区内对应比特位的值。也就是说，对写入值的第 0 位置 1 将向对应位带位写入 1；而对写入值的第 0 位清零，将对位带位写入 0。

别名区每个字的 31:1 位对位带操作是没有什么影响的。写 0x01 和写 0xFF 效果是一样的。而写 0x00 和写 0x0E 效果也是一样的。

当读取别名区对应字的时候，0x0000 0000 代表着位带位上的对应比特被清 0，而读 0x0000 0001 时，代表位带位上的对应比特被置 1。

(2) 直接位带区访问

内存访问过程，一般指的是对位带区直接进行字节、半字或字的访问过程。

2. 数据存储

对处理器来说，内存就是一个升序的、起址为 0 的线性字节存储器。例如，字节 0～3 占据第一个存储字，字节 4～7 占据第二个存储字。数据以低字节(小端模式)的格式存储，一个字的最低有效字节(LSByte)存储在序号最小的字节位，最高有效字节(MSbyte)存储在序号最高的字节位。图 3－4 说明了数据是如何存储的：

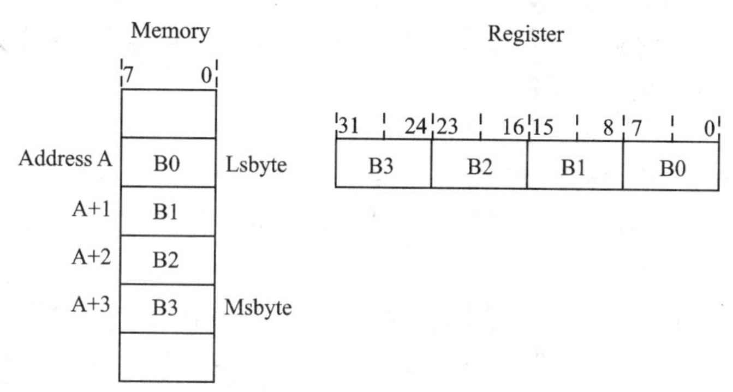

图 3－4 数据存储

3. 同步原语

在 Cortex-M4 的指令集包含一对同步原语，其提供了一种无阻塞机制使得线程或者进程可以对内存地址进行独立访问。软件可以使用这些原语执行一种确保完成的“读—修改—写(read—modify—write)”内存更新步骤，或者把这些原语用于一种信号量机制。

一对同步原语由以下组成：

- 一个读取互斥(Load-Exclusive)的指令，它可以用来读取一个内存地址的值或者请求对此地址的独占访问。
- 一个存储互斥(Store-Exclusive)的指令，它可以用来尝试对同一个内存地址进行写入，并向一个寄存器的一个状态位返回一个值。如果这个状态位是0，那么这表示线程或进程获得了对内存的独立访问权，并且写入成功。如果状态位为1，那么这表示线程或进程并没有获得对内存的独立访问权，并且写入没有成功。

这对读取互斥和存储互斥的指令为：

- 字指令 LDREX 和 STREX。
- 半字指令 LDREXH 和 STREXH。
- 字节指令 LDREXB 和 STREXB。

软件必须成对使用读取互斥指令和存储互斥指令。要对内存地址执行一个互斥的“读—修改—写”操作，软件必须：

① 使用一个读取互斥指令来读取该地址的值。

② 随需要修改这个值。

③ 使用一个存储互斥指令试着把新值写回该内存地址。

④ 检测返回的状态位。如果该状态位为0，则说明这个“读—修改—写”成功执行。如果返回的状态位为1，则写入失败，说明第一步所返回内存地址的状态已经过期。软件必须重新执行整个“读—修改—写”操作。

软件可以利用同步原语按下面的方式来实现信号量：

① 使用读取互斥指令从信号量的地址来确定该信号量是否被释放。

② 如果该信号量处于被释放状态，那么使用存储互斥指令向信号量地址写入一个请求值。

③ 如果第②步返回的状态位显示存储互斥指令已经成功，那么软件就成功地获取了信号量。但如果存储互斥指令返回的状态是失败，那么说明软件可能在步骤①之后就获取了信号量。

Cortex-M4 拥有一个独占访问监视器，会给处理器执行过的读取互斥指令设置标签。如果下列的几个情况发生，那么处理器会删除这些互斥访问标签。这些情况包括：

- 它执行了一个 CLREX 指令。
- 它执行了一个存储互斥指令，且无论是否写入成功。
- 当一个异常发生时，这意味着处理器可以解决在不同线程间信号量的冲突。

有关同步原语指令的详细信息，请参考 *ARM Cortex-M4 Devices Generic User Guide* 中 Cortex-M4 的指令集列表。

3.2.4 异常模式

CC3200 的 Cortex-M4 处理器和嵌套向量中断控制器（NVIC）可以在处理者模式下对所有异常设置优先级和处理。在发生异常时，处理器的状态会自动地存储到堆栈中，同时在中断服务程序（ISR）结束后，处理器又会自动从堆栈中读取数据，恢复到异常发生前的状态。当处理器在存储状态时，中断向量会在同一时间进入中断，使得中断处理更加高效。处理器还支持尾链（tail-chaining）操作，这样使得 back-to-back 类中断的执行可以节省处理器保存状态和恢复的开销。

表 3-6 列出了所有的异常。软件可在七种异常（系统处理程序），以及 70 个中断（如表 3-7 所列）中各设置 8 个优先级。系统处理程序所设置的各个优先级存在于"NVIC 系统处理程序优先级（SYSPRIn）"寄存器中。中断是通过"NVIC 中断设置使能（ENN）"寄存器来进行使能，并通过"NVIC 中断优先级（PRIn）"寄存器来设置优先级的。而优先级又可以被划分为抢占式优先级和子优先级。

表 3-6　异常类型

异常类型	向量编号	优先级	向量地址	激活方式
—	0	—	0x0000 0000	—
Reset	1	−3(highest)	0x0000 0004	异步
Non-Maskable Interrupt(NMI)	2	−2	0x0000 0008	异步
Hard Fault	3	−1	0x0000 000C	—
Memory Management	4	可编程	0x0000 0010	异步
Bus Fault	5	可编程	0x0000 0014	精确时同步， 不精确时异步
Usage Fault	6	可编程	0x0000 0018	同步
—	10	—	—	保留
SVCall	11	可编程	0x0000 002C	同步
Debug Monitor	12	可编程	0x0000 0030	同步
—	13	—	—	保留
PendSV	14	可编程	0x0000 0038	异步
SysTick	15	可编程	0x0000 003C	异步
Interrupts	16 以及更高	可编程	0x0000 0040 以及更高	异步

在系统内部，用户所能设置的高优先级低于复位、不可屏蔽中断（NMI）和硬件故障。特别强调，0 级是所有可以编程的优先级中的默认级别。

注意：当一个写操作清除中断源后，可能需要花费几个处理器周期来让 NVIC 观察中断源是否被禁止。在这种情况下，如果清除中断源作为中断处理的最后一步被完成了，那么中断处理程序可能在中断源仍然存在的情况下完成中断，这样将导致又错误地进入了这个中断。为了避免这种情况的发生，可以在中断处理函数刚接手的情况下就清除中断源，或在清除中断源后做一个读或者写的操作（刷新写缓冲区）。

1. 异常状态

异常有以下几种状态：

- 不活跃：异常不处于激活或者挂起状态。
- 挂起：该异常正等待处理器的处理服务。外设或者软件的中断请求都可以导致异常被挂起。
- 活跃：指的是一个异常正在被处理，但是未处理完成的状态。**注意：**一个异常处理程序可以中断另一个异常处理程序的执行。在这种情况下，两个异常都处于激活状态。
- 活跃并挂起：一个异常正在被处理器执行，同时一个与此异常同源的异常正挂起。

2. 异常类型

异常有以下几类：

- 复位：复位中断通过上电或者热复位产生。异常模式把复位视为一种特殊的异常。当复位产生时，处理器无论在任何执行点上都会立刻停止工作。当复位失效时，系统将在向量表中复位的入口地址开始重新执行，且执行于线程模式下的特权模式。
- NMI：不可屏蔽中断(NMI)可以通过NMI信号或者软件使用中断控制及状态(INTCTRL)寄存器来产生。这种异常拥有除了复位外最高级的优先级，NMI不可以被禁用且优先级固定为−2。在复位以外的情况下，NMI不可以被屏蔽、不可以中途停止、不可以被任何异常抢断。在CC3200中，NMI只用于系统内部，不可以被任何应用程序使用。
- 硬件故障：如果在普通的异常处理中产生错误，或者存在一个异常不能被任何异常处理机制所处理，那么就会产生一个硬件故障。硬件故障也是一种异常，有着固定的−1优先级，这意味着硬件故障的优先级高于任何可以被配置的中断的优先级。
- 内存管理故障：内存管理故障也是异常的一种，产生于内存保护相关的故障，包括访问冲突和不匹配等。MPU或固定的内存保护机制会检测到这种故障，数据或者指令的内存访问都可能产生这种故障。这种异常用于阻止指令访问内存中的Execute Never (XN)区域，甚至可以越过MPU生效。
- 总线故障：总线故障是一种和内存相关的故障，一般发生于指令或者数据的传输中，例如，预取错误或存储器访问故障异常。总线故障可以被使能或者禁用。
- 使用故障：使用故障和指令执行相关，一般产生于以下情况。
  - 一个未定义的指令；
  - 一个未对齐的访问；

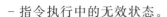

– 指令执行中的无效状态。

● 系统调用(SVCall):系统调用(SVCall)是一种由 SVC 指令触发的异常。在操作系统环境,应用程序可以使用 SVC 指令来访问 OS 内核函数和设备驱动程序。

● 调试监视器:这种异常是由调试监视器(当没有被停用时)触发的,且只有被启用时此异常才有效。如果它比当前活动的优先级低,那么该异常不会被执行。

● PendSV(可挂起系统调用):PendSV 是一种可挂起的、中断驱动的系统级服务请求。在操作系统环境下,使用 PendSV 在没有其他异常出现时切换上下文。PendSV 使用中断控制及状态(INTCTRL)寄存器触发。

● SysTick(系统定时器):SysTick 异常由系统定时器生成,当定时器启用时,将在倒计时到 0 时产生一个中断。软件也可以通过使用中断控制及状态(INTCTRL)寄存器生成一个 SysTick 异常。在操作系统环境下,处理器可以使用该异常作为系统时钟。

● 中断请求(IRQ):一个中断,或者说 IRQ,是一种通过外设或者软件请求生成的异常,这个异常通过 NVIC 预先设置优先级。所有的中断都是异步执行的。在系统中,外设使用中断来和处理器通信。表 3-7 列出了 CC3200 处理器上的中断。

对于一个异步性的异常(除复位外)。在异常刚发生和处理器进入异常处理程序之间的时间段内,处理器可以执行其他指令。

利用特权软件可以关闭一些异常类型(中断),这些可关闭的异常类型在表 3-6 中优先级一列显示为可编程。

表 3-7 CC3200 处理器中断

中断号 (对应中断寄存器中的位)	向量地址	描 述
0	0x0000 0040	GPIO Port 0(GPIO 0~7)
1	0x0000 0044	GPIO Port A1(GPIO 8~15)
2	0x0000 0048	GPIO Port A2(GPIO 16~23)
3	0x0000 004C	GPIO Port A3(GPIO 24~31)
5	0x0000 0054	UART0
6	0x0000 0058	UART1
8	0x0000 0060	I^2C
14	0x0000 0078	ADC Channel 0
15	0x0000 007C	ADC Channel 1

续表 3-7

中断号（对应中断寄存器中的位）	向量地址	描 述
16	0x0000 0080	ADC Channel 2
17	0x0000 0084	ADC Channel 3
18	0x0000 0088	WDT
19	0x0000 008C	16/32 Bit Timer A0A
20	0x0000 0090	16/32 Bit Timer A0B
21	0x0000 0094	16/32 Bit Timer A1A
22	0x0000 0098	16/32 Bit Timer A1B
23	0x0000 009C	16/32 Bit Timer A2A
24	0x0000 00A0	16/32 Bit Timer A2B
35	0x0000 00CC	16/32 Bit Timer A3A
36	0x0000 00D0	16/32 Bit Timer A3B
46	0x0000 00F8	μDMA Software Intr
47	0x0000 00FC	μDMA Error Intr
161	0x0000 02C4	I^2S
163	0x0000 02CC	Camera
168	0x0000 02E0	RAM WR Error
171	0x0000 02EC	Network Intr
176	0x0000 0300	SPI

3. 异常处理

处理器处理异常将会使用：

- 中断服务程序(ISRs)：普通的中断(IRQx)是由 ISRs 处理的异常。
- 故障处理程序(Fault Handlers)：硬件故障、内存管理故障、使用故障、总线故障这四种故障类异常都是通过故障处理程序进行处理的。
- 系统处理程序(System Handlers)：PendSV、SVCall、SysTick 和故障异常都属于系统异常，并通过系统处理程序来进行处理。

4. 向量表

向量表包含着堆栈指针的复位值和起始地址，对所有的异常处理程序来说，向量表也称为异常向量表。向量表主要由表 3-6 中向量地址和偏移量那一列的数据构成。图 3-5 显示了在向量表中异常向量的次序。每一个向量的最低有效位必须为 1，这说明该异常处理程序是 Thumb 代码。

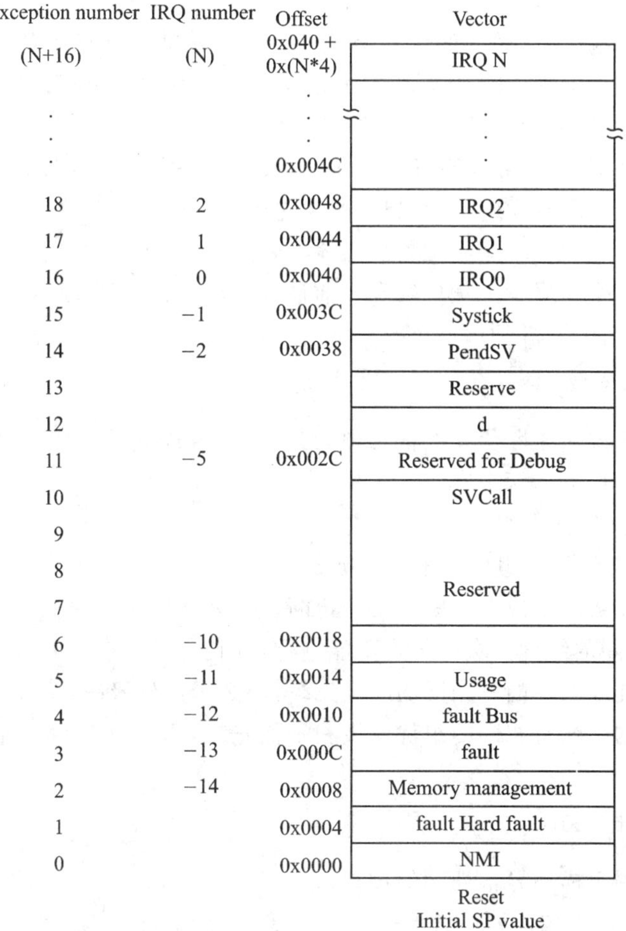

图 3-5　向量表

系统复位时，向量表起始地址为 0x0000 0000，特权软件可以通过向“向量表偏移量寄存器(VTABLE)”写入合适的值，将向量表的起始地址迁移到内存的其他位置(有效范围为 0x0000 0400～0x3FFF FC00)。

注意：在配置 VTABLE 寄存器时，偏移量必须在 1 024 字节边界对齐。

5. 异常优先级

如表 3-6 所列，所有的异常都有一个与其相关的优先级，一个较低的优先级值代表着一个较高的优先级(数字越小，优先级越高)，而且除复位、硬件复位和 NMI 以外的所有异常都是可以进行优先级配置的。如果软件没有配置任何优先级，那么所有这些可以进行优先级配置的异常的优先级值都默认为 0。

注意：CC3200 中异常优先级的可配置取值范围为 0～7。这意味着，复位、硬件复位和 NMI 异常(NMI 被系统保留使用)这些具有负的固定优先级值的异常，总是比其他任何异常的优先级高。

例如,同时分配一个较高的优先级值给IRQ[0]和一个低优先级值给IRQ[1],则表示IRQ[1]比IRQ[0]具有更高的优先级。如果IRQ[1]和IRQ[0]同时出现,那么系统将会在处理IRQ[0]之前处理IRQ[1]。

如果多个待处理异常具有相同的优先级,那么最低异常号优先。例如,如果IRQ[0]和IRQ[1]同时发生,并有相同的优先级,那么IRQ[0]在IRQ[1]之前处理。

当处理器正在执行一个异常处理程序时,有更高优先级的新异常出现,那么会发生抢断。如果这个新异常的优先级和当前被处理的异常相同,那么不会发生抢断,且此时不再参考异常号。同时,这个新异常会被挂起。

6. 中断优先级分组

为了提高系统对中断优先级的控制,NVIC支持优先级分组。这种分组将中断优先级寄存器入口分为两个区域:

- 高位定义组优先级。
- 低位定义优先级组中的子优先级。

只有组优先级可以决定中断异常的抢断。当处理器正在执行一个中断异常处理程序时,具有相同的组优先级的异常不能进行抢断。

如果多个挂起的中断有相同的组优先级,那么子优先级决定了它们的处理顺序。如果多个挂起的中断有相同的组优先级和子优先级,那么IRQ编号最低的中断先被处理。

7. 异常进入和返回

下列术语用于描述异常处理的过程。

- 抢占:当处理器正在执行一个异常处理程序时,如果新异常的优先级比正在处理的优先级高,那么新异常可以抢占异常处理程序,关于中断抢占的更多信息,详见“中断优先级分组”。当一个异常抢占另一个异常时,它们称为嵌套异常。
- 返回:当返回发生时,说明异常处理已经结束,且没有优先级足够高的新异常。处理器会弹出堆栈并恢复到中断发生前的状态。
- 尾链技术:这种机制加速了异常处理的速度。当一个异常处理程序完成时,如果有被挂起的异常满足异常进入的要求,将跳过堆栈弹出,直接转移到新的异常处理程序中。
- 迟到技术:这种机制加速了抢断的速度。如果处理器在为前一个异常保存状态时发生了更高优先级的异常,那么处理器会直接去处理更高优先级的异常,并为这个新异常初始化向量。处理器状态存储的过程并不会被新进的异常所影响,因为在两种情况下,存储状态的过程和内容都是相同的。所以,状态保存的过程继续进行。在处理器开始执行原异常处理程序的指令之前,都

可以按着迟到技术的机制来处理后来的高优先级异常。当迟到异常的异常处理程序返回时，直接进入尾链模式。

异常入口

当有“足够高”优先级正挂起并且处理器处于线程模式下，或新的异常比当前正在处理的异常拥有更高的优先级（新的异常会抢断当前的异常）时，就会进入异常。如果一个异常抢断了另一个异常，那么这些异常被认为是嵌套的。“足够高”优先级有效，意味着异常的优先级比屏蔽寄存器（详见 PRIMASKFAULTMASK 和 BASEPRI 寄存器）中设定的限制要高。如果一个异常的优先级比最低优先级限制更低，那么这个异常只会被挂起，并不会被处理器所处理。当处理器取得一个异常时，除非异常是尾链的或是迟到异常，处理器会将当前信息压入当前堆栈。此操作被称为入栈，8 个数据字的存储结构被称为堆栈帧。

图 3－6 显示了 Cortex-M4 的堆栈帧结构，除了没有 FPU，剩下的部分类似于 ARMv7-M 的执行方式。

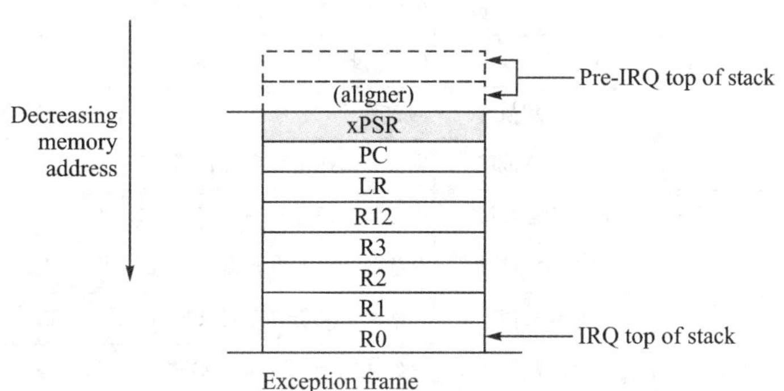

图 3－6　异常栈结构

入栈操作后，堆栈指针会立刻指向堆栈帧的最低地址。

堆栈帧中包含了返回地址，这个地址指向了被中断程序的下一个指令地址。在异常返回时，这个值会传递给 PC 寄存器，这样被中断的程序就可以接着继续运行。

在进行入栈操作的同时，处理器会从向量表中获取当前异常处理程序的初始地址。当入栈操作完成时，处理器会执行异常处理程序。同时，处理器会向 LR 写入一个 EXC_RETURN 值，这个值表示了指向堆栈帧的是哪个堆栈指针和在进入异常时，处理器是处于什么运行模式。

如果在异常进入期间没有更高优先级的异常，处理器就会开始执行异常处理程序并自动将相应的异常状态从挂起状态转变成激活状态。

如果在进入异常时，出现了另一个更高优先级的异常，也就是迟到异常。那么处理器就会开始执行新异常的处理，并且不会改变原异常的状态。

3.2.5　故障处理

故障是异常的一个子集，在以下情况下会出现故障：

- 在进行取指令或读取向量表或访问数据时有可能出现总线错误。
- 内部检查的错误例如未定义的指令或一个 BX 指令试图修改状态。
- 试图执行一个标记为不可执行的存储区域的指令。

1. 故障类型

表 3-8 展示的是故障的类型、故障处理的程序、相应的故障状态寄存器和指向发生故障的寄存器位。

表 3-8　故障列表

错　误	处理程序	错误状态寄存器	位　名
向量读取的总线错误	硬故障(Hard fault)	硬故障状态寄存器(HFAULTSTAT)	VECT
故障扩大到硬故障	硬故障(Hard fault)	硬故障状态寄存器(HFAULTSTAT)	FORCED
指令存取时默认内存不匹配	内存管理故障	内存管理故障状态寄存器(MFAULTSTAT)	IERR(1)
访问数据时默认内存不匹配	内存管理故障	内存管理故障状态寄存器(MFAULTSTAT)	DERR
异常入栈时默认内存不匹配	内存管理故障	内存管理故障状态寄存器(MFAULTSTAT)	MSTKE
异常出栈时默认内存不匹配	内存管理故障	内存管理故障状态寄存器(MFAULTSTAT)	MUSTKE
异常入栈时总线错误	总线故障	总线故障状态寄存器(BFAULTSTAT)	BSTKE
异常出栈时总线错误	总线故障	总线故障状态寄存器(BFAULTSTAT)	BUSTKE
预读取指令时的总线错误	总线故障	总线故障状态寄存器(BFAULTSTAT)	IBUS
精确的数据总线错误	总线故障	总线故障状态寄存器(BFAULTSTAT)	PRECISE
不精确的数据总线错误	总线故障	总线故障状态寄存器(BFAULTSTAT)	IMPRE
试图访问一个协处理器	使用故障	使用故障状态寄存器(UFAULTSTAT)	NOCP
未定义指令	使用故障	使用故障状态寄存器(UFAULTSTAT)	UNDEF
试图加入一个无效的指令集状态(2)	使用故障	使用故障状态寄存器(UFAULTSTAT)	INVSTAT
无效 EXC_RETURN 值	使用故障	使用故障状态寄存器(UFAULTSTAT)	INVPC
非法的未对齐存取	使用故障	使用故障状态寄存器(UFAULTSTAT)	UNALIGN
除以 0	使用故障	使用故障状态寄存器(UFAULTSTAT)	DIV0

(1) 在访问不可支持(NX)区域时出现。

(2) 试图使用 Thumb 指令集以外的指令，或使用 ICI 操作来返回一个非读取-存储多重指令。

2. 故障扩大和硬故障

除了硬故障以外的全部故障都可以配置异常优先级。软件可以禁止执行这些异

常处理程序。

通常，异常的优先级会和异常屏蔽寄存器的值一起来决定处理器是否可以进入故障处理程序。

在某些情况下，可配置优先级的故障可以看作是硬故障。这个程序称为优先级扩大，称该故障上升到硬故障。情况如下：

- 一个故障处理程序引起一个它所处理的相等类型的故障。这个故障上升到硬故障的原因是故障处理程序不能取代自身，因为它必须有相等的优先级作为当前的优先级等级。
- 一个故障处理程序引起一个与它所处理的故障优先级相等或更低的故障。这种情况的发生是因为新故障的处理程序不能取代当前正在执行的故障处理程序。
- 一个异常处理程序引起一个优先级等于或低于正在执行的异常的故障。
- 出现故障但是处理程序未启动。

如果在压栈期间进入一个总线故障处理程序，就会出现总线故障，总线故障不会扩大为硬故障。因为一个损坏的堆栈引起的故障，故障的处理程序依然会执行即使入栈失败。处理程序会操作但是栈的内容损坏了。

注意：只有复位和 NMI 能抢占固定优先级的硬故障。一个硬故障能抢占除了复位、NMI 和其他硬故障以外的任何异常。

3. 故障状态寄存器和故障地址寄存器

故障状态寄存器指明引起故障的原因。故障地址寄存器为总线故障和内存管理故障指明引起故障的操作访问地址。故障状态和故障地址寄存器如表 3－9 所列。

表 3－9　故障状态和故障地址寄存器

处理程序	状态寄存器名	地址寄存器名
硬故障	硬故障状态(HFAULTSTAT)	—
内存管理故障	内存管理故障状态(MFAULTSTAT)	内存管理故障地址(MMADDR)
总线故障	总线故障状态(BFAULTSTAT)	总线故障地址(FAULTADDR)
使用故障	使用故障状态(UFAULTSTAT)	—

4. 锁　定

在处理器执行 NMI 或硬件故障处理程序时，如果发生了硬件故障，那么处理器会进入锁定状态。当处理器处于锁定状态，将不会处理任何指令。只有以下情况发生后处理器才能解除锁定状态：复位、发生 NMI、调试器发送暂停命令；否则处理器都不会解除锁定状态。

3.2.6 电源管理

CC3200 是一个多处理器的片上系统。为了快速处理异步睡眠-唤醒请求，充分发挥处理器和 Wi-Fi 子系统的性能，CC3200 在板级就实现了一个高效的电源管理方案，通过一系列的配置文件提供了极高的能源效率。Cortex-M4 应用处理程序子系统(包括 CM4 的内核和应用外设)是它的一个子集。

片上的电源管理方案不知道电源状态在其他子系统中的转换情况。这使得用户与复杂的多处理器系统隔离并精简应用程序开发过程。

从 Cortex-M4 应用处理器的立场看，CC3200 支持典型的 SLEEP 和 DEEPSLEEP 模式，类似于那些离散的微控制器。下面将会详述这两种模式。

除了 SLEEP 和 DEEPSLEEP 模式以外，还有两种睡眠模式可供选择。这两种模式的消耗远低于 DEEPSLEEP 模式。

- 低电源深度睡眠模式(LPDS)：
  - 推荐总是连接云/Wi-Fi 的超低功耗的应用使用。
  - 高达 256 KB 的 SRAM 存储和快速唤醒(<5 ms)。
  - 当禁用网络和 Wi-Fi 子系统时，使用 SRAM 保存(代码和数据)的 MCU 消耗低于 100 μA。系统总消耗(包括 Wi-Fi 和网络周期性唤醒)将低至 700 μA。
  - 处理器和外设寄存器不会被保留。SoC 级的配置会被保留。
- 休眠模式(HIB)：
  - 推荐频繁连接云/Wi-Fi 的超低功耗的应用使用。
  - 包含 RTC 的超低消耗电流 4 μA。
  - 唤醒 RTC 或选择 GPIO。
  - 没有 SRAM 或逻辑保留。2×32 位的寄存器保留。

LPDS 和 HIB 模式将会在电源时钟和复位管理部分进行详述。

图 3-7 展示的是 CC3200 SoC 电源管理结构。

CC3200 多处理器 SoC 内部的 Cortex-M4 处理器的实现与离散的 MCU 有一些区别。如支持典型的 SLEEP 和 DEEPSLEEP 模式，在 CC3200 上这两种模式只是用来限制能源的消耗。

一些需要超低功耗的应用，应在大多数时间内处于 LPDS 或休眠模式状态下。Cortex-M4 应用处理器能配置成被唤醒的选择事件，例如网络事件是一个输入的数据包、定时器或 I/O pad toggle，运行所花的时间应该最小化。Cortex-M4 处理器集成了先进的电源管理系统和 DMA，使用多层零等待的 AHB 互连，整个 SRAM 都是零等待状态，可以快速执行代码和保存数据，因此 CC3200 特别适合上述的操作。

- SLEEP：睡眠模式会停止处理器时钟(时钟闸)。
- DEEPSLEEP：深度睡眠模式停止应用程序系统时钟和关闭 PLL。

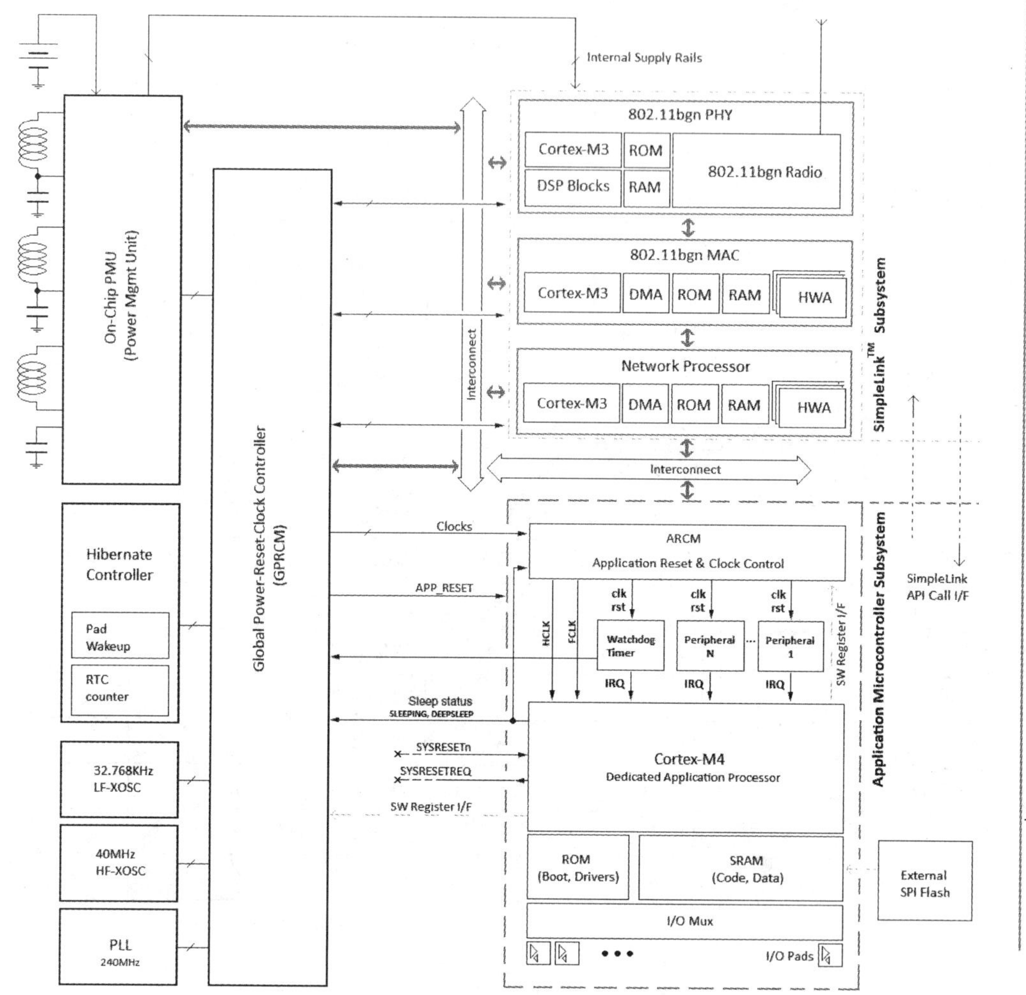

图 3-7 CC3200 SoC 电源管理结构

3.2.7 指令集摘要

处理器实现了一个 Thumb 指令集版本，支持的指令如表 3-10 所列。

注意：在表 3-10 中：

- 尖括号<>用于包含操作数。
- 大括号{ }用于包含可选形式的操作数。
- 操作数列表中并不包含所有的操作数。
- Op2 所表示的第二操作数，可以是一个寄存器也可以是一个常数。
- 绝大多数指令可以使用一个可选的状态码后缀。

更多关于指令和操作数的信息，可以查看 *ARM Cortex-M4 Technical Reference*

Manual 中关于指令的描述。

表 3-10 支持的 Thumb 指令集

助记符	操作数	描 述	标 记
ADC, ADCS	{Rd,} Rn, Op2	进位加	N,Z,C,V
ADD, ADDS	{Rd,} Rn, Op2	加	N,Z,C,V
ADD, ADDW	{Rd,} Rn , #imm12	加	—
ADR	Rd, label	载入 PC 相对地址	—
AND, ANDS	{Rd,} Rn, Op2	逻辑与	N,Z,C
ASR, ASRS	Rd, Rm, <Rs|#n>	算术右移	N,Z,C
B	label	分支	—
BFC	Rd, #lsb, #width	位域清零	—
BFI	Rd, Rn, #lsb, #width	位域插入	—
BIC, BICS	{Rd,} Rn, Op2	位清零	N,Z,C
BKPT	#imm	断点	—
BL	label	链接分支	—
BLX	Rm	间接链接分支	—
BX	Rm	间接分支	—
CBNZ	Rn, label	为否定时进行比较和分支	—
CBZ	Rn, label	为空时进行比较和分支	—
CLREX	—	独占清除	—
CLZ	Rd, Rm	计数前导零	—
CMN	Rn, Op2	否定比较	N,Z,C,V
CMP	Rn, Op2	比较	N,Z,C,V
CPSID	i	更改处理器状态,关闭中断	—
CPSIE	i	更改处理器状态,开启中断	—
DMB	—	数据内存隔离	—
DSB	—	数据同步隔离	—
EOR, EORS	{Rd,} Rn, Op2	异或	N,Z,C
ISB	—	指令同步隔离	—
IT	—	条件块	—
LDM	Rn{!}, reglist	增加后装载多个寄存器	—
LDMDB, LDMEA	Rn{!}, reglist	减少前装载多个寄存器	—

续表 3-10

<table>
<tr><th>助记符</th><th>操作数</th><th>描　述</th><th>标　记</th></tr>
<tr><td>LDMFD，LDMIA</td><td>Rn{!}，reglist</td><td>增加后装载多个寄存器</td><td>—</td></tr>
<tr><td>LDR</td><td>Rt，[Rn，#offset]</td><td>字装载寄存器</td><td>—</td></tr>
<tr><td>LDRB，LDRBT</td><td>Rt，[Rn，#offset]</td><td>字节装载寄存器</td><td>—</td></tr>
<tr><td>LDRD</td><td>Rt，Rt2，[Rn，#offset]</td><td>双字节装载寄存器</td><td>—</td></tr>
<tr><td>LDREX</td><td>Rt，[Rn，#offset]</td><td>独占加载寄存器</td><td>—</td></tr>
<tr><td>LDREXB</td><td>Rt，[Rn]</td><td>字节独占装载寄存器</td><td>—</td></tr>
<tr><td>LDREXH</td><td>Rt，[Rn]</td><td>半字独占装载寄存器</td><td>—</td></tr>
<tr><td>LDRH，LDRHT</td><td>Rt，[Rn，#offset]</td><td>半字装载寄存器</td><td>—</td></tr>
<tr><td>LDRSB，LDRSBT</td><td>Rt，[Rn，#offset]</td><td>符号字节装载寄存器</td><td>—</td></tr>
<tr><td>LDRSH，LDRSHT</td><td>Rt，[Rn，#offset]</td><td>符号半字装载寄存器</td><td>—</td></tr>
<tr><td>LDRT</td><td>Rt，[Rn，#offset]</td><td>字装载寄存器</td><td>—</td></tr>
<tr><td>LSL，LSLS</td><td>Rd，Rm，<Rs|#n></td><td>逻辑左移</td><td>N,Z,C</td></tr>
<tr><td>LSR，LSRS</td><td>Rd，Rm，<Rs|#n></td><td>逻辑右移</td><td>N,Z,C</td></tr>
<tr><td>MLA</td><td>Rd，Rn，Rm，Ra</td><td>累乘,32 位</td><td>—</td></tr>
<tr><td>MLS</td><td>Rd，Rn，Rm，Ra</td><td>乘和加,32 位</td><td>—</td></tr>
<tr><td>MOV，MOVS</td><td>Rd，Op2</td><td>移动</td><td>N,Z,C</td></tr>
<tr><td>MOV，MOVW</td><td>Rd，#imm16</td><td>移动 16 位常数</td><td>N,Z,C</td></tr>
<tr><td>MOVT</td><td>Rd，#imm16</td><td>移动队首数</td><td>—</td></tr>
<tr><td>MRS</td><td>Rd，spec_reg</td><td>从特殊寄存器移动到通用寄存器</td><td>—</td></tr>
<tr><td>MSR</td><td>spec_reg，Rm</td><td>从通用寄存器移动到特殊寄存器</td><td>N,Z,C,V</td></tr>
<tr><td>MUL，MULS</td><td>{Rd,} Rn，Rm</td><td>乘,32 位</td><td>N,Z</td></tr>
<tr><td>MVN，MVNS</td><td>Rd，Op2</td><td>不移动</td><td>N,Z,C</td></tr>
<tr><td>NOP</td><td>—</td><td>无操作</td><td>—</td></tr>
<tr><td>ORN，ORNS</td><td>{Rd,} Rn，Op2</td><td>或、非逻辑</td><td>N,Z,C</td></tr>
<tr><td>ORR，ORRS</td><td>{Rd,} Rn，Op2</td><td>或逻辑</td><td>N,Z,C</td></tr>
<tr><td>PKHTB，PKHBT</td><td>{Rd,} Rn，Rm，Op2</td><td>半字打包</td><td>—</td></tr>
<tr><td>POP</td><td>reglist</td><td>从栈中弹出各个寄存器值</td><td>—</td></tr>
<tr><td>PUSH</td><td>reglist</td><td>将寄存器压入栈中</td><td>—</td></tr>
<tr><td>QADD</td><td>{Rd,} Rn，Rm</td><td>饱和加</td><td>Q</td></tr>
</table>

续表 3-10

助记符	操作数	描 述	标 记
QADD16	{Rd,} Rn, Rm	16位饱和加	—
QADD8	{Rd,} Rn, Rm	8位饱和加	—
QASX	{Rd,} Rn, Rm	交换式的饱和加减	—
QDADD	{Rd,} Rn, Rm	饱和翻倍加	Q
QDSUB	{Rd,} Rn, Rm	饱和翻倍减	Q
QSAX	{Rd,} Rn, Rm	交换式的饱和减加	—
QSUB	{Rd,} Rn, Rm	饱和减	Q
QSUB16	{Rd,} Rn, Rm	16位饱和减	—
QSUB8	{Rd,} Rn, Rm	8位饱和减	—
RBIT	Rd, Rn	位逆序	—
REV	Rd, Rn	一个字的字节逆序	—
REV16	Rd, Rn	半字的字节逆序	—
REVSH	Rd, Rn	在低半字和符号扩展中字节逆序	—
ROR, RORS	Rd, Rm, <Rs|#n>	右旋转	N,Z,C
RRX, RRXS	Rd, Rm	延伸右旋转	N,Z,C
RSB, RSBS	{Rd,} Rn, Op2	逆向减法	N,Z,C,V
SADD16	{Rd,} Rn, Rm	16位有符号加	GE
SADD8	{Rd,} Rn, Rm	8位有符号加	GE
SASX	{Rd,} Rn, Rm	交换式的符号加减	GE
SBC, SBCS	{Rd,} Rn, Op2	带进位的减	N,Z,C,V
SBFX	Rd, Rn, #lsb, #width	有符号位区域提取	—
SDIV	{Rd,} Rn, Rm	有符号除	—
SEL	{Rd,} Rn, Rm	选择字节	—
SEV	—	发送事件	—
SHADD16	{Rd,} Rn, Rm	有符号的16位半加	—
SHADD8	{Rd,} Rn, Rm	有符号的8位半加	—
SHASX	{Rd,} Rn, Rm	交换式的有符号半加减	—
SHSAX	{Rd,} Rn, Rm	交换式的有符号半加减	—
SHSUB16	{Rd,} Rn, Rm	有符号的16位半减	—
SHSUB8	{Rd,} Rn, Rm	有符号的8位半减	—

续表 3-10

助记符	操作数	描　述	标　记
SMLABB, SMLABT, SMLATB, SMLATT	Rd, Rn, Rm, Ra	有符号的乘累加(半字)	Q
SMLAD, SMLADX	Rd, Rn, Rm, Ra	有符号的双乘累加	Q
SMLAL	RdLo, RdHi, Rn, Rm	64 比特位有符号的乘累加	—
SMLALBB, SMLALBT, SMLALTB, SMLALTT	RdLo, RdHi, Rn, Rm	有符号的长乘累加(半字)	—
SMLALD, SMLALDX	RdLo, RdHi, Rn, Rm	有符号的双长乘累加	—
SMLAWB,SMLAWT	Rd, Rn, Rm, Ra	有符号的半字乘累加	Q
SMLSD SMLSDX	Rd, Rn, Rm, Ra	有符号的双乘累减	Q
SMLSLD SMLSLDX	RdLo, RdHi, Rn, Rm	有符号的双长乘累减	
SMMLA	Rd, Rn, Rm, Ra	有符号的最大字乘累加	—
SMMLS, SMMLR	Rd, Rn, Rm, Ra	有符号的最大字乘累减	—
SMMUL, SMMULR	{Rd,} Rn, Rm	有符号的最大字乘	—
SMUAD SMUADX	{Rd,} Rn, Rm	有符号的双乘加	Q
SMULBB, SMULBT, SMULTB, SMULTT	{Rd,} Rn, Rm	有符号的半字乘法	—
SMULL	RdLo, RdHi, Rn, Rm	有符号的 32×32 乘法,64 位结果	—
SMULWB, SMULWT	{Rd,} Rn, Rm	有符号的半字乘	—
SMUSD, SMUSDX	{Rd,} Rn, Rm	有符号的双乘累减	—
SSAT	Rd, #n, Rm {,shift #s}	有符号的饱和运算	Q
SSAT16	Rd, #n, Rm	16 位有符号饱和运算	Q
SSAX	{Rd,} Rn, Rm	交换式的饱和加减	GE
SSUB16	{Rd,} Rn, Rm	16 位有符号减法	—
SSUB8	{Rd,} Rn, Rm	8 位有符号减法	—
STM	Rn{!}, reglist	存储多个寄存器,后增量	—
Mnemonic	Operands	简要描述	Flags
STMDB, STMEA	Rn{!}, reglist	存储多个寄存器,前减量	—
STMFD, STMIA	Rn{!}, reglist	存储多个寄存器,后增量	—
STR	Rt, [Rn {, #offset}]	存储寄存器字	—
STRB, STRBT	Rt, [Rn {, #offset}]	存储寄存器字节	—

续表 3-10

助记符	操作数	描 述	标 记
STRD	Rt, Rt2, [Rn {, #offset}]	存储寄存器双字	—
STREX	Rt, Rt, [Rn {, #offset}]	独占式存储寄存器	—
STREXB	Rd, Rt, [Rn]	独占式存储寄存器字节	—
STREXH	Rd, Rt, [Rn]	独占式存储寄存器半字	—
STRH, STRHT	Rt, [Rn {, #offset}]	存储寄存器半字	—
STRSB, STRSBT	Rt, [Rn {, #offset}]	存储寄存器有符号字节	—
STRSH, STRSHT	Rt, [Rn {, #offset}]	存储寄存器有符号半字	—
STRT	Rt, [Rn {, #offset}]	存储寄存器字	—
SUB, SUBS	{Rd,} Rn, Op2	减	N,Z,C,V
SUB, SUBW	{Rd,} Rn, #imm12	固定 12 位减	N,Z,C,V
SVC	#imm	超级用户调用	—
SXTAB	{Rd,} Rn, Rm, {,ROR #}	8 位扩展到 32 位加	—
SXTAB16	{Rd,} Rn, Rm,{,ROR #}	8 位双扩展到 32 位加	—
SXTAH	{Rd,} Rn, Rm,{,ROR #}	16 位扩展到 32 位加	—
SXTB16	{Rd,} Rm {,ROR #n}	扩展到 16 位有符号字节	—
SXTB	{Rd,} Rm {,ROR #n}	扩展到有符号单字节	—
SXTH	{Rd,} Rm {,ROR #n}	扩展到有符号半字	—
TBB	[Rn, Rm]	表分支字节	—
TBH	[Rn, Rm, LSL #1]	表分支半字	—
TEQ	Rn, Op2	等价测试	N,Z,C
TST	Rn, Op2	测试	N,Z,C
UADD16	{Rd,} Rn, Rm	16 位无符号加	GE
UADD8	{Rd,} Rn, Rm	8 位无符号加	GE
UASX	{Rd,} Rn, Rm	交换式无符号加减	GE
UHADD16	{Rd,} Rn, Rm	无符号 16 位半加	—
UHADD8	{Rd,} Rn, Rm	8 位无符号半加	—
UHASX	{Rd,} Rn, Rm	交换式无符号半加减	—
UHSAX	{Rd,} Rn, Rm	交换式无符号半减加	—
UHSUB16	{Rd,} Rn, Rm	16 位无符号半减	—
UHSUB8	{Rd,} Rn, Rm	8 位无符号半减	—
UBFX	Rd, Rn, #lsb, #width	无符号位域取值	—

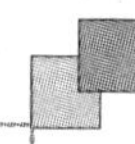

续表 3-10

助记符	操作数	描　述	标　记
UDIV	{Rd,} Rn, Rm	无符号除	—
UMAAL	RdLo, RdHi, Rn, Rm	无符号长整型乘加累加,64 位结果	—
UMLAL	RdLo, RdHi, Rn, Rm	无符号乘加运算(32×32+32+32),64 位结果	—
UMULL	RdLo, RdHi, Rn, Rm	无符号乘(32×2),64 位结果	—
UQADD16	{Rd,} Rn, Rm	16 位无符号饱和加	—
UQADD8	{Rd,} Rn, Rm	8 位无符号饱和加	—
UQASX	{Rd,} Rn, Rm	交换式无符号饱和加减	—
UQSAX	{Rd,} Rn, Rm	交换式无符号饱和减加	—
UQSUB16	{Rd,} Rn, Rm	16 位无符号饱和减	—
UQSUB8	{Rd,} Rn, Rm	8 位无符号饱和减	—
USAD8	{Rd,} Rn, Rm	无符号的绝对误差和	—
USADA8	{Rd,} Rn, Rm, Ra	无符号的绝对误差和累加	—
USAT	Rd, #n, Rm {,shift #s}	无符号饱和算法	Q
USAT16	Rd, #n, Rm	16 位无符号饱和算法	Q
USAX	{Rd,} Rn, Rm	交换式的无符号减加	GE
USUB16	{Rd,} Rn, Rm	无符号的 16 位减	GE
USUB8	{Rd,} Rn, Rm	无符号的 8 位减	GE
UXTAB	{Rd,} Rn, Rm, {,ROR #}	旋转,扩展 8 位到 32 位并加	—
UXTAB16	{Rd,} Rn, Rm, {,ROR #}	旋转,双扩展 8 位到 16 位并加	—
UXTAH	{Rd,} Rn, Rm, {,ROR #}	旋转,无符号扩展并加半字	—
UXTB	{Rd,} Rm, {,ROR #n}	零位拓展一个字节	—
UXTB16	{Rd,} Rm, {,ROR #n}	无符号 16 字节扩展	—
UXTH	{Rd,} Rm, {,ROR #n}	零位扩展一个半字	—
WFE	—	等待事件	—
WFI	—	等待中断	—

3.3　电源、复位和时钟管理(CRPM)

CC3200 集合了一个高度优化的片上电源管理单元,能直接由电池供电无需任何外部稳压器。

片上的PMU整合了一组高效快速的瞬态反应DC-DC(直流-直流)转换器、LDOs和参考电压产生器。片上PMU连接到输入电源,根据不同部分通过电源模式产生所需的内部电压。PMU是与WLAN紧密同步的,并且在发送和接收操作期间避免干扰。

该芯片支持两种电源配置,以提供灵活的系统设计。在一种配置中,片上引脚的输入电源电压范围支持2.1~3.6 V。在另一种配置中,芯片能提供预先调节的1.85 V的符合波形,以及短暂负载和峰流的需求。详细内容请参考CC3200数据手册的电器细节。

CC3200片上系统包含必要的时钟和电源管理功能来建立一个独立的电池低耗能操作解决方案。其主要特点如下:

1. 主时钟

- 低速时钟,$32.768\times(1\pm2.5\times10^{-4})$ kHz:
  - 供RTC、Wi-Fi beacon实时监听,在低功耗的IDLE模式和一些内部测序中使用;
  - 片上的低功耗32 kHz晶振;
  - 支持外部输入的32.768 kHz时钟;
  - 片上的32 kHz RC振荡器用来初始唤醒。
- 快速时钟,$40\times(1\pm2\times10^{-5})$ MHz:
  - Wi-Fi射频和MCU使用;
  - 片上低相位噪声的40 MHz晶振;
  - 支持外部输入的40 MHz时钟(例如:TCXO);
  - 系统和外设时钟都来自内部的PLL(锁相环)产生的240 MHz驱动。

2. 灵活的复位计划

- CC3200支持如下复位:
  - 外部芯片复位引脚:当nRESET引脚保持为低时,整个芯片,包括电源管理复位;
  - 休眠复位:当板子经过一个休眠周期时,整个芯片会被复位;
  - 看门狗复位:当看门狗定时器定时结束时,应用MCU会复位;
  - 软件复位:使用软件复位应用MCU。
- 使用WDT复位和休眠能让系统从任何卡住的情况下恢复。

3. 片上电源管理

- CC3200提供两种电源供给配置:
  - 宽电压模式:2.1~3.6 V,电池供电(2×1.5 V)或者稳压的3.3 V;
  - 稳压1.85 V供板载DC-DC(直流-直流)稳压。

- 在需要的时候，一组片上的 3 个高效率的 DC-DC 转换器可产生内部模块供给电压。这些开关转换器被优化过以减少对 WLAN 射频的干扰。
  - DIG-DC-DC：为核心数字逻辑产生 0.9 V、1.2 V 电压；
  - ANA1-DC-DC：产生低波动的 1.8 V 电压供给模拟和 RF，这绕过了稳压 1.85 V 配置；
  - PA-DC-DC：用非常快的瞬态调节产生稳压 1.8 V 给 WLAN RF 发射功率放大器，这绕过了稳压 1.85 V 配置。
- 一组低压差线性稳压器（LDOs）用在射频子系统来进一步规范和过滤 ANA1-DC-DC 输出。
- 芯片工厂校准精确的带隙电压基准，通过工艺和温度确保了稳压器输出的稳定。

3.3.1　电源管理子系统

CC3200 的电源管理子系统包括一个 DC-DC 转换器，该转换器可以适应不同的电压或系统需求。

- 数字型 DC-DC：
  - 输入：V_{BAT}宽电压（2.1～3.6 V）或预稳压的 1.85 V。
- ANA1 DC-DC：
  - 输入：V_{BAT}宽电压（2.1～3.6 V）；
  - 在预稳压 1.85 V 模式下，ANA1 DC-DC 转换器将被忽略。
- PA DC-DC：
  - 输入：V_{BAT}宽电压（2.1～3.6 V）；
  - 在预稳压 1.85 V 模式下，PA DC-DC 转换器将被忽略。

在预稳压 1.85 V 模式下，ANA1 DC-DC 和 PA DC-DC 转换器将会被忽略。CC3200 是一种单芯片无线网络解决方案，该方案使用一个支持宽电压的嵌入式系统。内部电源管理（包括 DC-DC 转换器和 LDOs）可以从各种各样的输入电压源中产生设备所需的各种电压。为了获得最大的灵活性，对该设备可按照下述的模式进行操作。

1. V_{BAT}宽电压连接

在宽电压电池连接中，设备使用电池或预调节的 3.3 V 电源供电。操作设备所需的其他所有的电压都由内部的 DC-DC（直流-直流）转换器产生。这是设备最常使用的，因为它提供的电压操作宽度从 2.1～3.6 V。

2. 预稳压 1.85 V

采用预稳压 1.85 V 模式时，需要一个外部调节控制的 1.85 V 电压直接与设备的第 10、25、33、36、37、39、44、48 和 54 引脚相连。V_{BAT}和 V_{IO}也需要与 1.85 V 的电源相连。该模式提供了一个最低的BOM计数版本，故变压器可用于PA DC-DC和ANA1 DC-DC(2.2 μH和1 μH)并且无需使用22 μF的电容。有关的电气连接，请参照2.5.2小节，“典型用途——CC3200预稳压1.85 V模式。”

在预稳压1.85 V模式中，调节器提供的1.85 V电压必须满足下面的要求：

- 负载电流能力≥900 mA。
- 500 mA时线路和负载调节的波动<2%，并且负载阶跃的稳定时间<4 μs。
- 调节器必须放在靠近CC3200的位置上，以减少IR到设备之间的压降。

注意： 芯片会基于DC-DC引脚状态自动检测使用了哪个配置。芯片会使能相应的DC-DCs。

电源管理单元支持两种配置如图3-8所示。

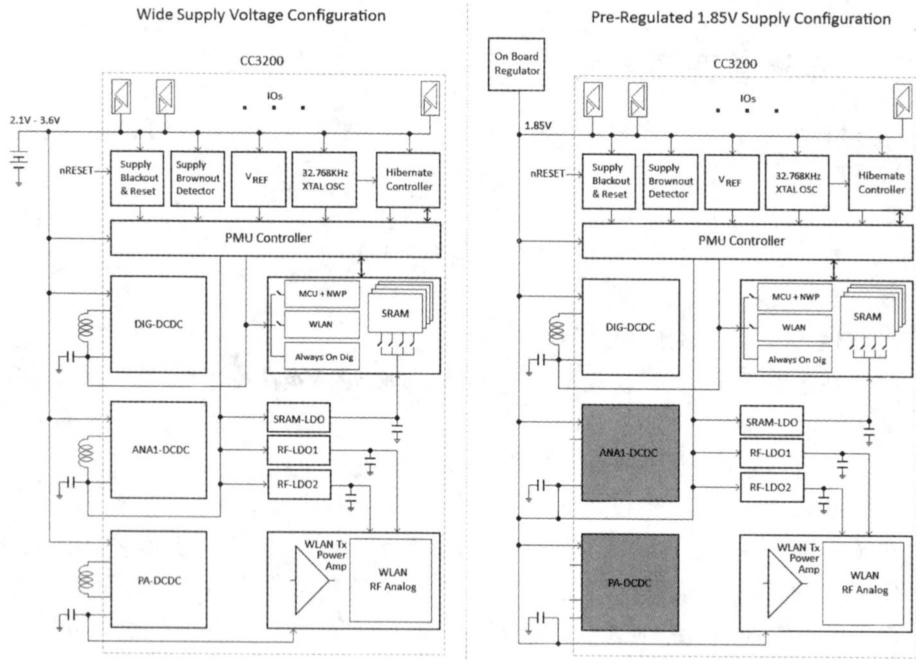

图3-8　电源管理单元支持两种配置

PMU包括以下主要模块：

- Dig-DC-DC：产生0.9～1.2 V稳压输出到数字化的核心逻辑。
- ANA1-DC-DC：产生1.8～1.9 V稳压输出到模拟和RF(射频)。
- PA-DC-DC：产生1.8～1.9 V稳压输出到WLAN发射功率放大器。
- 精密电压参考。
- 电源掉电监测：
  - 掉电级宽电压模式：2.1 V；
  - 掉电级预调节1.85 V模式：1.74 V。

- 32.768 kHz 晶体振荡器：
  - 为 RTC 和 WLAN 省电时序协议产生精密的 32.768 kHz 频率；
  - 支持供给一个外部方波 32.768 kHz 时钟来替代 XTAL。
- 32 kHz 的 RC 振荡器来启动芯片：32.768 kHz 的 XTAL 振荡器在第一次上电或复位后需要 1.1 s 来进行稳定。直到慢时钟 XTAL 稳定前，交替的 RC 慢时钟将用于该系统。
- 休眠控制器：片上实现最低消耗的睡眠模式称为休眠模式。功能如下：
  - 片上唤醒控制器；
  - RTC 计数器和基于 RTC 唤醒；
  - GPIO 监控和基于 GPIO 唤醒；
  - 2 个 32 位通用的直接由电池供电的保持寄存器；
  - 可以通过 SoC(片上系统)级互连访问应用处理器；
  - 当数字核心断电时管理 PMU 和 IOs。
- PMU 控制器：
  - 控制所有的底层实时的 DC-DCs、LDOs 和参考的序列；
  - 实现与睡眠模式转变相关联的底层序列；
  - 不能直接从应用处理器进行访问；
  - PMU 状态转换是由来自 PRCM 的控制信号启动的。

3. 欠压(brownout)和掉电(blackout)供应

欠压：欠压是供应电压降到芯片欠压阈值以下的状态。对于宽电压模式，$V_{brownout}$=2.1 V；对于预调节 1.85 V 模式，$V_{brownout}$=1.74 V。一旦芯片处于欠压状态，所有的 DC-DCs 都将被禁用，并且所有的数字逻辑电路也将被关闭。在休眠控制器内两个通用的 32 位保存寄存器、32.768 kHz 的 XOSC 和 RTC 计数器不会因欠压影响正常运行。一旦电压升到 $V_{brownout}$，以上芯片将重新启动。

掉电：CC3x 系列的 PMU 集成了一个连续的时间粗模拟电源电压监控，来监控 PMU，包括当供应电压小于 $V_{blackout}$ 时休眠控制器进入复位状态。这种情况称为掉电。$V_{blackout}$ 通常是 1.4 V 并根据温度而变化。

掉电的主要目的是为了在供电下降之前，确保有一个确定控制寄存器复位和休眠模块的内部标志，以确保该系统的操作是可靠的终止。用这种方法，当供电恢复后，PMU 开始一个干净的复位状态而不带上次操作留下的任何控制位。对于休眠控制器，在休眠控制器内两个通用的 32 位保存寄存器、32.768 kHz 的 XOSC 和 RTC 计数器全部都会在掉电期间复位。从功能的角度来看，掉电的效果类似拔下该芯片的复位引脚。

3.3.2 低功耗工作模式

从电源管理的角度看，CC3200 包含两个独立的子系统，每个子系统都可以运行在几个功耗模式中的某个模式下：

- Cortex-M4 应用处理器子系统。
- 网络子系统。

Cortex-M4 应用处理器执行从外部串行 Flash 存储器加载的用户应用程序。网络子系统执行预编程的 TCP / IP 和 Wi-Fi 数据链路层功能。

1. 应用处理器功耗模式

从应用处理器的观点看，可支持以下的电源模式：

(1) 活动模式

- 处理器的时钟运行于 80 MHz。
- 所需的外设运行在配置的时钟速率下。

(2) 睡眠模式

- 处理器的时钟频率降低，中断发生后恢复原始时钟频率。
- 对于活动状态消耗减少 3 mA。
- 立即唤醒。
- 所需的外设运行在预置的时钟频率下。
- 默认状态下，外设的睡眠时钟处于禁用状态，如果应用程序需要某个外设在睡眠过程中处于活动状态，那么该应用程序在进入睡眠模式前必须启用该外设的睡眠时钟。

(3) 深度睡眠模式

- 处理器的时钟频率降低且关闭 PLL(锁相环)，特定的中断发生后恢复原始(活动)状态。
- 比活动状态消耗减少 5 mA。
- CC3200 上不建议外设与深度睡眠模式联合使用。

(4) 低功耗深度睡眠模式(LPDS)

- 高达 256 KB 的 SRAM(静态随机存储器)保存，没有逻辑保存。
  - TI SW API 和框架提供透明的保存和处理器内容的恢复，外设和引脚的配置。
- 系统总电流(包括 Wi-Fi 和网络周期唤醒)低至 700 μA。
- 当网络和 Wi-Fi 子系统被禁用时，芯片的消耗大约 120 μA。
  - 40 MHz 的 XTAL 和 PLL 被关闭，32.768 kHz 的 XTAL 保持活动状态；
  - 大部分的数字逻辑关闭，数字电源电压降至 0.9 V；
  - SRAM 能维持在 64 KB 的倍数。
- 处理器和外设寄存器不会被保留。整体总是 ON 配置在 SoC 级被保留。
- 配置唤醒板(六分之一的板)。
- 小于 5 ms 的唤醒延迟。
- 推荐用于超低功耗总是连接云/Wi-Fi 应用。

(5) 休眠模式(HIB)

- 32.768 kHz的XTAL保存活动状态。
- 使用RTC(例如32 kHz慢时钟计算器)或选择GPIO唤醒。
- 没有SRAM或逻辑保存。
- 2个32位的通用保持寄存器。
  - 这些寄存器直接由电池供电并且只要芯片不复位就能保持内容(nRESET=1),供应保持高于掉电水平(1.4 V)。
- 4 μA的超低电流,包括RTC。
- 小于10 ms的唤醒延迟。
- 推荐用于超低功耗的不常连接云/Wi-Fi的应用。
- 一个简短的休眠也可以使用软件来实现完整的系统重启,作为一个无线软件升级的组成部分(OTA)或者在看门狗复位后恢复系统来保证干净的状态。
- 一旦检测到欠压条件,应用软件可以选择进入休眠模式以防止进一步的振荡,否则可能导致不可预知的系统限电行为和对端设备可能造成的损害。随后系统可以被制成通过定时器RTC、芯片上的复位或重新插电池来重启。

对基于CC3200的应用来说电池的寿命至关重要,因此最大限度地使系统处于LPDS和休眠模式可以有效延长电池的使用寿命。

用户程序控制应用处理器子系统的功耗状态,如图3-9所示,详细内容可以查看表3-11。

表3-11列出了各个功耗模式,高功耗的排在前面。

表3-11 用户程序模式

应用处理器(MCU)模式	描 述
MCU活动模式	MCU以80 MHz的频率执行代码
MCU睡眠模式	MCU的时钟会被关闭,但会维持设备的全部状态。睡眠模式支持即时唤醒。可配置MCU使其通过如下手段被唤醒:内部快速定时器、来自GPIO线或外设的任意活动
MCU LPDS模式	进入该模式时,大部分状态信息会丢失,只保留MCU专用寄存器的配置信息。可以通过外部事件或使用内部定时器唤醒MCU(唤醒时间小于3 ms)。当MCU处于LPDS模式时,内存中只有部分信息会被保留,可以设置保留量的多少。用户可以决定是否保留代码和MCU专用设置。通过配置相应信息,MCU可通过如下手段进行唤醒:RTC定时器或GPIO(GPIO0~GPIO6)端口上的外部事件
MCU休眠模式	在所有数字逻辑中,最低功率模式为电源门控。只有一小部分受输入电源直接驱动的逻辑电路会保持工作。实时时钟(RTC)保持工作,MCU支持通过外部事件或来自RTC定时器的超时来进行唤醒。唤醒时间要比LPDS模式下的唤醒时间长15 ms加上从串行Flash加载程序所需的时间(随代码长度变化)。该模式下,可以通过RTC定时器或GPIO(GPIO0~GPIO6)上的外部事件唤醒MCU

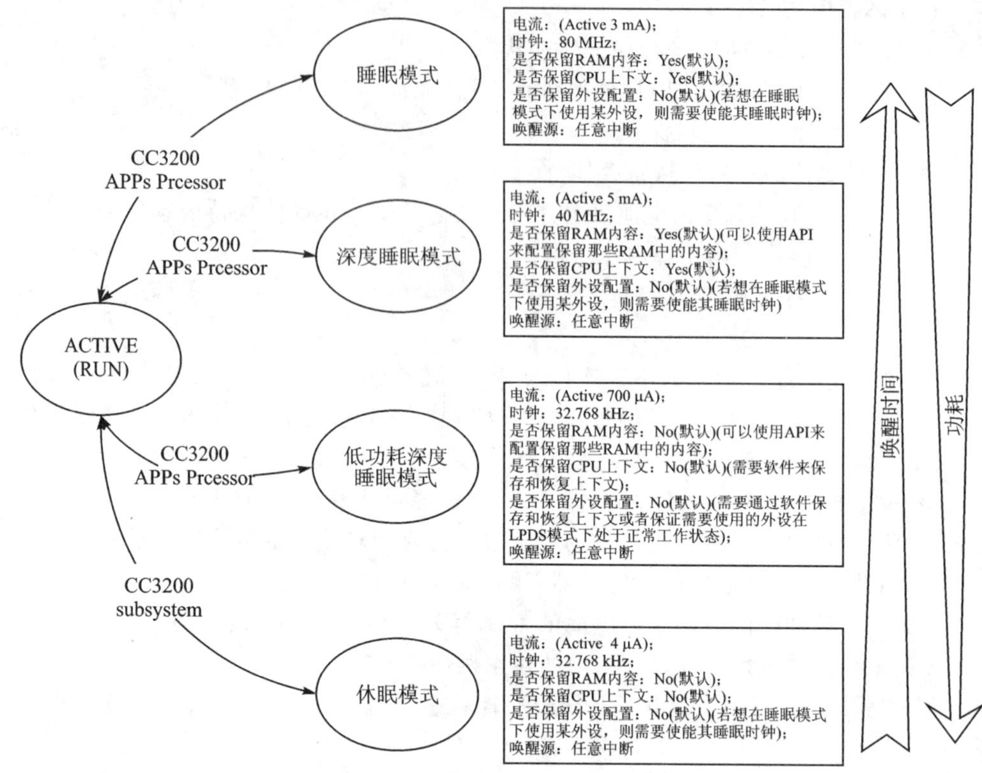

图 3-9 睡眠模式

2. 网络处理器功耗模式

NWP可以处在活动状态或LPDS模式下，需要注意它自身进行的模式转换。当无网络活动时，NWP在大多数时间都处于休眠状态，仅当需信标接受时才唤醒。网络子系统的模式如表3-12所列。

表 3-12 网络子系统的模式

网络处理器模式	描 述
主动模式(处理第1、2、3层)	发送或接收IP协议包
主动模式(处理第1、2层)	发送或接收MAC管理帧，不进行IP处理
主动监听模式	这是一种为接收信标帧(不支持其他类型的帧)所设定的，对功耗进行优化过的主动模式
连接空闲	这是一种实现802.11基础节能操作的复合模式。CC3200网络处理器在两个信标接收之间会自动进入LPDS模式，然后唤醒侦听模式接收其中一个信标的信号，并确定是否处于接入点的挂起状态。如果不是，则网络处理器返回LPDS模式并依次循环

续表 3-12

网络处理器模式	描 述
LPDS模式	是一种低功耗状态，该状态由网络处理器自行维持，并允许快速唤醒
网络关闭模式	

应用程序和网络处理器执行的这些操作，目的是为了确保设备在大多数时间里都保持在最低功耗状态，延长电池寿命。表3-13总结了一些重要的CC3200芯片级电源模式。

表3-13 重要的芯片级电源模式

电源状态(应用MCU和网络处理器)	网络处理器主动模式(发送、接收、监听)	网络处理器LPDS模式	网络处理器关闭
MCU活动模式	Chip=active (C)	Chip=active	Chip=active
MCU LPDS模式	Chip=active(A)	Chip=LPDS(B)	Chip=LPDS
MCU休眠模式	不支持，因为芯片处于休眠状态；因此，网络处理器不可能处于主动模式	不支持，因为芯片处于休眠状态；因此，网络处理器不可能处于LPDS模式	Chip=hibernate(D)

下面的例子对如何使用应用程序中的电源模式进行了说明：

- 一个产品需要与网络进行不间断的连接，但是只需要发送和接收少量的数据，大多数时间连接都是闲置的，此时可以使用802.11基础节能模式，它是模式A(接收信标帧)和模式B(等待下一个信标)的结合。
- 一个产品无需与网络进行持续的连接，但是却需要周期性的唤醒(例如每10 min唤醒一次)进行数据的发送。该产品大多数时间都工作在模式D(休眠模式)下，需要发送数据时则短暂地跳跃到模式C(活动模式)下。

3.3.3 电源管理控制结构

CC3200的Wi-Fi微控制器是一个多处理器的，带有多个周期独立切换活动和睡眠状态(应用处理器、网络处理器、WLAN-MAC和WLAN-PHY)子系统的片上系统，来实现最佳的能源使用。各子系统的活动都依赖于数据交换和通信管理，如果没有事件或通信，则系统通常是处于睡眠状态的(LPDS)。

子系统的睡眠和唤醒的时间不需要同步。当CC3200与AP建立连接后，如果该连接在一段时间内处于空闲状态，那么WLAN子系统将会进入LPDS模式，并按照一定的时间间隔重复进入活动状态。该活动状态的持续时间十分短暂，在该状态下WLAN子系统会监听beacon帧从而决定何时接收AP缓存的数据帧。而这种重复为信标周期的整数倍(104 ms)，应用处理器可以根据自己的睡眠策略实现不同的周期。

一个先进的电源管理方案在CC3200板上实施。该方案处理的异步睡眠-唤醒要求多处理器和Wi-Fi射频子系统以一种透明且节能的方式运行。

芯片级的电源管理方案是这样的，应用程序不知道其他子系统的电源状态的转换。这种方法使用户从一个实时复杂的多处理器系统中隔离出来，它通过消除竞争条件提高了鲁棒性并简化了应用程序的开发过程。

芯片的电源模式可以根据软件代码来实现不同的睡眠状态。例如，当应用程序代码需要LPDS模式时就能立即进入；然而，如果网络处理器或WLAN处于运行状态，那它就不能进入LPDS模式直到它完成操作。在这种情况下，应用处理器保持复位为低，来保证产生软件安全的结果，不管数字逻辑是取得门控权限还是确切电压降到0.9 V以下。特定子系统的唤醒事件会将整个芯片变为活动状态(VDD_DIG=1.2 V，40 MHz XOSC且启用PLL)，但是只有该子系统从LPDS状态唤醒，其余子系统依旧需要其对应的唤醒事件才能从睡眠状态唤醒。

表3-14列出了一些推荐的电源管理状态，这些状态是根据MCU和WLAN的工作状态共同确定的。

表3-14 应用处理器和网络处理器PM可能的状态组合

MCU状态	WLAN状态	电源状态(芯片电压和工作时钟)
ACTIVE	ACTIVE	ACTIVE(1.2 V,80 MHz,32 kHz)
ACTIVE	SLEEP	ACTIVE(1.2 V,80 MHz,32 kHz)
ACTIVE	LPDS(Fake-LPDS)	ACTIVE(1.2 V,80 MHz,32 kHz)
SLEEP	ACTIVE	ACTIVE(1.2 V,80 MHz,32 kHz)
SLEEP	SLEEP	ACTIVE(1.2 V,80 MHz,32 kHz)
SLEEP	LPDS(Fake-LPDS)	ACTIVE(1.2 V,80 MHz,32 kHz)
LPDS(Fake-LPDS)	ACTIVE	ACTIVE(1.2 V,80 MHz,32 kHz)
LPDS(Fake-LPDS)	SLEEP	ACTIVE(1.2 V,80 MHz,32 kHz)
LPDS(Fake-LPDS)	LPDS(Fake-LPDS)	LPDS(True-LPDS)(0.9 V,32 kHz)
Request for HIBERNATE	Don't Care	HIBERNATE(0 V,32 kHz)

1. 电源、复位、时钟管理(GPRCM)

全局电源-复位-时钟管理模块接收子系统的睡眠请求并根据设定的唤醒源将某子系统唤醒。GPRCM通过控制时钟源、PLL、电源开关和PMU来控制以下子系统的供电、时钟和复位：

- 应用处理器(APPS)。
- 网络处理器(NWP)。
- WLAN MAC和PHY处理器(WLAN——无线局域网)。

由于共存的原因，CC3200 不支持通过 PLL 可编程的系统时钟频率。为了便于编程和系统的健壮性，CC3200 限制应用代码访问片上电源和时钟管理基础模块。软件电源管理的接口被限制到一个 GPRCM 寄存器的子集中，该子集能通过一系列的易于使用的 API 函数进行访问。

2. 应用程序复位、时钟管理(ARCM)

应用处理器子系统使用本地复位和时钟控制模块称为 ARCM。ARCM 是控制复位、时钟复用和时钟闸门的专用外设模块，ARCM 没有电源控制功能。应用处理器子系统是一个单独的电源域，由 GPRCM 在 SoC 层级上进行管理。在高性能多处理器系统中电源闸门控制在各个外设的层级都不会导致显著积蓄，并且 CC3200 也不支持。

ARCM 寄存器能直接或通过 API 函数进行访问。

3.3.4　电源、复位、时钟管理编程接口(PRCM APIs)

本小节主要介绍 CC3200 软件开发工具提供的 PRCM APIs 外设库函数。表 3-15 列出了在电源复位时钟管理函数库中使用的宏定义，这些宏定义可在本小节所提到的函数中使用。CC3200 SDK 有一个电源管理的软件架构，该架构提供了一个由应用程序调用的、简单的服务，并且能用应用程序代码覆盖回调函数。细节请参考电源管理框架软件文件，更多的细节请参考 SDK 文件。

表 3-15　外设宏

宏	描　述	宏	描　述
PRCM_CAMERA	相机接口	PRCM_WDT	看门狗模块
PRCM_I2S	I^2S 接口	PRCM_UARTA0	UART 接口 A0
PRCM_SDHOST	SDHOST 接口	PRCM_UARTA1	UART 接口 A1
PRCM_GSPI	通用 SPI 接口	PRCM_TIMERA0	通用定时器 A0
PRCM_UDMA	uDMA 模块	PRCM_TIMERA1	通用定时器 A1
PRCM_GPIOA0	通用 I/O 端口 0	PRCM_TIMERA2	通用定时器 A2
PRCM_GPIOA1	通用 I/O 端口 1	PRCM_TIMERA3	通用定时器 A3
PRCM_GPIOA2	通用 I/O 端口 2	PRCM_I2CA0	I^2C 接口
PRCM_GPIOA3	通用 I/O 端口 3		

1. MCU 初始化

关机启动或退出休眠低功耗模式，用户期望通过调用 PRCMCC3200MCUInit() API 来强制配置 MCU 参数。

void PRCMCC3200MCUInit(void)

描述：此函数强制性地配置MCU。

参数：无。

返回：无。

2. 复位控制

MCU复位(软件复位)

MCU子系统能通过调用以下的API函数来复位到默认状态。

void PRCMMCUReset(tBoolean bIncludeSubsystem)

描述：此函数对MCU和相关外设执行了一个软件复位。代码恢复执行ROM中的启动程序，从sFlash中重载用户应用程序。

参数：bIncludeSubsystem，如果为真，MCU及相关的外设被复位，否则只有MCU复位。

返回：无。

3. 外设复位

各个外设能通过调用以下的API来复位到默认状态。

void PRCMPeripheralReset(unsigned long ulPeripheral)

描述：此函数对特定的外设执行一个软件复位。

参数：ulPeripheral，一个有效的外设宏。

返回：无。

4. 复位原因

应用程序的处理器在复位执行后会从复位向量表重启它的执行程序。用户应用能使用以下的API决定复位的原因。

unsigned longPRCMSysResetCauseGet(void)

描述：此函数获取MCU复位的原因。这是一个棘手的状态。

参数：无。

返回：返回MCU的复位原因：

- PRCM_POWER_ON：上电复位。
- PRCM_LPDS_EXIT：退出LPDS状态。
- PRCM_CORE_RESET：软件复位(只有芯片)。
- PRCM_MCU_RESET：软件复位(芯片和相关外设)。
- PRCM_WDT_RESET：看门狗复位。
- PRCM_SOC_RESET：软件SOC复位。
- PRCM_HIB_EXIT：退出休眠模式。

5. 时钟控制

各个外设能通过不同的电源模式保持时钟的门或非门。任何访问外设时钟门控

都会导致总线故障。以下的 APIs 能用来控制外设时钟门控。

void PRCMPeripheralClkEnable(unsigned long ulPeripheral, unsigned long ulClkFlags)

描述：此函数使特定的外设时钟变成非门并使外设可以访问。

参数：

- ulPeripheral：一个有效的外设宏。
- ulClkFlag：电源模式的时钟在此期间会保持启用状态并且是以下参数的一个或多个的按位或。
  - PRCM_RUN_MODE_CLK：在运行模式时使外设时钟变成非门；
  - PRCM_SLP_MODE_CLK：保持时钟非门在睡眠模式下；
  - PRCM_DSLP_MODE_CLK：保持时钟非门在深度睡眠模式下。
- 返回：无。

void PRCMPeripheralClkDisable(unsigned long ulPeripheral, unsigned long ulClkFlags)

描述：此函数门控特定的外设时钟。

参数：

- ulPeripheral：一个有效的外设宏。
- ulClkFlag：电源模式的时钟在此期间会保持启用状态并且是以下参数的一个或多个的按位或：
  - PRCM_RUN_MODE_CLK：在运行模式时使外设时钟变成门控；
  - PRCM_SLP_MODE_CLK：保持时钟门控在睡眠模式下；
  - PRCM_DSLP_MODE_CLK：保持时钟门控在深度睡眠模式下。
- 返回：无。

6. 低功耗模式

SRAM 存储——CC3200 SRAM 被组织在 4 个 64 KB 阵列中。默认情况下，所有的 SRAM 列会配置成在 LPDS 和深度睡眠功耗模式下保留。用户应用能通过调用以下的 API，用适当的参数来启用或禁用各个列：

void PRCMSRAMRetentionEnable(unsigned long ulSramColSel, unsigned long ulFlags)

描述：此函数读取特定的 OCR 寄存器。

参数：

- ulSramColSel：位填充表示的 SRAM 列。ulSramColSel 是以下选项的一个或多个的逻辑或：
  - PRCM_SRAM_COL_1：SRAM column 1；
  - PRCM_SRAM_COL_2：SRAM column 2；

- PRCM_SRAM_COL_3:SRAM column 3;
- PRCM_SRAM_COL_4:SRAM column 4。

● ulFlags:位填充来表示电源模式。ulFlags 是以下选项的一个或多个的逻辑或:
- PRCM_SRAM_DSLP_RET:配置 DSLP;
- PRCM_SRAM_LPDS_RET:配置 LPDS。

● 返回:无。

void PRCMSRAMRetentionDisable(unsigned long ulSramColSel, unsigned long ulFlags)

描述:此函数读取特定的 OCR 寄存器。

参数:

● ulSramColSel:位填充表示的 SRAM 列。ulSramColSel 是以下选项的一个或多个的逻辑或:
- PRCM_SRAM_COL_1:SRAM column 1;
- PRCM_SRAM_COL_2:SRAM column 2;
- PRCM_SRAM_COL_3:SRAM column 3;
- PRCM_SRAM_COL_4:SRAM column 4。

● ulFlags:位填充来表示电源模式。ulFlags 是以下选项的一个或多个的逻辑或:
- PRCM_SRAM_DSLP_RET:配置 DSLP;
- PRCM_SRAM_LPDS_RET:配置 LPDS。

● 返回:无。

7. 睡眠(SLEEP)

此模式能通过调用以下 API 进入。在此模式中,芯片在调用此 API 的地方暂停,并且选择外设时钟的门控。当芯片接收到中断会从相似的地方恢复执行。

void PRCMDeepSleepEnter()

描述:提供调用"WFI"指令进入睡眠电源模式。

参数:无。

返回:无。

8. 深度睡眠

在此模式期间,芯片在调用此 API 的地方暂停,并且选择外设时钟的门控和 SRAM 的保留。当芯片接收到中断会从相似的地方恢复执行。此模式能通过调用以下 API 进入。

void PRCMDeepSleepEnter()

描述:提供调用"WFI"指令进入深度睡眠电源模式。

参数：无。

返回：无。

默认情况下，在 DSLP 期间整个应用都会在 SRAM 中保留。用户能通过调用 PRCMSRAMRetentionEnable()和 PRCMSRAMRetentionDisable()函数来启用/禁用 SRAM 的保留，详见本小节的低功耗模式。

9. 低功耗深度睡眠(LPDS)

在此模式期间 MCU 芯片及其相关的外设都会根据所选择的 SRAM 列保留来进行复位。

默认情况下，在 LPDS 期间整个应用都会在 SRAM 中保留。用户能通过调用 PRCMSRAMRetentionEnable()和 PRCMSRAMRetentionDisable()函数来启用/禁用 SRAM 的保留，详见本小节的低功耗模式。

唤醒 MCU 后，MCU 从 ROM 中的 bootloader 或 SRAM 中的某处继续执行代码，后一种情况用户需要在进入 LPDS 模式前手动保存一些必要的数据。以下事件可用作唤醒源：

- Host IRQ，一个来自 NWP 的中断。
- LPDS Timer，用于 LPDS 的定时器。
- LPDS wakeup GPIOs，6 个可选的 GPIO。

LPDS 恢复信息能使用以下的 API 进行设置：

void PRCMLPDSRestoreInfoSet (unsigned long ulStackPtr, unsigned long ulProgCntr)

描述：此函数设置 PC 和栈指针信息用于在退出 LPDS 时恢复之用。

参数：

- ulStackPtr：退出 LPDS 时栈指针恢复。
- ulProgCntr：退出 LPDS 时恢复程序计数器。

返回：无。

LPDS 唤醒源能使用以下的 APIs 进行配置：

void PRCMLPDSWakeupSourceEnable(unsigned long ulLpdsWakeupSrc)

描述：此函数启用特定的 LPDS 唤醒源。

参数：ulLpdsWakeupSrc，位填充来表示有效的唤醒源。ulLpdsWakeupSrc 为以下选项的一个或多个的逻辑或：

- PRCM_LPDS_HOST_IRQ：来自 NWP 的中断；
- PRCM_LPDS_GPIO：GPIO 唤醒 LPDS；
- PRCM_LPDS_TIMER：用于 LPDS 的定时器。

返回：无。

void PRCMLPDSWakeupSourceDisable(unsigned long ulLpdsWakeupSrc)

描述：此函数禁用特定的LPDS唤醒源。

参数：ulLpdsWakeupSrc，位填充来表示有效的唤醒源。ulLpdsWakeupSrc为以下选项的一个或多个的逻辑或：

- PRCM_LPDS_HOST_IRQ：来自NWP的中断；
- PRCM_LPDS_GPIO：GPIO唤醒LPDS；
- PRCM_LPDS_TIMER：用于LPDS的定时器。

返回：无。

void PRCMLPDSIntervalSet(unsigned long ulTicks)

描述：此函数设置LPDS的唤醒定时器间隔。32位的定时器运行在32.768 kHz频率下，在到时间时触发一个唤醒。定时器只有在系统进入LPDS时开始计数。

参数：ulTicks：唤醒间隔在32.768 kHz之间。

返回：无。

unsigned long PRCMLPDSWakeupCauseGet(void)

描述：此函数获取LPDS的唤醒原因。

参数：无。

返回：返回以下LPDS唤醒原因中的一个：

- PRCM_LPDS_HOST_IRQ：来自NWP的中断；
- PRCM_LPDS_GPIO：GPIO唤醒LPDS；
- PRCM_LPDS_TIMER：用于LPDS的定时器。

void PRCMLPDSWakeUpGPIOSelect(unsigned long ulGPIOPin, unsigned long ulType)

描述：设置特定的GPIO作为唤醒源并配置该GPIO为指定意义。

参数：

● ulGPIOPin：一个有效的LPDS唤醒GPIO。ulGPIOPin可以为下列选项中的一个：
  - PRCM_LPDS_GPIO2：GPIO 2；
  - PRCM_LPDS_GPIO4：GPIO 4；
  - PRCM_LPDS_GPIO13：GPIO 13；
  - PRCM_LPDS_GPIO17：GPIO 17；
  - PRCM_LPDS_GPIO11：GPIO 11；
  - PRCM_LPDS_GPIO24：GPIO 24。

● ulType：事件类型。ulType可以为下列选项中的一个：
  - PRCM_LPDS_LOW_LEVEL：GPIO保持低(0)；
  - PRCM_LPDS_HIGH_LEVEL：GPIO保持高(1)；
  - PRCM_LPDS_FALL_EDGE：GPIO从高拉低；

- PRCM_LPDS_RISE_EDGE：GPIO从低拉高。

返回：无。

用户应用程序能通过调用以下API函数使系统进入LPDS。

void PRCMLPDSEnter(void)

描述：此函数使系统进入低功耗深度睡眠模式(LPDS)，并应该在调用之后设置唤醒源，SRAM保留配置和系统恢复配置。

参数：无。

返回：无。

10. 休眠(HIB)

在此模式下整个SoC都会丢失状态，包括MCU子系统、NWP子系统和SRAM(除了2个32位的OCR寄存器和自由运行的慢时钟计数器)。芯片根据以下配置好的唤醒源从ROM中的启动程序唤醒，恢复执行程序。

- 慢时钟计数器，总是以32.768 kHz计数。
- 休眠唤醒GPIOs，6个可选的GPIOs。

休眠唤醒源通过以下API进行配置：

void PRCMHibernateWakeupSourceEnable(unsigned long ulHIBWakupSrc)

描述：此函数启用特定的休眠唤醒源。

参数：ulHIBWakeupSrc：以位填充形式表示有效的唤醒源。ulHIBWakeupSrc为以下选项的一个或多个的逻辑或：

- PRCM_HIB_SLOW_CLK_CTR：Slow Clock Counter；
- PRCM_HIB_GPIO2：GPIO 2；
- PRCM_HIB_GPIO4：GPIO 4；
- PRCM_HIB_GPIO13：GPIO 13；
- PRCM_HIB_GPIO17：GPIO 17；
- PRCM_HIB_GPIO11：GPIO 11；
- PRCM_HIB_GPIO24：GPIO 24。

返回：无。

void PRCMHibernateWakeupSourceDisable(unsigned long ulHIBWakupSrc)

描述：此函数禁用特定的休眠唤醒源。

参数：ulHIBWakeupSrc：以位填充形式表示有效的唤醒源。ulHIBWakeupSrc为以下选项的一个或多个的逻辑或：

- PRCM_HIB_SLOW_CLK_CTR：Slow Clock Counter；
- PRCM_HIB_GPIO2：GPIO 2；
- PRCM_HIB_GPIO4：GPIO 4；
- PRCM_HIB_GPIO13：GPIO 13；

- PRCM_HIB_GPIO17:GPIO 17。

返回:无。

unsigned long PRCMHibernateWakeupCauseGet(void)

描述:此函数获取休眠唤醒原因。

参数:无。

返回:返回以下HIB唤醒原因中的一个:

- PRCM_HIB_WAKEUP_CAUSE_SLOW_CLOCK:慢时钟计数器;
- PRCM_HIB_WAKEUP_CAUSE_GPIO:GPIOs唤醒HIB。

void PRCMHibernateWakeUpGPIOSelect(unsigned long ulMultiGPIOBitMap, unsigned long ulType)

描述:设置特定的GPIO作为唤醒源并配置该GPIO为指定意义。

参数:

- ulMultiGPIOBitMap:一个有效的HIB唤醒GPIO。ulMultiGPIOBitMap为以下选项中的一个或多个的逻辑或:
  - PRCM_LPDS_GPIO2:GPIO 2;
  - PRCM_LPDS_GPIO4:GPIO 4;
  - PRCM_LPDS_GPIO13:GPIO 13;
  - PRCM_LPDS_GPIO17:GPIO 17;
  - PRCM_LPDS_GPIO11:GPIO 11;
  - PRCM_LPDS_GPIO24:GPIO 24。
- ulType:事件类型。ulType可以为下列选项中的一个:
  - PRCM_LPDS_LOW_LEVEL:GPIO保持低(0);
  - PRCM_LPDS_HIGH_LEVEL:GPIO保持高(1);
  - PRCM_LPDS_FALL_EDGE:GPIO从高拉低;
  - PRCM_LPDS_RISE_EDGE:GPIO从低拉高。

返回:无。

void PRCMHibernateIntervalSet(unsigned long long ullTicks)

描述:此函数设置基于当前慢时钟计数的休眠唤醒间隔。48位定时器运行在32.768 kHz,当计数值达到一个特定值时触发一个唤醒。此函数通过计数慢时钟当前达到特定值的次数来增加唤醒次数。

参数:唤醒间隔在32.768 kHz之间。

返回:无。

用户应用能通过调用以下API使系统进入HIB:

void PRCMHibernateEnter(void)

描述:此函数使系统进入休眠功耗模式。

参数:无。

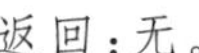

返回：无。

2 个 32 位片上保留寄存器(OCR)在休眠功耗模式期间保留的信息能通过以下的 API 进行访问：

void PRCMOCRRegisterWrite(unsigned char ucIndex, unsigned long ulRegValue)

描述：此函数在特定的 OCR 寄存器进行写操作。

参数：

- ucIndex：两个可选的寄存器中选择一个，0 或 1。
- ulRegValue：32 位的值。

返回：无。

unsigned long PRCMOCRRegisterRead(unsigned char ucIndex)

描述：此函数从特定的 OCR 寄存器中进行读取。

参数：ulIndex 两个可选的寄存器中选择一个，0 或 1。

返回：返回从特定 OCR 寄存器读取的一个 32 位值。

11. 慢时钟计数器

CC3200 有一个 48 位的总是运行在 32.768 kHz 下的慢时钟计数器，它用来将设备从休眠低功耗模式下唤醒，或计数到一个特定的比较值时产生一个中断。以下的 API 返回计数器的当前值：

unsigned long PRCMSlowClkCtrGet(void)

描述：此函数从特定的 OCR 寄存器中读取。

参数：无。

返回：无。

使用以下的 API 设置接收中断的比较值：

void PRCMSlowClkCtrMatchSet(unsigned long long ullTicks)

描述：此函数设置慢时钟触发中断的比较值。

参数：ullTicks，48 位比较值。

返回：无。

第 4 章

CC3200 基本外设

本章主要介绍 CC3200 提供的基本外设，包括：通用输入/输出模块（GPIO）、通用定时器、看门狗定时器、模/数转换器以及 DMA 模块。利用 CC3200 提供的这些基本外设可以实现很多基础的功能，详细内容请参考《CC3200 实验指导书》中的相关章节。

4.1 GPIO

本节将介绍 CC3200 的通用输入/输出（GPIO）模块和 I/O 引脚。

CC3200 的 GPIO 模块由 4 个特定的 GPIO 模块组成，每一个对应着一个独立的 GPIO 端口（端口 A0、端口 A1、端口 A2、端口 A3）。GPIO 模块通过 I/O 引脚复用技术可以支持最多 32 个可编程的输入/输出引脚。

- 可通过 pin mux 配置多达 26 个 GPIO：
  - 除了上述 26 个 GPIO 引脚外，还有 2 个 SWD 调试引脚（TMS、TCK）和 2 个专门用于天线开关控制的引脚。因此使用两线调试模式时有 26 个可用引脚。
  - 如果使用 4 线 JTAG 模式（通过板级下拉电阻将 Sense On Power 引脚 2:0 设置为“000”），那么需要比上述使用 SWD 调试方法多使用 2 个引脚，因此共有 24 个引脚可供用户使用。
- 可编程控制的 GPIO 中断：
  - 中断屏蔽；
  - 上升、下降，或双边沿触发的中断；
  - 高、低电平的阈值设置。
- 能用来触发 DMA 操作。
- 可选择唤醒源。
- 可编程板上配置：
  - 内部的 5 μA 上拉和下拉；
  - 可配置的驱动电流（2 mA、4 mA、6 mA、8 mA、10 mA、12 mA 和 14 mA）；
  - 开漏模式。
- GPIO 寄存器可通过高速内部总线矩阵进行查看。

4.1.1 功能概述

每个 GPIO 端口都是相同的物理块的独立硬件实例。CC3200 的微处理器包括 4 个端口,因此有 4 个这样的物理 GPIO 模块。每个 GPIO 模块有 8 个引脚,这些 I/O引脚从属于前面提到的 32 个 GPIO 引脚。如图 4-1 所示为数字 I/O 引脚。

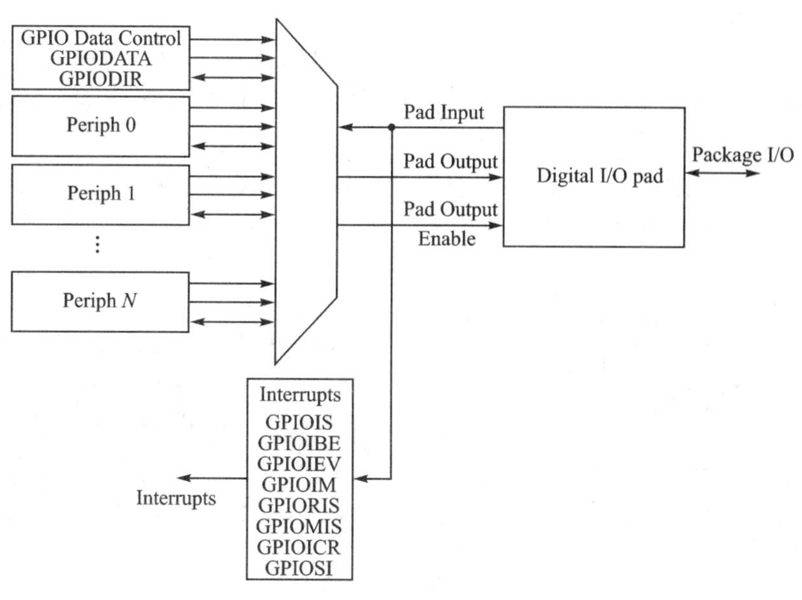

图 4-1　数字 I/O 引脚

数据控制

当数据寄存器(GPIODATA)配置为捕获输入数据或者作为输出引脚,则数据方向寄存器(GPIODIR)将相应的 GPIO 引脚配置为输入或输出。

(1) 数据方向操作

GPIO 的数据方向寄存器(GPIODIR)用于把每个独立的引脚配置为输入或者输出。当数据方向位被清零时,则相应的 GPIO 口被配置为输入,其相应的数据寄存器位可以捕获并将相应的值存储在 GPIO 端口。而当数据方向位被设置时,相应的 GPIO 口就被设置为输出,其相应的数据寄存器位就把数据输出到 GPIO 端口上。

(2) 数据寄存器操作

为了提高软件应用的效率,GPIO 端口可以通过设置地址总线的[9:2]位作为屏蔽位,对数据寄存器(GPIODATA)的各个位进行修改。通过这种方式,驱动程序就可以通过一条指令来修改任意一个 GPIO 引脚,而不会影响其他引脚的状态值。在需要修改一个或几个 GIPO 引脚的情况下,这种方式要比传统的读取—修改—写入的方式更加有效。为了实现这种特性,数据寄存器(GPIODATA)在存储器映射中占用了 256 个数据单元。

在写操作过程中，如果与数据位对应的地址位被置 1，那么数据寄存器（GPIODATA）的值将发生变化。如果地址位被置 0，则数据位保持不变。例如，将值 0xEB 写入地址 GPIODATA ＋ 0x098 处，结果如图 4－2 所示，其中 u 表示在写操作中，对应位的数据未被改变。这个示例展示了如何用单个操作写入 GPIODATA ＋ 0x098 的 5，2，1 号位，其中利用到了 GPIODATA 中 0x098 的地址别名（其偏移地址取决于 GPIO 端口实例 A0～A4 基地址的位置）。

而在读操作过程中，如果与数据位关联的地址位被置 1，那么对应的值被读出。如果与数据位关联的地址位被置 0，无论对应数据位的值是多少，都读做 0。如图 4－3 所示，读取地址 GPIODATA＋0x0C4 的值。同样是用单条指令操作读出 GPIODATA＋0x0C4 的 5，4，0 号位，其中利用到了 GPIODATA 中 0x0C4 的地址别名（其偏移地址取决于 GPIO 端口实例 S0～S4 基地址的位置）。

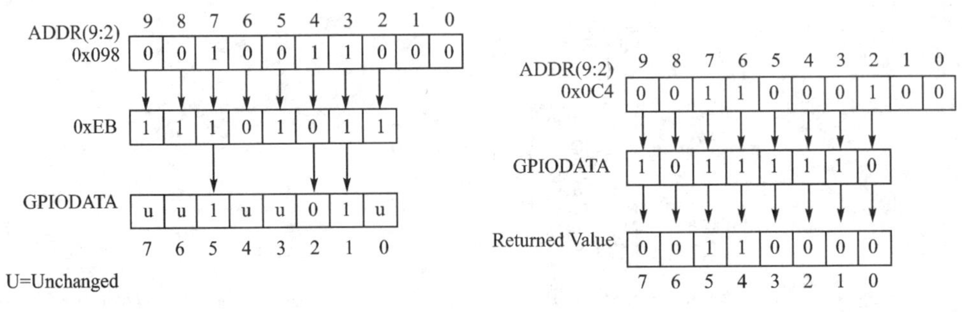

图 4－2　GPIODATA 写数据　　**图 4－3　GPIODATA 读数据**

4.1.2　中断控制

所有 GPIO 端口的中断都是通过一组（7 个）寄存器来控制的。通过操作这些寄存器，可以控制 GPIO 端口中断的一系列属性，例如中断源、极性、边沿属性。若一个或多个 GPIO 信号输入导致了一个中断，则中断就被送到整个 GPIO 端口的中断控制器中。

以下三个寄存器被用于定义产生中断的触发类型：

- GPIO 中断检测寄存器（GPIOIS）。
- GPIO 中断双边沿寄存器。
- GPIO 中断事件寄存器。

通过 GPIO 的中断屏蔽寄存器（GPIOIM）可以对中断进行使能和失能。

当中断条件发生时，中断信号的状态可以在原始中断状态寄存器（GPIORIS）和屏蔽中断状态寄存器（GPIOMIS）中观察到。正如寄存器名称字面的意思，GPIOMIS 只显示那些被允许进入中断控制器的中断条件。而 GPIORIS 用于表示 GPIO 引脚满足中断条件，但是不一定发送到中断控制器。

对于GPIO电平触发中断,中断信号必须被保持直至进入到中断服务。一旦输入信号撤销,那么GPIORIS寄存器对应的RIS位就被清除。而对于GPIO边缘触发中断,通过向GPIO中断清除寄存器(GPIOICR)的对应位写1来清除GPIORIS寄存器相应的RIS位。相应的GPIOMIS寄存器位反映RIS位的屏蔽值。

当设置中断控制寄存器(GPIOIS, GPIOIBE, GPIOIEV)时,应该屏蔽中断(GPIOIM清零)。因为如果相应的位没有被屏蔽中断,那么向中断控制寄存器写任何值都会产生一个伪中断。

μDMA触发源

通过应用程序GPIO触发使能寄存器(APPS_GPIO_TRIG_EN)可以将任意一个GPIO引脚配置为μDMA的外部触发器。如果μDMA被配置为根据GPIO信号来开始一个传输,那么此时就会启动传输。

4.1.3　初始化与配置

按照下列步骤来配置特定端口的GPIO引脚:

① 通过设置GPIO0CLKEN、GPIO1CLKEN、GPIO2CLKEN、GPIO3CLKEN和GPIO4CLKEN寄存器的相应位来使能端口时钟。

② 通过GPIODIR寄存器来设置GPIO端口引脚的数据流向。写入1表示输出,写入0表示输入。

③ 通过配置(GPIO_PAD_CONFIG_#)寄存器可以将GPIO的针脚配置成GPIO口或者其他的外部设备功能,还可以通过配置GPIODMACTL寄存器将GPIO引脚设置为μDMA触发信号。

④ 通过GPIOIS、GPIOIBE、GPIOEV和GPIOIM寄存器可以配置每个端口的类型、事件和中断屏蔽。

注意:为了防止伪中断的发生,当重新配置GPIO边缘寄存器和中断检测寄存器时,需要采取以下步骤:

① 通过对GPIOIM寄存器的IME字段清零来屏蔽对应的端口。

② 配置GPIOIS寄存器的IS字段和GPIOIBE寄存器的IBE字段。

③ 清零GPIORIS寄存器。

④ 通过设置GPIOIM寄存器的IME字段来解除端口的屏蔽状态。

GPIO引脚配置例子如表4-1所列,GPIO中断配置例子如表4-2所列。

表4-1　GPIO引脚配置例子

配　置	GPIO寄存器
	DIR
Digital Input(GPIO)	0
Digital Output(GPIO)	1

通过数据寄存器驱动GPIO输出引脚(当DIR=1),或读取相应GPIO引脚的数据(当DIR=0)。

表 4-2 GPIO 中断配置例子

寄存器	中断源或触发事件	对 Pin2 进行配置时各寄存器的值							
		7	6	5	4	3	2	1	0
GPIOIS	0=边沿触发； 1=电平触发	x	x	x	x	x	0	x	x
GPIOIBE	0=单边沿触发； 1=双边沿触发	x	x	x	x	x	0	x	x
GPIOIEV	0=低电平或下降沿； 1=高电平或上升沿	x	x	x	x	x	1	x	x
GPIOIM	0=屏蔽； 1=不屏蔽	0	0	0	0	0	1	0	0

4.2 通用定时器

可编程的定时器可以用来计数，或者为驱动定时器的外部事件进行定时。CC3200 的定时器模块(GPTM)包含 4 个 16/32 位的 GPTM 模块。每个 GPTM 模块提供 2 个 16 位的定时器/计数器(称为 Timer A 和 Timer B)，能分别配置成独立运行的定时器或事件计数器，或者级联起来作为 32 位的定时器使用。定时器也能用来触发 μDMA 传输。

通用定时器模块(GPTM)包含 4 个 16/32 位具有下列功能的模块。

- 操作模式：
  - 16/32 位可编程单次定时器；
  - 16/32 位可编程的周期定时器；
  - 16 位通用定时器，含 8 位预分频器；
  - 16 位输入边沿计数或输入捕获模式，含一个 8 位的预分频器；
  - 16 位 PWM 模式含一个 8 位预分频器，和软件可编程 PWM 信号反转输出。
- 向上或向下计数。
- 16 个 16/32 位 PWM 输入捕获引脚(CCP)。
- 在调试过程中，用户可以通过设置微控制器的状态标志位来进行调试。
- 可以计算定时器从产生中断到进入中断服务的时间。
- 使用微型直接内存访问控制器来进行高效传输(μDMA)。
  - 每个定时器拥有独立的通道；
  - 定时器中断产生突发请求。
- 工作在系统时钟下(80 MHz)。

4.2.1　结构框图

GPTM 模块结构框图如图 4-4 所示，有效的 CCP 引脚和 PWM 输出/信号引脚如表 4-3 所列。

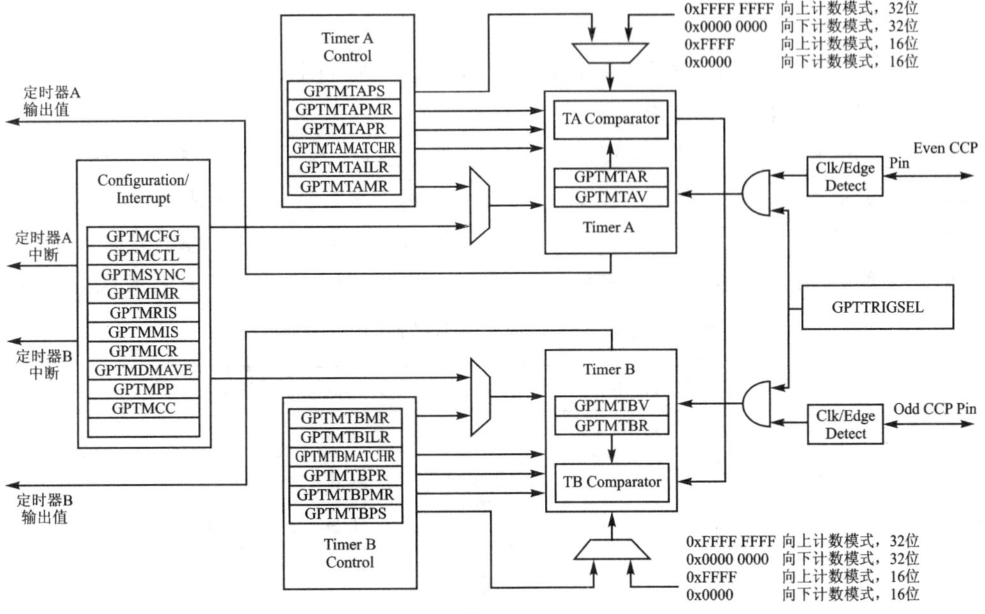

图 4-4　GPTM 模块结构框图

表 4-3　有效的 CPP 引脚和 PWM 输出/信号引脚

定时器	向上/向下计数器	CPP 偶引脚	CPP 奇引脚	PWM 输出/信号
16/32 位定时器 0	TimerA	GT_CCP00	—	PWM_OUT0
	TimerB	—	GT_CCP01	PWM_OUT1
16/32 位定时器 1	TimerA	GT_CCP02	—	PWM_OUT2
	TimerB	—	GT_CCP03	PWM_OUT3
16/32 位定时器 2	TimerA	GT_CCP04	—	
	TimerB	—	GT_CCP05	PWM_OUT5
16/32 位定时器 3	TimerA	GT_CCP06	—	PWM_OUT6
	TimerB	—	GT_CCP07	PWM_OUT7

通用定时器的引脚是复用的，要设置 GPIO PAD CONFIG 寄存器的 CONFMODE 位来选择通用定时器功能。

4.2.2 功能描述

每个 GPTM 模块的主要部件就是两个自由运作的向上/向下计数器(称为 Timer A 和 Timer B)。2 个预分频寄存器、2 个匹配寄存器、2 个预分频匹配寄存器、2 个影子寄存器和 2 个加载/初始化寄存器以及它们相关的控制函数。每个 GPTM 的具体功能由软件控制,并通过寄存器接口进行配置。定时器 A 和定时器 B 可以单独使用,此时它们根据 16/32 位的设置而拥有 16 位的计数范围。另外,定时器 A 和定时器 B 还能级联,此时它们拥有 32 位的计数范围。

表 44 展示了每个 GPTM 模块有效的模式。**注意:**在单次或周期模式向下计数时,预分频器作为分频使用并包含计数的最低有效位;在向上计数时,预分频器作为定时器的扩展使用并包含了计数的最高有效位。在输入边沿计数、边沿定时和 PWM 模式,预分频器始终作为定时器的拓展使用,与向上还是向下计数无关。

表 4-4 通用定时器性能

模　式	定时器使用方式	计数方向	计算范围	预分频大小(1)
单次	独立	向上或向下	16 位	8 位
	级联	向上或向下	32 位	—
周期	独立	向上或向下	16 位	8 位
	级联	向上或向下	32 位	—
边沿计数	独立	向上或向下	16 位	8 位
边沿定时	独立	向上或向下	16 位	8 位
PWM	独立	向下	16 位	8 位

(1) 预分频器只在定时器独立使用时有效。

软件使用 GPTM 配置寄存器(GPTMCFG)、GPTM 定时器 A 模式寄存器(GPTMAMR)和 GPTM 定时器 B 模式寄存器(GPTMBMR)来配置 GPTM。当处于级联模式时,定时器 A 和定时器 B 只能在同一模式下运行;在独立模式下运行时,定时器 A 和定时器 B 能独立配置成独立模式的任意组合。

1. GPTM 复位条件

当 GPTM 模块复位后,模块就处于非活动状态,所有的控制寄存器将被清零并处于默认状态。计数器/定时器 A 和定时器 B,以及它们相应的寄存器都将初始化为 1。

- 装载寄存器:
  - GPTM 定时器 A 间隔装载寄存器(GPTMTAILR);
  - GPTM 定时器 B 间隔装载寄存器(GPTMTBILR)。
- 影子寄存器:

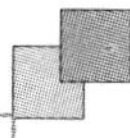

- GPTM定时器A数值寄存器(GPTMTAV);
- GPTM定时器B数值寄存器(GPTMTBV)。
- 以下预分频计数器全部初始化为0:
  - GPTM定时器A预分频寄存器(GPTMTAPR);
  - GPTM定时器B预分频寄存器(GPTMTBPR);
  - GPTM定时器A预分频快照寄存器(GPTMTAPS);
  - GPTM定时器B预分频快照寄存器(GPTMTBPS)。

2. 定时器模式

下面将描述各种定时器模式下的操作。当使用定时器A和定时器B级联模式时,只有定时器A的控制位和状态位必须使用,定时器B的控制位和状态位没必要使用。通过写0x04到GPTM配置寄存器可以配置GPTM模块为独立/分割模式。在位域和寄存器中本小节用n代表一个定时器A或定时器B。书中超时事件在向下计数模式时是0x0;在向上计数模式中是定时器n的间隔装载寄存器或定时器n的预分频寄存器中的值。

(1) 单次/周期定时器模式

选择单次模式还是周期模式是由写入GPTM定时器n模式寄存器(GPTMTnMR)中的TnMR域的值决定的,定时器向上还是向下计数是由该寄存器的TnCDIR位决定的。

当软件设置了GPTM控制寄存器中的TnEN位时,定时器从0x0开始向上计数或者从预装载值开始向下计数。表4-5列出了当定时器使能时装载入定时器寄存器的值。

表4-5 定时器的单次模式和周期模式使能计数器的值

寄存器	向下计数模式	向上计数模式
GPTMTnR	GPTMTnILR	0x0
GPTMTnV	级联模式:GPTMTnILR;单独模式:GPTMTnPR和GPTMTnILR组合	0x0
GPTMTnPS	单独模式GPTMTnPR;级联模式无效	单独模式0x0;级联模式无效

当定时器向下计数并发送超时事件时(0x0),定时器会在下一个周期从GPTMTnPR寄存器和GPTMTnILR寄存器中重新加载开始的值。当定时器向上计数并发送超时事件时(达到GPTMTnPR寄存器或GPTMTnILR寄存器的值),寄存器的值将重载为0x0。如果是单次模式,定时器会停止计数并清除GPTMCTL寄存器的TnEN位。如果是周期模式,定时器会在下个周期开始时继续计数。

在周期快照模式(TnMR的域值是0x2并且GPTMTnMR寄存器中的SNAPS位被置位),定时器超时事件的值会被载入GPTMTnR寄存器而预分频器的值会记录在 GPTMTnPS 寄存器。通过这种方式，软件可以决定从中断产生到进入中断处理程序所经过的时间，这个时间可以通过查询快照的值和定时器当前的值来获得。当定时器设置为单次模式时快照不可用。

除了重装载计数器的值，当 GPRM 达到超时条件时还会产生中断和触发事件。GPTM 会设置中断状态寄存器中的 TORIS 位，这个值会一直存在，直到写 GPTM 中断清除寄存器才会清除。如果 GPTM 中断屏蔽寄存器中使能了超时中断，那么 GPTM 还会设置 GPTM 屏蔽中断寄存器(GPTMMIS)中的 TnTOMIS 位。设置 GPTM 定时器 n 模式寄存器的 TACINTD 位可以禁用超时中断。此时 GPTMRIS 寄存器的 TnTORIS 位也不会被置位。

通过设置 GPTMTnMR 寄存器的 TnMIE 位，当定时器的值等于装载在 GPTM 定时器 n 匹配寄存器和定时器 n 预分频匹配寄存器的值时也可以产生中断。这个中断和超时中断有相同的中断状态，相同的屏蔽性和清除功能，唯一的区别就是使用了匹配中断位(例如，原始中断状态是通过 GPTMRIS 寄存器的 TnMRIS 位来显示的)。**注意：**中断状态位不会被硬件更新，除非 GPTMTnMIR 寄存器的 TnMIE 被置位，这是和超时产生的中断不一样的地方。启用 GPTMCTL 的 TnOTE 位可以启用 ADC 触发，只有单次模式和周期模式下的超时模式能产生 ADC 触发。通过配置和启用合适的 μDMA 通道可以使能 μDMA 触发。

如果在计数器向下计数时软件更新了 GPTMTnILR 或者 GPTMTnPR 寄存器，那么计数器将会在下一个时钟周期时装载新值，并且如果 GPTMTnMR 寄存器的 TnILD 位被清除的话就会从新值继续计数，如果 TnILD 位被置位则会在下一个超时之后加载新值。在计数器向上计数时软件更新了 GPTMTnILR 或 GPTMTnPR 寄存器的值，则超时事件会在下一个周期时更新为新值。如果计数器在向上/向下计数模式时软件更新了 GPTM 定时器 n 数值寄存器，那么计数器会在下一个时钟周期加载新值并从新值开始继续计数。如果软件更新了 GPTMTnMATCHR 或者 GPTMTnPMR寄存器，那么只要 GPTMTnMR 寄存器的 TnMRSU 位清零则新值会在下一个时钟周期被加载；如果 TnMRSU 被置位，那么新值会在下一个超时之后才会有效。

如果 GPTMCTL 寄存器的 TnSTALL 位被置位，那么在处理器被调试器暂停期间定时器也会暂停计数，在处理器重新执行后定时器恢复计数。如果 TRCEN 被置位则在处理器暂停期间定时器也不会停止计数。

表 4-6 显示了一个 16 位独立定时器使用预分频器时各种不同的配置。所有的值都是假定在 80 MHz 时钟和 Tc=12.5 ns(时钟周期)的情况下。预分频器只能在 16/32 位定时器配置成 16 位模式时使用。

(2) 输入边沿计数模式

对于上升沿检测，输入信号必须在上升沿之后保持至少两个系统时钟周期的高电平。类似的，对于下降沿的检测，输入信号也必须在下降沿之后保持至少两个系统时钟周期的低电平。根据这个标准,边沿检测的最大输入频率为系统频率的1/4。

表4-6 16位定时器(预分频器)的配置

预分频器(8位)	定时器时钟(Tc)(1)	最大时间	单 位
00000000	1	0.819 2	ms
00000001	2	1.638 4	ms
00000010	3	2.457 6	ms
⋮	⋮	⋮	⋮
11111101	254	208.076 8	ms
11111110	255	208.896	ms
11111111	256	209.715 2	ms

(1) Tc是时钟周期。

在边沿计数模式,定时器配置成24位或48位的向上/向下计数器,同时包含了一个可选择的预分频器,计数值上限存在GPTMTnPR寄存器和GPTMYnR寄存器的低位上。在此模式下,定时器能捕获三种类型的事件:上升沿、下降沿、上升下降沿。为了将定时器设置在边沿计数模式,GPTMTnMR寄存器的TnCMR位必须清除。定时器计数的事件类型由GPTMCTL寄存器中的TnEVENT位决定。在向下计数模式的初始化过程中,GPTMTnMATCHR和GPTMTnPMR寄存器必须配置,这样才能使GPTMTnILR和GPTMTnPR寄存器中的值与GPTMTnMATCHR和GPTMTnPMR寄存器中的值的差等于边沿事件的计数。在向上计数模式下,定时器从0x0开始计数一直到GPTMTnMATCHR和GPTMTnPR寄存器中的值。但是当以向上计数模式运行时,GPTMTnPR和GPTMTnILR中的值必须比GPTMTnPMR和GPTMTnMATCHR中的值大。表4-7显示了定时器启用以后装载入定时器寄存器的值。

表4-7 定时器输入边沿计数启用时计数器的值

寄存器	向上计数模式	向下计数模式
GPTMTnR	GPTMTnPR和GPTMTnILR组合	0x0
GPTMTnV	GPTMTnPR和GPTMTnILR组合	0x0

当软件写GPTM控制寄存器的TnEN位时,定时器就会启用事件捕获。CCP引脚上每个输入事件都会让计数器以1递增或递减,直到事件让计数值匹配GPTMTnMATCHR和GPTMTnPMR中的值。当计数值匹配时,GPTM会设置GPTMRIS寄存器中的CnMRIS位有效,保持这个状态直到通过写GPTM中断清除寄存器来清除这个位。如果在GPTMIMR寄存器中启用捕获模式匹配中断,GPTM还会置GPTMMIS寄存器的CnMMIS位。这个情况下,GPTMTnR和GPTMTnPS

寄存器会记录输入事件的计数，而 GPTMTnV 和 GPTMTnPV 中会储存独立定时器的数值以及独立预分频器的值。在向上计数模式下，当前输入事件的计数保存在 GPTMTnR 和 GPTMTnV 两个寄存器中。

除了产生中断，还可以产生 μDMA 触发。必须配置和使能相应的 μDMA 通道才能启用 μDMA 触发。

在向下计数模式中当匹配值达到时，计数器会使用 GPTMTnILR 和 GPTMTnPR 中的值重新装载，在 GPTM 自动清除 GPTMCTL 中的 TnEN 位时停止计数。一旦事件数达到，那么之后的事件都会被忽略直到软件重新使能 TnEN 位。在向上计数模式时，定时器会用 0x0 这个值去重新装载寄存器后继续计数。

图 4-5 描述了输入边沿计数模式的工作原理。在这个例子中，定时器开始值设置为 0x000A 而匹配值设置为 0x0006，那么就会计数 4 个边沿事件。此时的计数器是信号上升下降沿检测。

注意：最后两个边沿没有被计数，因为在当前计数值和 GPTMTnMATCHR 中的值匹配后，定时器会自动清除 TnEN 位，这样计数器会忽略之后的边沿事件。

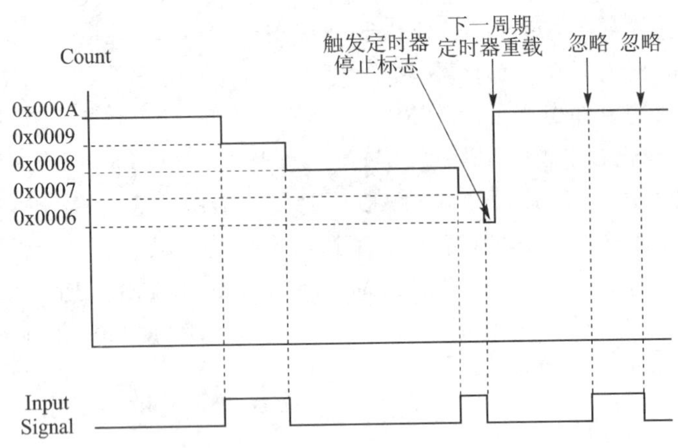

图 4-5　输入边沿向下计数模式

(3) 输入捕获模式

对于上升沿检测，输入信号必须在上升沿之后保持高电平至少两个系统时钟周期。类似的，对于下降沿检测，输入信号必须在下降沿之后保持低电平至少两个系统时钟周期。根据这个标准，边沿检测的最大输入频率是系统频率的 1/4。

在边沿定时模式，定时器配置成 24 位或 48 位的向上或向上/向下计数器，同时包含一个可选的预分频器，计数值上限存在 GPTMTnPR 寄存器和 GPTMTnILR 寄存器的低位上。在这种模式下，如果是向下计数定时器装载值会初始化为 GPTMTnILR 和 GPTMTnPR 中的值，如果是向上计数，则会初始化为 0x0。定时器能够捕获三种类型的事件：上升沿、下降沿、上升下降沿。通过写 GPTMTnMR 寄存器的 TnCMR

位寄存器可以配置成边沿定时模式，事件类型可以由GPTMCTL中的TnEVENT决定。表4-8显示了当定时器启用时装载到寄存器中的值。

还需要将GPTTRIGSEL寄存器的TRIGSEL位置位来检测GPIO触发。

表4-8 定时器在输入事件计数模式下启用时计数器值

寄存器	向上计数模式	向下计数模式
TnR	GPTMTnILR	0x0
TnV	GPTMTnILR	0x0

当软件写GPTMCTL寄存器的TnEN位时，定时器就启用事件捕获。当检测到被选择的输入事件，当前定时器的计数值会被GPTMTnR和GPTMTnPS寄存器捕获而且能够被微控制器读取。随后GPTM会置GPTMRIS中的CnERIS位有效，并且保持有效直到通过写GPTMICR寄存器才会清除。如果在GPTMIMR寄存器中启用了捕获模式事件中断，那么GPTM还会置位GPTMMIS中的CnEMIS。在这种模式下，GPTMTnR和GPTMTnPS会保存事件发生的时间而GPTMTnV和GPTMTnPV寄存器会保存独立运行的定时器值和独立运行的预分频器值。这些寄存器的值能够决定从中断发生到进入中断处理程序的时间延迟。

除了产生中断，还可以产生μDMA触发。必须配置和使能相应的μDMA通道才能启用μDMA触发。

当捕捉到一个事件后，定时器不会停止计数，它会一直计数直到TnEN位被清除。当定时器达到超时值时，它会重新加载值，如果是向上计数模式就加载0x0，如果是向下计数模式就加载GPTMTnPR寄存器中GPTMTnILR的值。

图4-6显示了输入边沿定时模式的工作原理。该图中假设定时器的开始值是0xFFFF，捕获事件为上升沿模式。

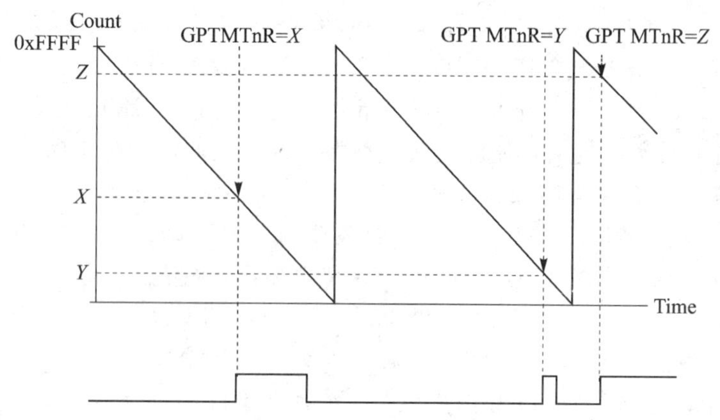

图4-6 16位输入边沿定时模式例子

每当检测到一个上升边沿事件时，当前计数值就会被加载到 GPTMTnR 和 GPTMTnPS 中，这些数值会一直持续到下一个上升边沿出现，此时新的计数值就会被加载到 GPTMTnR 和 GPTMTnPS 中。

当处于边沿定时模式下，如果启用预分频器计数器会采用模 2^{24}，如果预分频器禁用那么计数器会采用模 2^{16}。如果出现边沿花费的时间比计数事件的时间长，那么就可以利用一个配置成周期性计数模式的定时器来确保边沿检测不会丢失。周期性定时器必须按照以下步骤配置：

- 周期性定时器的循环周期速率要和边沿定时器一样。
- 周期性定时器的中断比边沿定时器的超时中断拥有更高的优先级。
- 如果进入周期性定时器中断服务程序，那么软件必须检查是否有边沿定时中断挂起，如果有中断挂起，那么计数器的值必须在被用来计算事件快照时间之前减 1。

(4) PWM 模式

GPTM 支持简单的 PWM 生成模式。在 PWM 模式下，定时器会配置成一个 24 位或者 48 位的向下计数器，开始值由 GPTMTnILR 和 GPTMTnPR 寄存器决定。在这种模式中 PWM 频率和周期是同步事件，因此可以保证 PWM 不会有障碍。通过写 GPTMTnMR 中的 TnAMS 为 0x1，TnCMR 为 0x0，TnMR 为 0x2 来启用 PWM 模式。表 4－9 显示了定时器启用 PWM 模式时装载入寄存器的值。

表 4－9　定时器启用 PWM 模式时计数器的值

寄存器	向上计数模式	向下计数模式
GPTMTnR	GPTMTnILR	无效
GPTMTnV	GPTMTnILR	无效

当软件写 GPTMCTL 中的 TnEN 位时，计数器就开始向下计数直到 0x0 状态。另外，如果设置了 GPTMTnMR 寄存器的 TnWOT 位，那么一旦设置了 TnEN，定时器就会等待触发才开始计数。周期性模式的下一个计数循环，计数器会从 GPTMTnILR 和 GPTMTnPR 重装载开始值，然后继续计数直到软件清除 GPTMCTL 中的 TnEN 位，它才会停止计数。定时器能够捕获三种类型的事件然后产生中断：上升沿、下降沿、上升下降沿。事件类型通过 GPTMCTL 的 TnEVENT 配置，中断是通过设置 GPTMTnMR 的 PWMIE 来启用。当事件发生时，GPTMRIS 寄存器的 CnERIS 就会置位，并且一直保持直到通过写 GPTMICR 寄存器才能清除。如果在 GPTMIMR 寄存器中启用了捕获模式事件中断的话，那么 GPTM 也会设置 GPTMMIS 的 CnEMIS位。**注意：**中断状态位不会更新除非设置了 PWMIE 位。

另外，当设置 TnPWMIE 位时发生了一个捕获事件，如果设置 GPTMCTL 寄存器的 TnOTE 位和 GPTMDMAEV 寄存器的 CnEDMAEN 位来启用触发捕获，那么定时器就会自动产生一个触发到 DMA。

在这种模式下，GPTMTnR 和 GPTMTnV 拥有相同的值，而 GPTMTnPS 和 GPTMTnPV 也是一样。

当计数器的值等于 GPTMTnILR 和 GPTMTnPR 中的值时，PWM 输出信号有效。而当它的值与 GPTMTnMATCHR 和 GPTMTnPMR 寄存器相同时，PWM 输出信号无效。软件可以设置 GPTMCTL 中的 TnPWML 位来反转输出的 PWM 信号。

注意：如果启用了 PWM 输出信号反转，那么边沿检测中断也会反转。也就是说，如果设置了正边沿中断触发，而且 PWM 输出信号反转之后产生了一个正边沿，这时候不会有事件触发。相反，中断会在 PWM 信号的负边沿产生。

图 4-7 显示了如何产生一个 1 ms 周期且占空比为 66%的 PWM 输出，假定是在 50 MHz 输入时钟，且 TnPWML=0(如果 TnPWML=1 占空比需要为 33%)的情况下。在这个例子中，GPTMTnILR 中的开始值是 0xC350，GPTMTnMATCHR 中的匹配值是 0x411A。

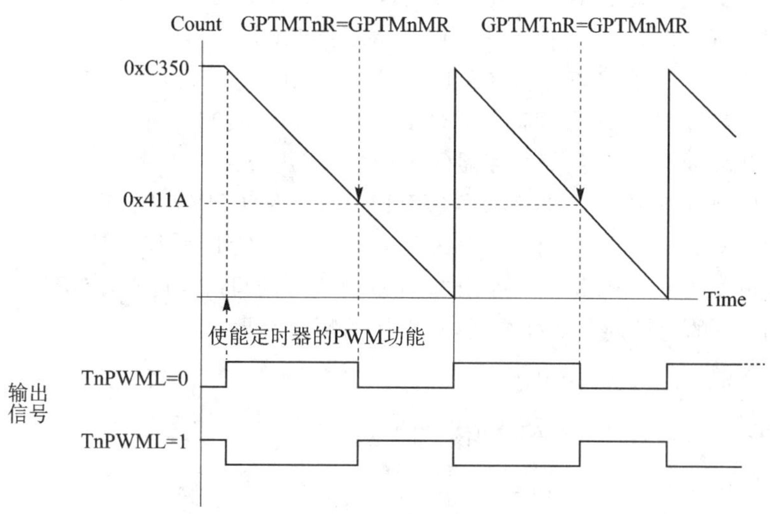

图 4-7　16 位 PWM 模式例子

3. DMA 操作

每个定时器都有一个专有的 μDMA 通道，可以给 μDMA 控制器发送请求信号。请求是突发的，无论何时只要定时器中断条件发生就产生中断请求。μDMA 传输的仲裁大小必须设置成要传输的数据量大小，无论定时器事件何时发生。

例如，要传输 256 个数据，每 10 ms 一次，传输 8 个数据，就需要配置定时器每 10 ms产生周期性超时事件。配置 μDMA 总共传输 256 个数据，每一次的大小为 8 个。每一次定时器超时，μDMA 控制器都会传输 8 个数据直到所有的 256 个数据全部传输完成。

GPRM 的 DMA 事件(GPTMDMAEV)寄存器被用来启动那些能导致定时器模块激活 DMA 请求(dma_reg)信号的事件。应用软件能使用 GPTMDMAEV 寄存器来为每个定时器的匹配、捕获和超时事件启用 DMA 请求触发。对于每个独立的定时器,所有通过 GPTMDMAEV 寄存器使能的定时器触发事件都以"或"操作一起创建一个 DMA 请求(dma_req)脉冲发送到 μDMA 中。当 μDMA 传输完成,一个 DMA 的完成信号(dma_done)会发送到定时器来将 GPTMRIS 寄存器的 DMAnRIS 位置位。

4. 访问级联 16/32 位 GPTM 寄存器的值

写 0x0 到 GPTM 配置寄存器(GPTMCFG)可以设置 GPTM 为级联模式。在这种配置下,一些 16/32 位的 GPTM 寄存器会用级联方式构成伪 32 位寄存器。这些寄存器包括:

- GPTM 定时器 A 时间间隔寄存器(GPTMTAILR)[15:0]。
- GPTM 定时器 B 时间间隔寄存器(GPTMTBILR)[15:0]。
- GPTM 定时器 A 寄存器(GPTMTAR)[15:0]。
- GPTM 定时器 B 寄存器(GPTMTBR)[15:0]。
- GPTM 定时器 A 数值寄存器(GPTMTAV)[15:0]。
- GPTM 定时器 B 数值寄存器(GPTMTBV)[15:0]。
- GPTM 定时器 A 匹配寄存器(GPTMTAMATCHR)[15:0]。
- GPTM 定时器 B 匹配寄存器(GPTMTBMATCHR)[15:0]。

在 32 位模式中,GPTM 将一个对 GPTMTAILR 的写访问转成对 GPTMTAILR 和 GPTMTBILR 的写访问。这样的话,写操作的顺序就是:

```
GPTMTBILR[15:0]:GPTMTAILR[15:0]
```

1 个 32 位的对 GPTMTAR 的读访问返回值为:

```
GPTMTBR[15:0]:GPTMTAR[15:0]
```

1 个 32 位的对 GPTMTAV 的读访问返回值为:

```
GPTMTBV[15:0]:GPTMTAV[15:0]
```

4.2.3　初始化与配置

要使用 GPTM 模块,RCGCTIMER 或者 RCGCWTIMER 寄存器中的 TIMERn 位必须设置。配置 GPIO_PAD_CONF 寄存器中的 CONFMODE 域值来使 CCP 信号分配到合适的引脚上。如果使用 CCP 模式,那么就要设置 GPTTRIGSEL 位为合适的值。

可以使用 GPTnSWRST 寄存器来复位 GPTM 板块。

本小节展示了每种定时器模式的初始化和配置实例。

1. 单次/周期定时器模式

GPTM 通过以下顺序配置成单次或者周期模式：

① 确保在任何更改前定时器是禁用的。

② 写 0x0000 0000 到 GPTM 配置寄存器 GPTMCFG。

③ 配置 GPTM 定时器 n 模式寄存器 GPTMTnMR 的 TnMR 位：

- 写 0x1 启用单次模式；
- 写 0x2 启用周期模式。

④ 可选配置 GPTMTnMR 中的 TnSNAPS、TnWOT、TnMTE 和 TnCDIR 位，它们确定是否捕获独立定时器超时时候的值，是否使用外部触发来开始计数，是否要配置额外的触发器或中断，向上还是向下计数。

⑤ 将开始值加载到 GPTM 定时器 n 事件间隔加载寄存器 GPTMTnILR。

⑥ 如果需要使用中断，还需要设置 GPTM 中断屏蔽寄存器 GPTMIMR 的相应位。

⑦ 设置 GPTMCTL 寄存器中的 TnEN 位来启用定时器并开始计数。

⑧ 轮询 GPTMRIS 寄存器或者等待中断的产生，在这两种情况下，写 1 到 GPTMICR 寄存器的相应位置都会清除状态标志。

如果 GPTMRIS 中的 TnEN 位设置了，并且 GPTMRIS 中的 RTCRIS 也置位了，那么定时器就会持续计数。在单次模式中，定时器会在发送超时事件的时候停止计数。要重启定时器的话，就需要重复上述的过程。配置成周期模式的定时器在超时事件发生的时候会重新装载值然后继续计数。

2. 输入边沿计数模式

定时器通过以下的顺序配置成输入边沿计数模式：

① 确保在做任何改变之前定时器都是禁用的。

② 写 0x0000 0004 到 GPTM 配置寄存器(GPTMCFG)。

③ 在 GPTM 定时器的模式寄存器(GPTMTnMR)中，写 0x0 到 TnCMR 位，写 0x3 到 TnMR 位。

④ 通过写 GPTM 控制寄存器(GPTMCTL)的 TnEVENT 的域值来配置定时器的捕获事件。

⑤ 根据计数方向编程寄存器：

- 在向下计数模式中，必须通过 GPTMTnMATCH 和 GPTMTnPMR 寄存器来使 GPTMTnILR 和 GPTMTnPR 寄存器的值不同，并且 GPTMTnMATCH 和 GPTMTnPMR 寄存器的值等于需要被计数的边沿事件数。
- 在向上计数模式中，定时器从 0x0 开始计数到 GPTMTnMATCH 和 GPTMTnPMR寄存器的值为止。**注意：**在执行向上计数时 GPTMTnPR 和 GPTMTnILR 的值必须大于 GPTMTnPMR 和 GPTMTnMATCH 的值。

⑥ 如果使用中断，就需要设置 GPTMIMR 的 CnMIM 位。

⑦ 设置 GPTMCTL 的 TnEN 位启用定时器并开始等待边沿事件。

⑧ 轮询 GPTMRIS 的 CnMRIS 位或等待中断。在这两种情况下，写 1 到 GPTMICR的 CnMCINT 位都会清除状态标志。

在边沿计数模式向下计数时，定时器在检测到编程写入的边沿事件数时就会停止。要重新启用定时器，确保将 TnEN 位清零并且重复步骤④～⑥。

3. 输入边沿定时模式

定时器按照以下步骤配置成输入边沿定时模式：

① 确保在做任何改变之前定时器是禁用的。

② 写 0x0000 0004 到 GPTM 配置寄存器(GPTMCFG)。

③ 在 GPTM 定时器模式寄存器(GPTMTnMR)中，写 0x1 到 TnCMR，写 0x3 到 TnMR。

④ 通过写 GPTM 控制寄存器(GPTMCTL)的 TnEVENT 的域值来配置定时器的捕获事件。

⑤ 如果使用预分频器，将预分频值写入到 GPTMTnPR 中。

⑥ 定时器的开始值写入到 GPTMTnILR 中。

⑦ 如果需要使用中断，那么需要设置 GPTMIMR 的 CnEIM 位。

⑧ 设置 GPTMCTL 的 TnEN 位启用定时器并开始计数。

⑨ 轮询 GPTMRIS 寄存器的 CnERIS 位或者等待中断。在这两种情况下，写 1 到 GPTMICR 的 CnEINT 位都会清除状态标志。事件的发生时间可以通过读取 GPTMTnR 寄存器得到。

在输入边沿定时模式中，定时器在检测到边沿事件后会继续运行，但是定时器的间隔值可以通过写 GPTMTnILR 寄存器在任何时候更改。该操作会在下一个周期生效。

4. PWM 模式

定时器按照以下步骤配置成 PWM 模式：

① 确保定时器在做任何更改之前是禁用的。

② 写 0x0000 0004 值到 GPTMCFG 寄存器。

③ 在 GPTMTnMR 寄存器中，写 0x1 到 TnAMS，写 0x0 到 TnCMR，写 0x2 到 TnMR。

④ 通过设置 GPTMCTL 寄存器的 TnPWML 可以配置 PWM 信号的输出状态(是否反转)。

⑤ 如果使用预分频器，将预分频值写入 GPTMTnPR 中。

⑥ 如果使用 PWM 中断，在 GPTMCTL 的 TnEVENT 配置中断条件并且设置。GPTMTnMR 的 PWMIE 位来使能中断。**注意：**当 PWM 输出反转时，边沿检测产

生中断的条件也会反转。

⑦ 将开始值写入 GPTMTnILR 中。

⑧ 将匹配值写入 GPTMTnMATCHR 中。

⑨ 设置 GPTMCTL 的 TnEN 位启用定时器并开始产生 PWM 输出信号。

在 PWM 定时模式下,PWM 信号产生之后定时器会持续运行。PWM 周期可以通过写 GPTMTnILR 寄存器在任何时间更改,这一改变会在定时器的下一个周期生效。

4.3　看门狗定时器

当超时发生时,CC3200 上的看门狗定时器(WDT)会产生的中断,或者引发复位操作。看门狗定时器的功能是:在系统出现故障时,对系统进行复位。这些故障通常是由于软件错误或外部设备失去响应而造成的。CC3200 有一个由系统时钟驱动的看门狗定时器模块。

看门狗定时器模块的特性如下:

- 32 位递减计数器,可通过 WDTLOAD 寄存器设置其初值。
- 寄存器可以进行锁定,以保护其不被跑飞的程序更改。
- 无法禁止复位信号的产生。
- 用户可以进行配置从而决定在调试过程中,当微控制器检测到 CPU 的暂停(Halt)标记时,是否暂停看门狗的计数。

看门狗定时器可配置为在第一次超时发生时产生一次中断,并在第二次超时发生时产生复位信号。当看门狗定时器被配置后,用户可通过将锁定寄存器置位以防止看门狗定时器配置被意外更改。

看门狗定时器模块支持以下的时钟源:

- 系统时钟(80 MHz 运行模式)。

WDT 的时钟可通过对 APRCM:WDTCLKEN 寄存器的配置来进行选择。

4.3.1　功能描述

启用 32 位计时器后,当该计数器递减计数到 0 时,看门狗定时器模块将会产生第一次超时信号(中断);使能计时器的同时将会使能看门狗定时器中断。通过配置看门狗计时器模块可以实现在第二次超时中断后对系统进行复位。看门狗定时器模块的中断信号是可屏蔽的。

在发生第一个超时时间之后,32 位计数器将自动重装看门狗定时器装载寄存器(WDTLOAD)的值并重新递减计数。当看门狗定时器被配置后,用户可通过将锁定寄存器置位(WDTLOCK)以防止看门狗定时器配置被意外更改。

如果计数器又一次递减计数到 0 且前一次的超时中断未被清除,那么看门狗定时器将会向系统发送一个复位信号。如果中断状态在 32 位计数器第二次到达超时前已被清除,那么 32 位计数器将会按照 WDTLOAD 寄存器中的值进行重装,并继续递减计数。

当看门狗计数器正在计数时,如果向 WDTLOAD 寄存器写入新值,则计数器将载入新值并继续计数。

向 WDTLOAD 写入新值并不会清除已经激活的中断。必须通过写看门狗中断清零寄存器(WDTICR)来清除中断。

默认情况下,看门狗定时器在复位后不会被启动。为了更好地保护设备,可以在系统复位时使看门狗定时器一开始就被启用。

应用程序可以通过读取 GPRCM:APPS_RESET_CAUSE[7:0]寄存器(物理地址是 0x4402 D00C)的状态来判断复位信号的发出者是否为 WDT。在完成 WDT 复位后,该寄存器的值为“0101”。

详细信息请参考电源、重启和时钟管理的相关章节。图 4-8 展示了 CC3200 看门狗模块的结构框图。

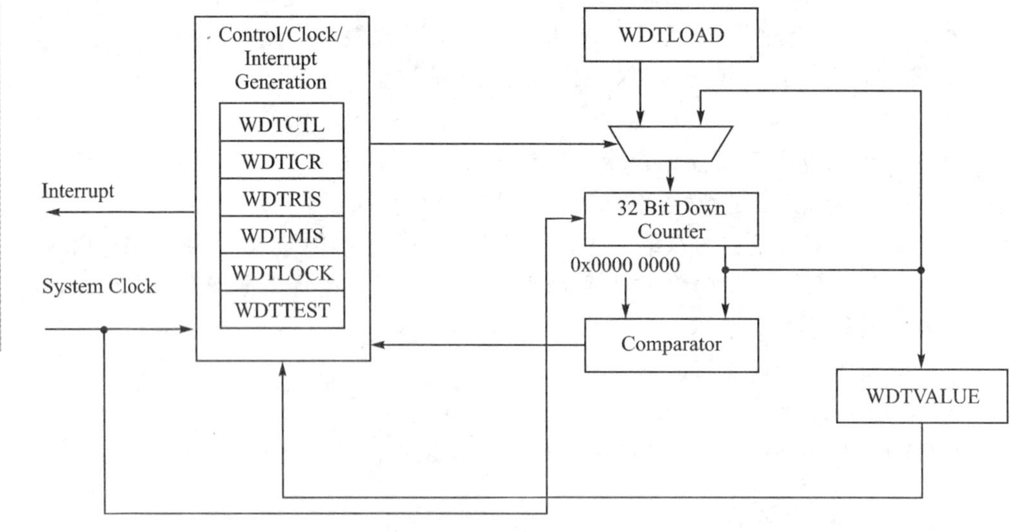

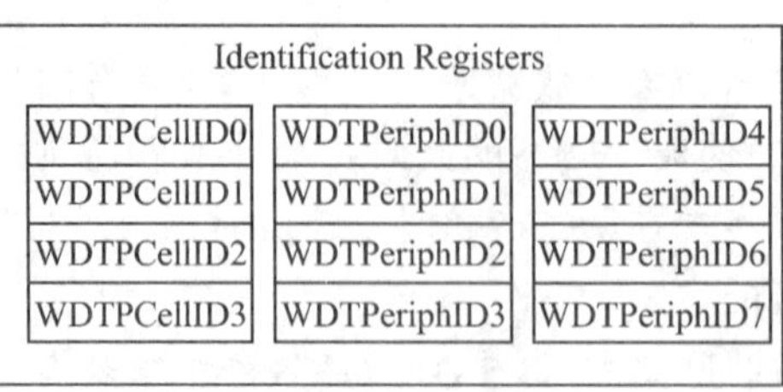

图 4-8 看门狗模块结构框图

4.3.2　初始化与配置

看门狗定时器初始化配置步骤如下：

① 配置看门狗定时器时钟使能（WDTCLKEN）寄存器中的 RUNCLKEN 位，使能看门狗的时钟。

② 利用看门狗定时器软件复位（WDTSWRST）寄存器将看门狗模块复位。

③ 将设定好的定时器载入值写入 WDTLOAD 寄存器中。

④ 将 WDTCTL 寄存器中的 INTEN 位置位，这会使能看门狗和中断，并锁定看门狗控制寄存器。

通过向 WDTLOCK 寄存器写入任意的值，软件可以锁定所有的看门狗寄存器。如果想要解锁则需向 WDTLOCK 寄存器写入 0x1ACC E551。

通过周期性的喂狗操作，可将计数值重新载入 WDTLOAD 寄存器中并重新开始计数。将 WDTCTL 寄存器中的 INTEN 位置位后，如果没有以足够快的频率进行"喂狗"，看门狗将会产生中断信号，该信号会使处理器采取纠正措施。将 WDTCTL 寄存器中的 RESEN 位置位，可在中断服务程序无法修复错误时复位系统。

4.3.3　看门狗的使用注意事项

1. 系统看门狗

(1) 表现出的现象

- 由于没有对系统看门狗及时"喂狗"，迫使 MCU 和网络处理器进入周期性复位，而 WLAN 域（MAC 和基带）没有复位。
- 随后的恢复过程使 MCU 和网络处理器同时脱离复位状态。

(2) 引发的问题

- 以上现象使 WLAN 部分无法进行彻底的复位。
- 恢复流程与软件流程并不一致（一般情况下，MCU 一旦完成启动加载，就会开始 NWP 启动）。

(3) 解决方法

若某一恢复过程是由 WDOG 触发器发出的，则 MCU 程序必须在检测到这一情况后，强迫设备进入完全休眠状态（该状态由内部的 RTC 定时器唤醒）。以上措施能够保证系统进行一个完整的复位。

看门狗流程图如图 4－9 所示。

2. 系统看门狗定时器恢复流程

为了实现可靠的系统恢复过程，用户程序必须完整地包括如图 4－10 所示的系统看门狗恢复序列。

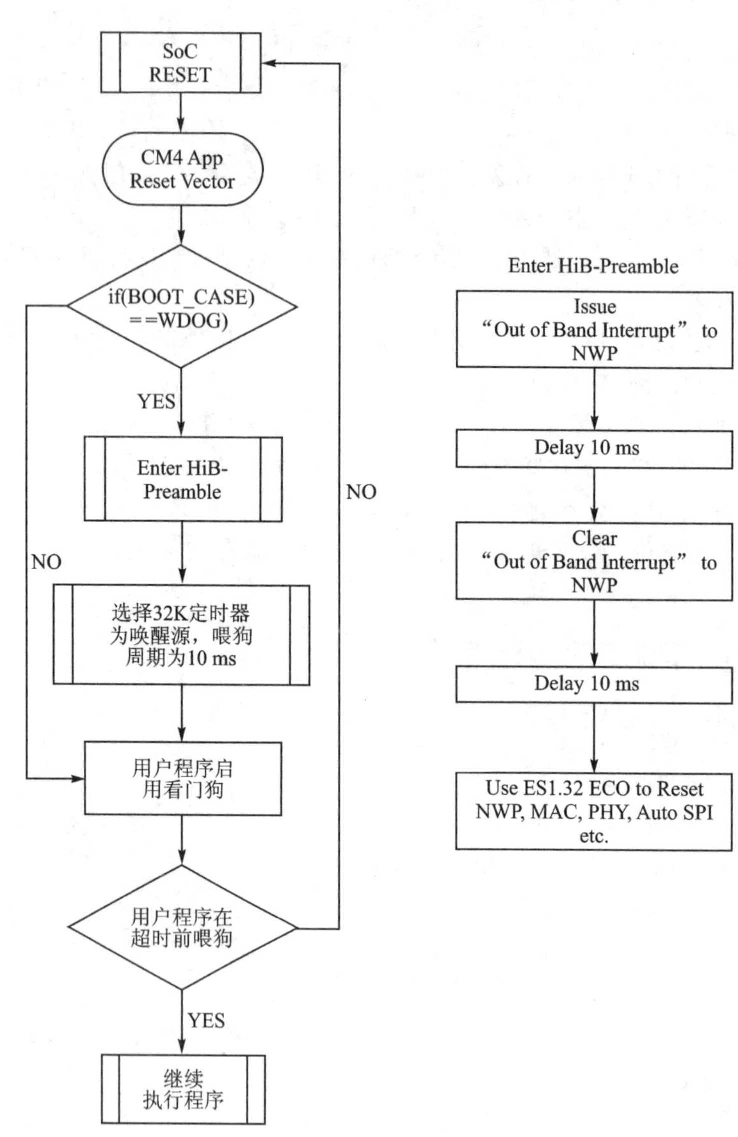
SoC
RESET
CM4 App
Reset Vector
if(BOOT_CASE)
==WDOG)
YES
NO
Enter HiB-
Preamble
选择32K定时器
为唤醒源，喂狗
周期为10 ms
用户程序启
用看门狗
用户程序在
超时前喂狗
YES
NO
继续
执行程序
Enter HiB-Preamble
Issue
"Out of Band Interrupt" to
NWP
Delay 10 ms
Clear
"Out of Band Interrupt" to
NWP
Delay 10 ms
Use ES1.32 ECO to Reset
NWP, MAC, PHY, Auto SPI
etc.

图 4-9　看门狗流程图

```
// Get the reset cause
ulResetCause = PRCMSysResetCauseGet();

// If the Reset Cause is recovery from WDOG trigger
if(ulResetCause == PRCM_WDT_RESET)
{
  // MCU interrupts NWP (this is Out of Band Interrupt)
  // This forces NWP to IDLE State
  HWREG(0x400F70B8) = 0x1;
  UtilsDelay(800000/5);

  // Clear the interrupt
  HWREG(0x400F70B0) = 0x1;
  UtilsDelay(800000/5);

  // Reset NWP, WLAN domains
  HWREG(0x4402E16C) |= 0x2;
  UtilsDelay(800);

  // Ensure ANA DCDC is moved to PFM mode before
  // invoking Hibernate
  HWREG(0x4402F024) &= 0xF7FFFFFF;

  // Choose the wake source as internal timer
  PRCMHibernateWakeupSourceEnable(PRCM_HIB_SLOW_CLK_CTR);

  //Setup the Hibernate period and enter Hibernate
  PRCMHibernateIntervalSet(330*3);
  PRCMHibernateEnter();
}
```

图 4-10　系统看门狗恢复序列

4.4　模/数转换器

CC3200 提供了一个通用多通道模/数转换器(ADC)。每个 ADC 通道都支持 12 位的转换精度以及 16 μs 的采样速率(62.5 ksps/通道)。每个采样通道都与 FIFO 和 DMA 相连。有关 ADC 的详细电气特性请参阅 CC3200 的数据手册。

4.4.1　主要特性

- 8 个采样通道:
  - 4 个外部模拟信号输入通道,均可由用户程序使用;
  - 4 个内部通道,专门为 SimpleLink 子系统(Network 和 Wi-Fi)服务。
- 12 位转换精度。
- 每个通道固定 16 μs 的采样频率,相当于每个通道 62.5 ksps 的采样速率。
- 在所有通道中可以进行固定循环采样。
- 采样的间隔均匀且可以交错进行。将多个用户通道组合到一起可以获得更高的采样速率。例如,将全部的 4 个用户通道相连接,可以得到高达

250 ksps的采样速率。

- DMA接口可以将数据传输到应用程序的RAM中，每个采样通道都有专用的DMA通道。
- 利用一个时钟频率为40 MHz的17位定时器可以对ADC的采样添加时间戳。用户可以从FIFO寄存器读取采样结果和对应的时间戳。在FIFO中的每个采样结果都包括一个实际的数据和一个时间戳。

如图4-11所示为CC3200中ADC模块的结构示意图。

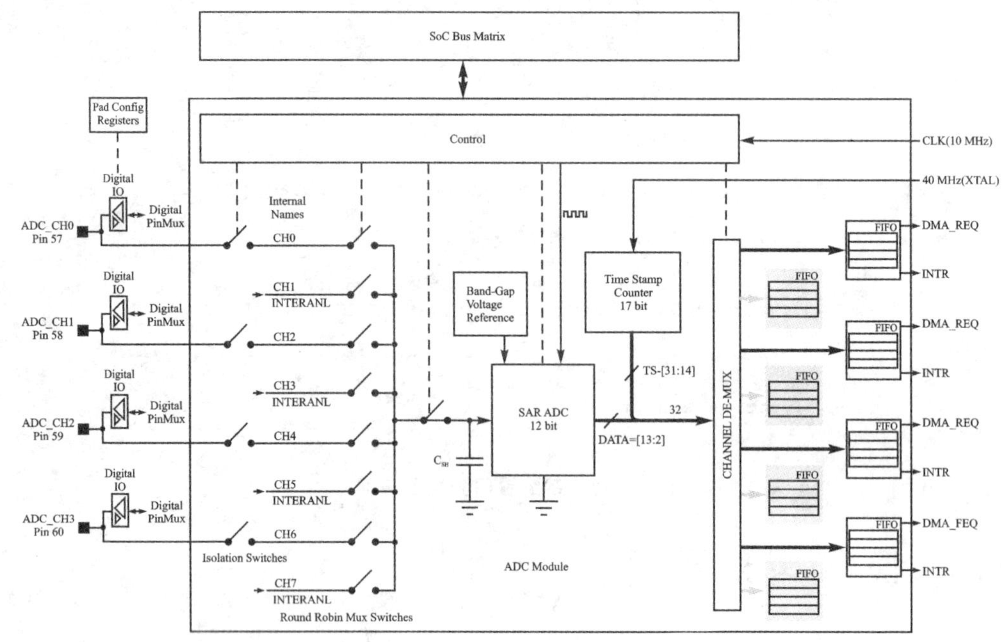

图4-11　CC3200的ADC模块结构

图4-12展示了ADC进行循环采样的具体操作过程。

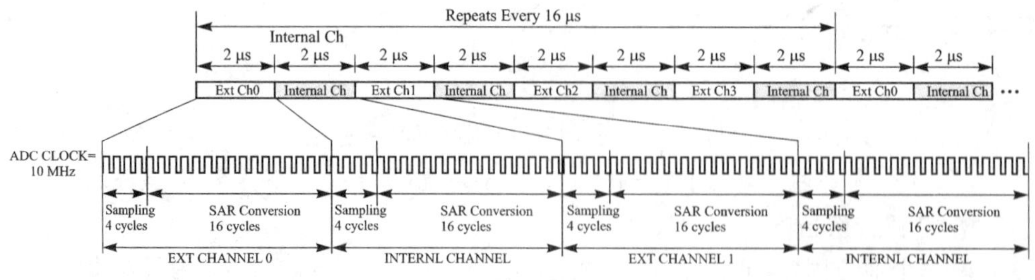

图4-12　ADC采样操作

4.4.2　初始化与配置

下面提供了一段伪代码进行主机的初始化和配置。

① 将所需引脚的类型配置为 ADC 类型：

```
PinTypeADC(PIN_58, 0xFF)
```

② 使能 ADC 通道：

```
Enable(ADC_BASE, ADC_CH_1)
```

③ 可以对内部定时器进行配置以启动时间戳功能：

```
ADCTimerConfig(ADC_BASE, 2^17)
ADCTimerEnable(ADC_BASE)
```

④ 使能 ADC 模块 ADCEnable(ADC_BASE)。

⑤ 使用以下的代码读取 ADC 的采样结果：

```
if( ADCFIFOLvlGet(ADC_BASE, ADC_CH_1) )
    {
    ulSample = ADCFIFORead(ADC_BASE, ADC_CH_1)
    }
```

4.4.3　与 ADC 操作有关的外设驱动库函数

CC3200 的 ADC 模块共有 8 个采样通道，其中有 4 个通道供 SimpleLink 子系统(NWP 和 Wi-Fi)内部使用。TI 鼓励应用程序通过外设驱动库函数对 4 个外部采样通道进行访问。这些 API 经过精心设计，对用户可使用的 4 个 ADC 通道以及用作设备内部功能的 4 个内部 ADC 通道来说，都是最优的 ADC 操作。在学习与该模块相关的例程时，最重要的是理解 CC3200 软件开发工具包(外设驱动库)所提供的 API。CC3200 SDK(外设驱动库)向用户提供了一些 API，使其更易于进行访问 ADC 的操作，这些 API 列举如下。

1. 配置 ADC 通道的 APIs

为了进行 ADC 通道配置，应用程序开发者可能需要从以下方面进行选择：

- 使能相关的通道(这里假定用户已按照设备手册中提到的内容对引脚进行了适当的配置)。最为重要的是将设备的引脚配置为模拟输入引脚。
- 数据传输——CPU(FIFO 深度检测和 FIFO 读取)或 DMA。
- 配置中断。
- 配置定时器，方便对采样结果盖时间戳。

表 4-10 和表 4-11 分别列出了 ulChannel 和 ulIntFlags 的所有可能取值。

表 4-10　ulChannel Tags

Tag	Value
ADC_CH_0	0x00000000
ADC_CH_1	0x00000008
ADC_CH_2	0x00000010
ADC_CH_3	0x00000018

表 4-11　ulIntFlags Tags

Tag	Value
ADC_DMA_DONE	0x00000010
ADC_FIFO_OVERFLOW	0x00000008
ADC_FIFO_UNDERFLOW	0x00000004
ADC_FIFO_EMPTY	0x00000002
ADC_FIFO_FULL	0x00000001

2. 与使能和配置端口有关的 APIs

(1) void ADCEnable (unsigned long ulBase)

- 描述：使能 ADC 模块。
- 参数：
  - ulBase——ADC 模块的基址。
- 功能：该函数全局使能 ADC 模块。
- 返回值：无。

(2) void ADCDisable (unsigned long ulBase)

- 描述：关闭 ADC 模块。
- 参数：
  - ulBase——ADC 模块的基址。
- 功能：该函数会清除 ADC 模块的全局使能状态。
- 返回值：无。

(3) void ADCChannelEnable (unsigned long ulBase, unsigned long ulChannel)

- 描述：使能指定的 ADC 通道。
- 参数：
  - ulBase——ADC 模块的基址；
  - ulChannel——某个可用的 ADC 通道。
- 功能：该函数使能指定的 ADC 通道并将对应的引脚设为模拟输入。
- 返回值：无。

(4) void ADCChannelDisable (unsigned long ulBase, unsigned long ulChannel)

- 描述：关闭指定的 ADC 通道。
- 参数：

  ulBase——ADC 模块的基址；

  ulChannel——某个可用的 ADC 通道。
- 功能：该函数会关闭指定的 ADC 通道。

● 返回值：无。

3. 与数据传输有关的 APIs(可直接访问、配置 FIFO 和 DMA)

(1) unsigned char ADCFIFOLvlGet (unsigned long ulBase, unsigned long ulChannel)

● 描述：获得当前与指定 ADC 通道有关的 FIFO 深度。

● 参数：

- ulBase——ADC 模块的基址；
- ulChannel——某个可用的 ADC 通道。

● 功能：该函数返回当前指定 ADC 通道的 FIFO 深度。

参数 ulChannel 必须为以下值之一：

- ADC_CH_0；
- ADC_CH_1；
- ADC_CH_2；
- ADC_CH_3。

● 返回值：返回当前指定 ADC 通道的 FIFO 深度。

(2) unsigned long ADCFIFORead (unsigned long ulBase, unsigned long ulChannel)

● 描述：读取指定 ADC 通道的 FIFO。

● 参数：

- ulBase——ADC 模块的基址；
- ulChannel——某个可用的 ADC 通道。

● 功能：该函数从指定通道的 FIFO 中取出一个采样数据，该通道由参数 ulChannel指定。

参数 ulChannel 必须为以下值之一：

- ADC_CH_0；
- ADC_CH_1；
- ADC_CH_2；
- ADC_CH_3。

● 返回值：返回从指定通道的 FIFO 取出的采样数据。

(3) void ADCDMAEnable (unsigned long ulBase, unsigned long ulChannel)

● 描述：使能 ADC 指定的通道采用 DMA 传输数据。

● 参数：

- ulBase——ADC 模块的基址；
- ulChannel——某个可用的 ADC 通道。

● 功能：该函数使能 ADC 指定通道的 DMA 操作。

参数 ulChannel 必须为以下值之一：

- ADC_CH_0；
- ADC_CH_1；

- ADC_CH_2；
- ADC_CH_3。

● 返回值：无。

(4) void ADCDMADisable (unsigned long ulBase, unsigned long ulChannel)

● 描述：将 ADC 指定的通道设为不采用 DMA 传输数据。

● 参数：

- ulBase——ADC 模块的基址；
- ulChannel——某个可用的 ADC 通道。

● 功能：该函数关闭 ADC 指定通道的 DMA 操作。

参数 ulChannel 必须为以下值之一：

- ADC_CH_0；
- ADC_CH_1；
- ADC_CH_2；
- ADC_CH_3。

● 返回值：无。

4. 有关中断的 APIs

(1) void ADCIntEnable (unsigned long ulBase, unsigned long ulChannel, unsigned long ulIntFlags)

● 描述：为指定的通道使能独立的中断源。

● 参数：

- ulBase——ADC 模块的基址；
- ulChannel——某个可用的 ADC 通道；
- ulIntFlags——欲使能的中断源的位掩码。

● 功能：该函数使能指定的 ADC 中断源。在处理器中断中，只有被使能的中断源能够响应中断，未使能的中断无法响应中断。

参数 ulChannel 必须为以下值之一：

- ADC_CH_0；
- ADC_CH_1；
- ADC_CH_2；
- ADC_CH_3。

参数 ulIntFlags 必须为以下值的逻辑或：

- ADC_DMA_DONE；
- ADC_FIFO_OVERFLOW；
- ADC_FIFO_UNDERFLOW；
- ADC_FIFO_EMPTY；
- ADC_FIFO_FULL。

● 返回值：无。

(2) void ADCIntDisable (unsigned long ulBase, unsigned long ulChannel, unsigned long ulIntFlags)

● 描述：关闭指定通道的独立中断源。

● 参数：

- ulBase——ADC模块的基址；
- ulChannel——某个可用的ADC通道；
- ulIntFlags——欲使能的中断源的位掩码。

● 功能：该函数关闭指定的ADC中断源。在处理器中断中，只有被使能的中断源能够响应中断，未使能的中断无法响应中断。

参数ulIntFlags和ulChannel已在ADCIntEnable()中解释。

● 返回值：无。

(3) void ADCIntRegister (unsigned long ulBase, unsigned long ulChannel, void(*)(void) pfnHandler)

● 描述：为指定的通道使能并注册ADC中断处理函数。

● 参数：

- ulBase——ADC模块的基址；
- ulChannel——某个可用的ADC通道；
- pfnHandler——一个指向中断发生时所调用函数的指针。

● 功能：该函数为指定的通道使能并注册ADC中断处理函数。每个通道的独立中断源都应使用ADCIntEnable()函数进行使能操作。中断处理函数有义务在处理过程中进行中断清除操作。

参数ulChannel必须为以下值之一：

- ADC_CH_0；
- ADC_CH_1；
- ADC_CH_2；
- ADC_CH_3。

● 返回值：无。

(4) void ADCIntUnregister (unsigned long ulBase, unsigned long ulChannel)

● 描述：为指定的通道关闭和取消注册ADC中断处理函数。

● 参数：

- ulBase——ADC模块的基址；
- ulChannel——某个可用的ADC通道。

● 功能：该函数为指定的通道关闭和取消注册ADC中断处理函数。该函数同时也会屏蔽中断控制器中的中断，从而使中断处理函数不会被再次调用。

参数ulChannel必须为以下值之一：

- ADC_CH_0；
- ADC_CH_1；
- ADC_CH_2；
- ADC_CH_3。

● 返回值：无。

(5) unsigned long ADCIntStatus (unsigned long ulBase, unsigned long ulChannel)

● 描述：获取当前通道的中断状态。

● 参数：

- ulBase——ADC模块的基址；
- ulChannel——某个可用的ADC通道。

● 功能：该函数将会返回当前通道的中断状态。

参数ulChannel在ADCIntEnable()函数中已做过说明。

● 返回值：返回指定ADC通道的中断状态，值的位域在ADCIntEnable()中已描述过。

(6) void ADCIntClear(unsigned long ulBase, unsigned long ulChannel, unsigned long ulIntFlags)

● 描述：清除当前通道的中断源。

● 参数：

- ulBase——ADC模块的基址；
- ulChannel——某个可用的ADC通道；
- ulIntFlags——欲清除的中断源的位掩码。

● 功能：该函数清除指定ADC通道的独立中断源。

参数ulChannel已经在函数ADCIntEnable()做过说明。

● 返回值：无。

5. 设置ADC定时器实现时间戳功能所需的APIs

(1) void ADCTimerConfig (unsigned long ulBase, unsigned long ulValue)

● 描述：配置ADC内部定时器。

● 参数：

- ulBase——ADC模块的基址；
- ulValue——定时器的循环值。

● 功能：该函数用来配置ADC内部定时器。该ADC定时器是一个17位定时器，用于对ADC的采样数据产生时间戳。可以从FIFO寄存器中读取采样数据和对应的时间戳。在FIFO中保存的每个采样数据都包含一个14位的实际数据与一个18位的时间戳。

参数ulValue应取0～2^{17}之间的任意值。

● 返回值：无。

(2) void ADCTimerDisable (unsigned long ulBase)

● 描述：关闭 ADC 内部定时器。

● 参数：

- ulBase——ADC 模块的基址。

● 功能：该函数将关闭 17 位的 ADC 内部定时器。

● 返回值：无。

(3) void ADCTimerEnable (unsigned long ulBase)

● 描述：使能 ADC 内部定时器。

● 参数：

- ulBase——ADC 模块的基址。

● 功能：该函数使能 17 位 ADC 内部定时器。

● 返回值：无。

(4) void ADCTimerReset (unsigned long ulBase)

● 描述：复位 ADC 内部定时器。

● 参数：

- ulBase——ADC 模块的基址。

● 功能：该函数会复位 17 位 ADC 内部定时器。

● 返回值：无。

(5) unsigned long ADCTimerValueGet (unsigned long ulBase)

● 描述：获取 ADC 内部定时器的当前值。

● 参数：

- ulBase——ADC 模块的基址。

● 功能：该函数获取 17 位 ADC 内部定时器的当前值。

● 返回值：返回 ADC 内部定时器的当前值。

4.5 DMA

CC3200 微型控制芯片内置一个直接存储器访问（DMA）控制器，被称为微型 DMA（μDMA）。μDMA 控制器提供了一种方式用于从 Cortex-M4 处理器上传输数据任务，从而更加高效地利用处理器和总线带宽。同时 μDMA 控制器可以独立执行存储器与外设之间的数据传输。片上每个支持 μDMA 功能的外设都有专用的 μDMA 通道，通过合理的编程配置，当外设需要时能够自动在外设和存储器之间传输数据。

μDMA 控制器具有以下特性：

● 32 位通道可配置的 μDMA 控制器。

- 支持存储器到存储器、存储器到外设，以及外设到存储器的多种传输模式：
  - 基本模式，用于简单的传输需求；
  - 乒乓模式，用于实现持续数据流；
  - 散聚模式，借助一个可编程的任务列表，有单个请求触发多达 256 个指定的传输。
- 高度灵活且可配置的通道操作：
  - 独立配置和操作的通道；
  - 为每个 μDMA 支持的片上模块提供专用信道；
  - 为双向模块的接收和发送功能各提供一个通道；
  - 为软件启动的传输提供一个专用的信道；
  - 为所有通道提供可选的软件方式启动传输。
- 优先级分为两级。
- 通过优化设计，提升了 μDMA 控制器与处理器内核之间的总线访问性能：
  - 当内核不访问总线时，μDMA 控制器即可占用总线。
- 支持 8 位、16 位和 32 位的数据带宽。
- 传输数据大小为 1～1 024 之间任意 2 的整数次幂，可以由编程修改。
- 源地址和目的地址可以自动递增，增量单位支持字节、半字、字或不增加。
- 传输完成中断，且每个通道都有独立的中断支持。
- 可屏蔽外设请求。
- 传输完成中断，且每个通道都有独立的中断支持。

μDMA 功能概述

μDMA 控制器是一种使用灵活且高度可配置的 DMA 控制器，可以与 Cortex-M4 微处理器协同工作。它支持多种数据格式、地址递增方式和数据传输模式，可以为每一个 DMA 通道配置不同的优先级，并能够通过预编程以实现对复杂的程序数据进行传输。μDMA 控制器对总线的使用总是从属于处理器内核，所以它绝对不会阻塞处理器的总线事务。

由于 μDMA 控制器只会在总线空闲的时候占用总线周期，所以它提供的数据传输非常的独立，不会影响到系统的其他部分。此外，总线的结构还经过了优化，大大的增强了处理器内核和 μDMA 控制器对片上总线的共享能力，从而提高了总体性能。优化的内容还包括对外围总线的分割，这使得在很多情况下允许处理器内核和 μDMA 控制器同时访问总线并进行数据传输。

μDMA 控制器为每种支持 μDMA 的外设功能都提供了专用的通道，可以各自独立进行配置。μDMA 控制器的配置方法比较独特，是通过系统存储器中的通道控制结构体进行配置的，并且该结构体由处理器维护。除支持简单传输模式之外，μDMA 控制器也支持更加复杂的“任务列表”传输模式：在收到某个单次传输请求后，按照建立在存储器中的任务列表，可以执行对任意地址发送或接收任意大小数据块的传输流程。μDMA 控制器还支持以乒乓缓冲的方式实现与外设之间的持续数据流。

每个通道还能配置仲裁数目。所谓仲裁数目，指的是 μDMA 控制器在重新仲裁总线优先级之前，以突发传输的数据单元数目。借助仲裁数目的配置，每当外设产生一个 μDMA 服务请求时，即可精确地控制与外设之间传输多少个数据单元。

1. 通道分配

图 4-13 描述了 μDMA 的通道分配方式。这里有 32 个 DMA 通道可以分配给各类外设。同一个外设可以被映射到多个 DMA 通道，以满足应用程序在实现功能时的不同需求。

DMACHMAPi Encoding	0	1	2	3
CH#				
0	GPTimer A0-A	SHA Cin		Software
1	GPTimer A0-B	SHA Din		Software
2	GPTimer A1-A	SHA Cout		Software
3	GPTimer A1-B	DES Cin		Software
4	GPTimer A2-A	DES Din	I2S(RX)	Software
5	GPTimer A2-B	DES Dout	I2S(TX)	Software
6	GPTimer A3-A	GSPI(RX)	GPIO A2	Software
7	GPTimer A3-B	GSPI(TX)	GPIO A3	Software
8	UART A0(RX)	GPTimer A0-A	GPTimer A2-A	Software
9	UART A0(TX)	GPTimer A0-B	GPTimer A2-B	Software
10	UART A1(RX)	GPTimer A1-A	GPTimer A3-A	Software
11	UART A1(TX)	GPTimer A1-B	GPTimer A3-B	Software
12	LSPI(RX)(link)			Software
13	LSPI(TX)(link)			Software
14	ADC 0		SDHOST RX	Software
15	ADC 2		SDHOST TX	Software
16	ADC 4	GPTimer A2-A		Software
17	ADC 6	GPTimer A2-B		Software
18	GPIO A0	AES Cin	McASP A0(RX)	Software
19	GPIO A1	AES Cout	McASP A0(TX)	Software
20	GPIO A2	AES Din		Software
21	GPIO A3	AES Dout		Software
22	Camera			Software
23	SDHOST RX	GPTimer A3-A	GPTimer A2-A	Software
24	SDHOST TX	GPTimer A3-B	GPTimer A2-B	Software
25	SSPI(RX)(Shared)	I2C A0 RX		Software
26	SSPI(TX)(shared)	I2C A0 TX		Software
27		GPIO A0		Software
28		GPIO A1		Software
29				Software
30	GSPI(RX)	SDHOST RX	I2C A0 RX	Software
31	GSPI(TX)	SDHOST TX	I2C A0 TX	Software

图 4-13 DMA 通道分配

2. 优先级

每个 μDMA 通道的优先级取决于通道的序号和通道的优先级标志位。0 号 μDMA 通道的优先级最高,然后随着通道的序号增加,其优先级随之降低。每一个通道还有一个优先级标志位,这个标志位提供两种模式的优先级,默认优先级和高优先级。假设一个通道的优先级标志位设置为高优先级,那么这个通道的优先级要高于所有设置了默认优先级的通道。而当有多个通道为高优先级,那么这些高优先级通道再通过序号来确定互相之间的优先级。

通道的优先级位可通过 DMA 通道优先位(PRIOSET)寄存器置位,或通过 DMA 通道优先位清除(PRIOCLR)寄存器来清零。

3. 仲裁数目

当某个 μDMA 通道请求传输时,μDMA 控制器将对所有发出请求的通道进行仲裁,并且向其中优先级最高的通道提供服务。一旦开始传输后,将持续传输一定数量的数据,之后再对发出请求的通道进行仲裁。每个通道的仲裁数目都是可设置的,其有效范围为 1～1 024 个数据单元。当 μDMA 控制器按照仲裁数目传输了若干个数据单元之后,随后将检查所有发出请求的通道,并向其中优先级最高的通道提供服务。如果某个优先级较低的 μDMA 通道仲裁数目设置得太大,那么高优先级通道的传输延迟将可能增加,因为 μDMA 控制器需要等低优先级的猝发传输完全结束之后才会重新进行仲裁,检查是否存在更高优先级的请求。基于以上原因,建议低优先级通道的仲裁数目不应设得太大,这样可以充分保障系统对高优先级 μDMA 通道的响应速度。

仲裁数目也可以形象地看作一个突发的大小。仲裁数目就是获得控制权后以突发形式连续传输的数据单元数。请注意这里所说的“仲裁”是指 μDMA 通道优先级的仲裁,而非总线的仲裁。在竞争总线时,处理器内核始终优于 μDMA 控制器。此外,只要处理器需要在同一总线上执行总线交互,μDMA 控制器都将失去总线控制权;即便在突发传输的过程中,μDMA 控制器也将被暂时中断。

4. 通道配置

μDMA 控制器采用系统内存中保存一个控制表,表中包含若干个通道控制结构体。每个 μDMA 通道在控制表中可能有一个或两个结构体。控制表中的每个结构体都包含:源指针、目的指针、待传输数目、传输模式。控制表可以定义到系统内存中的任意位置,但必须保证其连续并且按 1 024 字节边界对齐。

表 4-12 列出了内存中通道控制表的内容分布布局。每个通道在控制表中都可能包含一个或两个结构体:主控制结构体及副控制结构体。在控制表中,所有主控制结构体的都在表的前半部分,所有副控制结构体都在表的下半部分。在较简单的传输模式中,对传输的连续性要求不高,允许在每次传输结束后再重新配置、重新启动。

这种情况一般不需要副控制结构体，因此内存中只需放置表的前半部分，而后半部分所占用的内存可用作其他用途。如果采用更加复杂的传输模式（例如乒乓模式或散-聚模式），那就需要用到副控制结构体，此时整个控制表都必须加载到内存中。

控制表中任何未用到的内存块都可留给应用程序使用，包括任何应用程序未用的通道的控制结构体，以及各个通道中未用到的控制字。

表 4-13 列出了控制表中单个控制结构体项的内容。每个控制结构体项都按照 16 字节边界对齐。每个结构体项由 4 个长整型项组成：源字指针、目的字指针、控制字以及一个未用的长整型项。末指针就是指向传输过程最末一个单元地址的指针（包含其本身）。假如源地址或目的地址并不自动递增（例如外设的寄存器），那么指针应当指向待传输的地址。

表 4-12 控制结构体的存储器映射

偏移量	描 述
0x0	通道 0 主功能
0x10	通道 1 主功能
⋮	⋮
0x1F0	通道 31 主功能
0x200	通道 0 副功能
0x210	通道 1 副功能
⋮	⋮
0x3F0	通道 31 副功能

表 4-13 通道控制结构体

偏移量	描 述
0x000	源字指针
0x004	目的字指针
0x008	控制字
0x00C	（暂不使用）

待传输数目在控制字中表示。当传输结束后，待传输数目将为 0，传输模式将变为“已停止”。由于控制字是由 μDMA 控制器自动修改的，因此在每次新建传输之前必须手动配置。源字指针和目的字指针不会被自动修改，所以只要源地址或目的地址不变，就无需再进行配置。

在启动传输之前，必须将 μDMA 通道启用置位（ENASET）寄存器中的相应标志位置位，启用 μDMA 通道。当需要禁用某个通道时，应将 μDMA 通道使能清除寄存器（ENACLR）中的相应标志位置位。当某个 μDMA 传输结束后，控制器会自动禁用该通道。

5. 传输模式

μDMA 控制器支持多种传输模式。前两种模式支持简单的单次传输。后面几种复杂的模式能够实现持续数据流。

(1) 停止模式

停止模式虽然是控制字中传输模式位域的有效值，但实际上这并不是一种真正的传输模式。当控制字中的传输模式是停止模式时，μDMA控制器并不会对此通道进行任何传输，并且一旦该通道是启用的，μDMA控制器还会自动禁用该通道。

(2) 基本模式

在基本模式下，只要有待传输的数据单元，并且收到了传输请求，μDMA控制器便会执行传输。这种模式适用于那些只要有数据传输就立即产生μDMA请求信号的外设。如果请求是瞬时的(即使整个传输尚未完成也并不保持)，则不得采用基本模式。举例来说，如果将某个通道设为基本模式，并且采用软件启动，则启动时只会创建一个瞬时请求；此时传输的数目等于DMA通道控制字(DMACHCTL)寄存器中ARBSIZE位域所指定的数目，即使还有更多数据需要传输也将停止。在基本模式下，当所有数据单元传输完成后，μDMA控制器自动将该通道置为停止模式。

(3) 自动模式

自动模式与基本模式类似，其区别在于：每当收到一个传输请求后，传输过程会一直持续到整个传输结束，即使μDMA请求已经消失(如瞬时请求)，也会持续完成。这种模式非常适用于软件触发的传输过程。一般来说外设都不使用自动模式。在自动模式下，当所有数据单元传输完成后，μDMA控制器自动将该通道置为停止模式。

(4) 乒乓模式

乒乓模式用于实现内存与外设之间连续不断的数据流。要使用乒乓模式，必须同时配置主数据结构体和副数据结构体。两个结构体均用于实现存储器与外设之间的数据传输，均由处理器建立。传输过程首先从主控制结构体开始。当主控制结构体所配置的传输过程结束后，μDMA控制器自动载入副控制结构体并按其配置继续传输。每当这时都会产生一个中断，处理器可以对刚刚结束传输过程的数据结构体进行重新配置。于是，主/副控制结构体可以交替的在缓冲区与外设之间搬运数据，如果需要，数据流可以不断地循环下去。

如图4-14所示为乒乓模式。

(5) 存储器散-聚模式

存储器散-聚模式是一种较为复杂的工作模式。在一般情况下，同一数据集的数据都是连续地存储在内存区域中。但在某些特殊情况下，同一数据集的数据却分散地存储在内存区域中。当传输这类数据的时候就需要采用散-聚模式。举例来说，内存中可能存储有数条遵从某种通信协议的报文，那么就可以利用μDMA的散-聚模式将几个报文的有效数据内容依次读出，并连续保存到内存缓冲中的指定位置。

在存储器散-聚模式下，主控制结构体的工作是按照内存中一个表的内容配置副控制结构体。这个表由处理器软件建立，包含若干个控制结构体，每个控制结构体中包含能够实现特定传输的源字指针、目的字指针、控制字。每个控制结构体项的控制字中必须将传输模式设置为散-聚模式。主传输流程依次将表中的控制结构体项复制到副控制结构体中，随后予以执行。μDMA控制器就这样交替切换：每次用主控制结构体从列表中将下一个传输流程配置复制到副控制结构体中，然后切换到副控

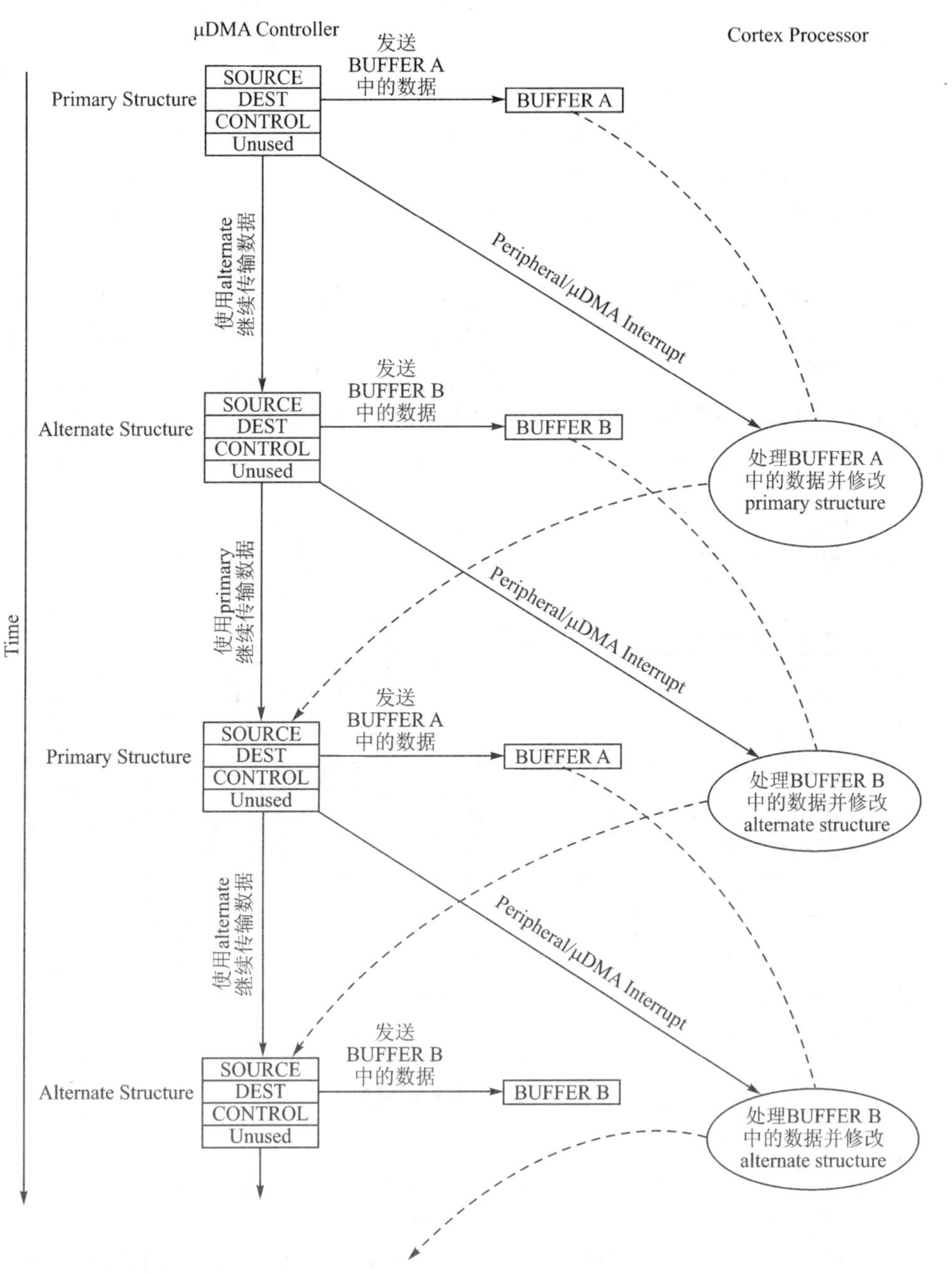

图 4－14　乒乓模式

制结构体执行相应的传输任务。在列表的最末一个控制结构体项中，应将其控制字编程为采用基本传输模式。这样在执行最后一个传输过程时是基本传输模式，μDMA 控制器在执行完成后将停止此通道的运行。只有当最后一次传输过程也结束后，才会产生结束中断。如果让控制表的最后一个控制结构体项复制覆盖主控制结构体，使其重新指向列表的起始位置（或指向一个新的列表），就可以让整个列表始终不停循环工作。此外通过编辑控制表内容，也可以触发一个或多个其他通道执行传输：比较直接的方式是编辑产生一个写操作，以软件触发其他通道；也可以采用间接的方式，通过设法让某个外设动作而产生μDMA请求。

按照这种方式对μDMA控制器进行配置，即可由一个μDMA请求来执行一组任意的传输。

图4-15描绘出按照存储器散-聚模式工作的示例。这个例子演示的是汇集操作：将分别位于内存中3个不同缓冲区的数据复制到同一个缓冲区中并连续放置。图4-15描绘了应用程序应如何在内存中建立一个μDMA任务列表，控制器按照该列表执行3组来自内存中不同位置的复制操作。通道的主控制结构体负责将控制结构体项从任务列表中复制出来，并填充到副控制结构体中。

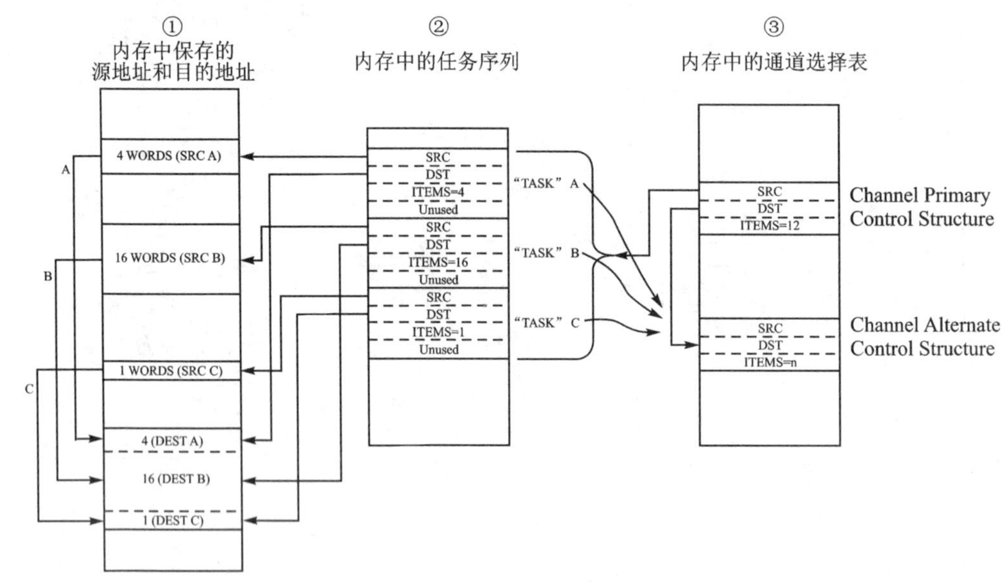

图4-15　存储器散-聚模式

注意：

① 应用程序需要将存储器中3个不同位置的若干个数据单元复制到一个缓存区中并按顺序组合。

② 应用程序在存储器中建立μDMA“任务列表”，表中包括3个μDMA控制“任务”的指针以及控制配置。

③ 应用程序设置通道的主控制结构体，每次将一个任务的配置复制到副控制结构体中，并且接下来由μDMA控制器予以执行。

(6) 外设散-聚模式

外设散-聚模式与存储器散-聚模式非常相似，只不过传输过程是由产生 μDMA 请求的外设控制的。当 μDMA 控制器检测到有来自外设的请求后，将通过主控制结构体从控制表中复制一个控制结构体项目填充到副控制结构体中，随后执行其传输过程。此次传输过程结束后，只有当外设再次产生 μDMA 请求后，才会开始下一个传输过程。仅当外设产生请求时，μDMA 控制器才会继续执行控制表中的传输任务，直至完成最后一次传输。只有当最后一次传输过程也结束后，才会产生结束中断。

按照这种方式对 μDMA 控制器进行配置，只要外设准备好传输数据，就可以在内存的若干指定地址与外设之间传输数据。

如图 4-16 所示为外设散-聚模式。

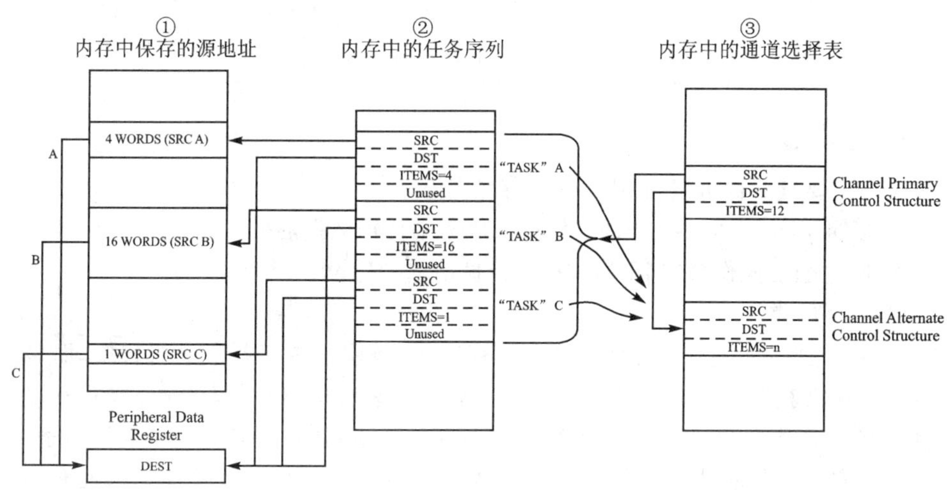

图 4-16　外设散-聚模式

注意：

① 应用程序需要将存储器中 3 个不同位置的若干个数据单元复制到一个外设数据寄存器。

② 应用程序在存储器中建立 μDMA"任务列表"，表中包括 3 个 μDMA 控制"任务"的指针以及控制配置。

③ 应用程序设置通道的主控制结构体，每次将一个任务的配置复制到副控制结构体中，并且接下来由 μDMA 控制器予以执行。

6. 传输数目和增量

μDMA 控制器支持传输宽度为 8 位、16 位或 32 位的数据。对于任何传输，都必须保证源数据宽度与目的数据宽度一致。源地址及目的地址可以按字节、半字或字自动递增，也可以设置为不递增。源地址增量及目的地址增量相互无关，设置地址增量时只要保证其大于或等于数据宽度即可。例如，当传输 8 位宽的数据单元时，将地址增量设置为整字(32 位)也是允许的。待传输的数据在内存中必须按照数据宽度(8 位、16 位或 32 位)对齐。

表 4－14 列出了从某个支持 8 位数据的外设进行读操作时的配置。

表 4－14　8 位数据外设的配置

位　域	配　置
源数据宽度	8 位
目的数据宽度	8 位
源地址增量	不递增
目的地址增量	字节
源字指针	外设读 FIFO 寄存器
目的字指针	内存中数据缓冲区的末尾

7. 外设接口

这里主要有两种可以与 μDMA 连接的外设：

- 通过 μDMA 提供的 FIFO 缓存区服务来传输数据的外设。
- 通过触发操作来向 μDMA 提出传输请求的外设。

(1) FIFO 类外设

FIFO 类外设拥有两条数据 FIFO 缓存区，一条用于缓存要发送的数据，而另一条用于缓存已获取的数据。μDMA 控制器能够在这些 FIFO 缓存区和系统内存之间传输数据。举个例子，当一个 UART 的 FIFO 缓存区中存在一个或多个传输条目，那么就会有一个传输请求被发送到 μDMA 进行处理。如果这个传输请求没有被处理，而 UART 的 FIFO 缓存区又达到了 FIFO 的中断请求深度，那么另一个更高优先级的中断请求就会被发送到 μDMA 控制器。此时将会根据 DMACHCTL 寄存器的设置执行一个 ARBSIZ 请求。当传输执行完毕，DMA 会向 UART 寄存器发出一个传输完成中断。

如果在 DMA 的 DMAUSEBURSTSET(Channel Useburst Set)寄存器中设置了 FIFO 外设的 SETn 位，那么 μDMA 只会执行 DMACHCTL 寄存器的 ARBSIZ 位定义过的传输请求，这样是为了提高总线的使用效率。而对于那些经常处理突发性数据的外设，如 UART，建议不要进行这种设置，因为这样可能会导致一些传输数据的尾端滞留在 FIFO 通道中。

(2) 触发性外设

某些设备，例如通用定时器，会在预先设定的事件发生时，触发一个中断给 μDMA 控制器。当一个触发事件发生时，μDMA 控制器会执行一个传输，这个传输由 DMA 通道控制字(DMACHCTL)寄存器中 ARBSIZE 位域的值所确定。如果当前只有一个触发性传输请求，那么 ARBSIZE 位域的值被设置为 0x1。如果这个触发性外设在前一个传输请求正在被执行时又触发了另一个 μDMA 传输请求，那么外设所在的通道就会立即被设为最高优先级。并且在前一个传输被处理完时，第二个传输请求会被立刻执行。如果外设在第一个传输请求未被完成前，又触发了两个以上的请求，那么这些待处理的请求中，只有第一个会被执行，其余将被丢弃。

(3) 软件请求

有很少一部分 μDMA 通道是专用于软件启动的传输过程的。当此通道 μDMA 传输结束时，还有专用的中断予以指示。要想正确使用软件启动的 μDMA 传输，应首先配置并使能传输过程，之后通过 DMA 通道软件请求寄存器（DMASWREQ）发送软件请求。**注意：**基于软件的 μDMA 传输应当采用自动传输模式。

通过使用 DMASWREQ 寄存器，可以在任何一个通道上发起一个传输请求。如果软件使用了某个外设的 μDMA 通道，从而发起了一个传输请求，那么当该传输完成后，相应的中断发生在该外设的中断向量处，而不是软件的中断向量处。软件可以使用任何未被外设使用的 μDMA 通道。

8. 中断和错误

当一个 μDMA 传输完成时，触发此事件的外设会收到一个完成的信号。中断可以被设置为在外设对 μDMA 传输完成时就触发。假如传输过程使用了软件 μDMA 通道，那么结束中断将在专用的软件 μDMA 中断向量上产生。若 μDMA 控制器在尝试进行数据传输时遇到了总线错误或存储器保护错误，将会自动关闭出错的 μDMA 通道，并且在 μDMA 错误中断向量处产生中断。处理器可以通过读取 DMA 总线错误清除寄存器（DMAERRCLR）来确定是否有需要处理的错误。一旦产生错误，ERRCLR 标志位将置位。向 ERRCLR 位写 1 即可清除错误状态。

第5章

CC3200通信外设

本章主要介绍 CC3200 提供的各种通信外设，包含 UART、SPI、I^2C、I^2S、SD 主机接口以及并行相机模块接口。CC3200 提供了一种十分简便的 UART 操作模式，方便 CC3200 与计算机进行通信；测试利用 CC3200 提供的 SPI、I^2C、I^2S 接口，用户可以方便快速地与添加的传感器、显示屏、音频芯片等设备通信；SD 主机接口以及并行相机模块接口大大扩展了 CC3200 的使用范围，允许其进行大容量存储及视频的接收处理。

5.1 串行异步通信(UART)

CC3200 包含两个通用异步接收/发送器(UART)，其特征如下：

- 可编程，速度最高可到 3 Mbps。
- 每路 UART 都有单独的 16×8 的发送/接收先进先出(FIFO)缓冲区，用来降低 CPU 处理中断服务程序的负载。
- FIFO 的长度可编程，提供常规的双缓冲接口来实现单字节操作。
- FIFO 的触发深度可以为 FIFO 长度的 1/8、1/4、1/2、3/4 和 7/8。
- 标准的异步通信位，如开始位、结束位和保持校验位。
- line break 线中止错误的产生和检测(即 RX 信号一直为 0 的状态，包括校验位和停止位在内)。
- 完全可编程的串行接口：
  - 5、6、7 或 8 的数据位；
  - 奇偶校验或无校验位的产生和检测；
  - 1 或 2 停止位的产生。
- 硬件流控，支持请求发送(RTS)和清除发送(CTS)协议。
- 标准的 FIFO 队列深度中断和传输结束中断。
- 使用 μDMA 控制器进行高效传输：
  - 单独的发送和接收通道；
  - 当 FIFO 里有数据时可以产生单次接收请求；
  - 当 FIFO 有空间时可以产生单次发送请求。

● 使用系统时钟产生波特率。

5.1.1　结构框图

每个 UART 控制模块主要包括 3 个部分:相关寄存器、发送缓冲区、收发装置,其结构框图如图 5－1 所示。

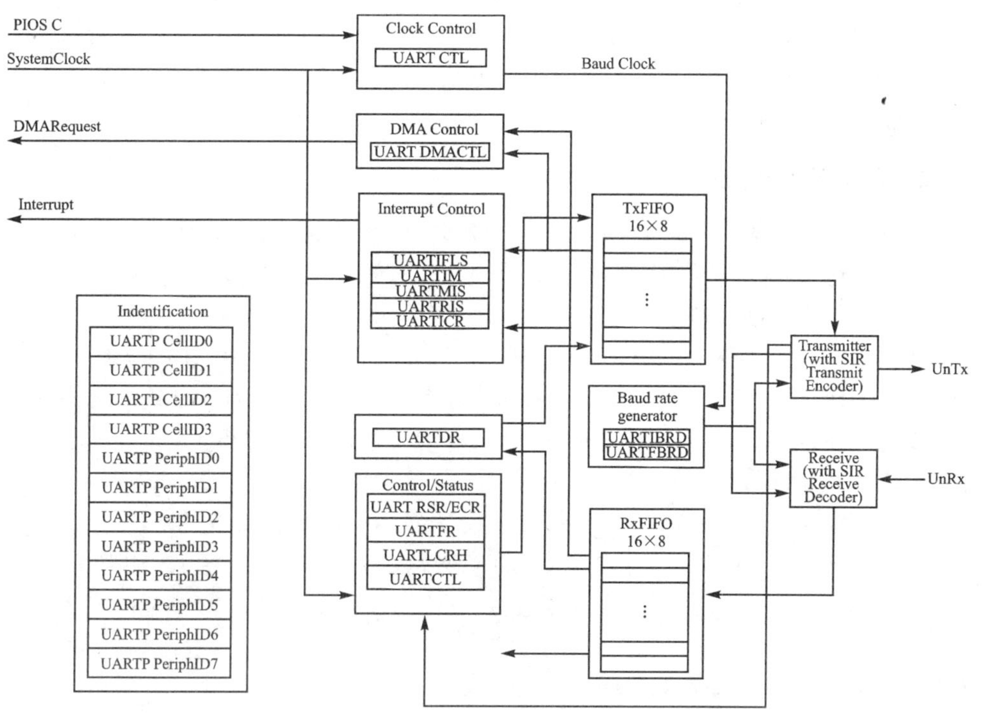

图 5－1　UART 模块结构框图

5.1.2　功能描述

每个 CC3200 的 UART 都能实现串行和并行之间的转换。

UART 通过设置其控制寄存器(UARTCTL)中的 TXE 和 RXE 位来配置发送和/或接收功能。发送和接收在复位后默认是启用的。要设置 UART 的任何控制寄存器前,必须要通过清除 UARTCTL 寄存器的 UARTEN 位以停止 UART。如果在 UART 的发送(TX)和接收(RX)操作期间禁用 UART,那么 UART 会在完成本次数据传输后停止。

1. 发送/接收逻辑描述

发送逻辑用于对从发送缓冲读取到的数据进行并行至串行的转换。控制逻辑的串行数据流输出起始于一个开始位,随后是数据位(先输出 LSB),然后根据控制寄存器的配置还有校验位和停止位。如图 5－2 所示为 UART 字符格式。

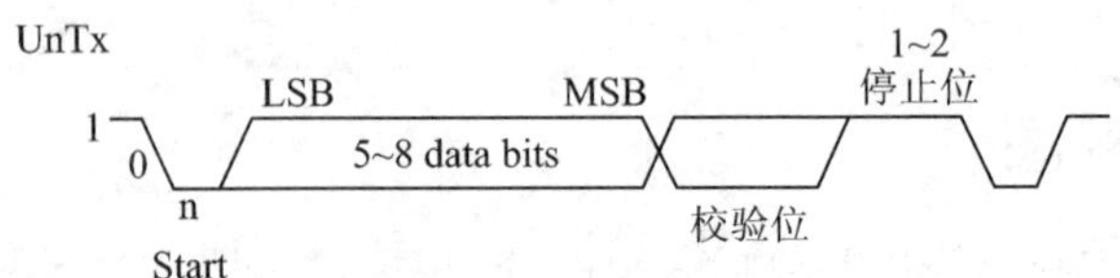

图 5-2 UART 字符格式

接收逻辑在检测到一个有效的开始脉冲后，对接收的比特流进行串行到并行的转化。越界、校验、帧错误检测和线终止错误侦测在这时也会被执行，它们的状态将伴随数据一起写到接收 FIFO 中。

2. 波特率的生成

UART 的 22 位波特率因子由 16 位的整数部分和 6 位的小数部分构成。波特率发生器用这两部分组成的数据来决定位周期。波特率中，含有小数因子使 UART 能够产生全部的标准波特率。

16 位的整数部分通过 UART 整数波特率因子寄存器(UARTIBRD)加载，6 位的小数部分通过 UART 的小数波特率因子寄存器(UARTFBRD)加载。波特率因子和系统时钟有如下关系(其中 BRDI 是 BRD 的整数部分，BRDF 是 BRD 的小数部分，相隔一个小数位)：

$$BRD = BRDI + BRDF = UARTSysClock/(ClkDiv \times Baud\ Rate)$$

其中，UARTSysClock 是连接到 UART 的系统时钟，ClkDiv 要么是 16(如果 UARTCTL 的 HSE 为清除)，要么是 8(如果 HSE 置位)。默认情况下，这个时钟是主系统时钟。

6 位的小数(将被加载到 UARTFBRD 寄存器的 DIVFRAC 域中)，能够通过波特率因子的小数部分计算，乘以 64，再加上 0.5(舍入误差)。

$$UARTFBRD[DIVFRAC] = integer(BRDF \times 64 + 0.5)$$

UART 会生成一个内部波特率的参考时钟，其频率为 8 倍或 16 倍的波特率(根据 UARTCTL 的 HSE 位设置决定 Baud8 和 Baud16)。这个参考时钟经过 8 倍分频或 16 倍分频后产生发送时钟，在接收操作是也用于错误检测。

UART 控制高字节寄存器(UARTLCRH)，UARTIBRD 和 UARTFBRD 寄存器组成了 30 位的内部寄存器。该内部寄存器仅在向 UARTLCRH 寄存器执行写操作时才会更新，在任何对波特率因子进行更改后，都必须进行 UARTLCRH 寄存器的写操作，这样才能使更改生效。要更新波特率有以下 4 种可能的顺序：

- UARTIBRD 写入，UARTFBRD 写入，UARTLCRH 写操作。
- UARTFBRD 写入，UARTIBRD 写入，UARTLCRH 写操作。
- UARTIBRD 写入，UARTLCRH 写操作。
- UARTFBRD 写入，UARTLCRH 写操作。

3. 数据传输

接收缓冲区对于每个字节都会用4位数据保存状态信息，数据的接收和发送会存储在两个16位的FIFO缓冲区中。数据在传输时会先被写入发送缓冲区。如果UART被启用，那么它会根据控制寄存器中的参数设置配置数据帧然后开始传输数据。数据将会持续传输直到发送缓冲区为空。当数据被写到发送缓冲区时，控制寄存器的BUSY位会立刻被置位并生效，并在数据发送过程中保持置位状态。只有当发送缓冲区为空，并且待发送数据的最后一个字符包括停止位发送完成后，BUSY位才会被清除。即使没有被启用，UART也可能在忙碌状态。

当接收器处于空闲状态时(UnRx信号一直为1)，并且数据输入变成低电平(接收到一个起始位)时，接收计数器就将开始运行，并根据UARTCTl寄存器中HSE的设置，数据会在Baud16的第8个周期或Baud8的第4个周期进行数据采样。

只有在Baud16的第8个周期或Baud8的第4个周期时UnRx信号仍然保持为低电平，开始位的信号才会是有效的，才能够被识别。在一个有效的开始位被检测到后，UART将会在Baud16的第16个周期，或Baud8的第8个周期进行连续的数据采样(在一位周期后进行)，这是根据编程设置的数据字符长度和UARTCTL的HSE位设置决定的。如果启用校验模式，那么UART还会检查校验位。UARTLCRH寄存器能够设置数据长度和校验位。

最后，当UnRx的信号变成高电平时，会确认一个有效的停止位，否则会触发帧错误。当接收到一个完整的字时，数据会保存到接收缓冲区中，并且任何有关这个字的错误信息也会一同保存。

(1) 流控制

流控制既能用硬件实现，也能用软件实现，下面描述了不同的控制方法。

1) 硬件流控制(RTS/CTS)

实现两个设备的硬件流控制可以通过将(CC3200某个)UART的RTS端连接到接收设备的CTS端，并将接收设备的RTS连接到该UART的CTS端。

CC3200 UART的RTS端控制接收设备向UART发送数据。只有当RTS信号有效(这里是低电平有效)时，接收设备才会向CC3200的UART发送数据，因此用户可以通过编程，决定何时使RTS信号无效，从而禁止接收设备向UART发送数据。默认情况下，只要UART的接收缓冲区不满，RTS就会一直保持有效状态。

UARTCTL寄存器的第15位(CTSEN)和第14位(RTSEN)指定了流控制的模式，如表5-1所列。

注意： 当RSTEN为1时，软件不能通过UARTCTL寄存器的请求发送位(RTS)来修改U1RTS的输出值，否则会使RTS位的状态被忽略。

2) 软件流控制(调制解调器状态中断)

两个设备之间的软件流控制可以使用中断来显示UART的状态信息。U1CTS

通过各自的U1RI信号在UARTIM寄存器的第一位可以产生一个中断。这些原始中断状态或有效中断状态可以使用UARTRIS和UARTMIS寄存器进行检查。这些中断可以用UARTICR寄存器进行清除。

表5-1 流控制模式

CTSEN	RTSEN	描 述
1	1	启用RTS和CTS流控制
1	0	只用CTS流控制
0	1	只用RTS流控制
0	0	不启用CTS和RTS流控制

(2) 先进先出操作

UART拥有两个16×8的先进先出缓冲区(FIFOs),一个用于发送,一个用于接收。两个FIFO都可以通过UART数据寄存器(UARTDR)进行访问,UARTDR寄存器在进行读取操作时将返回一个由8位数据和4位错误标志组成的12位数值,而写操作会将8位的数据放入缓冲区。

复位后,两个FIFO都是禁用的,并作为单字节寄存器使用。FIFO通过设置UARTLCRH的FEN位启用。

FIFO的状态能够通过UART标志寄存器(UARTFR)和UART接收状态寄存器(UARTRSR)进行监控。UART硬件监控空、满和溢出的状态。UARTFRF的寄存器包含了空、满的标志(TXFE、TXFF、RXFE、RXFF),而UARTRSR寄存器显示了溢出标志(OE)。如果禁用了FIFO,则空和满的标志都根据1字节的保留寄存器的状态设置。

FIFO产生中断的触发条件由UART中断FIFO电平选择寄存器(UARTIFLS)控制。两个FIFO可以单独地配置成在不同的条件级别触发中断。可供选择的配置有1/8、1/4、1/2、3/4和7/8。例如,如果接收缓冲区选择1/4选项,那么在接收器收到4个数据字节后会产生一个接收中断。复位后,两个FIFO触发中断的条件都默认配置成1/2选项。

(3) 中 断

UART将会在以下条件产生中断:

- 溢出错误。
- 传输中断错误。
- 校验错误。
- 帧错误。
- 接收超时。
- 发送(当UARTIFLS的TXIFLSEL位定义的情况下,或者UARTCTL的

EOT 位置位时，或者当要发送的数据的最后一位离开串行器时出现)。

- 接收(当 UARTIFLS 的 RXIFLSEL 位定义的情况下出现)。

所有的中断都会在进入中断控制器之前进行或(or)操作，所以 UART 在任意给定的时间内，只能产生一个中断请求操作。软件可以通过读取屏蔽中断状态寄存器的值，实现在一个中断程服务序中处理多个中断事件。

中断事件可以通过设置相应的 IM 位来触发一个控制器级的中断，这类中断由 UART 中断屏蔽寄存器(UARTIM)定义。如果中断没有被使用，那么 UART 原始中断状态寄存器(UARTRIS)中的中断状态总是可以访问的。

通过写 1 到中断清除寄存器(UARTICR)可以清除中断(UARTMIS 和 UARTRIS 寄存器)。

当接收缓冲区不为空，且超过一个 32 位周期未收到新数据(HSE 位清除)或超过一个 64 位周期未收到新数据(HSE 位置位)时，就会产生一个接收超时中断。通过读 FIFO 可使之为空(或通过读保留寄存器)，写 1 到 UARTICR 寄存器的相应位也可使之为空，清除该中断。

当以下任意事件发生时接收中断会改变状态：

- 如果启用了 FIFO 缓冲区，并且接收的数据到达了设定的触发条件，那么 RXRIS 位就会被置位。通过读取 FIFO 中的数据使它低于触发条件或者写 1 到 RXIC 位都能清除接收中断。
- 如果 FIFO 没有启用(仍然有空闲位置)，此时又接收到数据且填入缓冲区，那么 RXRIS 被置位。通过一个单独的对 FIFO 的读操作或写 1 到 RXIC 位都能清除接收中断。

当以下任意事件发生时发送中断就会改变状态：

- 如果启用了 FIFO 并且在发送数据的过程中超过了预先设定的触发条件，那么 TXRIS 位就会被置位。发送中断的产生是以超过预定条件的转变为基础的，因此对 FIFO 的写操作必须超过预先设定的条件进行，否则不会触发中断。通过写数据到 FIFO 中直到超过设定的值或写 1 到 TXIC 位都能清除发送中断。
- 如果 FIFO 没有启用(仍然有空闲位置)，并且在发送缓冲区没有数据可用，那么 TXRIS 位会被置位。通过对发送 FIFO 进行一个单独的写操作或写 1 到 TXIC 位都能清除发送中断。

(4) 回环操作

通过设置 UARTCTL 寄存器的 LBE 位可以将 UART 设置成内部回环模式，这样可以进入诊断和调试状态。在回环模式中 UnTx 端发送的数据将被 UnRx 端接收。**注意：** *LBE 位必须在 UART 启用前被设置。*

(5) DMA 操作

UART 提供一个到 μDMA 控制器的接口并拥有单独的发送和接收通道。

UART 的 DMA 操作通过 UARTDMA 控制寄存器(UARTDMACTL)启用。启用 DMA 操作时,当相关的 FIFO 能够传输数据时,UART 会在接收通道或发送通道发起 DMA 请求。对于接收通道,无论何时,只要接收 FIFO 中出现数据,那么都会产生一个单次的转移请求。无论何时,只要接收 FIFO 中出现的数据达到或超过了 UARTIFLS 寄存器设置的触发条件,就会产生一个突发的转移请求。对于发送通道,无论何时,只要在发送 FIFO 中有至少一个空闲的位置,那么都会产生一个单次的转移请求。无论何时,只要发送 FIFO 中的数据少于设置的触发条件时,都会产生一个突发转移请求。单次和突发的 DMA 请求都可以由 μDMA 控制器根据 DMA 通道的设置进行自动处理。

要启用接收通道的 DMA 操作需要设置 UARTDMACTL 的 RXDAME 位。要启用发送通道的 DMA 操作需要设置 UARTDMACTL 的 TXDAME 位。UART 也可以设置成接收错误时停止接收通道的 DMA 操作。如果 UARTDMA 寄存器的 DMAERR 位被置位,并出现一个接收错误,DMA 接收请求就会自动被禁用。这个错误条件可以通过清除合适的 UART 错误中断而清除。

如果启用 DMA,那么当传输完成时 μDMA 控制器会触发一个中断。中断一般都是 UART 中断向量表中规定的。因此如果中断是用于 UART 操作,并且此时 DMA 是启用状态,那么 UART 中断处理程序必须设计成能够控制 μDMA 完成中断。

5.1.3　初始化与配置

以下是启用和初始化 UART 的必要步骤:

① 通过 UART0CLKEN/UART1CLKEN 寄存器来使能对应的 UART 模块。

② 为合适的引脚设置 GPIO_PAD_CONFIG CONFMODE 位。

接下来讨论使用 UART 模块要求的步骤。例如,假设 UART 采用的时钟为 80 MHz,并且 UART 参数做如下配置:

- 使用 115 200 的波特率。
- 数据长度为 8 位。
- 一个停止位。
- 无校验位。
- 不启用 FIFO 缓冲区。
- 不使用中断。

在编程设置 UART 时首先要考虑的是波特率因子,因为 UARTIBRD 和 UARTFBRD 寄存器必须在 UAERLCRH 寄存器设置前被写入。使用方法见 5.1.2 小节中“2. 波特率的生成”部分的相关内容。其中 BRD 的计算方法如下:

$$BRD=80\ 000\ 000/(16\times 115\ 200)=43.410\ 950$$

这意味着要在 UARTIBRD 的整数部分(DIVINT)域值写入 43 或 0x2B。将被加载到 UARTFBRD 寄存器的小数部分的值通过以下的等式计算得出：

UARTFBRD[DIVFRAC]＝integer(0.410 950×64＋0.5)＝26

获得 BRD 的值之后，UART 模块的配置就能按照以下的步骤进行：

① 通过清除 UARTCTL 寄存器的 UARTEN 位禁用 UART。

② 写 BRD 的整数部分到 UARTIBRD 寄存器。

③ 写 BRD 的小数部分到 UARTFBRD 寄存器。

④ 写需要的串行参数到 UARTLCRH 寄存器(上述情况的值为 0x0000.0060)。

⑤ 可选择的，通过 UARTDMACTL 寄存器配置 μDMA 通道和启用 DMA 操作。

⑥ 通过设置 UARTCTL 寄存器的 UARTEN 位启用 UART。

5.2 SPI(串行外设接口)

本节主要介绍主/从串行外设接口模块(SPI)的功能，并且提供了一个模块配置的例子。书中主/从串行外设接口将会简称为 SPI。

串行外设接口(SPI)是一个在并行和串行间转换的四线双向交流的接口。

CC3200 设备拥有两个 SPI 接口：

- 第一个 SPI(主机)接口预留给连接到 CC3200 的外部串行闪存。该串行闪存是用来保存应用图片和网络证书、协议和软件补丁的。
- 第二个 SPI 接口可以被用在应用程序上，其支持主模式或/和从模式。CLKSPIREF是 SPI 模块的时钟输入，它在 PRCM 模块里有一个门控(请参考 3.3 节的“电源、复位和时钟管理(CRPM)”)。这个时钟在 SPI 内部再进行分频。需要说明的是，CC3200 不支持通过 SPI 接口唤醒。

下面将主要讲述第二个 SPI 接口(第一个 SPI 接口有特殊用途，用户无法自由使用)，该接口的特点如下：

- 拥有极性和相位可编程的时钟。
- 输出可编程。
- 极性可编程。
- SPI 字长可选择 8、16 或 32 位。
- 支持主机和从机模式。
- 独立的 DMA 读/写请求。
- 在从机模式中连续的两个字之间无延迟。
- 使用 FIFO 可以让多个 SPI 访问一个通道。
- 可编程接口操作，支持 Freescale、MICROWIRE，或 TI 同步串行接口的主机和从机模式。
- 3 引脚和 4 引脚模式。

- 全双工和半双工。
- 上至 20 MHz 的操作。
- 可编程的 SPI 首字发送前的延迟。
- 片选和外部时钟产生的可编程定时控制。
- 使用 μDMA 控制器提高传输效率。
- SPI 支持主机和从机间的双工串行通信。

SPI 模块在接收到外部设备数据时，执行串行到并行的转换，在发送数据到外部设备时是执行并行到串行的转换。SPI 模块可以被配置为一个主机或一个从机设备。作为一个从机设备时，SPI 模块可以被配置成禁用输出，这就允许 SPI 的一个主机设备可以连接多个从机设备。发送和接收的路径被缓存在内部独立的 FIFO 缓冲区中。SPI 模块含有一个可编程的位速率时钟分频器，通过分频器从 SPI 的输入时钟里产生一个输出时钟。位速率根据输入时钟和连接的外设的最大位速率决定。

5.2.1　结构框图

SPI 支持本地主机和外设之间的全双工通信(从机和主机)。

图 5-3 所示的是一个 SPI 系统总览图。

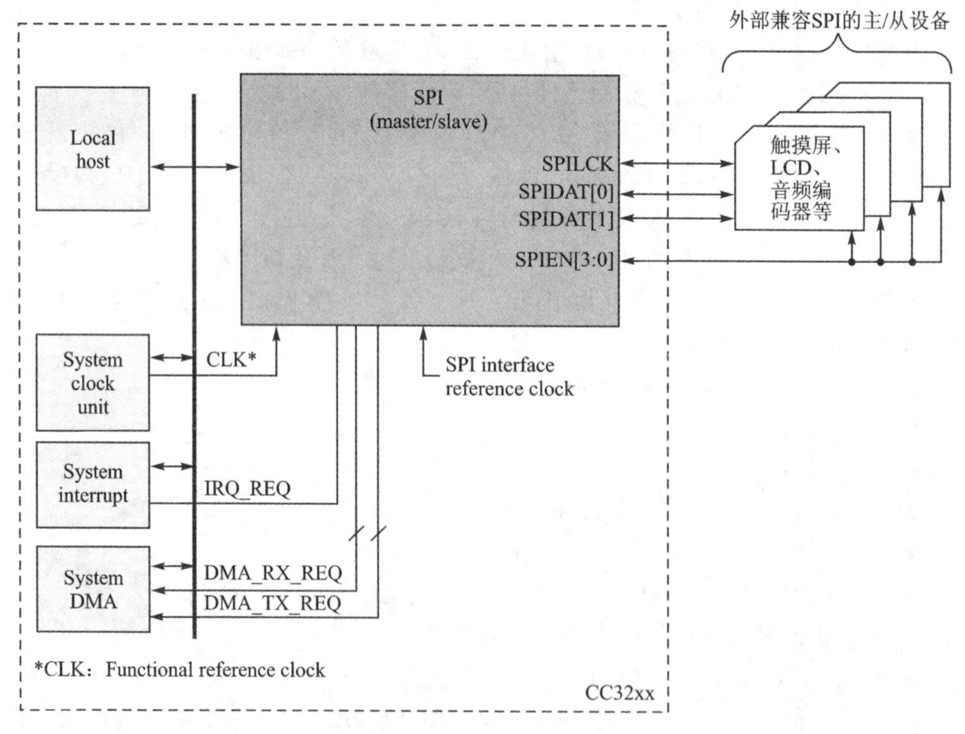

图 5-3　SPI 结构框图

5.2.2　功能描述

1. SPI 接口

表 5-2 列出了用来与 SPI 接口兼容的外设进行连接的名称和描述。

表 5-2　SPI 接口

名　称	类　型	重置的值	描　述
MISO/MOSI[1:0]	In-Out	Z	发送和接收数据的串行数据线
SPICLK	In-Out	Z	作为主机时是发送的串行时钟。 作为从机时是接收的串行时钟
SPIEN	In-Out	Z	指示开始和结束的串行数据字。 当配置为主机时，选择外部 SPI 从机设备。 当配置为从机时，接收来自外部主机的从机选择信号

2. SPI 传输

SPI 协议是一个允许主机发起串行通信的同步协议，数据在设备间进行交换，一条从机选择线(SPIEN)选择 SPI 的从机设备。SPI 能通过可编程的参数来灵活地用几种格式进行数据交换。

(1) 双数据引脚接口模式

在双数据引脚接口模式下，支持一个全双工的 SPI 传输，可以实现发送(串行输出)和接收(串行输入)，同时在独立的数据线 MISO 和 MOSI 上进行。

- 从主机发出的数据通过发送串行数据线传输，该条数据线也称为 MOSI：MasterOutSlaveIn。
- 从从机发出的数据通过接收串行数据线传输，该条数据线也称为 MISO：MasterInSlaveOut。

串行时钟在两条数据线上同步进行信息的转移和采样。每当有一位数据从主机出来就会有一位数据进入从机。

图 5-4 所展示的是主机和从机间全双工系统的例子。在 8 个串行时钟周期 SPILCK 后，字 A 将从主机传输到从机。同时字 B 将从从机传输到主机。

当作为主机时，要注意控制模块的发送时钟 SPICLK 和启动信号 SPIEN。

(2) 传输格式

下面将描述 SPI 所支持的传输格式。SPI 允许灵活地设置以下传输参数：

- SPI 字长可编程。
- SPI 输出可编程。
- SPI 启用可编程。
- SPI 极性可编程。

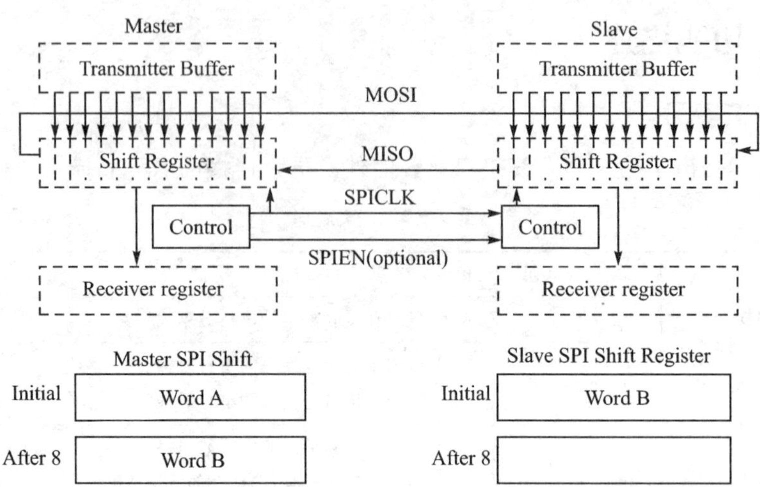

图 5-4　SPI 全双工传输(范例)

● SPI 时钟频率可编程。
● SPI 时钟相位可编程。
● SPI 时钟极性可编程。

软件要保证主机在和从机通信时的 SPI 字长、时钟相位和时钟极性的一致性。

(3) 字长可编程

SPI 支持字长为 8、16、32 位。

(4) SPI 启用可编程

SPI 启用信号的极性是可编程的。启用(SPIEN)信号可为高或低。启动(SPIEN)信号的激活也是可编程的:SPIEN 信号可设置为手动激活或自动激活。

(5) SPI 时钟可编程

当 SPI 作为一个主机或从机的时候,SPI 串行时钟的相位和极性都是可编程的。当作为主机时串行时钟的波特率是可编程的。当作为从机操作时,它的串行时钟来自外部主机。

(6) 比例位

在主机模式下,内部参考时钟 CLKSPIREF 作为可编程的分频器的输入,来产生一个串行时钟(SPICLK)位速率。

(7) 极性和相位

SPI 通过设置串行时钟(SPICLK)的极性(POL)和相位(PHA),支持 4 种子模式。通过软件可以设置这 4 种组合的任意一种,如表 5-3 所列。

1) PHA=0 时的传输格式

下面主要描述 SPI 模式 0 和模式 2 的 SPI 传输原理。在 PHA=0 的传输格式下,SPIEN 将在 SPICLK 时钟的第一个时钟沿的前半个时钟周期激活。

表 5-3 极性和相位的组合

极性（POL）	相位（PHA）	SPI 模式	注释	
0	0	模式 0	SPI 时钟高电平有效，上升沿采样	Sampling t_{Lead}
0	1	模式 1	SPI 时钟高电平有效，下降沿采样	SPICLK
1	0	模式 2	SPI 时钟低电平有效，下降沿采样	SPICLK SPICLK
1	1	模式 3	SPI 时钟低电平有效，上升沿采样	SPICLK

在主机和从机两种模式下，SPI 设备的数据线在 SPI 启用时就激活完成，每种数据格式都是先传输高位数据。在相互绝缘的数据线中，第一个数据位在激活的半个 SPI 时钟周期后才开始有效。

因此，主机在第一个时钟沿对从机发送的第一个数据位进行采样。同样，从机也会采样主机发送的第一个数据位。在下一个时钟沿，接收到的数据位被转移到移位寄存器，一个新的数据位将会在串行数据线上进行传输。

主机设备通过编程设置 SPI 字长，来决定该过程中 SPI 时钟线上持续的总脉冲，数据将在奇数边沿被读取，在偶数边沿被转移到移位寄存器。

图 5-5 所示的是 SPI 模式 0 和模式 2 下 SPI 发送的时序图，当 SPI 作为主机或从机时，SPICLK 与 CLKSPIREF 的频率相等。

在不使用启用(SPIEN)信号的三引脚模式下，控制器提供了一个相似的波形，并且 SPIEN 被拉低。在三引脚的从机模式中 SPIEN 无用。

2）PHA＝1 时的传输格式

下面主要描述采样 SPI 模式 1 和模式 3 的 SPI 传输。在 PHA＝1 的传输格式下，SPIEN 将在第一个时钟边沿前被激活。在主机和从机两种模式下，SPI 设备的数据行都在第一个时钟沿开始。

SPI 的每个数据的传输都从高位(MSB)开始。在相互绝缘的数据线中第一个有效的 SPI 字会在下一个时钟沿到来，约有半个时钟周期的滞后。主机和从机都会在这时采样。在第三个边沿出现后，接收的数据位会转移到移位寄存器。主机将会把要传输的下一个数据位送入数据线。主机设备通过编程设置 SPI 字长，来决定该过程中 SPI 时钟线上持续的总脉冲，数据将在偶数边沿被读取，在奇数边沿被转移到移

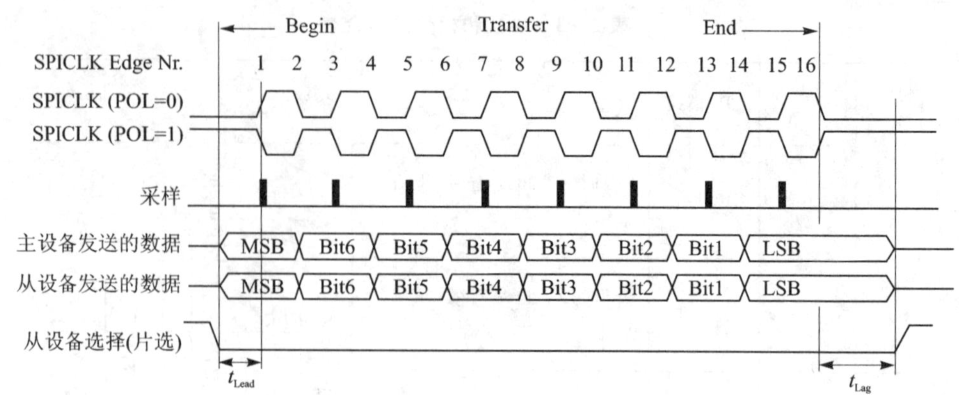

t_{Lead}——从机模式要求的相对于第一个时钟边沿前的最小超前时间(主机模式有保证)；

t_{Lag}——从机模式要求的在最后一个时钟边沿之后的最小延迟时间(主机模式有保证)。

图5-5 PHA=0时的全双工单次发送格式

位寄存器。

图5-6所示的是SPI模式1和模式3下SPI发送的时序图，当SPI作为主机或从机时，SPICLK与CLKSPIREF的频率相等。

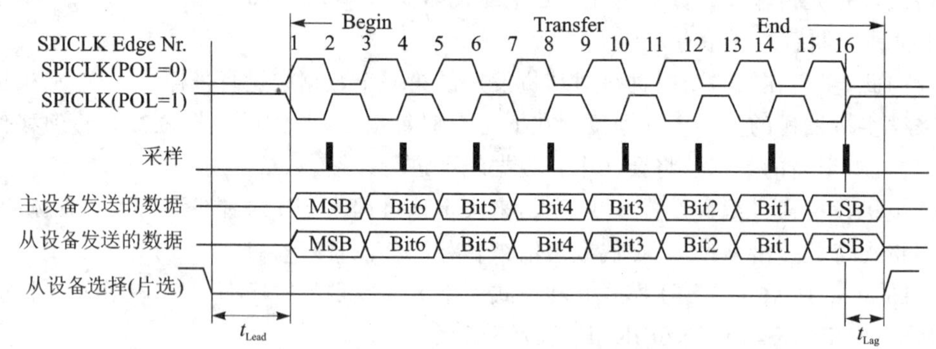

t_{Lead}——从机模式要求的相对于第一个时钟边沿前的最小超前时间(主机模式有保证)；

t_{Lag}——从机模式要求的在最后一个时钟边沿之后的最小延迟时间(主机模式有保证)。

图5-6 PHA=1时的全双工单次发送格式

在不使用启用(SPIEN)信号的三引脚模式下，控制器提供了一个相似的波形，并且SPIEN被拉低。在三引脚从机模式中SPIEN不起作用。

3. 主机模式

当SPI_MODULCTRL寄存器的MS位被清除时，SPI进入主机模式。

(1) 主机模式的中断事件

在主机模式下，与中断事件相关的发送寄存器的状态有TX_empty、TX_underflow，与中断事件相关的接收寄存器的状态有RX_full。

1）TX_empty

当通道启用，并且发送寄存器为空时，TX_empty 事件有效（瞬时事件）。启用通道自动产生该事件。当 FIFO 缓冲区启用（MCSPI_CHCONF[FFEW]置 1），一旦在缓冲区有足够的空间，可以写入指定长度的数据（由 MCSPI_XFERLEVEL[AEL]指定的），TX_empty 就会被激活。

SPI 必须设置发送寄存器来移除中断源；同时，TX_empty 中断状态位必须被清除来取消事件状态（如果中断源使能了该事件）。

如果 FIFO 被启用，只要主机没有执行指定数量（由 MCSPI_XFERLEVEL[AEL]定义）的写入操作到发送寄存器，就不会有新的 TX_emoty 事件会被激活。主机必须执行正确数量的写操作。

2）TX_underflow

当移位寄存器被启用时，若发送寄存器或 FIFO 为空（无更新数据）且通道已启用，那么 TX_underflow 事件将被激活。在主机模式时，该警告可被忽略。

为了在开始传输时避免产生 TX_underflow 事件，当没有数据从启用的通道被加载到发送寄存器时，TX_underflow 事件不会被激活。发送寄存器必须尽量少地被加载以避免 TX_underflow 事件的发生。TX_underflow 中断状态位必须被清除以释放中断线（如果中断源使能该事件）。

3）RX_full

当通道被启用并且接收寄存器满了之后，RX_full 事件就会被激活。当 FIFO 缓冲区被启用（MCSPI_CHCONF[FFER]置位），一旦在缓冲区有足够数量（由 MCSPI_XFERLEVEL[AFL]定义）的数据可以读取，RX_full 事件就会被激活。

必须通过读取接收寄存器来移除中断源，然后通过清除 RX_full 的中断状态位来释放中断线（如果启用了事件的中断源）。当 FIFO 被启用，如果本地主机没有从接收寄存器进行指定数量（由 MCSPI_XFERLEVEL[AFL]定义）的读取操作，那么就不会有新的 RX_full 事件被激活。

4）有效字数（End of Word Count）

当通道被启用并且配置成使用内嵌的 FIFO 时，EOW 事件将被激活。当控制器执行完由 MCSPI_XFERLEVEL[WCNT]寄存器指定数量的传输操作后，该中断将被触发。如果值被设为 0x0000，计数器将无效，中断也不会发生。

有效字数的中断表明 SPI 传输中止，直到 MCSPI_XFERLEVEL[WCNT]不被再次加载。最后，必须通过清除有效字数的中断状态位，释放中断（如果事件源启用了该事件）。

（2）主机发送和接收模式

此模式可通过 SPI_CHCONF 寄存器的 TRM 位进行编程设置。通道基于发送器和接收器的寄存器状态来访问移位寄存器。

规则 1：只有当通道启用的时候（SPI_CHCTRL 寄存器的 EN 位），才能被发送请求和接收请求调度使用。

规则2：一个启用的通道在它的发送寄存器不为空(SPI_CHSTAT寄存器的TXS位)，或在启用缓冲区后FIFO不为空的情况下能够被调度使用(MCSPI_CHSTAT寄存器的FFE位)，这会被新到的数据更新。如果发送寄存器或FIFO为空，在移位寄存器被启用时就会激活TX_underflow事件。

规则3：一个启用的通道在它的接收器寄存器不为满(SPI_CHSTAT寄存器的RXS位)，或在启用缓冲区后FIFO不为满的情况下能够被调度使用(MCSPI_CHSTAT寄存器的FFF位)。因此，接收寄存器的FIFO不能被覆盖。在此模式下，SPI_IRQSTATUS寄存器的RX_underflow位不会被置位。

在此模式下，内置的FIFO是可用的且能配置数据方向为发送、接收或都有。当FIFO配置成单个方向时，它就像一个独立的64字节的缓冲区。如果配置成两个方向都有(发送和接收)，那么它会根据自己的地址管理分成两个独立的32字节的缓冲区。在此情况下，本地主机需要基于32字节来定义AEL和AFL。

(3) 主机模式SPI控制的启用

当SPI配置为主机模式时，所连接设备的控制器将决定SPIEN值的选择。接下来描述的是其各种配置：

在3线模式下：MCSPI_MODULCTRL[1] PIN34和MCSPI_MODULCTRL[0] SINGLE位会置1，只要发送寄存器或FIFO不为空，控制器就会发送SPI字。

在4线模式下：MCSPI_MODULCTRL[1] PIN34位会清零，MCSPI_MODULCTRL[0] SINGLE将会置1，SPIEN由软件控制状态。

为了使SPI的字符连续，系统通过保持SPIEN信号的有效来手动执行连续的发送。某些序列(通道配置-启用-禁用)能在SPIEN总线不活动的状态下运行。

以下情况"保持SPIEN有效"模式是允许的：

- 发送器的参数加载到配置寄存器(MCSPI_CHCONF)。
- SPIEN信号的状态是可编程的：
  - 将MCSPI_CHCONF的FORCR位置1时，如果MCSPI_CHCONF[EPOL]位为0则设备将拉高SPIEN总线，如果MCSPI_CHCONF[EPOL]为1则设备将拉低SPIEN总线。
  - 将MCSPI_CHCONF的FORCR位置0时，如果MCSPI_CHCONF[EPOL]位为0则设备将拉低SPIEN总线，如果MCSPI_CHCONF[EPOL]为1则设备将拉高SPIEN总线。

一旦启用通道，SPIEN信号将根据设置的极性激活。何时开始发送取决于发送寄存器和接收寄存器的状态。

当接收数据从移位寄存器加载到接收寄存器的时候，SPI_CHSTAT寄存器的EOT位将会置位从而给出每个SPI字串序列化完成的状态。

在SPI接口上参数的改变会立即生效。如果SPIEN信号处于活跃状态，则用户必须确保配置只在 SPI 字之间改变，以避免破坏当前传输。当 SPIEN 信号有效时，SPIEN 的极性、SPICLK 的极性和相位都不能被修改，但通道能被启用或禁用。

在最后一个 SPI 字串结束之后，必须使通道失效（MCSPI_CHCTRL[En]置为 0），SPIEN 强制进入不激活状态（MCSPI_CHCONF[Force]）。

图 5-7 展示了在 SPIEN 低电平有效时，为每个 SPI 词分别配置单个数据接口模式和 2 个数据接口模式情况下连续发送的情况。箭头表示当通道在参数被改变前被禁用，然后重启。

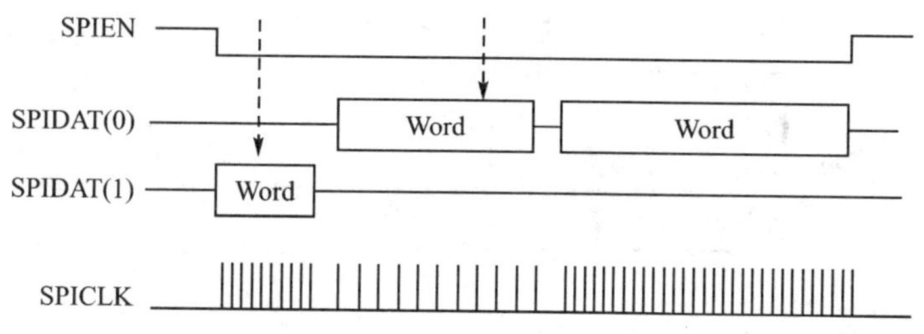

图 5-7　保持 SPIEN 有效时数据的持续发送(2 种数据接口模式)

(4) 时钟倍率表(Clock Ratio Granularity)

MCSPI_CHCONF[CLKD]寄存器可以产生范围在 1～32 768 之间的时钟分频系数，在此情况下，占空比总是为 50%。时钟倍率表如表 5-4 所列。

表 5-4　时钟倍率表

时钟倍率 f_{ratio}	CLKSPIO 高电平时间	CLKSPIO 低电平时间
1	T_{high_ref}	T_{low_ref}
Even≥2	T_ref×(f_{ratio}/2)	T_ref×(f_{ratio}/2)

时钟源为 48 MHz 频率时的例子如表 5-5 所列。

表 5-5　间隔尺度例子

MCSPI_CHCONF[CLKD]	f_{ratio}	MCSPI_CHCONF[PHA]	MCSPI_CHCONF[POL]	T_{hige}/ns	T_{low}/ns	T_{period}/ns	Duty Cycle	F_{out}/MHz
0	1	X	X	10.4	10.4	20.8	50～50	48
1	2	X	X	20.8	20.8	41.6	50～50	24
2	4	X	X	41.6	41.6	83.2	50～50	12
3	8	X	X	83.2	83.2	166.4	50～50	6

(5) FIFO 缓冲区管理

SPI 控制器使用 64 字节的内置缓冲区来降低 DMA 和中断处理的负载，以此来提高数据吞吐量。缓冲区能通过设置 MCSPI_CHCONF[FFER]或 MCSPI_

CHCONF[FFEW]为 1 来使用。缓冲区在满足下列条件时能使用：

- 主机或从机模式。
- 每个字串的长度由 MCSPI_CHCONF[WL]配置。

MCSPI_XFERLEVEL 寄存器中的 AEL 和 AFL 的值规定了缓冲区的管理。设备必须把 AEL 和 AFL 的值设置为 SPI 字长的倍数，该倍数值定义在 MCSPI_CHCONF[WL]中。FIFO 中能写入的字节数决定于字长(见表 5－6)。当通道启用或改变 FIFO 配置时，FIFO 缓冲区将会重置。

表 5－6　SPI 字长

项　目	SPI 字长	
	8	16 或 32
写入 FIFO 的字节数/字节	2	4

1) 分割 FIFO

当 FIFO 的模式配置成发送/接收模式时(MCSPI_CHCONF[TRM]置位 0，MCSPI_CHCONF[FFER]和 MCSPI_CHCONF[FFEW]置位 1)，FIFO 分割成两个部分。系统对每个方向都支持访问 32 字节的 FIFO 长度。

如图 5－8 所示为 FIFO 不使用发送/接收模式，配置如下：

MCSPI_CHCONF[TRM]＝0x0：启用发送/接收模式。

MCSPI_CHCONF[FFRE]＝0x0：禁用 FIFO 接收路径。

MCSPI_CHCONF[FFWE]＝0x0：禁用 FIFO 发送路径。

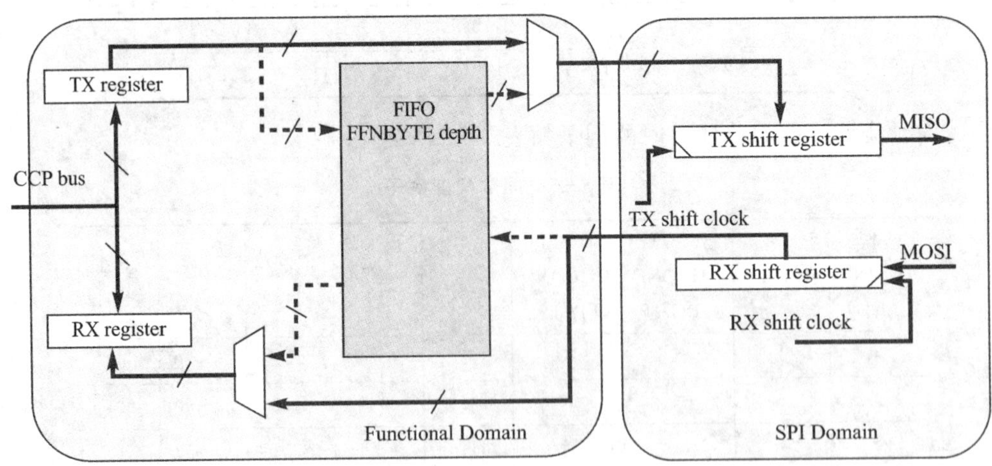

图 5－8　FIFO 不使用发送/接收模式

如图 5－9 为 FIFO 仅接收模式，配置如下：

MCSPI_CHCONF[TRM]＝0x0：启用发送/接收模式。

MCSPI_CHCONF[FFRE]＝0x1：启用 FIFO 接收路径。

MCSPI_CHCONF[FFWE]=0x0:禁用 FIFO 发送路径。

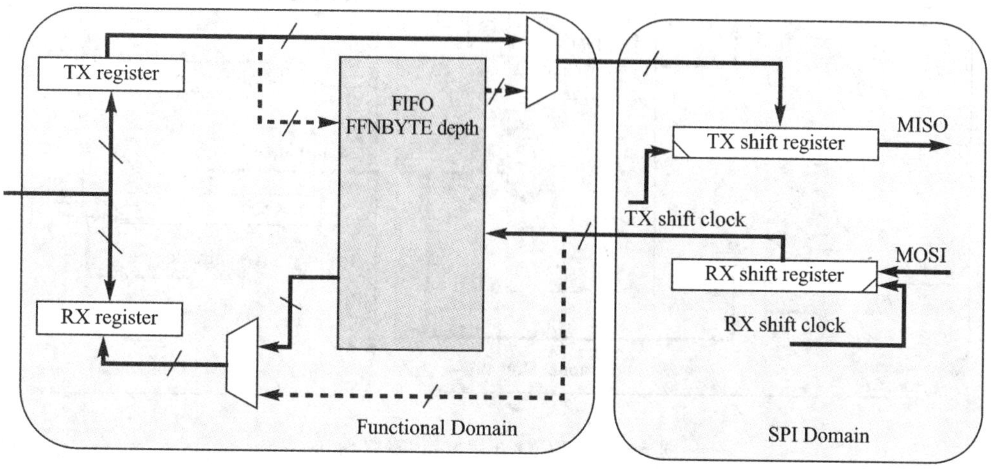

图 5-9　FIFO 仅接收模式

如图 5-10 所示为 FIFO 仅发送模式,配置如下:

MCSPI_CHCONF[TRM]=0x0:启用发送/接收模式。

MCSPI_CHCONF[FFRE]=0x0:禁用 FIFO 接收路径。

MCSPI_CHCONF[FFWE]=0x1:启用 FIFO 发送路径。

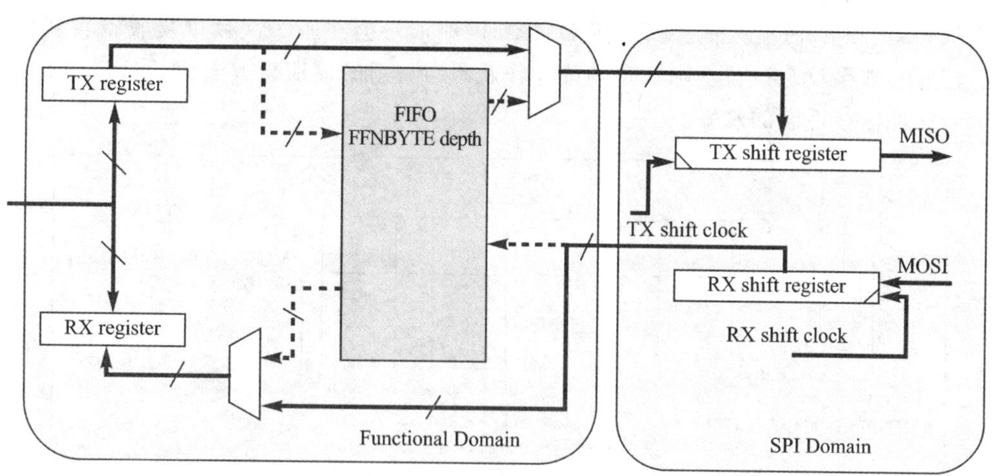

图 5-10　FIFO 仅发送模式

如图 5-11 所示为 FIFO 开启发送/接收模式,配置如下:

MCSPI_CHCONF[TRM]=0x0:启用发送/接收模式。

MCSPI_CHCONF[FFRE]=0x1:启用 FIFO 接收路径。

MCSPI_CHCONF[FFWE]=0x1:启用 FIFO 发送路径。

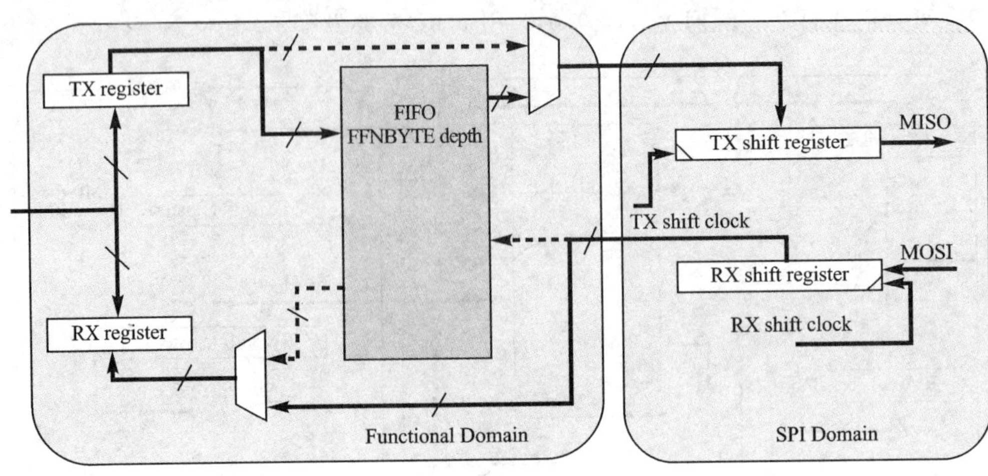

图 5-11　FIFO 开启发送/接收模式

2) 缓冲区空间接近满的情形

如果需要设置缓冲区用来接收来自从机的 SPI 数据，那么需要设置位字段 MCSPI_XFERLEVEL[AFL](MCSPI_CHCONF[FFER]必须置为 1)，它定义了缓冲区接近满的状态。

当 FIFO 指针达到触发条件时，会产生一个中断或 DMA 请求发送到本地主机，以此让它从接收寄存器里读取 AFL＋1 字节。**注意：**AFL 必须是 MCSPI_CHCONF[WL]的整数倍。当使用 DMA 时，请求将会在第一次读取接收寄存器之后清除。如果没有执行正确数量的读操作就不会有新的请求会被激活。图 5-12 所示为缓冲区接近满的水平。

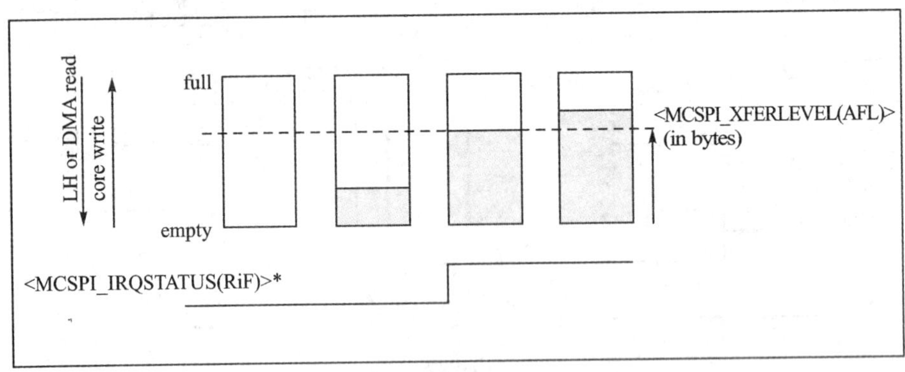

图 5-12　缓冲区接近满的水平(AFL)

3) 缓冲区接近空的情形

如果需要设置用来发送 SPI 数据到从机的缓冲区，那么需要设置位字段 MCSPI_XFERLEVEL[AEL](MCSPI_CHCONF[FFEW]必须置为 1)，它定义了缓冲区接近为空状态。

当 FIFO 指针达到触发条件时，会产生一个中断或 DMA 请求发送到本地主机，以此让它写入 AEL+1 字节到发送寄存器。**注意：**AEL 必须是 MCSPI_CHCONF[WL]的整数倍。当使用 DMA 时，请求将会在第一次写入发送寄存器之后清除。如果没有执行正确数量的写入操作，就不会有新的请求会被激活。如图 5－13 所示为缓冲区几乎为空的水平。

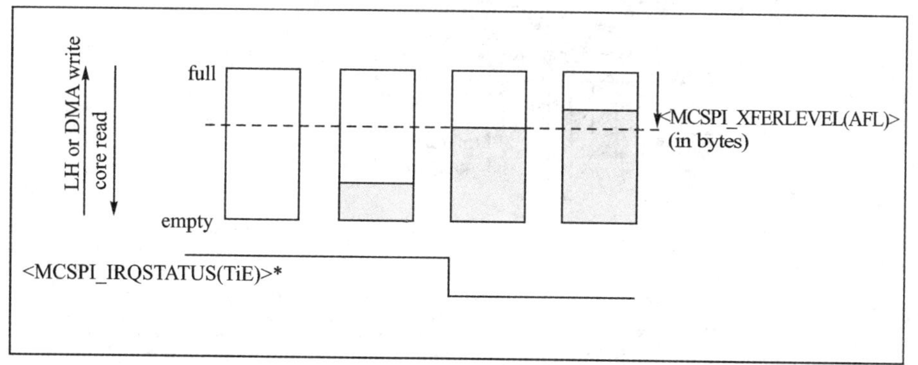

图 5－13　缓冲区几乎为空的水平(AEL)

4) 发送完成后的管理

在 FIFO 缓冲区为一个通道启用前，用户需要配置 MCSPI_XFERLEVEL 寄存器的 AEL、AFL 和 WCNT(字串计数器)的值来决定使用 FIFO 发送的 SPI 字串的数量。

字串计数器(WCNT)允许控制器在发送定义好的数量的 SPI 字串之后停止发送。如果 WCNT 设置为 0x0000，计数器就不会工作，用户必须通过禁用通道来手动停止发送，此时，用户不知道已经完成了多少的传输。对于接收发送器，软件将会轮询相应的 FFE 位的值，通过读取接收寄存器来清空 FIFO 缓冲区。当有效字数(EOWC)中断发生，用户能禁用通道和通过轮询 MCSPI_CHSTAT[FFE]寄存器来获知是否有数据在 FIFO 中，然后读取最后一个字。

5) 3 线或 4 线模式

外部 SPI 总线接口可以利用 MCSPI_MODULCTRL[1] PIN34 位配置成使用一组限定的引脚，根据目标程序可以有如下情况：

- 如果 MCSPI_MODULECTRL[1]置为 0(默认值)，控制器是在 4 引脚模式下使用 SPI，引脚分别为 CLKSPI、SOMI、SIMO 和片选 CS。
- 如果 MCSPI_MODULECTRL[1]置为 1，则控制器是在 3 引脚模式下使用 SPI，引脚分别为 CLKSPI、SOMI 和 SIMO。

在 3 线模式下，总线上只能有一个 SPI 设备。3 引脚模式系统如图 5－14 所示。在 3 引脚模式下，所有的片选管理都不会使用：

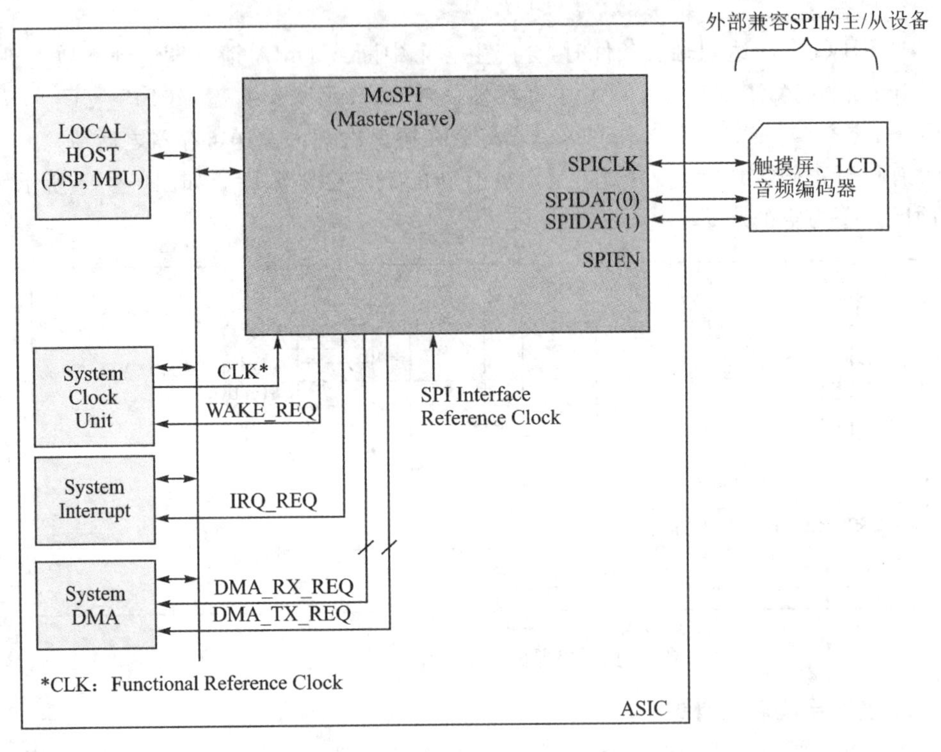

图 5－14　3 引脚模式系统

- MCSPI_CHxCONF[EPOL]。
- MCSPI_CHxCONF[TCS0]。
- MCSPI_CHxCONF[FORCE]。

在 3 线模式下 SPIEN 的片选强制为 0。

4. 从机模式

当 SPI_MODULCTRL 寄存器的 MS 位置位时，SPI 会进入从机模式。在从机模式下 SPI 应该仅连接一个主机设备。

在从机模式，当 SPI 接收到外设主机的 SPI 时钟时，它就会在数据线（MISO/MOSI）上启动数据发送。根据 MCSPI_MODULCTRL[1] PIN34 位的设置，控制器能在启用或禁用片选 SPIEN 的情况下工作。它也支持两个连续的字串之间无时延的发送。

以下的配置对从机有效：

- 可通过编程 SPI_CHCTRL 寄存器的 EN 位来启用和编程设置通道。通道应该在发送和接收进行之前启用。用户需要负责禁用通道和外部数据的传输。
- 发送寄存器 SPI_TX 紧挨着移位寄存器，如果发送寄存器为空，SPI_CHSTAT 寄存器的 TXS 位就会被置位。当外部设备激活（SPIEN 端的信号处于激活状态）了 SPI，发送寄存器的内容总是会加载到移位寄存器里无论是否有数据更新。发送寄存器应该在主机选择之前加载。

- 接收寄存器 SPI_RX 也紧挨着对应的转移寄存器，如果接收寄存器满了，SPI_CHSTAT 寄存器的 RXS 位就会被置位。
- 通过以下的参数来配置 MCSPI_CHCONF 寄存器进行交流：
  - 发送/接收模式，通过 TRM 位可编程；
  - SPI 字长，通过 WL 位可编程；
  - SPIEN 极性，通过 EPOL 位可编程；
  - SPICLK 极性，通过 POL 位可编程；
  - SPICLK 相位，通过 PHA 位可编程；
  - 基于 TRM 设置的传输模式，决定了是否使用 FIFO 缓冲区，以及 FFER 和 FFEW 的设置；
  - 外部 SPI 主机控制发送的 SPICLK 频率；
  - DMA 的读取请求和写入请求事件，会把 DMA 控制器的读/写访问和 SPI 的传输同步。DMA 通过 MCSPI_CHCONF 寄存器的 DMAR 和 DMAW 位进行启用。

(1) 从机模式的中断事件

此中断事件与发送寄存器的 TX_empty（空）和 TX_underflow（下溢）状态有关，也与接收寄存器的 RX_full（满）和 RX_overflow（满溢）状态有关。

1) TX_empty

当通道启用并且发送寄存器为空时 TX_empty 事件激活。启用通道自动产生该事件。当先进先出缓冲区启用（MCSPI_CHCONF[FFEW]置 1），一旦在缓冲区有足够的空间（由 MCSPI_XFERLEVEL[AEL]指定的），TX_empty 事件就会被激活。

发送寄存器必须加载来移除中断源，TX_empty 中断状态位必须被清除来取消激活状态（如果事件启用了中断源）。

如果 FIFO 被启用，只要主机没有执行指定数量（由 MCSPI_XFERLEVEL[AEL]定义）的写入操作到发送寄存器，就不会有新的 TX_emoty 事件会被激活。

2) TX_underflow

当外部主机设备使用 SPI 开始传输数据时，若发送寄存器或 FIFO（若 FIFO 启用）为空（无更新数据）且通道已启用，那么 TX_underflow 事件将被激活。

当 FIFO 启用，发生下溢事件时说明发送的数据不是最后要写到 FIFO 中的数据，则在从机模式中 TX_underflow 事件表明出现了错误（数据丢失）。

为了在开始传输时避免 TX_underflow 事件，当没有数据从启用的通道被加载到发送寄存器时 TX_underflow 事件将不会被激活，因为通道已经启用。发送寄存器必须尽量少地被加载以避免 TX_underflow 事件的发生。TX_underflow 中断状态位必须被清除，以释放中断线（如果启用了事件的中断源）。

3) RX_full

当通道被启用并且接收寄存器满了之后，RX_full 事件就会被激活。当 FIFO 缓冲区被启用(MCSPI_CHCONF[FFER]置 1)，一旦在缓冲区有足够数量(由 MCSPI_XFERLEVEL[AFL]定义)的数据需要读取，RX_full 事件就会被激活。

接收寄存器必须通过读取操作来移除中断源，然后通过清除 RX_full 的中断状态位来释放中断线(如果启用了事件的中断源)。

当 FIFO 被启用，如果本地主机没有从接收寄存器进行指定数量(由 MCSPI_XFERLEVEL[AFL]定义)的读取操作，那么就不会有新的 RX_full 事件被激活。这就要求主机进行正确数量的读操作。

4) RX_overflow

当通道启用并且接收寄存器或 FIFO 满了之后，再接收到一个新的 SPI 字串时，RX_overflow 事件就会被激活。接收寄存器总是会用新的 SPI 字串来进行覆盖。当 FIFO 启用且 FIFO 内部的数据被覆盖，则数据会被损坏。

在从机模式使用 FIFO 时应该避免出现 RX_overflow 事件，它表明出现了错误(数据丢失)。必须通过清除 RX_overflow 状态位来释放中断(如果启用了事件的中断源)。

5) 有效字数(End of Word Count)

当通道被启用并且配置成使用内嵌的 FIFO 时，EOW 事件将被激活。当控制器执行完由 MCSPI_XFERLEVEL[WCNT]寄存器指定数量的发送操作后，就会产生该中断。如果值被设为 0x0000，计数器将无效，中断也不会产生。

对使用 FIFO 缓存的通道来说，如果没有将 MCSPI_XFERLEVEL[WCNT]重新载入，而又再次启用该通道，那么 EOW 计数中断将立即产生，这表明传输停止。必须通过清除有效字数的中断状态位来释放中断(如果启用了中断事件源)。

(2) 从机的发送和接收模式

从机的发送和接收模式是可编程的(SPI_CHCONF 寄存器的 TRM 位设为 00)。在通道启用之后，发送和接收操作会继续产生中断和 DMA 请求事件。

在从机的发送和接收模式下，应该在外部 SPI 主机设备选择 SPI 之前加载发送寄存器。无论其是否有更新，发送寄存器和 FIFO(如果启用了 FIFO)总是会加载移位寄存器中的内容。TX_underflow 事件激活不会中断发送。

随着 SPI 字串发送的完成(SPI_CHSTAT 寄存器的 EOT 位置位)，接收到的数据会传送到通道的接收寄存器(当启用通道的缓冲区后 EOT 位就没有意义)。

在此模式下，内部的 FIFO 是可以使用的且可以配置成类似发送或接收的单向独立 64 字节缓冲区。如果配置成两个方向都有(发送和接收)，那么它会根据自己的地址管理分成两个独立的 32 字节的缓冲区，在此情况下，本地主机需要定义基于 64 字节的 AEL 和 AFL 的值。

5. 中　断

根据发送和接收寄存器的状态，通道能确定中断事件是否启用。每个中断事件都必须有一个状态位在SPI_IRQSTATUS寄存器中来指明所需要的服务，和一个在SPI_IRQENABLE中的使能位来启用该中断状态和产生硬件中断请求。当中断发生后，如果在IRQENABLE中将其屏蔽，不会再次产生中断。

SPI支持中断驱动和轮询操作。

(1) 中断驱动操作

SPI_IRQENABLE寄存器里的中断使能位能在中断事件发送时，设置启用相应的中断事件请求。硬件逻辑条件将会自动设置状态位。

当中断事件出现(单独中断线被激活)时，逻辑主机必须：

- 读取SPI_IRQSTATUS寄存器来确定什么事件发生。
- 中断处理：
  - 读取与事件相应的接收寄存器，来移除RX_full事件的中断源；
  - 对事件对应的发送寄存器进行写入操作，来移除TX_empty事件的中断源；
  - TX_underflow和RX_overflow事件则不需要任何操作来移除中断源。
- 写1到SPI_IRQSTATUS寄存器的相应位来清除中断状态和释放中断线。

通道启用后以及事件作为中断源启用前，中断状态位都必须被重置。

(2) 轮　询

当一个事件的中断在SPI_IRQENABLE寄存器中被禁用时，对应的中断线就不会被激活，并且会有以下事件发生：

- SPI_IRQSTATUS寄存器里的状态位会通过软件轮询的方式来检测相应的中断是否发生。
- 一旦检测到事件发生，逻辑主机就必须读取接收寄存器来移除相应的RX_full事件的中断源，或执行写入操作到发送寄存器来移除相应的TX_empty事件的中断源，或者不操作来移除相应的RX_overflow和TX_underflow事件的中断源。
- 写1到SPI_IRQSTATUS寄存器的相应位来清除中断状态，但不影响中断线的状态。

6. DMA请求

SPI能够连接到DMA控制器。根据FIFO通道，能确定DMA请求是否启用。如果要获得TX和RX的中断，就必须禁用DMA请求。FIFO通道有两条DMA请求线。

7. FIFO缓冲区的启用

当通道启用且在FIFO缓冲区中有足够字节(由SPI_XFERLEVEL[AFL]位定

义)的数据让通道的接收寄存器读取时,DMA 读取请求线就会激活。DMA 读取请求能单独通过 SPI_CHCONF 寄存器的 DMAR 位来屏蔽。当 SPI 通道的接收寄存器完成第一个 SPI 字串的读取,DMA 读取请求线就会处于失效状态。如果用户没有执行正确数量(到达 SPI_XFERLEVEL[AFL]定义的水平)的读取操作就不会有新的 DMA 请求会激活。

当通道启用且 FIFO 缓冲区中保留的字节数低于 SPI_XFERLEVEL[AEL]位的域值,则 DMA 写入请求线就会激活。DMA 写入请求能单独通过 SPI_CHCONF 寄存器的 DMAW 位来屏蔽。如果通道启用并且在 FIFO 缓冲区中有少于 SPI_XFERLEVEL[AEL]规定数量的数据时,DMA 写请求会激活。

8. 重　置

该模块能通过 SPI_SYSCONFIG 寄存器的 SoftReset 位来使用软件进行复位。SPI_SYSCONFIG 寄存器的软件复位是不敏感的,SoftReset 控制位是高电平有效的。该位通过硬件自动复位为 0。

SPI_SYSCONFIG 状态寄存器的全部 ResetDone 状态位都可供使用。全部的 ResetDone 状态位都被软件监测,并且用于检测该模块是否准备好重置操作。

5.2.3　初始化与配置

本小节将描述一个 GSPI 模块的初始化与配置,以及运行在 100 000 kHz 下的发送和接收的例子。

1. 通用初始化

① 使用下面的 API 函数启用 SPI 模块的时钟:

```
PRCMPeripheralClkEnable(PRCM_GSPI,PRCM_RUN_MODE_CLK);
```

② 设置引脚复用产生 SPI 信号:

```
PinTypeSPI(<pin_no>, <mode>);
```

③ 使用软件复位模块:

```
SPIReset(GSPI_BASE);
```

2. 非中断的主机模块操作(轮询)

① 通过下列参数配置 SPI:

- 模式:4 引脚/主机。
- 子模式:0。
- 位速率:100 000 kHz。
- 片选:软件控制/高电平有效。
- 字长:8 位。

```
SPIConfigSetExpClk(GSPI_BASE,PRCMPeripheralClockGet(PRCM_GSPI),
100000, SPI_MODE_MASTER,
SPI_SUB_MODE_0, (SPI_SW_CTRL_CS | SPI_4PIN_MODE|SPI_TURBO_OFF |
SPI_CS_ACTIVEHIGH |
SPI_WL_8))
```

② 启用SPI通道进行通信：

```
SPIEnable(GSPI_BASE);
```

③ 启用片选：

```
SPICSEnable(GSPI_BASE);
```

④ 写新数据到TX FIFO通过接口进行传输：

```
SPIDataPut(GSPI_BASE,<UserData>);
```

⑤ 从RX FIFO中读取接收数据：

```
SPIDataGet(GSPI_BASE,&amp;<ulDummy>);
```

⑥ 取消片选：

```
SPICSDisable(GSPI_BASE);
```

3. 从机模式使用中断操作

① 设置中断向量表地址以及为主机设置中断优先级：

```
IntVTableBaseSet( <address_of_vector_table> )IntMasterEnable()
```

② 用下面的传输配置SPI：

- 模式：4引脚/从机。
- 字串：8位。

```
SPIConfigSetExpClk(GSPI_BASE,PRCMPeripheralClockGet(PRCM_GSPI),
SPI_IF_BIT_RATE, SPI_MODE_SLAVE, SPI_SUB_MODE_0,
(SPI_HW_CTRL_CS |
SPI_4PIN_MODE |
SPI_TURBO_OFF |
SPI_CS_ACTIVEHIGH |
SPI_WL_8));
```

③ 注册中断处理入口：

```
SPIIntRegister(GSPI_BASE, <SlaveIntHandler>);
```

④ 启用发送空和接收满的中断：

```
SPIIntEnable(GSPI_BASE,SPI_INT_RX_FULL|SPI_INT_TX_EMPTY);
```

⑤ 启用SPI通道进行通信：

```
SPIEnable(GSPI_BASE);
```

4. 通用中断处理程序的实现

```
void SlaveIntHandler()
{
unsigned long ulDummy;
unsigned long ulStatus;
// 读取中断状态
ulStatus = SPIIntStatus(GSPI_BASE,true);
// 清除中断
SPIIntClear(GSPI_BASE,SPI_INT_RX_FULL|SPI_INT_TX_EMPTY);
//如果TX为空,写一个新数据到SPI寄存器
if(ulStatus & SPI_INT_TX_EMPTY)
{
SPIDataPut(GSPI_BASE,
<user_data>)
}
// 如果RX满了,读出接收寄存器
if(ulStatus & SPI_INT_RX_FULL)
{
SPIDataGetNonBlocking(GSPI_BASE,
&amp;ulDummy);
}
}
```

5.2.4　访问数据寄存器

本小节描述的是数据接收寄存器SPI_RX和数据发送寄存器SPI_TX之间支持的数据访问服务。

SPI每个寄存器(发送器和接收器)只支持一个SPI字串,不支持连续8位或16位访问的单个SPI字串。接收到的SPI字串总是在32位的SPI_RX寄存器的低位上进行正确性调整,发送的SPI字串总是在32位的SPI_TX寄存器的低位上进行正确性调整。在SPI字长以外的部分会被忽略,在数据传输之间数据寄存器的内容不会被重置。

用户需要负责设置SPI字串数、访问数和启用字节数之间的一致性,只有在一致的情况下才能访问。在主机模式下,当通道禁用时,数据不应该写到发送寄存器中去。

5.2.5　初始化模块

在 ResetDone 置位之前，必须给模块提供 CLK 时钟和 CLKSPIREF，且在主机和从机模式间切换前必须先复位。模块复位设置如图 5－15 所示。

1. 常见的传输流程

根据不同的模式，SPI 模块可以发送一个或一串的字符：

- 主机 Normal、主机 Turbo、从机。
- TRANSMIT－RECEIVE。
- 写入和读取请求、中断、DMA。
- SPIEN 线的激活和失效：自动、手动。

对于所有这些流，主机程序包含了主要程序和中断程序。中断程序在中断信号下被唤醒或在轮询模式下被内部唤醒。

图 5－16 所示为常见的传输流程(1)。

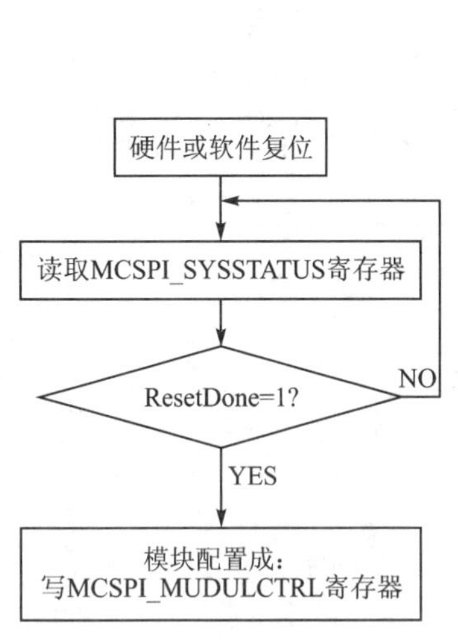

图 5－15　模块复位设置

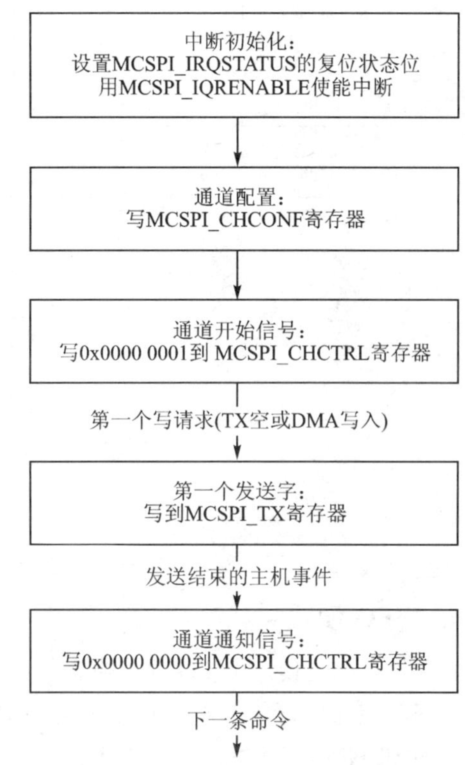

图 5－16　常见的传输流程(1)

2. 结束发送流程

在该流程中将用到一些软件的变量：

- wirte_count=0。
- read_count=0。
- channel_enable=FALSE。
- last_transfer=FALSE。
- last_request=FALSE。

这些变量要在通道启用前初始化。

已经执行的传输大小为 N,如果请求在 DMA 中配置,则 write_count 和 read_count 的值被执行到 N。

图 5-17 强调中断程序执行了 N 次,直到 write_count 和 read_count 的值为 N,然后传输结束,主程序禁用通道。

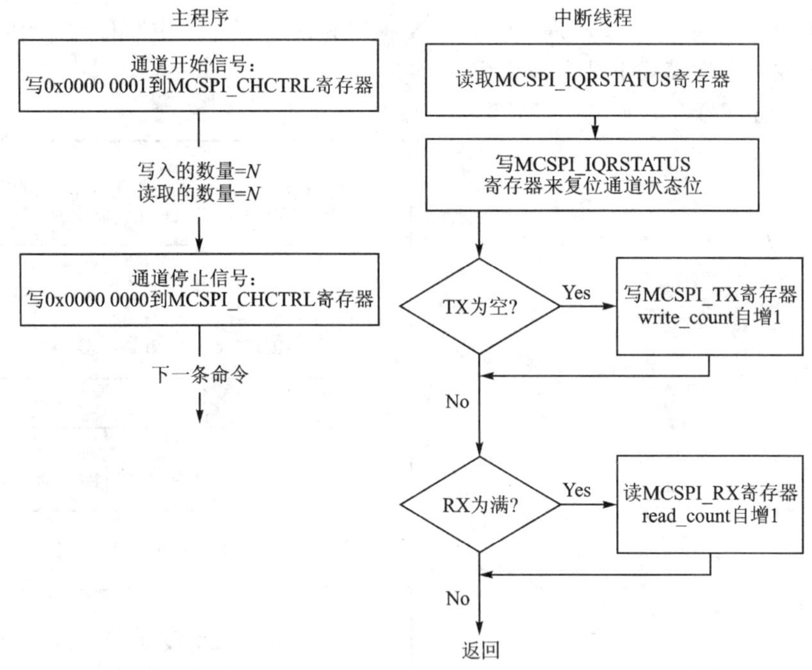

图 5-17 结束发送流程图

3. FIFO 模式

下面描述的是使用 FIFO 的传输。

根据不同的模式,SPI 模块可以发送一个或若干长度的字:

- 主机 Normal、主机 Turbo、从机。
- TRANSMIT-RECEIVE。
- 写入和读取请求:IQR、DMA。

对于这些流,主机程序包含了主要程序和中断程序。程序在 IQR 信号下被唤醒,或在轮询模式下被内部唤醒。

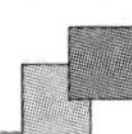

(1) 常见的传输流程

在发送/接收模式中,FIFO 仅能被用来进行写入或读取请求操作。SPI 模块仅在 SPI_TX 寄存器第一次写操作请求被释放时才能开始传输。

第一个写请求是由 IQR 程序或 DMA 处理程序管理的。根据是否使用计数器,该流程会有所变化。AEL 和/或 AFL 的值可以不同,但必须都是 FIFO 中字串大小的整数倍,根据字串的长度可为 1,2 或 4 字节。

在这些流程中传输执行了 N 个字串,每个读或写 FIFO 请求的数量为:

- write_request_size。
- read_request_size。

如果它们不是 N 的约数则最后请求的大小为:

- ast_write_request_size(<write_request_size)。
- last_read_request_size(<read_request_size)。

如图 5-18 所示为常见的传输流程(2)。

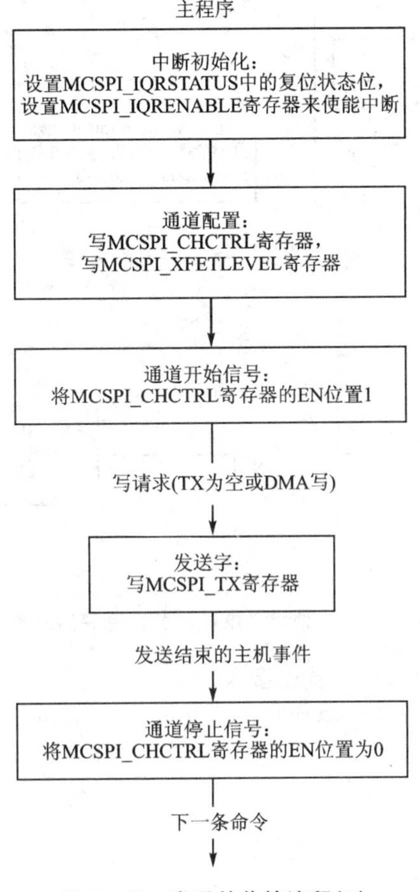

图 5-18 常见的传输流程(2)

在这些流程中，可以利用下列的软件变量：

- write_count＝N。
- read_count＝N。
- last_request＝FALSE。

这些变量在通道开启前要初始化。

(2) 使用字串计数器来发送接收

在发送-接收的传输模式中使用字串计数器。使用字串计数器来发送的流程如图 5－19 所示。

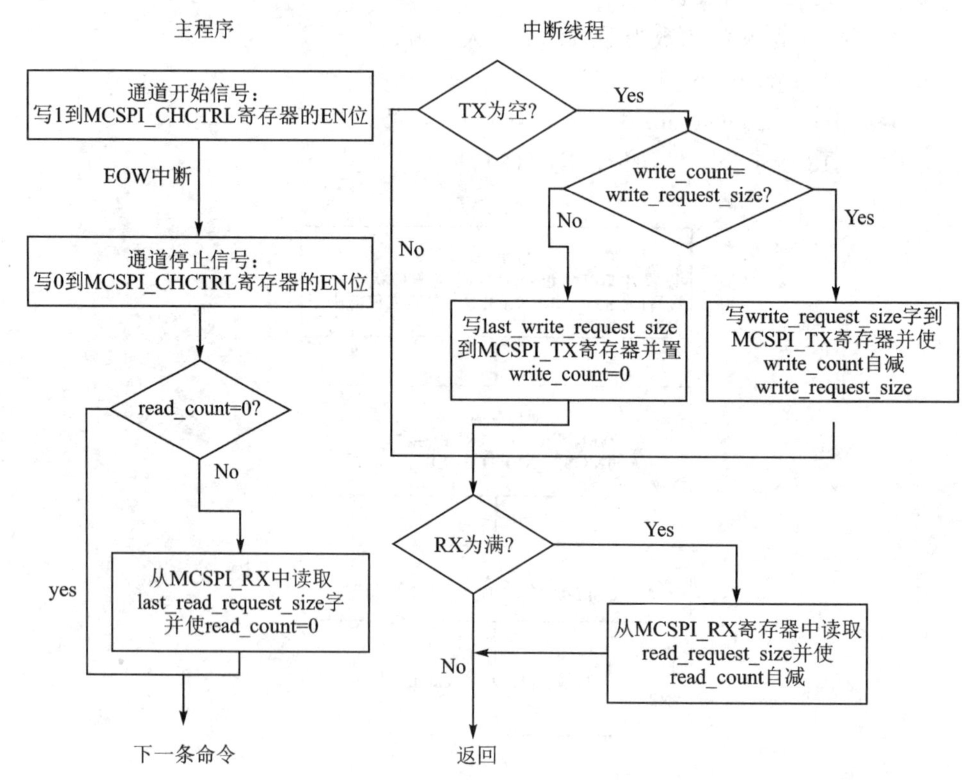

图 5－19 使用字串计数器来发送的流程

(3) 不使用字串计数器进行发送接收

在发送-接收的传输模式中不使用字串计数器。不使用字串计数器进行发送接收的流程如图 5－20 所示。

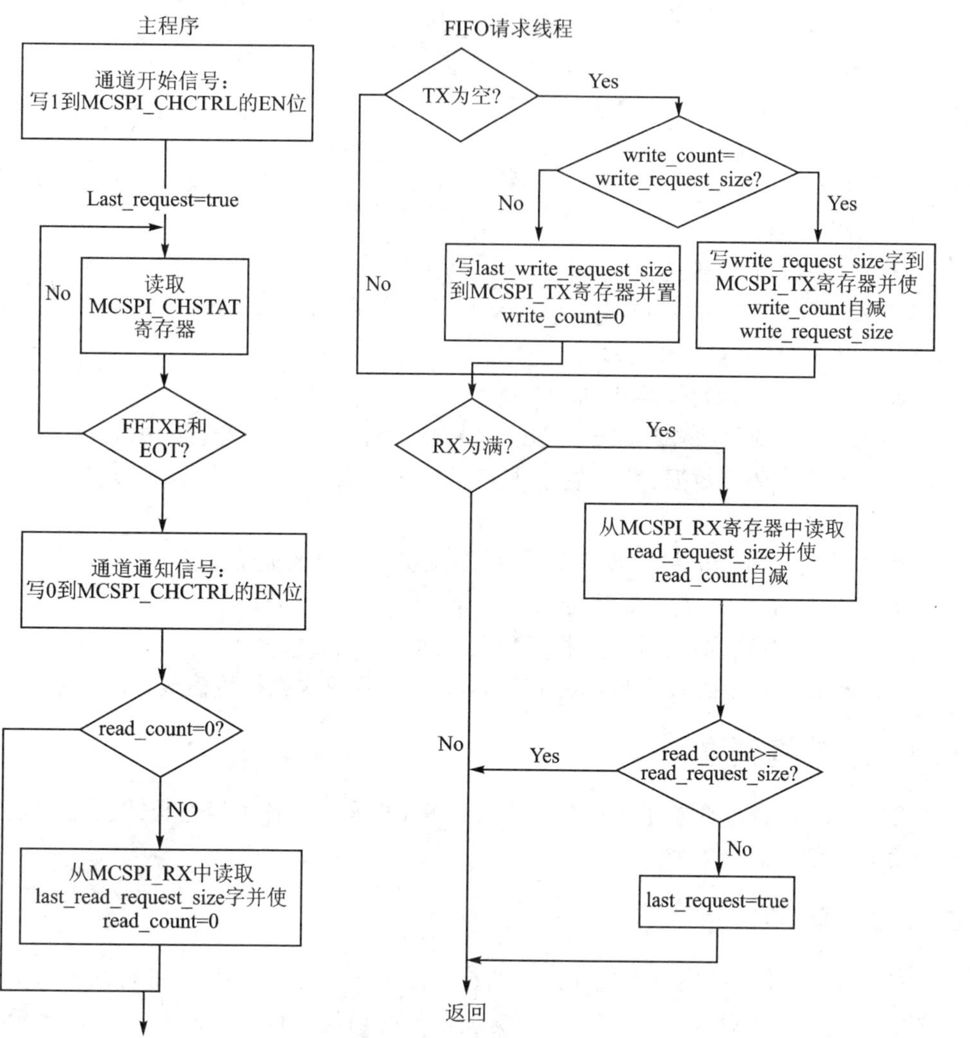

图 5－20　不使用字串计数器进行发送接收的流程

5.3　I²C 接口

I²C(Inter Integrated Circuit)总线采用双线设计(一条是串行数据线 SDA，一条是串行时钟线 SCL)，可以实现双向的数据传送。该接口可以连接外部 I²C 设备，如 EEPROM、传感器、LCD 等。

CC3200 包含一个 I²C 模块，该模块具有如下特征：

- I²C 总线上的设备可以指派为从机或主机：
  - 作为主机或从机时都支持发送和接收数据；

- 主机和从机可同时操作。

- 4个I²C模式：
  - 主机发送；
  - 主机接收；
  - 从机发送；
  - 从机接收。
- 支持如下的传输速度：
  - 标准模式(100 kbps)；
  - 快速模式(400 kbps)。
- 主机和从机都可产生中断：
  - 当发送或接收操作完成(或由于错误而停止)时，主机会产生中断；
  - 当主机请求数据、发送数据或侦测到START/STOP信号时，从机会产生中断。
- 主机含仲裁和时钟同步机制，支持多主机和7位地址模式。
- 可通过μDMA实现高效传输：
  - 发送和接收数据时采用相互独立的通道；
  - 使用I²C中的接收和发送FIFOs，可以实现单次数据传输或突发数据传输。

5.3.1 结构框图

图5-21详细地介绍了该设备的内部架构，并体现了各个操作模式所需的架构信息和设计细节。

5.3.2 功能描述

CC3200的I²C模块由主机和从机两个功能组成，并由唯一地址进行标识。主机发起的通信会产生时钟信号SCL。为实现正常的功能，SDA和SCL必须被配置为开漏极信号。SDA和SCL信号必须通过一个上拉电阻连接到正向电源电压。一个典型的I²C总线配置如图5-22所示，正常运行所需的上拉电阻一般为2 kΩ左右。

1. I²C接口

表5-7列出了I²C接口的外部信号及其功能。I²C接口信号是某些GPIO信号的复用功能，在复位时将被重置为默认的GPIO信号。表中“引脚复用”的那一列标出了可被用来作为I²C接口信号的GPIO引脚。应将GPIO_PAD_CONFIG寄存器中的CONFMODE位置位，以选中I²C功能。同时应使用GPIO_PAD_CONFIG寄存器中的IODEN位，将I2CSDA和I2CSCL设为开漏极。

2. I²C总线简介

I²C总线仅需两个信号：SDA和SCL。CC3200微控制器将其称为I2CSDA和

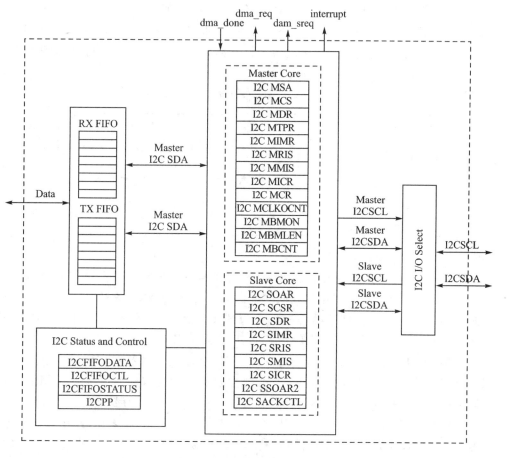

图 5-21　I²C 结构框图

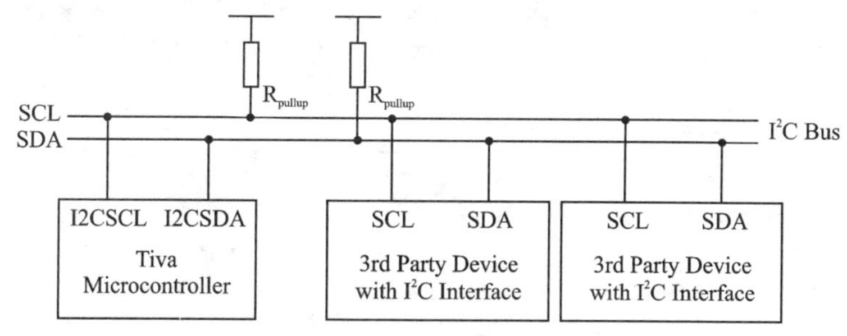

图 5-22　I²C 总线配置

I2CSCL。SDA 是双向串行数据线，SCL 是双向串行时钟线。当这两个信号均为高电平时，总线处于空闲状态。

I²C 总线每次传输的数据长度为 9 位，其中包括 8 位数据位和 1 位应答位。每次传输（指两个有效的 START 和 STOP 信号之间的传输）的字节数没有限制，但是每个数据字节后面必须紧跟一位应答位,并且数据传输时必须首先传送最高有效位(MSB)。当接收方不能完整地接收下一个字节时,它可以保持时钟线SCL为低电平,从而迫使发送方进入等待状态。当接收方释放时钟线SCL后,数据传输将继续进行。

表5-7 I^2C信号(64QFN)

引脚名	引脚号	引脚类型	缓冲类型	描述
I2C1SCL	Pin 30, Pin Y	I/O	OD	I^2C模块的时钟,请注意该信号必须有一个主动的上拉电压
I2C1SDA	Pin 29, Pin Q, Pin R	I/O	OD	I^2C模块的数据线

(1) START和STOP状态

I^2C总线协议定义了两种状态,以便开始和结束数据传输:START和STOP。当SCL为高电平时,SDA线由高到低的跳变被定义为START信号;当SCL为高电平的时候,SDA线由低到高的跳变被定义为STOP信号。总线在接收到START信号之后进入忙状态,在接收到STOP信号之后进入空闲状态(见图5-23)。

STOP位决定在一个数据传输周期结束时,是停止发送数据,还是继续传输数据,直到发生另一个START条件。如果想要进行单次传输,首先要在I2CMSA寄存器中写入所需的地址,然后将R/S位清零,最后应在控制寄存器中写入:ACK=X(0或1),STOP=1,START=1,RUN=1,这样就会执行传输操作,并在一次传输后停止。当该操作完成(或由于错误而终止时),中断引脚将被激活,同时可从I^2C主机数据(I2CMDR)寄存器中读取数据。当I^2C模块以主机接收模式运行时,通常会将ACK位置位,以便让I^2C总线控制器在每个字节传输完成后自动发送一个应答。当I^2C总线控制器不需要接收从机发送的数据时,该位必须被清零。

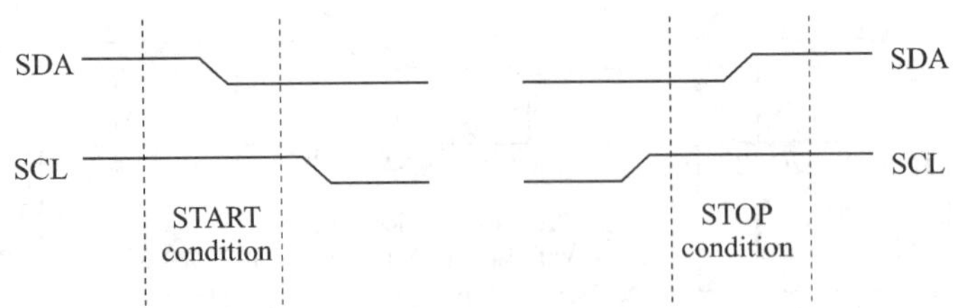

图5-23 起始和终止状态

(2) 带有7位地址的数据格式

数据传输所遵循的格式如图5-24所示,在START信号后紧跟着从机地址信号,该地址信号共有7位,紧跟的第8位是数据传输方向位(即I2CMSA寄存器中的R/S位)。将R/S位清零表示传输操作(发送),将此位置位表示数据请求(接收)。

主机可以发送一个 STOP 信号来结束数据传输。不过，主机也可以在没有产生 STOP 信号的时候，通过产生一个 START 信号和总线上另一个从机的地址，来与指定的从机通信。因此，在一次传输过程中可能会出现多种接收/发送格式的组合。

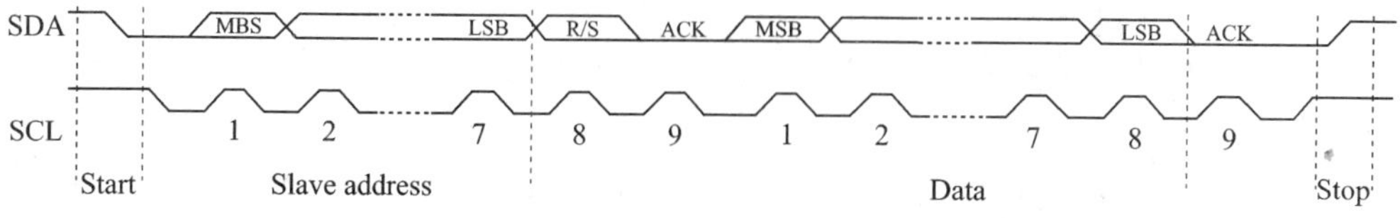

图 5－24　7 位地址模式下完整的数据传输过程

第一个字节的前 7 位构成从机地址，第 8 位决定数据传输方向。将第 8 位（即 R/S 位）置零表明，主机将会向指定的从机传输（发送）数据；置 1 则表明，主机向指定的从机请求数据。首字节的 R/S 位如图 5－25 所示。

(3) 数据的有效性

SDA 线上的数据在时钟的高电平期间必须保持稳定，只有在 SCL 信号为低电平时，才能改变。I^2C 总线上进行位传输时数据的有效性如图 5－26 所示。

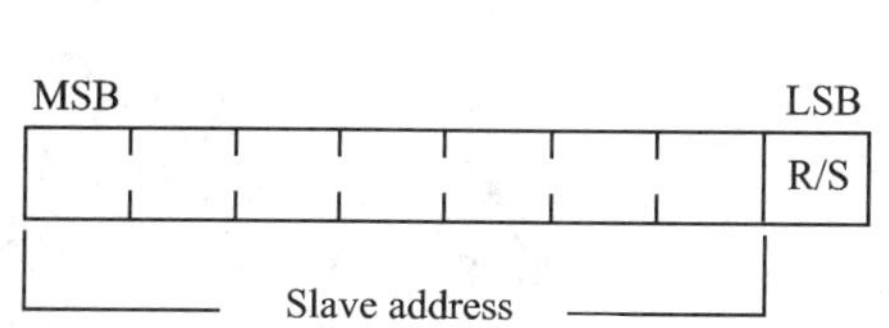

图 5－25　首字节的 R/S 位

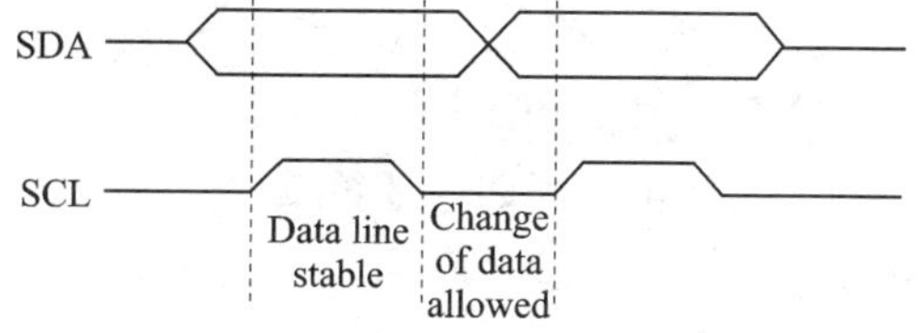

图 5－26　I^2C 总线上进行位传输时数据的有效性

(4) 应　答

总线上的所有传输都必须带有一个应答时钟周期，该时钟周期由主机产生。应答周期开始时，数据发送者（可以是主机也可以是从机）会释放 SDA 线（此时 SDA 为高电平），而数据接收方必须在应答周期内将 SDA 线拉低，作为该次传输的应答信号。接收方在应答周期内发送的应答信号必须遵循数据有效性原则。

当从机不能响应主机（命令）时，必须将 SDA 线拉高，以便于主机能够产生 STOP 信号从而中断当前的传输。当主机作为数据的接收方时，它对来自从机的每个传输进行应答。主机可以通过在最后一个数据字节上不产生应答信号来表明传输的结束，随后从机释放 SDA 线，以便主机产生停止命令或重复起始命令。

当从机需要手动的应答或者否定应答时，可以使用 I^2C 从机应答控制寄存器来实现。通过配置该寄存器，可以让从机对无效数据或指令做出否定应答，或者对有效的数据或命令做出应答。当启用该功能时，MCU 从机模块的时钟信号会在最后一个数据位后拉低，直到将指定的响应方式写入该寄存器中。

(5) 重复开始

I^2C 主机模块可以在发生初次传输后执行重复的 START 序列（进行发送或接收）。

主机发送数据时进行重复开始操作的序列如下：

① 当设备处于空闲状态时，主机将从机地址写入I2CMSA寄存器中，并将R/S位配置为所需的传输类型。

② 将数据写入I2CMDR寄存器中。

③ 当I2CMCS寄存器的BUSY位为0时，主机向I2CMCS寄存器写入0x3，以开始传输。

④ 主机不产生停止命令，而是将另一个从机地址写入I2CMSA寄存器中，然后向I2CMCS寄存器写入0x3，发起重复的START。

主机接收数据时进行重复开始操作的序列如下：

① 当设备处于空闲状态时，主机将从机地址写入I2CMSA寄存器中，并将R/S位配置为所需的传输类型。

② 读取I2CMDR寄存器中的数据。

③ 当I2CMCS寄存器的BUSY位为0时，主机向I2CMCS寄存器写入0x3，以开始传输。

④ 主机不产生停止命令，而是将另一个从机地址写入I2CMSA寄存器中，然后向I2CMCS寄存器写入0x3，发起重复的START。

(6) 时钟低超时

I^2C从机可以周期性地拉低时钟信号，这样会降低传输速率同时延长传输时间。I^2C模块有一个12位可编程计数器，它可以记录时钟被拉低了多长时间。利用I2CMCLKOCNT寄存器，可以对该计数器的高8位进行编程。该计数器的低4位用户不可见，被置为0x00。写入I2CMCLKOCNT寄存器的CNTL值必须大于0x01。应用程序通过编辑计数器的高8位，决定在传输过程中允许的最大低电平持续时间。在START信号出现时，编辑好的值将载入计数器，并在主机内部总线时钟的每个下降沿进行递减计数。

需要注意的是：即使总线上的SCL被持续拉低，计数器所依赖的内部总线时钟也将一直按编程时所决定的I^2C速度运行。达到终端计数时，主机状态机在SCL和SDA释放时通过发布STOP信号，在总线上强制执行ABORT。

例如，如果一个I^2C模块工作在100 kHz速度，由于低4位值为0x0，将I2CMCLKOCNT寄存器编程为0xDA会让该值转换为0xDA0。换句话说，也就是3 488个时钟周期，即在100 kHz下，时钟低电平周期持续时间为34.88 ms。

当时钟到达超时期限时，I^2C主机原始中断状态（I2CMRIS）寄存器中的CLKRIS位将被置位，以便让主机采取措施，解决远程从机的问题。另外，I^2C主机控制/状态(I2CMCS)寄存器中的CLKTO位将被置位；当发送STOP命令时或在I^2C主机复位期间，该位将被清零。软件可以通过I^2C主机总线监视（I2CMBMON）寄存器中的SDA和SCL位获得SDA和SCL信号的原始状态，从而帮助主机确定远程从机的状态。

发生 CLTO 条件时，应用软件必须选择如何恢复总线。大多数应用程序会尝试手动切换 I^2C 引脚，从而强制从机释放时钟信号(另外一种常用的解决方案是强制总线 STOP)。如果在猝发传输结束前检测到 CLTO，而且主机成功恢复了总线，那么主机硬件将尝试完成挂起的猝发操作。总线上的实际操作取决于总线恢复后的从机状态。如果从机能够恢复到应答主机(实际上是挂起前的主机)的状态，则会从之前停止的位置继续运行。但是如果从机恢复到复位状态(或者由于主机发出强制 STOP，导致从机进入空闲状态)，它可能忽略主机完成猝发操作的尝试，而是对主机发送或请求的第一个数据字节进行否定应答(NAK)。

由于无法准确预测从机的操作，建议应用程序在 CLTO 中断服务例程期间将 I^2C 主机配置(I2CMCR)寄存器的 STOP 位置位。这一设置可以保证，当总线恢复后主机接收或发送的数据为单个字节，并且这个字节传输后，主机会发出一个 STOP 信号。另一种解决方案是在尝试手动恢复总线之前通过应用程序将 I^2C 外设复位。这种解决方案能够让 I^2C 主机硬件在尝试总线前，便进入良好(以及空闲)状态，并防止总线上出现预料外的数据。

注意：主机时钟低电平超时计数器会计算 SCL 被持续拉低的时间。如果 SCL 失效，主机时钟低电平超时计数器将重新加载 I2CMCLKOCNT 寄存器中的值，并从此值开始递减计数。

(7) 双地址

I^2C 接口支持从机双地址功能。系统提供额外的可编程地址，启用后也可以进行地址匹配。在传统模式中，双地址功能将被禁用，如果地址与 I2CSOAR 寄存器中的 OAR 域相匹配，I^2C 从机会在总线上提供应答。在双地址模式下，只要地址与 I2CSOAR 寄存器中的 OAR 域或 I2CSOAR2 寄存器中的 OAR2 域相匹配，I^2C 从机便会在总线上提供应答。利用 I2CSOAR2 寄存器中的 OAR2EN 位可以使能双地址功能，且在传统模式下的地址不会被禁用。

I2CSCSR 寄存器中的 OAR2SEL 位可以显示出应答地址是否是复用地址。该位被清零时，表示处于传统操作，或者无地址匹配。

(8) 仲 裁

只有在总线空闲时，主机才可以启动传输。在 START 条件的最少保持时间内，两个或两个以上的主机都有可能产生 START 条件。在这些情况下，当 SCL 为高电平时仲裁机制在 SDA 线上产生。在仲裁过程中，第一个竞争的主机在 SDA 上设置 1(高电平)，而另一个主机发送 0(低电平)，前者将关闭其数据输出阶段并退出，直至总线再次空闲。

仲裁可以在多个位上发生。第一阶段是比较地址位，如果两个主机试图寻址相同的设备，仲裁将继续比较数据位。

当 I^2C 主机已启用 TX FIFO 功能时，如果在进行突发传输时仲裁失败，应用程序应该执行以下步骤，从而正确地处理仲裁失败。

① 清除 FIFO 的内容，并将其关闭。

② 将 I2CMIMR 寄存器中的 TXFEIM 位清零，这会清除并屏蔽 TXFE 中断。

一旦总线空闲，就可以向 TX FIFO 写入数据并使能，同时清除对 TXFE 的屏蔽，然后就可以进行一个新的突发传输了。

3. 速度模式

CC3200 上的 I^2C 总线支持标准模式(100 kbps)和快速模式(400 kbps)。模式的选择应与总线上的其他 I^2C 设备的传输速度相匹配。

通过 I^2C 主机定时器周期(I2CMTPR) 寄存器中的数值可以选择标准模式或快速模式，其 SCL 频率为标准模式 100 kbps、快速模式 400 kbps。

I^2C 时钟的速率取决于以下参数 CLK_PRD、TIMER_PRD、SCL_LP 和 SCL_HP，其中：

- CLK_PRD 是系统时钟周期。
- SCL_LP 是 SCL 的低相位。
- SCL_HP 是 SCL 的高相位。

TIMER_PRD 是 I2CMTPR 寄存器中的一个可编程的值。通过取代下列方程的已知变量来求解 TIMER_PRD 的值。

SCL_PERIOD＝2×(1＋TIMER_PRD)×(SCL_LP＋SCL_HP)×CLK_PRD

例如：CLK_PRD＝12.5 ns，TIMER_PRD＝39，SCL_LP＝6，SCL_HP＝4。

产生的 SCL 频率为：

1/SCL_PERIOD＝100 kHz

表 5-8 给出了当系统时钟频率为 80 MHz 时，对应于标准模式和快速模式的 TIMER_PRD(Timer Period)的值。

表 5-8　定时器周期

系统时钟	定时器周期	标准模式	定时器周期	快速模式
80 MHz	0x27	100 kbps	0x09	400 kbps

4. 中　断

当主机模块检测到以下事件时，I^2C 将产生中断：

- 主机传输完毕。
- 主机仲裁失败。
- 主机地址/数据 NACK。
- 主机总线超时。
- 总线上检测到 STOP 信号。
- 总线上检测到 START 信号。
- RX DMA 中断挂起。

- TX DMA 中断挂起。
- 已经到达 FIFO 的触发值，同时挂起了一个 TX FIFO 请求。
- 已经到达 FIFO 的触发值，同时挂起了一个 RX FIFO 请求。
- 待传输的 FIFO 队列为空。
- 用于接收的 FIFO 队列已满。

当从机模块检测到以下事件时，I^2C 将产生中断：

- 从机接收传输。
- 从机请求传输。
- 从机下一字节请求传输。
- 总线上检测到 STOP 信号。
- 总线上检测到 START 信号。
- RX DMA 中断挂起。
- TX DMA 中断挂起。
- 已经到达 FIFO 的触发值(该值可编程)，同时挂起了一个 TX FIFO 请求。
- 已经到达 FIFO 的触发值(该值可编程)，同时挂起了一个 RX FIFO 请求。
- 待传输的 FIFO 队列为空。
- 用于接收的 FIFO 队列已满。

I^2C 主机和从机模块具有相互独立的中断寄存器。可以通过清除 I2CMIMR 或 I2CSIMR 寄存器中适当的位，来屏蔽某些中断。需要注意的是：主机原始中断状态(I2CMRIS)寄存器中的 RIS 位以及从机原始中断状态(I2CSRIS)寄存器中的 DATARIS位可能会响应多种中断原因，包括下一个字节的传输请求中断。该中断会在主机和从机请求一次发送或接收操作时产生。

5. 回送操作

将 I^2C 主机配置(I2CMCR)寄存器中的 LPBK 位置位，即可让 I^2C 模块进入内部回送模式，以便进行诊断或者调试工作。在回送模式中，主机的 SDA 和 SCL 信号与从机模块的 SDA 和 SCL 信号绑定，以便在不使用 I/O 接口的情况下对器件进行内部测试。

6. FIFO 和 μDMA 操作

主机和从机模块都可以访问两个 8 字节深的 FIFO 队列，该队列可配合 μDMA 使用，以实现数据的快速传输。发送(TX)FIFO 队列与接收(RX)FIFO 队列可以独立地分配给 I^2C 主机或从机。因此如下的分配都是可行的：

- 发送(TX)FIFO 队列与接收(RX)FIFO 队列分配给主机。
- 发送(TX)FIFO 队列与接收(RX)FIFO 队列分配给从机。
- 发送(TX)FIFO 队列分配给主机，接收(RX)FIFO 队列分配给从机，反之亦然。

大多数情况下，两个FIFO队列总是同时分配给主机或从机中的一个。通过编程 I^2C FIFO Control(I2CFIFOCTL)寄存器中的TXASGNMT位和RXASGNMT位，可以配置FIFO的分配。

每个FIFO都有一个可编程的阈值点，该阈值决定何时产生FIFO服务中断。此外，当接收时FIFO为满或发送FIFO为空时，也可产生中断，该中断受主机和从机的中断屏蔽(I2CxIMR)寄存器控制。需要特别注意的是，当发送(RX)FIFO队列为空时，如果清除了TXFERIS中断(通过将TXFEIC位置位)，那么即使FIFO队列一直保持为空，也不会产生新的TXFERIS中断。

当一个FIFO未分配给某个主机或从机模块时，传递给该模块的此FIFO中断和状态信号将被强制变更为与该FIFO为空时一样的中断和状态信号。例如，假如TX FIFO分配给了主机模块，则传递给从机传输接口的状态信号表明该FIFO为空。

注意：在对FIFO进行再分配时，必须保证FIFO队列为空。

(1) 主机模块突发传输模式

主机模块使用突发传输命令可以实现一个数据传输序列，该序列使用μDMA(如有需要也可使用软件)来控制FIFO中的数据。将主机状态/控制(I2CMCS)寄存器中的BURST置位可以使能突发传输命令。通过对 I^2C 主机突发长度(I2CMBLEN)寄存器的编程，可以控制一次突发传输请求所传送的字节数，同时该数值将被自动写入 I^2C 主机突发计数(I2CMBCNT)寄存器中，在突发传输过程中被用作向下计数器。根据执行的是发送还是接收命令，写入 I^2C FIFO数据(I2CFIFODATA)寄存器中的数据将被转移到RX FIFO或TX FIFO中。在突发传输期间如果数据处于NACK状态且I2CMCS寄存器中的STOP位被置位，则该次传输结束。如果STOP位没有被置位，当触发NACK中断时，软件应用程序必须执行一个重复的STOP或START命令。当出现NACK状态时，利用I2CMBCNT寄存器可以判断出在突发传输终止前已经传输了多少字节。在传输过程中，如果对地址的回应是NACK的，那么应发送STOP信号。

(2) 主机模块μDMA功能

如果对主机状态/控制寄存器进行配置从而使能突发传输，并且在μDMA中的DMA通道映射选择n(DMACHMAPn)寄存器使能主机 I^2C μDMA通道，那么主机控制模块将响应内部单独的μDMA请求信号(dma_sreq)或多路μDMA请求信号(dma_req)。对于发送和接收操作，有独立的dma_req和dma_sreq信号。主机模块将在RX FIFO中有一个以上的字节数据和/或TX FIFO中有一个以上的可用空间时，响应单独的μDMA请求。只有在RX FIFO的填充深度大于触发深度和/或TX FIFO突发传输长度持续小于4字节并且FIFO填充深度小于触发深度时，才会响应dma_req(或突发传输)信号。如果单次传输或突发传输完成，那么μDMA将向主机模块发送一个dma_done信号，该信号是由I2CMIMR、I2CMRIS、I2CMMIS和

I2CMICR 寄存器产生的 DMATX/DMARX 中断表示的。

当未启用 μDMA I²C 通道且利用软件管理突发传输命令时，该软件可通过读取 FIFO 状态(I2CFIFOSTAT)寄存器和主机突发传输计数器(I2CMBC)寄存器来决定在突发传输过程中是否需要为 FIFO 提供服务支持。I2CFIFOCTL 寄存器内保存着一个可编程的触发深度值，通过对该值的选择，可以实现在达到某种预设的 FIFO 填充深度时产生中断。

对中断状态寄存器中的 NACK 和 ARBLOST 位进行置位，可以用来表明对数据传输过程的否定确认或总线仲裁失败。

当主机模块传输 FIFO 数据时，软件可以在将 I2CMCS 寄存器中 BURST 位置位前，将数据填充到 TX FIFO 中。如果已启用 BURST 模式下的 μDMA 功能，则当 FIFO 为空时 dma_req 和 dma_sreq 信号将会被激活(这里假定已配置 I2CMBLEN 寄存器为 4 字节以上且 FIFO 填充深度小于触发深度)。如果 I2CMBLEN 寄存器的值小于 4，而 TX FIFO 虽没有填充满，但是已经超出触发深度，此时只会发送 dma_sreq 信号。在未将 I2CMBLEN 寄存器指定数量的字节传输到 FIFO 前(此时 I2CMBCOUNT 寄存器的值变为 0x0)，为了将 FIFO 队列填满，会产生单次请求信号。此时，除非执行下一条突发传输命令，否则不会再次产生请求信号。如果 μDMA 被禁用，则 FIFO 机制由基于主机中断状态寄存器中的中断、I2CFIFOSTATUS 寄存器中的 FIFO 触发值和突发传输完成标识来实现。

当主机模块接收 FIFO 数据时，RX FIFO 初始化为空且没有请求信号。如果从从机中读取数据，并将其放入 RX FIFO，那么将会激活 dma_sreq 信号，表明有数据需要传输。当 RX FIFO 中有 4 字节以上的数据时，也会激活 dma_sreq 信号。μDMA 将持续发送数据给 RX FIFO，直到完成由 I2CMBLEN 寄存器编程指定的字节数目。

注意：当主机执行来自 RX FIFO 的 RX 突发传输时，应将 I2CMIMR 寄存器中的 TXFEIM 中断屏蔽位清零(屏蔽 TXFE 中断)；而在开始一个 TX FIFO 传输时，应将其变为非屏蔽的。

(3) 从机模块

从机模块在进行 RX 和 TX FIFO 数据传输时也可以使用 μDMA 功能。如果将 TX FIFO 分配给从机模块且将 I2CSCSR 寄存器中的 TX FIFO 位置位，则当主机模块请求传输下个字节时，从机模块将会产生一个单独的 μDMA 请求，即 dma_sreq。如果 FIFO 填充深度小于触发深度，那么将会启用 μDMA 多路传输请求(dma_req)传输来自 μDMA 的数据。

如果将 RX FIFO 分配给从机模块且将 I2CSCSR 寄存器中的 RX FIFO 位置位，那么当需要传输数据时，从机模块将会产生单独的 μDMA 请求(dma_sreq)。如果 RX FIFO 中的数据很多，其队列深度比由 I2CFIFOCTL 寄存器 RXTRIG 位设定的触发深度大，那么将会产生 dma_req 信号。

注意：为了进行数据连续传输，应用程序不应该交换I2CSDR寄存器和TX FIFO的数据，反之亦然。

7. 命令序列流程图

下面描述了在主机和从机模式下进行各种类型的I^2C传输的详细步骤。

(1) I^2C主机命令序列

图5-27～图5-32显示了I^2C主机可用的命令序列。

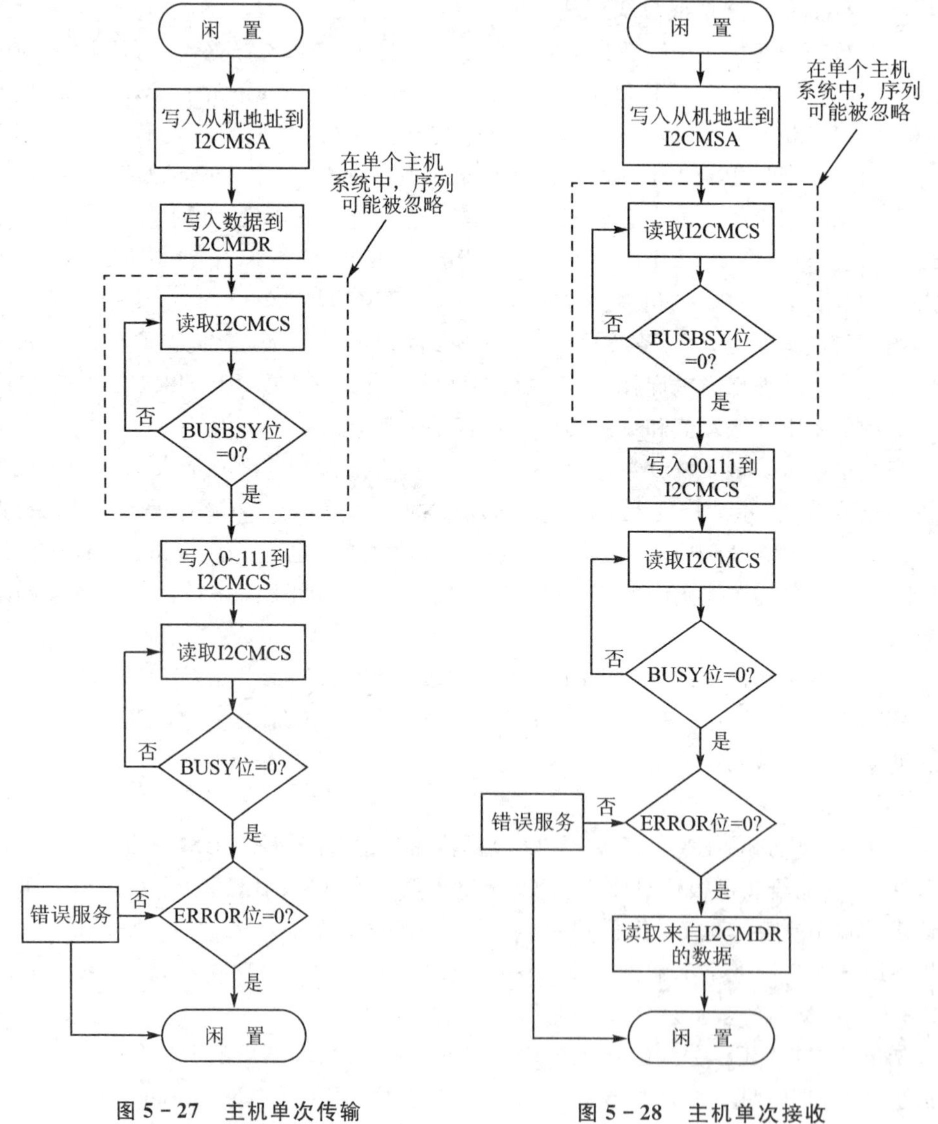

图5-27 主机单次传输

图5-28 主机单次接收

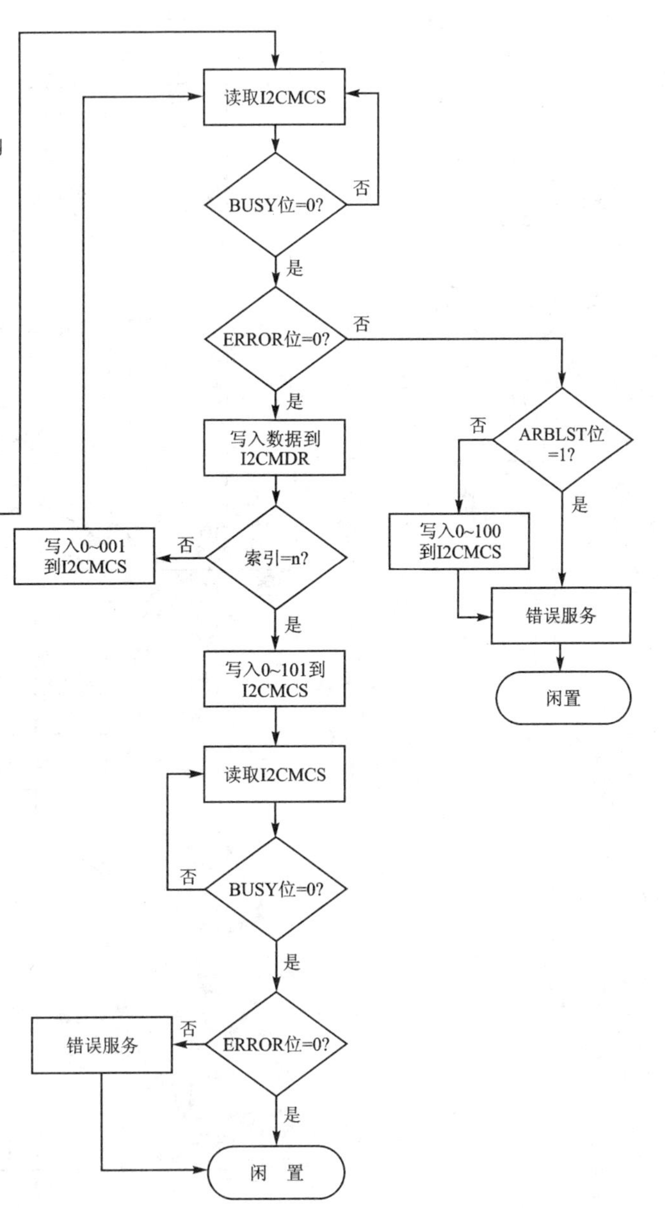

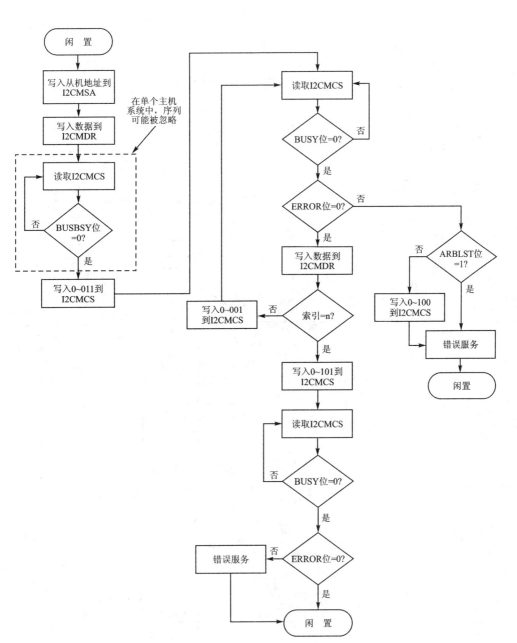

图 5－29　主机传输多字节数据

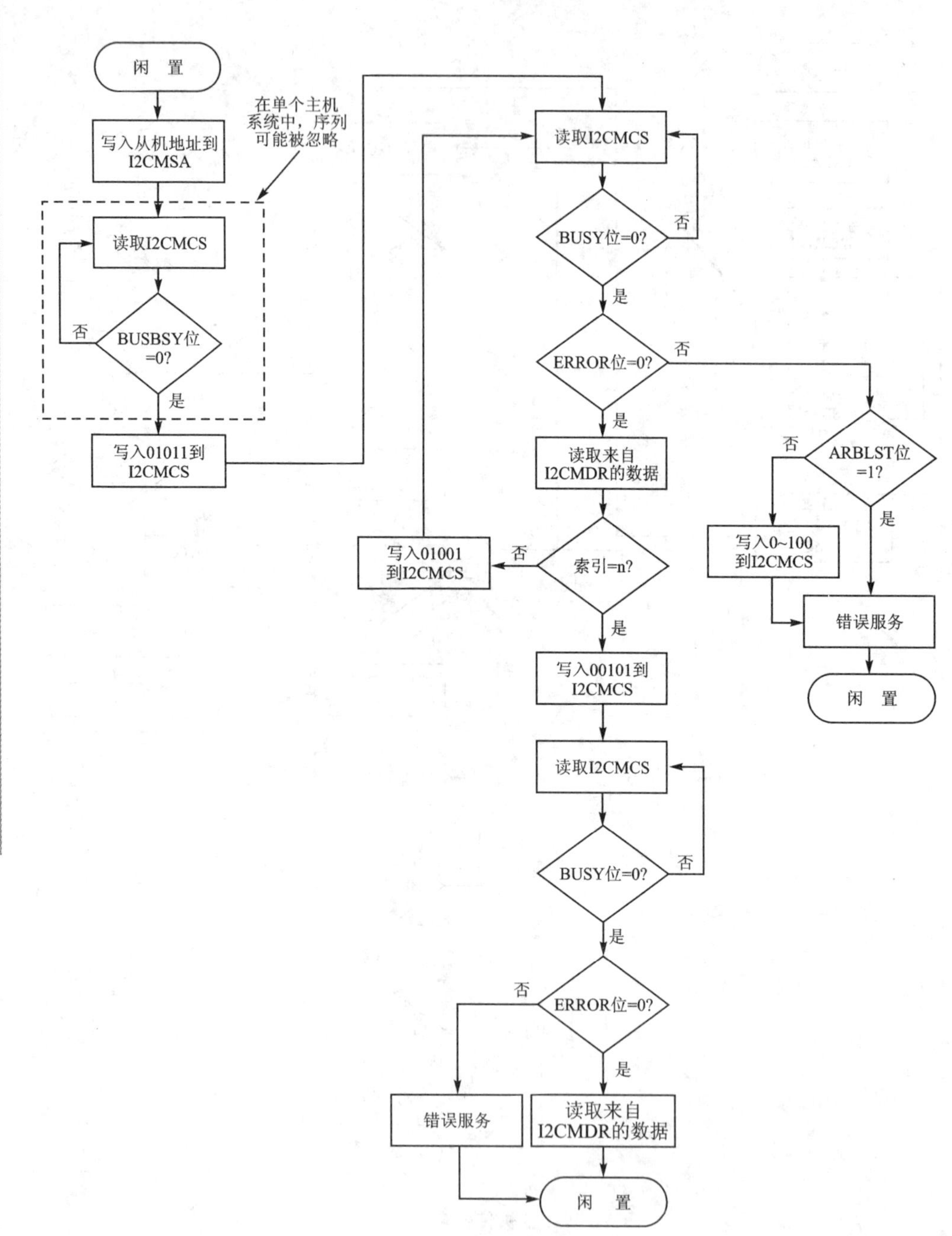

图 5-30　主机接收多字节数据

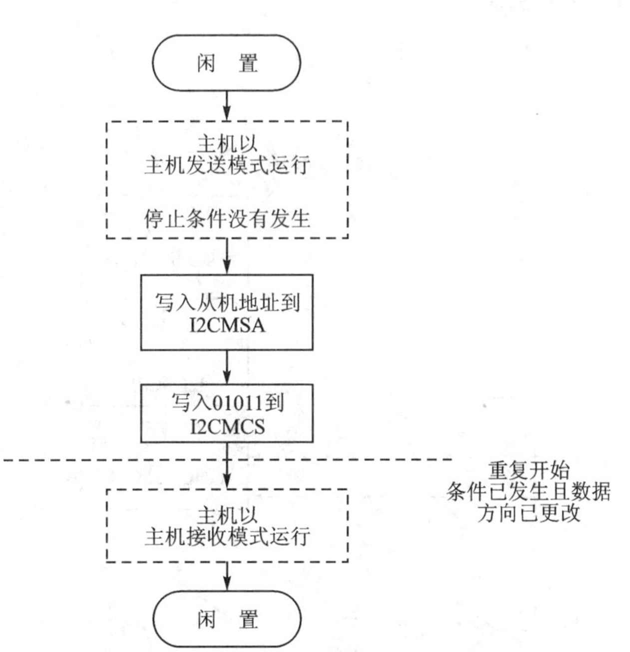

图 5-31　主机传输后以重复开始序列进行的主机接收

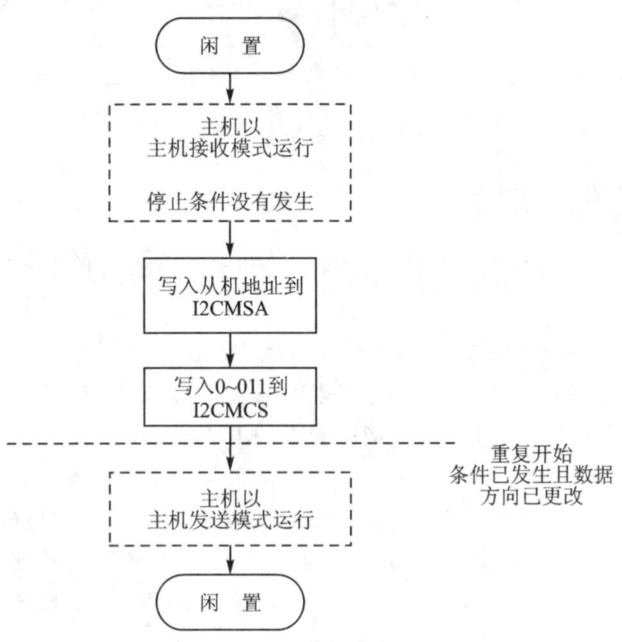

图 5-32　主机接收后以重复开始序列进行的主机发送

(2) I^2C 从机命令序列

图 5－33 显示了 I^2C 从机可用的命令序列。

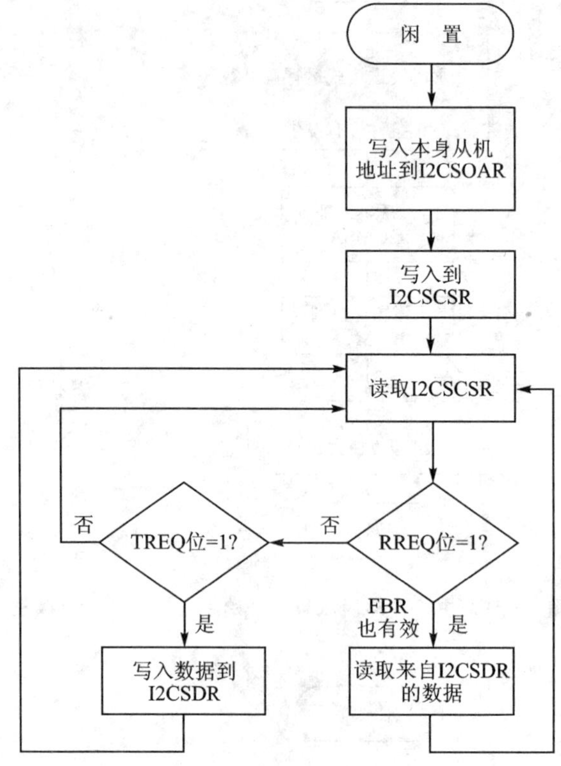

图 5－33　从机命令序列

5.3.3　初始化与配置

以下示例介绍了如何将 I^2C 模块配置为主机模式并进行单字节数据传输。这里假定系统时钟为 80 MHz。

① 配置系统控制模块中 RCGCI2C 寄存器，使能 I^2C 时钟。

② 将 GPIO_PAD_CONFIG 寄存器中的 CONFMODE 位置位以选中 I^2C 功能。

③ 通过 GPIO_PAD_CONFIG 寄存器中的 IODEN 位使能 I2CSCL 引脚的开漏功能。

④ 向 I2CMCR 寄存器写入 0x0000 0010，这会初始化 I^2C 主机模块。

⑤ 通过向 I2CMTPR 寄存器写入正确的值来设置 SCL 时钟速率为 100 kbps。I2CMTPR 寄存器中的值决定在一个 SCL 时钟周期内包含几个系统时钟周期。PTR 的值通过以下等式确定：

TPR=(System Clock/(2×(SCL_LP + SCL_HP)×SCL_CLK))−1

TPR=(80 MHz/(2×(6+4)×100 000))−1

TPR=39

向 I2CMTPR 寄存器写入 0x0000.0039。

⑥ 指明主机想要通信的从机地址，下一个操作是一个发送操作，该发送过程通过向 I2CMSA 寄存器写入 0x0000 0076 来实现，这会使从机地址设为 0x3B。

⑦ 向 I2CMDR 寄存器写入想要传输的数据，该操作将数据(位)传输到数据寄存器中。

⑧ 向 I2CMCS 寄存器写入 0x0000 0007 (STOP, START, RUN)，该操作将启动一个主机到从机的单字节传输。

⑨ 等待传输完成，当 I2CMCS 寄存器中的 BUSBSY 位被清除时表明传输完成。

⑩ 检查 I2CMCS 寄存器中的 ERROR 位，以确保本次传输已被应答。

5.4　I²S

CC3200 有一个多路音频串行接口(MCASP)。CC3200 能够支持集成电路内置音频总线(I²S)比特流格式。在了解 CC3200 开发板所提供的外设整合特性后，开发者应尽可能使用外设驱动库 APIs 来控制和操作 I²S 模块。这些 APIs 经过严格的测试，可以确保主机模式(CC3200 提供 I²S 位时钟和帧同步信号)下与外部音频编解码器交互时操作的正确性。

5.4.1　功能描述

下面列出了需要进行配置的选项。

- 接口：
  - 位时钟配置(由设备内部产生)速度等；
  - 帧同步配置速率、极性、宽度等。
- 数据格式：
  - 对齐方式(左对齐或右对齐)；
  - 传输次序(高位优先还是低位优先)；
  - 填充方式；
  - 时槽大小。
- 数据传输方式(CPU 或 DMA)。

1. I²S 格式

I²S 格式常用于音频接口，该格式通过利用内部时分复用传输模式将每个帧划分为 2 个时槽来实现。

I²S 格式可以利用一个数据引脚来传输立体声道(左声道和右声道)。通常"时槽"也被称为"声道"。I²S 帧格式的宽度与时槽的大小一致。在 I²S 格式中,帧信号也被称为"字节选择"。

I²S 协议格式如图 5-34 所示。

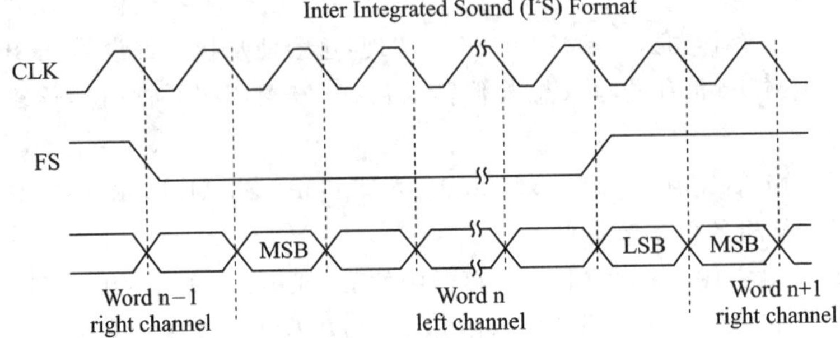

图 5-34　I²S 协议

MCASP 的模块如图 5-35 所示。

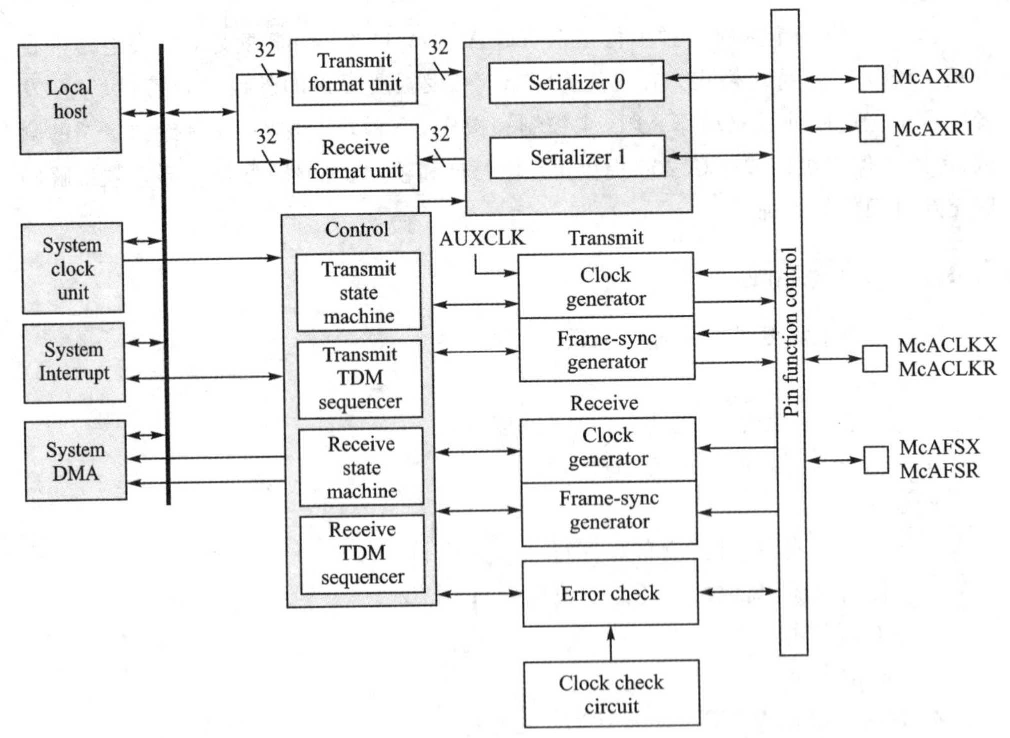

图 5-35　MCASP 模块

2. 时钟和重启管理

电源、重启和时钟模块(PRCM)管理时钟和重启功能。240 MHz 的时钟经过分频后驱动 I^2S 主机模块。在默认情况下,该分频器输出 24 MHz 的时钟信号作为 I^2S 的时钟信号。通过配置分频器所能得到的最小时钟频率为(240 000 kHz/1 023.99)=234.377 kHz。

利用 PRCM 模块提供的函数 PRCMI2SClockFreqSet (unsigned long ulI2CClkFreq)对分频器进行配置。

该模块有两个内部分频器,因而可以扩大位时钟频率的选择范围,如图 5-36 展示了逻辑时钟路径。

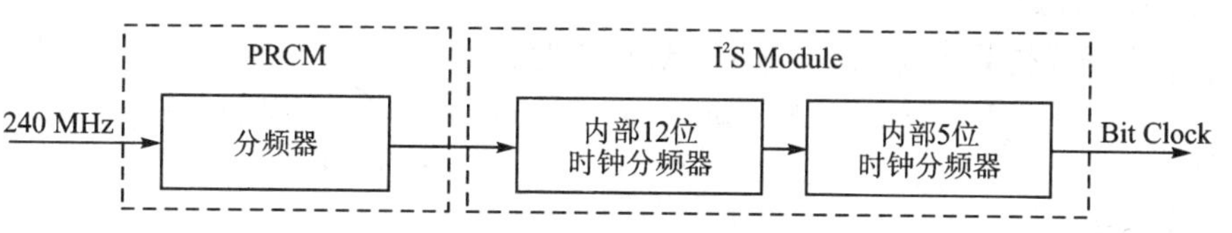

图 5-36　逻辑时钟路径

用户可以利用 PRCM 所提供的复位 API 函数,并写入适当的参数,使得内部寄存器的值变为默认状态。

3. I^2S 数据接口

I^2S 模块拥有两个数据接口:CPU 端口和 DMA 端口。这两个端口可用于将待传输的数据填充到 I^2S 发送缓存,或从接收缓存读取数据。

CPU 端口:该端口将 I^2S 缓冲区看作一个个独立成串的 32 位寄存器(或数据线),可通过下面的 APIs 进行读/写操作。

- I2SDataPutNonBlocking(unsigned long ulBase, unsigned long ulDataLine, long ulData)。
- I2SDataPut(unsigned long ulBase, unsigned long ulDataLine, long ulData)。
- I2SDataGetNonBlocking(unsigned long ulBase, unsigned long ulDataLine, long * ulData)。
- I2SDataGet(unsigned long ulBase, unsigned long ulDataLine, long * ulData)。

DMA 端口:该端口将 I^2S 缓冲区看作两个 32 位寄存器,每个寄存器都可以进行发送和接收操作。如果需要发送多串数据,该传输端口将作为循环发送队列,为每串数据进行服务。

同样,如果需要接收多串数据,该接收端口将作为循环接收队列,为每串数据进行服务。

通过下面的宏定义可访问到相应的 DMA 端口:

- I2S_TX_DMA_PORT 0x4401E200。

● I2S_RX_DMA_PORT 0x4401E280。

5.4.2 初始化与配置

CC3200上的I^2S模块充当主机并向从机提供帧同步和位时钟，该模块有两个工作模式可供选择：只发送模式和同步发送-接收模式。

在只发送模式下，该设备被配置为仅发送数据；在同步发送-接收模式下，该设备被配置为以同步方式发送和接收数据。在这两种情况下，发送和接收的数据均与通过I^2S模块内部产生的帧同步和位时钟信号相同步。

下面这一部分展示了如何初始化和配置设备，从而支持发送和接收16位的44.1 kHz的音频信号。

(1) 根据采样频率和比特/样本数计算位时钟频率

BitClock＝(Sampling_Frequency×2×bits/sample)

BitClock＝(44 100×2×16)＝1 411 200 Hz

(2) 基本初始化

① 使用PRCMPeripheralClkEnable(PRCM_I2S，PRCM_RUN_MODE_CLK)命令使能I^2S模块的时钟。

② 使用PRCMPeripheralReset(PRCM_I2S)命令复位模块。

③ 设置时钟分频器，使其产生10倍比特率的模块输入时钟：

```
PRCMI2SClockFreqSet(14112000)
```


④ 配置模块的内部分频器以产生需要的位时钟频率：

```
I2SConfigSetExpClk(I2S_BASE,14112000,1411200,I2S_SLOT_SIZE_16|I2S_PORT_CPU)
```

上述代码第二个参数“I2S_SLOT_SIZE_16|I2S_PORT_CPU”决定了时槽的大小并选择从I^2S模块的哪个接口进行数据的传输。

⑤ 注册中断处理函数并使能发送数据中断：

```
I2SIntRegister(I2S_BASE, I2SIntHandler)
I2SIntEnable(I2S_BASE,I2S_INT_XDATA)
```

(3) 发送模式(包含中断触发)

① 配置串行移位器0作为发送器：

```
I2SSerializerConfig(I2S_BASE,I2S_DATA_LINE_0,I2S_SER_MODE_TX, I2S_INACT_LOW_LEVEL)
```

② 使能I^2S模块的只发送模式：

```
I2SEnable(I2S_BASE, I2S_MODE_TX_ONLY)
```

(4) 含中断的同步发送-接收模式

① 使能接收数据中断：

```
I2SIntEnable(I2S_BASE,I2S_INT_XDATA)
```

② 配置串行接收器 0 为发送器，串行接收器 1 作为接收器：

```
I2SSerializerConfig(I2S_BASE,I2S_DATA_LINE_0,I2S_SER_MODE_TX, I2S_INACT_LOW_LEVEL)
I2SSerializerConfig(I2S_BASE,I2S_DATA_LINE_1,I2S_SER_MODE_RX, I2S_INACT_LOW_LEVEL)
```

③ 使能 I^2S 模块的同步发送-接收模式：

```
I2SEnable(I2S_BASE, I2S_MODE_TX_RX_SYNC)
```

(5) 常见的 I^2S 中断处理函数

```
void I2SIntHandler()
{
unsigned long ulStatus;
unsigned long ulDummy;
// Get the interrupt status
ulStatus = I2SIntStatus(I2S_BASE);
// Check if there was a Transmit interrupt; if so write next data into the tx buffer and
acknowledge
// the interrupt
if(ulStatus
== I2S_STS_XDATA)
{
I2SDataPutNonBlocking(I2S_BASE,I2S_DATA_LINE_0,0xA5)
I2SIntClear(I2S_BASE,I2S_STS_XDATA);
}
// Check if there was a receive interrupt; if so read the data from the rx buffer and
acknowledge
// the interrupt
if(ulStatus
== I2S_STS_RDATA)
{
I2SDataGetNonBlocking( I2S_BASE, I2S_DATA_LINE_1,
ulDummy);
I2SIntClear(I2S_BASE,I2S_STS_RDATA);
}
}
```

5.4.3 与 I^2S 配置有关的驱动库

这一部分主要介绍了与 I^2S 配置有关的主要函数驱动库。

1. 使能和配置接口的基本 APIs

void I2SDisable(unsigned long ulBase)

- 描述：关闭发送和/或接收功能。
- 参数：
  - ulBase——I²S 模块的基址。
- 功能：该函数的功能是关闭 I²S 模块的发送和/或接收功能。
- 函数返回值：无。

void I2SEnable (unsigned long ulBase, unsigned long ulMode)

- 描述：使能发送和/或接收功能。
- 参数：
  - ulBase——I²S 模块的基址；
  - ulMode——可用的传输模式。
- 功能：该函数能让 I²S 模块运行在指定的模式下。

  参数 ulMode 应为以下值之一：
  - I2S_MODE_TX_ONLY；
  - I2S_MODE_TX_RX_SYNC。
- 返回值：无。
- 参考资料：

  ulModeparameter；

  #define I2S_MODE_TX_ONLY 0x00000001；

  #define I2S_MODE_TX_RX_SYNC 0x00000003。

void I2SSerializerConfig (unsigned long ulBase, unsigned long ulDataLine, unsigned long ulSerMode, unsigned long ulInActState)

- 描述：将串行移位器配置为指定的模式。
- 参数：
  - ulBase——I²S 模块的基址；
  - ulDataLine——将要配置的串行移位器；
  - ulSerMode——所需配置的模式；
  - ulInActState——设置数据线的活跃状态。
- 功能：该函数会使能与所给数据相关的串行移位器，并将其配置为指定的模式。

  参数 ulDataLine 应为以下值之一：
  - I2S_DATA_LINE_0；
  - I2S_DATA_LINE_1。

  参数 ulSerMode 应为以下值之一：
  - I2S_INACT_TRI_STATE；
  - I2S_INACT_LOW_LEVEL；
  - I2S_INACT_LOW_HIGH。

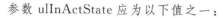

参数 ulInActState 应为以下值之一：

- I2S_INACT_TRI_STATE；
- I2S_INACT_LOW_LEVEL；
- I2S_INACT_LOW_HIGH。

● 返回值：返回 receive FIFO 的状态。

● 参考资料：

- 参数 ulDataLine：

  #define I2S_DATA_LINE_0 0x00000001；

  #define I2S_DATA_LINE_1 0x00000002。

- 参数 ulSerMode：

  #define I2S_SER_MODE_TX 0x00000001；

  #define I2S_SER_MODE_RX 0x00000002；

  #define I2S_SER_MODE_DISABLE 0x00000000。

- 参数 ulInActState：

  #define I2S_INACT_TRI_STATE 0x00000000；

  #define I2S_INACT_LOW_LEVEL 0x00000008；

  #define I2S_INACT_HIGH_LEVEL 0x0000000C。

void I2SConfigSetExpClk(unsigned long ulBase, unsigned long ulI2SClk, unsigned long ulBitClk, unsigned long ulConfig)

● 描述：该函数用来配置 I^2S 模块。

● 参数：

- ulBase——I^2S 模块的基址；
- ulI2SClk——提供给 I^2S 模块的时钟频率；
- ulBitClk——所需的位频率；
- ulConfig——配置数据格式。

● 功能：该函数使 I^2S 模块以指定的数据格式来进行传输操作。

参数 ulBitClk 提供位频率，参数 ulConfig 用来配置数据格式。

参数 ulConfig 由两种值的逻辑或组成：时槽大小和数据读/写端口的选择。

下面的参数决定时槽大小：

- I2S_SLOT_SIZE_24；
- I2S_SLOT_SIZE_16。

下面的参数决定数据读/写端口：

- I2S_PORT_DMA；
- I2S_PORT_CPU。

● 返回值：无。

● 参考资料：

#define I2S_SLOT_SIZE_24 0x00B200B4;

#define I2S_SLOT_SIZE_16 0x00700074;

#define I2S_PORT_CPU 0x00000008;

#define I2S_PORT_DMA 0x00000000。

2. 与非DMA模式下数据访问有关的APIs

void I2SDataGet (unsigned long ulBase, unsigned long ulDataLine, unsigned long * pulData)

- 描述:等待来自指定数据线中的数据。
- 参数:
  - ulBase——I^2S模块的基址;
  - ulDataLine——某个可用的数据线;
  - pulData——一个指向保存待接收数据的指针。
- 功能:该函数从指定数据线中的接收寄存器中取得数据,如果没有可用数据,该函数将会一直等待,直到操作完成。
- 返回值:无。

long I2SDataGetNonBlocking (unsigned long ulBase, unsigned long ulDataLine, unsigned long * pulData)

- 描述:从指定的数据线接收数据。
- 参数:
  - ulBase——I^2S模块的基址;
  - ulDataLine——某个可用的数据线;
  - pulData——一个指向保存待接收数据的指针。
- 功能:该函数从指定数据线中的接收寄存器中取得数据。
- 返回值:成功取得数据时,返回0;否则返回-1。

void I2SDataPut (unsigned long ulBase, unsigned long ulDataLine, unsigned long ulData)

- 描述:将数据发送到指定的数据线中。
- 参数:
  - ulBase——I^2S模块的基址;
  - ulDataLine——某个可用的数据线;
  - ulData——想要传输的数据。
- 功能:该函数将ulData发送到指定数据线中的发送寄存器中。如果没有可用的发送空间,该函数会一直等待,直到操作完成。
- 返回值:无。

void I2SDataPut NonBlocking(unsigned long ulBase, unsigned long ulDataLine, unsigned long ulData)

- 描述:将数据发送到指定的数据线中。
- 参数:
  - ulBase——I²S 模块的基址;
  - ulDataLine——某个可用的数据线;
  - ulData——想要传输的数据。
- 功能:该函数将 ulData 发送到指定数据线中的发送寄存器中。该函数不会进行等待操作,因此如果没有可用空间该函数将返回-1,稍后应用程序必须再次调用该函数。
- 返回值:如果成功放入数据则返回 0;否则返回-1。

3. 与设置、中断控制和状态获取有关的 APIs

void I2SIntRegister(unsigned long ulBase, void(*)(void) pfnHandler)

- 描述:为某个 I²S 中断注册对应的中断处理函数。
- 参数:
  - ulBase——I²S 模块的基址;
  - pfnHandler——指向中断处理函数的指针,当中断发生时,该函数将被调用。
- 功能:该函数用于注册中断处理函数。该函数会使能中断控制器中的全局中断。指定的 I²S 中断必须通过 I2SIntEnable()进行使能操作。同时,在中断处理函数中必须进行清除中断源操作。

  更多有关注册中断函数的内容,请参看 IntRegister()。
- 返回值:无。

void I2SIntEnable(unsigned long ulBase, unsigned long ulIntFlags)

- 描述:使能独立的 I²S 中断源。
- 参数:
  - ulBase——I²S 模块的基址;
  - ulIntFlags——将要使能的中断源的位屏蔽信息。
- 功能:该函数将会使能指定的 I²S 中断源。在处理器中断中,只有被使能的中断源能够响应中断,未使能的中断无法响应中断。

  参数 ulIntFlags 必须为以下值之一:
  - I2S_INT_XUNDRN;
  - I2S_INT_XSYNCERR;
  - I2S_INT_XLAST;
  - I2S_INT_XDATA;
  - I2S_INT_XSTAFRM;
  - I2S_INT_XDMA;

- I2S_INT_ROVRN；
- I2S_INT_RSYNCERR；
- I2S_INT_RLAST；
- I2S_INT_RDATA；
- I2S_INT_RSTAFRM；
- I2S_INT_RDMA。

● 返回值：无。

void I2SIntDisable (unsigned long ulBase, unsigned long ulIntFlags)

● 描述：关闭单独的 I^2S 中断源。

● 参数：

- ulBase——I^2S 模块的基址；
- ulIntFlags——将要使能的中断源的位屏蔽信息。

● 功能：该函数将会关闭指定的 I^2S 中断源。在处理器中断中，只有被使能的中断源能够响应中断，未使能的中断无法响应中断。

参数 ulIntFlags 的取值要求与 I2SIntEnable()中的 ulIntFlags 一样。

● 返回值：无。

unsigned long I2SIntStatus(unsigned long ulBase)

● 描述：获取当前的中断状态。

● 参数：

- ulBase——I^2S 模块的基址。

● 功能：该函数返回 I^2S 的原始中断状态，各值的位域如下所示：

- I2S_STS_XERR；
- I2S_STS_XSTAFRM；
- I2S_STS_XLAST；
- I2S_STS_XUNDRN；
- I2S_STS_RERR；
- I2S_STS_RSTAFRM；
- I2S_STS_RLAST；
- I2S_STS_ROVERN；
- I2S_STS_XDMAERR；
- I2S_STS_XDATA；
- I2S_STS_XSYNCERR；
- I2S_STS_XDMA；
- I2S_STS_RDMAERR；
- I2S_STS_RDATA；
- I2S_STS_RSYNCERR；
- I2S_STS_RDMA。

● 返回值：该函数返回当前的中断状态，具体描述如上所示。

void I2SIntUnregister(unsigned long ulBase)

● 描述：取消某个 I^2S 模块的中断处理函数。

● 参数：

- ulBase——I^2S 模块的基址。

● 功能：该函数用来注销某个中断处理函数，它可以清除当 I^2S 中断发生时所调用的处理函数。该函数也会屏蔽中断控制器中的中断，使得对应的中断处理函数不再被调用。

有关注册中断函数的更多信息请参看 IntRegister()。

● 返回值：无。

void I2SIntClear(unsigned long ulBase, unsigned long ulStatFlags)

● 描述：清除 I^2S 中断源。

● 参数：

- ulBase——I^2S 模块的基址；
- ulStatFlags——欲清除中断源的位掩码。

● 功能：清除指定的 I^2S 中断源，使其不再有效。该函数必须在中断处理函数中被调用，以防在退出时立即对其再次调用。

参数 ulIntFlags 由各值的逻辑或组成，具体的描述参看 I2SIntStatus()。

● 返回值：无。

在 I2SIntEnable()和 I2SIntDisable()中，可作为 ulIntFlags 参数的值。

表 5-9 列出了在 I2SIntEnable()和 I2SIntDisable()中，可以作为 ulIntFlags 参数的值。

表 5-9 ulIntFlags 参数

标　签	值	描述/作用
I2S_INT_XUNDR	0x00000001	发送不足中断使能位
I2S_INT_XSYNCERR	0x00000002	突发发送时帧同步中断使能位
I2S_INT_XLAST	0x00000010	发送最后一个时槽时产生中断
I2S_INT_XDATA	0x00000020	发送数据就绪中断
2S_INT_XSTAFRM	0x00000080	发送帧的开始部分产生中断
I2S_INT_XDMA	0x80000000	
I2S_INT_ROVRN	0x00010000	接收时空间不足产生中断
I2S_INT_RSYNCERR	0x00020000	突发接收时帧同步中断使能位
I2S_INT_RLAST	0x00100000	接收帧的开始部分时产生中断
2S_INT_RDATA	0x00200000	接收数据准备就绪时产生中断
I2S_INT_RSTAFRM	0x00800000	接收到帧的开始部分时产生中断
I2S_INT_RDMA	0x40000000	

表 5-10 可作为 I2SIntClear()函数中参数 ulStatFlags 的值，也可作为函数 I2SIntStatus()的返回值。

表 5 - 10 ulStatFlags 的取值

标 签	值	描述/作用
I2S_STS_XERR	0x00000100	XERR 位通常返回以下值的逻辑或：XUNDRN | XSYNCERR | XCKFAIL | XDMAERR
I2S_STS_XDMAERR	0x00000080	DMA 发送错误标志，当 CPU 或 DMA 向给定的时槽中写入比编程时设定的数据要多时，XDMAERR 位会被置位
I2S_STS_XSTAFRM	0x00000040	帧发送开始标志
I2S_STS_XDATA	0x00000020	发送数据就绪标志，1 表示数据已经从 TX 缓存复制到移位寄存器中。TX 缓存为空并等待写入数据；0 表示 TX 缓存已满
I2S_STS_XLAST	0x00000010	发送最后一个时槽的标志，如果当前的时槽是该帧的最后一个时槽，那么 XLAST 和 XDATA 将会被置位
I2S_STS_XSYNCERR	0x00000002	突发发送帧同步标志。当开始一个新的传输帧同步时，XSYNCERR 位会被置位
I2S_STS_XUNDRN	0x00000001	发送过载标志，当命令并/串行转化器发送 TX 缓存中的数据，而 TX 缓存中没有数据，此时 XUNDRN 位将被置位
I2S_STS_XDMA	0x80000000	
I2S_STS_RERR	0x01000000	RERR 位返回以下值的逻辑或：ROVRN | RSYNCERR | RCKFAIL | RDMAERR。通过测试一个单独的位可以判断接收错误中断是否发生
I2S_STS_RDMAERR	0x00800000	接收 DMA 错误标志，当 CPU 或 DMA 在给定的时槽中从数据端口读取到的数据比编程时设定的数据要多时，RDMAERR 位会被置位
I2S_STS_RSTAFRM	0x00400000	接收到帧的起始信号——表明检测到一个新的接收帧同步
I2S_STS_RDATA	0x00200000	表明准备就绪可以接收数据的标志。该标志表明数据已从移位寄存器发送到 RX 缓存中，等待 CPU 或 DMA 的使用。当 RDATA 置位时，也会引发 DMA 事件
I2S_STS_RLAST	0x00100000	接收最后一个时槽的标志，如果当前的时槽是该帧的最后一个时槽时，RLAST 和 RDATA 将会被置位
2S_STS_RSYNCERR	0x00020000	突发接收帧同步标志。如果出现一个新的突发接收帧同步，RSYNCERR 位将会被置位
I2S_STS_ROVERN	0x00010000	接收时钟失效、接收方过载标志。当命令并/串行转换器将来自 XRSR 的数据转换到 RBUF 中，而先前存储在 RBUF 中的数据还未被 CPU 或 DMA 读取时，ROVERN 位会被置位
I2S_STS_RDMA	0x40000000	

4. 控制与 I²S 有关的 FIFO 结构所需的 APIs

void I2SRxFIFODisable(unsigned long ulBase)

- 描述：关闭接收 FIFO。
- 参数：
  - ulBase——I²S 模块的基址。
- 功能：该函数会关闭 I²S 的接收 FIFO。
- 返回值：无。

void I2SRxFIFOEnable(unsigned long ulBase, unsigned long ulRxLevel, unsigned long ulWordsPerTransfer)

- 描述：配置和使能接收 FIFO。
- 参数：
  - ulBase——I²S 模块的基址；
  - ulRxLevel——接收 FIFO 的 DMA 请求深度；
  - ulWordsPerTransfer——从 FIFO 传输的字数。
- 功能：该函数配置并使能 I²S 模块的接收 FIFO。
  - 参数 ulRxLevel 用来设定产生 DMA 请求的队列深度。该参数应为非零的正整数，其值应是作为接收者的并/串行转化器的数目的倍数。
  - 参数 ulWordsPerTransfer 用来设定从数据线传输到接收 FIFO 中的字数。该参数的值必须与用作接收的并/串行转化器的数量相等。
- 返回值：无。

unsigned long I2SRxFIFOStatusGet(unsigned long ulBase)

- 描述：获取接收 FIFO 的状态。
- 参数：
  - ulBase——I²S 模块的基址。
- 功能：该函数将获得接收 FIFO 中的 32 位字的数量。
- 返回值：返回接收 FIFO 的状态。

void I2STxFIFODisable (unsigned long ulBase)

- 描述：关闭发送 FIFO。
- 参数：
  - ulBase——I²S 模块的基址。
- 功能：该函数会关闭 I²S 模块的发送 FIFO。
- 返回值：无。

void I2STxFIFOEnable (unsigned long ulBase, unsigned long ulTxLevel, unsigned long ulWordsPerTransfer)

- 描述：配置和使能发送 FIFO。

- 参数：
  - ulBase——I²S 模块的基址；
  - ulTxLevel——发送 FIFO 的 DMA 请求深度；
  - ulWordsPerTransfer——FIFO 传输的字数。
- 功能：该函数用来配置和使能 I²S 模块的发送 FIFO。
  - 参数 ulTxLevel 用来设定产生发送 DMA 请求的队列深度。该参数应该是一个非零的正整数，该数值应是用作发送的并/串行转化器数目的倍数。
  - 参数 ulWordsPerTransfer 用来设定从发送 FIFO 传输到数据线中的字数。该值必须与用作发送者的并/串行转化器的数目相等。
- 返回值：无。

unsigned long I2STxFIFOStatusGet(unsigned long ulBase)

- 描述：获得发送 FIFO 的状态。
- 参数：
  - ulBase——I²S 模块的基址。
- 功能：该函数获得在发送 FIFO 中 32 位字的数目。
- 返回值：返回发送 FIFO 的状态。

5.5 SD 主机接口

CC3200 上的 SD Host 控制器提供了一个在本地主机(例如微控制器 MCU)和 SD 记忆卡之间的接口。

SD 主机支持 1 位的 SD 卡访问模式并处理一些 SD 卡的通信协议，包括传输电平、打包数据、添加循环冗余检查(CRC)、添加开始/结束位。控制器能配置，并产生 SD 的 DMA 请求。本节的重点要理解 SD 主机 API 函数提供的 CC3200 软件工具(外设库)。在介绍 API 函数之后，本文将会举例说明 API 函数的使用。

CC3200 中的 SD 主机模块具有如下特性：

- 符合在 SD 存储卡中定义的 SD 命令/响应集 2.0 版本，包括大容量存储卡(>2 GB)SDHC。
- 灵活的结构，支持新的 SD 命令结构体。
- SD 卡的一位传输模式。
- 内嵌 1 024 字节缓冲区：
  - 发送和读取各 512 字节；
  - 每个字占 32 位，共 128 字。
- 32 位的访问总线使总线吞吐量最大化。
- 多个中断事件源用一个中断线。
- 两个从机 DMA 通道(1 个发送，1 个接收)。

- 时钟产生可编程。
- 整合了一个允许直接连接 SD 卡的内部收发器，不需要外部的收发器。
- 支持响应超时。
- 使用奇偶时钟比，支持多种卡的时钟频率，最高支持的时钟频率可达 24 MHz。

SD 的电源、复位和时钟模块（PRCM）管理着时钟和复位的功能。SD 主机控制器的时钟源是一个 120 MHz 的固定时钟，该时钟能通过内部 10 位的除法器，降低频率，以达到适合卡需求的频率。

用户能通过调用 PRCM 复位接口函数，并设置合适的参数来复位模块，使内部寄存器都变成默认状态。

5.5.1　结构框图

SD 主机控制器接口结构框图如图 5－37 所示。

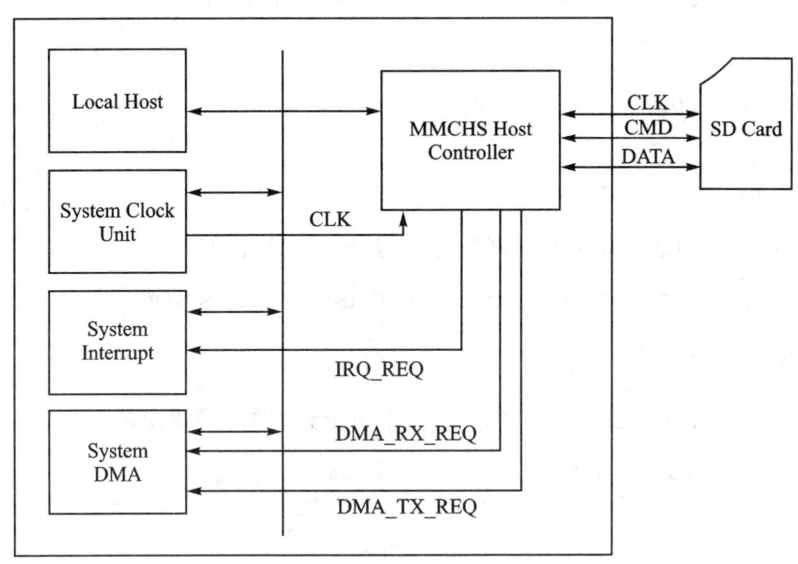

图 5－37　SD 主机控制器接口结构框图

接口使用 3 根信号线与 SD 卡进行通信。

- CLK：由 SD 主机控制器内部产生并提供给外部 SD 卡使用。
- CMD：双向，用来发送命令和接收响应。
- DATA：双向，发送和接收数据。

SD 主机控制器和卡之间的总线协议基于消息机制，每条消息包含的内容如下：

- 命令：一条命令开始一个操作。命令通过 CMD 线，从 SD 主机控制器连续发送到卡上。
- 响应：一个响应用来回复一条命令。响应通过 CMD 线，从卡连续地发送到

SD 主机控制器上。

- 数据:数据通过 DATA 线,从 SD 主机控制器发送到卡或从卡发送到 SD 主机控制器。
- 繁忙:数据信号在卡接收数据的时候保持低电平。

5.5.2　使用外设接口函数进行初始化与配置

本小节将介绍 SD Host 的初始化和配置的例子,展示如何使用外设 API 函数实现标准 SD 卡的检测和初始化的顺序。

1. 基础模块的初始化与配置

① 使用 PRCMPeripheralClkEnable(PRCM_SDHOST, PRCM_RUN_MODE_CLK)开启 SD 主机时钟。

② 在引脚复用模式下,为 SD 主机功能启用合适的引脚。

③ 将一个引脚配置成 CLK,并通过以下函数配置成输出:

```
PinDirModeSet(<PIN_NO>,PIN_DIR_MODE_OUT)
```

④ 软件复位,初始化主机控制器:

```
PRCMPeripheralReset(PRCM_SDHOST)
SDHostInit(SDHOST_BASE)
```

⑤ 软件复位和初始化主机控制器为 15 MHz 的时钟频率:

```
SDHostSetExpClk(SDHOST_BASE, PRCMPeripheralClockGet(PRCM_SDHOST), 15000000)
```

2. 发送命令

以下代码是使用外设 API 函数发送一条命令到附加 SD 卡上的示例。

```
SendCmd(unsigned long ulCmd, unsigned long ulArg)
{
unsigned long ulStatus;
//
// Clear interrupt status
//
SDHostIntClear(SDHOST_BASE,0xFFFFFFFF);
//
// Send command
//
SDHostCmdSend(SDHOST_BASE,ulCmd,ulArg);
//
// Wait for command complete or error
//
```

```
do
{
ulStatus = SDHostIntStatus(SDHOST_BASE);
ulStatus = (ulStatus
&amp; (SDHOST_INT_CC|SDHOST_INT_ERRI));
}
while(!ulStatus);
//
// Check error status
//
if(ulStatus
&amp;SDHOST_INT_ERRI)
{
//
// Reset the command line
//
SDHostCmdReset(SDHOST_BASE);
return 1;
}
Else
{
return 0;
}
}
```


SendCmd 函数中的 ulCMD 参数是以下内容的逻辑或：SD 命令、预期响应长度、一些标识（这些标识指出 SD 命令后，是否存在对一个块的读/写操作或是对多个块的读/写操作，并且指明了主机控制器在读取内部 FIFO 时，是否会产生 DMA 请求）。

例如，SD 卡命令为 0（或 GO_IDLE 命令），表明既不会对该命令进行响应，同时也表明在该命令之后不会有任何的读/写操作。该命令不带任何参数。

```
#define CMD_GO_IDLE_STATE SDHOST_CMD_0
SendCmd(CMD_GO_IDLE_STATE, 0)
```

其他的 SD 卡命令，如 18 命令，用来对 SD 卡进行多区块的读取。该命令根据附带卡的版本和容量，接收要读取的数据的块号，或者首字节的线性地址作为参数。

```
#define CMD_READ_MULTI_BLK SDHOST_CMD_18| SDHOST_RD_CMD| SDHOST_RESP_LEN_48| SDHOST_
MULTI_BLK
SendCmd(CMD_READ_MULTI_BLK,<ulBlockNo>)
```

3. 卡的检测与初始化

以下是使用外设 API 函数进行卡检测与初始化的例子：

```
CardInit(CardAttrib_t * CardAttrib)
{
unsigned long ulRet;
unsigned long ulResp[4];
//
// Initialize the attributes.
//
CardAttrib->ulCardType = CARD_TYPE_UNKNOWN;
CardAttrib->ulCapClass = CARD_CAP_CLASS_SDSC;
CardAttrib->ulRCA = 0;
CardAttrib->ulVersion = CARD_VERSION_1;
//
// Send std GO IDLE command
//
if( SendCmd(CMD_GO_IDLE_STATE, 0) == 0)
{
ulRet = SendCmd(CMD_SEND_IF_COND,0x00000100);
//
// It's a SD ver 2.0 or higher card
//
if(ulRet == 0)
{
CardAttrib->ulVersion = CARD_VERSION_2;
CardAttrib->ulCardType = CARD_TYPE_SDCARD;
//
// Wait for card to become ready.
//
do
{
//
// Send ACMD41
//
SendCmd(CMD_APP_CMD,0);
ulRet = SendCmd(CMD_SD_SEND_OP_COND,0x40E00000);
//
// Response contains 32-bit OCR register
//
SDHostRespGet(SDHOST_BASE,ulResp);
}while(((ulResp[0] >> 31) == 0));
if(ulResp[0] &amp; (1UL<<30)) {
CardAttrib->ulCapClass = CARD_CAP_CLASS_SDHC;
}
}
```

```
else //It's a MMC or SD 1.x card
{
//
// Wait for card to become ready.
//
do
{
if( (ulRet = SendCmd(CMD_APP_CMD,0)) == 0 )
{
ulRet = SendCmd(CMD_SD_SEND_OP_COND,0x00E00000);
//
// Response contains 32 - bit OCR register
//
SDHostRespGet(SDHOST_BASE,ulResp);
}
}while((ulRet == 0)
&amp;&amp;((ulResp[0] >>31) == 0));
//
// Check the response
//
if(ulRet == 0)
{
CardAttrib->ulCardType = CARD_TYPE_SDCARD;
}
else // CMD 55 is not recognised by SDHost cards.
{
//
// Confirm if its a SDHost card
//
ulRet = SendCmd(CMD_SEND_OP_COND,0);
if( ulRet == 0)
{
CardAttrib->ulCardType = CARD_TYPE_MMC;
}
}
}
}
//
// Get the RCA of the attached card
//
if(ulRet == 0)
{
ulRet = SendCmd(CMD_ALL_SEND_CID,0);
```

```
if( ulRet == 0)
{
SendCmd(CMD_SEND_REL_ADDR,0);
SDHostRespGet(SDHOST_BASE,ulResp);
//
// Fill in the RCA
//
CardAttrib->ulRCA = (ulResp[0]
>> 16);
//
// Get tha card capacity
//
CardAttrib->ullCapacity = CardCapacityGet(CardAttrib->ulRCA);
}
}
//
// return status.
//
return ulRet;
}
```

API 中使用的结构体如下：

```
typedef struct
{
unsigned long ulCardType;
unsigned long long ullCapacity;
unsigned long ulVersion;
unsigned long ulCapClass;
unsigned short ulRCA;
}CardAttrib_t;
```

4. 块读取

以下是使用外设 API 函数进行块读取的例子：

```
unsigned long CardReadBlock(CardAttrib_t *Card, unsigned char *pBuffer,
unsigned long ulBlockNo, unsigned long ulBlockCount)
{
unsigned long ulSize;
unsigned long ulBlkIndx;
ulBlockCount = ulBlockCount + ulBlockNo;
for(ulBlkIndx = ulBlockNo; ulBlkIndx
<ulBlockCount; ulBlkIndx++)
```

```
{
ulSize = 128; // 512/4
// Compute linear address from block no. for SDSC cards.
if(Card->ulCapClass == CARD_CAP_CLASS_SDSC)
{
ulBlockNo = ulBlkIndx * 512;
}
if( SendCmd(CMD_READ_SINGLE_BLK, ulBlockNo) == 0 )
{
// Read out the data.
while(ulSize--)
{
MAP_SDHostDataRead(SDHOST_BASE,((unsigned long *)pBuffer);
pBuffer += 4;
}
}
else
{
// Retutn error
return 1;
}
}
// Return success
return 0;
}
```


5. 块写入

以下是使用外设 API 函数进行块写入的例子：

```
unsigned long CardWriteBlock(CardAttrib_t *Card, unsigned char *pBuffer,
unsigned long ulBlockNo, unsigned long ulBlockCount)
{
unsigned long ulSize;
unsigned long ulBlkIndx;
ulBlockCount = ulBlockCount + ulBlockNo;
for(ulBlkIndx = ulBlockNo; ulBlkIndx
<ulBlockCount; ulBlkIndx++)
{
ulSize = 128;
if(Card->ulCapClass == CARD_CAP_CLASS_SDSC)
{
ulBlockNo = ulBlkIndx * 512;
```

```
}
if( SendCmd(CMD_WRITE_SINGLE_BLK, ulBlockNo) == 0 )
{
// Write the data
while(ulSize-- )
{
SDHostDataWrite(SDHOST_BASE, *((unsigned long *)pBuffer));
pBuffer += 4;
}
// Wait for transfer completion.
while( ! (SDHostIntStatus(SDHOST_BASE)
&amp;SDHOST_INT_TC) );
}
else
{
return 1;
}
}
// Return error
return 0;
}
```


5.5.3 性能与测试

本小节将对 SD 卡的兼容性进行测试。不同的 SD 卡测试结果如表 5 - 11 所列。

表 5 - 11 不同的 SD 卡测试结果

厂 商	大小/GB	存储类型	块读取/写入	注 解
Transcend	2	SDSC	通过	
Transcend	16	SDHC	通过	
Strontium	2	SDSC	通过	
SanDisk	2	SDSC	通过	此卡在卡的选择命令发送到卡后，在发送读/写命令前，或在命令还没有完成时需要额外的延迟
SanDisk	64	SDXC	通过	此卡在卡的选择命令发送到卡后，在发送读/写命令前，或在命令还没有完成时需要额外的延迟
Kingston	16	SDHC	失败，不能响应块的读/写命令	此卡需要一个特殊的 SW 顺序来进行工作。初始化顺序也跟其他的卡不同

表 5 - 12 是使用 CPU 的数据吞吐量的例子。这些数值是在 Transcend 的16 GB

的 SDHC 卡上以 1 MB 和 10 MB 板块进行读取或写入测量的。

表 5-12　Transcend SD 卡不同速度测试

厂商和类型	操　作	卡频率	80 MHz 周期	数　据	波特率	吞吐量
Class 4 Transcend	读取	24	67 959 516	1 048 576	1 234 354	9.4
	读取	24	68 0884 716	10 485 760	1 232 016	9.4
	写入	12	236 784 547	1 048 576	354 272	2.70
	写入	12	2 442 413 554	10 485 760	343 456	2.62
	写入	24	2 151 815 366	10 485 760	389 839	2.97
	写入	24	2 152 352 658	10 485 760	389 741	2.97

5.5.4　外设库 APIs

本小节列出使用 CC3200 SDK(外设库)的 I^2S 的 API 函数。

void SDHostInit(unsigned long ulBase)

- 描述:此函数配置 SDHost 模块,启用内部子模式。
- 参数:ulBase——SDHost 模块的基地址。
- 返回:无。

void SDHostCmdReset(unsigned long ulBase)

- 描述:此函数用来复位 SDHost 命令线。
- 参数:ulBase——SDHost 模块的基地址。
- 返回:无。

long SDHostCmdSend(unsigned long ulBase,unsigned long ulCmd, unsigned ulArg)

- 描述:此函数通过 SDHost 接口发送命令到附带的卡上。
- 参数:

  - ulBase——SDHost 模块的基地址;
  - ulCmd——发送到卡上的命令;
  - ulArg——命令的内容。

  参数 ulCmd 是 SDHOST_CMD_0 到 SDHOST_CMD_63 中的一个。它可以与以下的一个或多个参数进行逻辑或:

  SDHOST_MULTI_BLK 进行多块的发送;

  SDHOST_WR_CMD 命令之后是否要写入数据;

  SDHOST_RD_CMD 命令之后是否要读取数据;

  SDHOST_DMA_EN 数据发送是否需要产生一个 DMA 请求。
- 返回:返回 0 表示成功,否则返回—1。

void SDHostIntRegister(unsigned long ulBase, void (* pfnHandler)(void))

- 描述:此函数将注册中断处理函数。它使能中断控制器中的全局中断;特殊的中断必须通过SDHostIntEnable()启用。中断处理函数需要负责清除中断源。
- 参数:
  - ulBase——SDHost模块的基地址;
  - pfnHandler——指向SDHost中断处理函数的指针。
- 返回:无。

void SDHostIntUnregister(unsigned long ulBase)

- 描述:此函数用来取消中断处理的注册。当SDHost发生中断,它也能在中断控制器中屏蔽中断,此时中断处理函数将不被调用。
- 参数:ulBase——SDHost模块的基地址。
- 返回:无。

void SDHostIntEnable(unsigned long ulBase,unsigned long ulIntFlags)

- 描述:此函数用来启用指定的SDHost的中断源。只有被启用的中断源才能反映到处理器中断中;禁用的中断源不会产生任何中断。
- 参数:
  - ulBase——SDHost模块的基地址;
  - ulIntFlags——被启用的中断源的屏蔽位。

  ulIntFlags参数是以下参数的任意逻辑或的组合:

  SDHOST_INT_CC:命令完成中断;

  SDHOST_INT_TC:发送完成中断;

  SDHOST_INT_BWR:写缓冲就绪中断;

  SDHOST_INT_BWR:读缓冲就绪中断;

  SDHOST_INT_ERRI:错误中断;

  SDHOST_INT_CTO:命令超时中断;

  SDHOST_INT_CEB:命令结束位错误中断;

  SDHOST_INT_DTO:数据超时错误中断;

  SDHOST_INT_DCRC:数据CRC错误中断;

  SDHOST_INT_DEB:数据结束位错误中断;

  SDHOST_INT_CERR:装载状态错误中断;

  SDHOST_INT_BADA:坏数据错误中断;

  SDHOST_INT_DMARD:DMA读取完成中断;

  SDHOST_INT_DMAWR:DMA写完成中断。
- 返回:无。

注意: SDHOST_INT_ERRI只能用于SDHostIntStatus(),并且它是全部错误状态位的内部逻辑或。单独设置该位的话,ulIntFlags不会产生任何的中断。

SDHostIntDisable(unsigned long ulBase,unsigned long ulIntFlags)

- 描述:此函数用来禁用指定的 SDHost 中断源。只有启用的中断源才能反映到处理器中断中。
- 参数:
  - ulBase——SDHost 模块的基地址;
  - ulIntFlags——要禁用的中断源的位掩码。

  ulIntFlags 参数与定义在 SDHostIntEnable()里的参数 ulIntFlags 类似。
- 返回:无。

unsigned long SDHostIntStatus(unsigned long ulBase)

- 描述:此函数返回指定 SDHost 的中断状态。
- 参数:ulBase——SDHost 模块的基地址。
- 返回:返回现在的中断状态,是 SDHostIntEnable()所枚举的位的一个值。

void SDHostIntClear(unsigned long ulBase,unsigned long ulIntFlags)

- 描述:清除指定 SDHost 的中断源,使之不会再被激活。本函数必须在中断处理函数中被调用,来保证在退出函数时不会立刻再进入中断。
- 参数:
  - ulBase——SDHost 模块的基地址;
  - ulIntFlags——要清除的中断源的位掩码。
- 返回:无。

void SDHostCardErrorMaskSet(unsigned long ulBase, unsigned long ulErrMask)

- 描述:此函数为类型是 R1、R1b、R5、R5b 和 R6 的响应设置卡的状态错误掩码。参数 ulerrmask 是要启用的卡状态错误位掩码,如果在一个响应的"卡状态"字段对应的位被设置,则主机控制器会指定一个卡的错误中断状态。
- 参数:
  - ulBase——SDHost 模块的基地址;
  - ulErrMask——卡状态错误要启用的位掩码。
- 返回:无

unsigned long SDHostCardErrorMaskGet(unsigned long ulBase)

- 描述:此函数用来获取类型为 R1、R1b、R5、R5b 和 R6 的响应的卡状态错误掩码。
- 参数:ulBase——SDHost 模块的基地址。
- 返回:返回现在的卡状态错误。

void SDHostSetExpClk(unsigned long ulBase, unsigned long ulSDHostClk, unsigned long ulCardClk)

- 描述:此函数用来配置 SDHost 接口给所连接的卡提供指定的时钟。
- 参数:

- ulBase——SDHost 模块的基地址；
- ulSDHostClk——给 SDHost 模块提供的时钟速率；
- ulCardClk——SD 接口需要的时钟。

● 返回：无。

void SDHostRespGet(unsigned long ulBase, unsigned long ulResponse[4])

● 描述：此函数用来获取从卡发出的最后一条命令后的响应。

● 参数：
- ulBase——SDHost 模块的基地址；
- ulResponse——128 位的响应。

● 返回：无。

void SDHostBlockSizeSet(unsigned long ulBase, unsigned short ulBlkSize)

● 描述：此函数用来设置数据传输块的大小。

● 参数：
- ulBase——SDHost 模块的基地址；
- ulBlkSize——发送块的大小(字节)。

参数 ulBlkSize 是每个数据块字节数的大小，应该在 0～1 024 之间。

● 返回：无。

void SDHostBlockCountSet(unsigned long ulBase, unsigned short ulBlkCount)

● 描述：此函数用来设置数据传输块的数量，它需要设置每个块传输操作。

● 参数：
- ulBase——SDHost 模块的基地址；
- ulBlkCount——块的数量。

● 返回：无。

tBoolean SDHostDataNonBlockingWrite(unsigned long ulBase, unsigned long ulData)

● 描述：此函数用来写单个数据字到 SDHost 的写缓冲区。如果缓冲区有足够的可用空间就返回真，否则返回失败。

● 参数：
- ulBase——SDHost 模块的基地址；
- ulData——要传输的数据字。

● 返回：成功返回真，否则返回假。

tBoolean SDHostDataNonBlockingRead(unsigned long ulBase, unsigned long * pulData)

● 描述：此函数用来从 SDHost 读缓冲区读取一个数据字，如果缓冲区中有可读数据就返回真，否则返回失败。

● 参数：
- ulBase——SDHost 模块的基地址；

- pulData——要传输的数据字的指针。
- 返回：成功返回真，否则返回假。

void SDHostDataWrite(unsigned long ulBase, unsigned long ulData)

- 描述：此函数用来向 SDhost 的写缓冲区写入数据。如果写缓冲区没有足够的空间，那么函数就会一直等到有足够空间才会返回。
- 参数：
  - ulBase——SDHost 模块的基地址；
  - ulData——要传输的数据字。
- 返回：无。

void SDHostDataRead(unsigned long ulBase, unsigned long * ulData)

- 描述：此函数从 SDHost 读缓冲区读取单个的数据字。如果读缓冲区里没有数据，此函数就会一直等待直到接收到数据才返回。
- 参数：
  - ulBase——SDHost 模块的基地址；
  - pulData——要传输的数据字的指针。
- 返回：无。

5.6 并行相机模块接口

CC3200 的相机核心模块可以用于连接外部图像传感器。它支持一个 8 位的并行图像传感器接口用于和垂直或者水平同步信号连接。CC3200 的相机模块不支持 BT 模式。官方推荐的最大像素时钟为 1 MHz。相机模块把图像的数据存储在一个 FIFO 缓冲区中，同时模块也可以生成 DMA 请求。

图 5－38 显示了 CC3200 的相机核心和系统其他部分的连接方式。

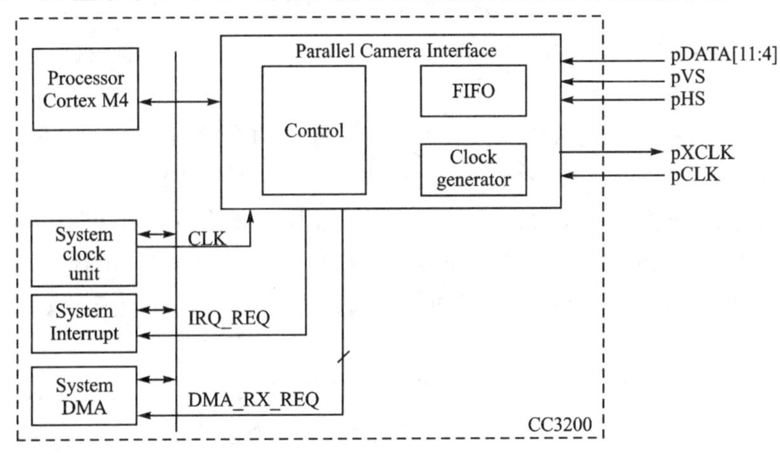

图 5－38　相机模块接口

5.6.1　功能描述

CC3200 的相机核心用于把图像传感器的数据传输到缓冲区(FIFO 队列)中,并生成 DMA 请求(前者用于从感应器中读数据,后者处理 FIFO 缓冲区中剩余的数据以完成图像帧的采集)。

相机接口可以为外部图像感应器模块提供一个时钟(CAM_XCLK)。而这个时钟来源于功能性时钟 CAM_MCLK。

1. 图像传感器接口

表 5-13 列出了图像传感器的接口信号。

表 5-13　图像传感器的接口信号

接口名称	I/O	描　述
CAM_P_HS	I	行触发器输入信号。CAM_P_HS 的极性可以被颠倒
CAM_P_VS	I	帧触发输入信号。CAM_P_VS 的极性可以被颠倒
CAM_MCLK	I	外部输入时钟,用于产生图像传感器的外部时钟信号
CAM_XCLK	O	图像传感器模块的外部时钟,这个时钟分频自 CAM_MCLK
CAM_P_DATA [11:4]	I	并行输入的数据位。高 8 位的接口被连接到图像传感器
CAM_P_CLK	I	并行输入数据的锁存器时钟信号。数据会出现在 CAM_P_DATA 中,每一次 CAM_P_CLK 上升或者下降表示一个像素

2. 操作模式

相机接口通过 CAM_P_HS 和 CAM_P_VS 信号来检测数据是否可用。这种配置方式可以用于 8 个 bit 的数据传输。

每当 CAM_P_CLK 信号在上升沿的时候(或者下降沿,取决于 CAM_P_CLK 所配置的极性,定义在 CC_CTRL. PAR_CLK_POL 上),一个像素的数据就会被传输到 CAM_P_DATA 寄存器中。

行与行之间额外的像素数据,表示空周期。像素的有效与否取决于两种时序信号:水平同步信号(CAM_P_HS)和垂直同步信号(CAM_P_VS)。在从图像感应器读取数据的过程中,这两种信号定义了一行有效数据的开始和结束,以及一个有效帧的开始和结束。通过对应字段,可以分别设置 CAM_P_HS(对应 NOBT_HS_POL)和 CAM_P_VS(对应 NOBT_VS_POL)的极性。同步信号和帧时序如图 5-39 所示。

需要注意的是,时钟 CAM_P_CLK 在消隐周期(当 CAM_P_HS 或 CAM_P_VS 处于静止期)仍然会持续运行;而且在正常操作下,两个连续的 CAM_P_VS 周期之间最少需要 10 个时钟周期(在一般情况下,时间周期数是 12 字节的倍数)。并且,一

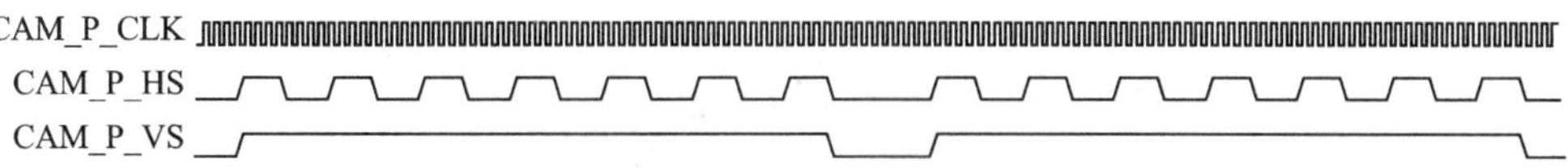

图 5-39　同步信号和帧时序

个时钟周期就足以检测到 CAM_P_VS 是否正常的工作。同步信号和数据时序如图 5-40 所示。

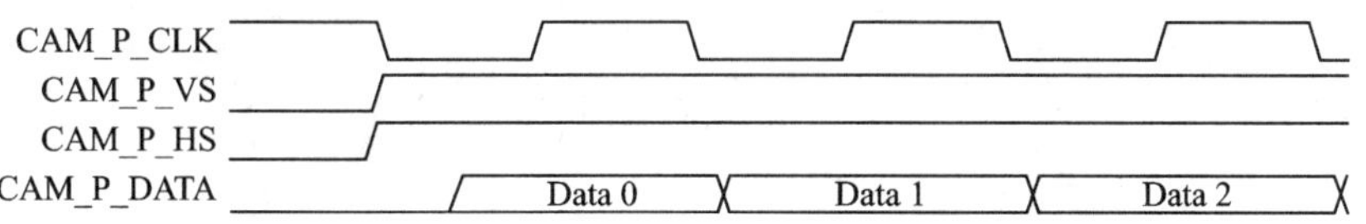

图 5-40　同步信号和数据时序

图像的采集发生在一个新帧的开始(CAM_P_VS 从不活跃变成活跃),或者通过对 CC_CTRL. NOBT_SYNCHRO 位写 1 来立即执行。对 CC_CTRL. NOBT_SYNCHRO 位写 1 会开启一个全新图像帧的采集。

图 5-41 表示的情况也都是允许的。换句话说,只要 CAM_P_HS 和 CAM_P_VS 同时处于活跃状态,且 CC_CTRL. NOBT_SYNCHRO 位为 0,那么此时的数据都是有效的。

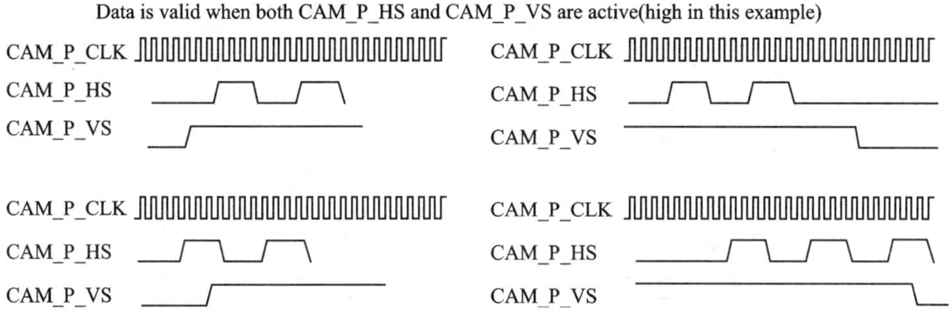

图 5-41　不同情形下的 CAM_P_HS 和 CAM_P_VS

CC3200 的相机核心支持 CAM_P_HS 在单像素间触发对图像感应器的数据采样,如图 5-42 所示。

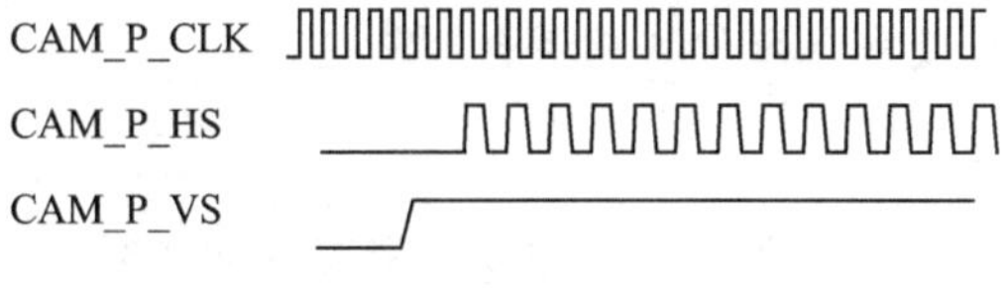

图 5-42　CAM_P_HS 单像素采样

如图 5-43 所示为并行相机 I/F 状态机。

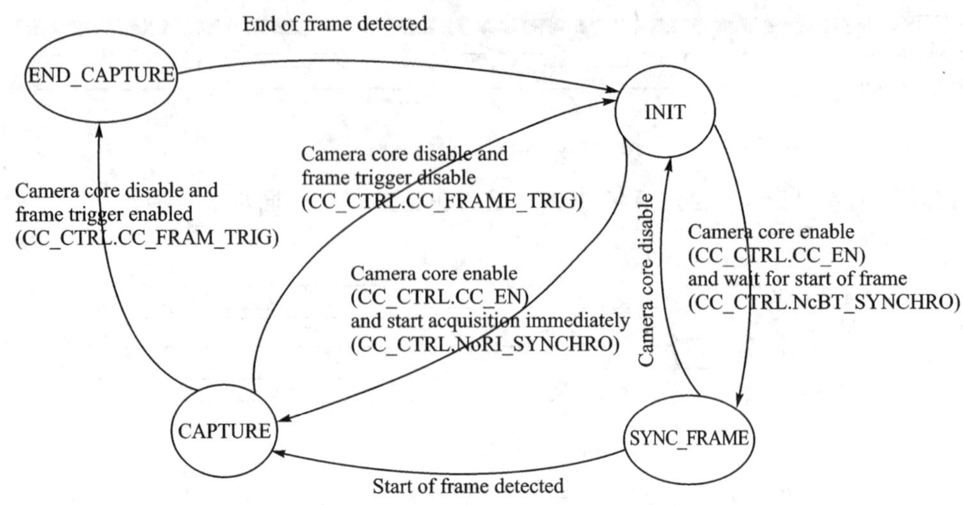

图 5-43　并行相机 I/F 状态机

如图 5-44 所示，通过对 PAR_ORDERCAM 的不同设置，图像数据会以不同的形式存储在 FIFO 缓存区中。

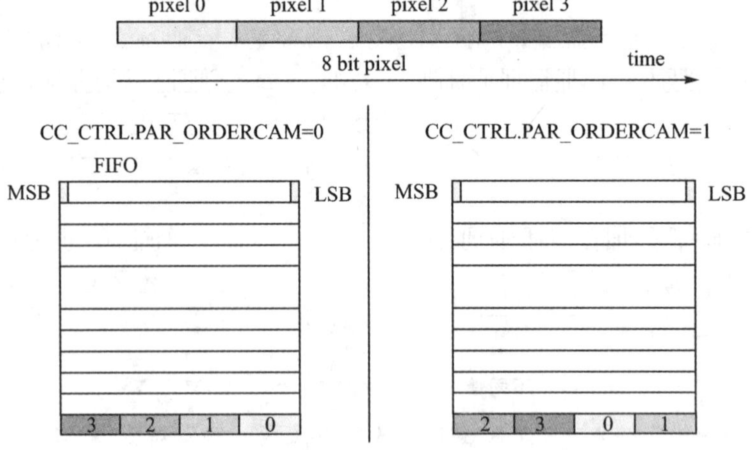

图 5-44　FIFO 的图像数据格式

注意：消隐期间的数据会被相机模块自动忽略。

3. FIFO 缓冲区

CC3200 的内部数据 FIFO 缓冲区是 32 位带宽，64 位深度。缓冲区存储从 8 位并行接口接收数据，数据会一直保存在 FIFO 缓冲区中，直到 CPU 把数据读出。CPU 通过读 CC_FIFO_DATA 寄存器来访问这个缓存区。当缓存器启用时，它可以根据 FIFO_CTRL_DMA. THRESHOLD 的值生成 DMA 请求。

如果尝试写入一个已满的 FIFO 缓存区，那么这个缓存区就会进入溢出状态，产生溢出的原因一般是系统运行的过慢(读取过慢)或者数据进入缓存区的速度太快。当处于溢出状态时，FIFO 不接受任何的数据写入，但是系统可以从 FIFO 中读取数据，而一旦缓存区不再为满时，那么就可以继续写入数据。

而同样，如果尝试去读一个空的 FIFO 缓存区，那么这个缓存区就进入了下溢状态，一般产生下溢的原因在于系统读取访问过多。而处于溢出状态时，缓存器只接受数据写入，而一旦缓存区不再为空，那么就可以继续从缓存区内读取数据。

向 CC_CTRL. CC_RST 写入 1 时，就会重置整个 FIFO 缓存区。当 FIFO_OF_IRQ 启用，那么 FIFO 缓存区的溢出会产生一个中断(当 FIFO_UF_IRQ 启用时，下溢也会产生一个中断)。这种溢出中断可以通过向 FIFO_OF_IRQ 写 1 来清除(而下溢中断可以向 FIFO_UF_IRQ 写 1 来清除中断)，而不需要重置 FIFO 缓存区。

4. 重　置

CC3200 的相机核心支持三种类型的重置：

- 重置相机核心——如果要重置整个相机核心模块，则需要向 CC_SYSCONFIG. SoftReset 位写 1。
- 重置 FIFO 缓存区和 DMA 控制——FIFO 的内部状态机和 DMA 的控制电路可以通过向 CC_CTRL. CC_RST 位写入 1 来进行重置。这个重置位主要用于 FIFO 缓存区溢出或者下溢发生后，这样可以避免重新配置整个模块。

5. 时钟产生

相机模块可以分频 CAM_MCLK 并产生 CAM_XCLK 时钟提供给外部的图像感应器。通过编程配置 CC_CTRL_XCLK 寄存器可修改对 CAM_XCLK 的分频比例。

相机模块本身不使用 CAM_XCLK 时钟，这个时钟会与芯片引脚连接。XCLK 频率比例表如表 5-14 所列。

表 5-14　XCLK 频率比例表

Ratio	XCLK Based on CAM_MCLK(CAM_MCLK=120 MHz)
0 (default)	Stable Low level, Divider not enabled
1	Stable Low level, Divider not enabled
2	60 MHz (division by 2)
3	40 MHz (division by 3)
4	30 MHz
5	24 MHz

续表 5-14

Ratio	XCLK Based on CAM_MCLK(CAM_MCLK=120 MHz)
6	20 MHz
7	17.14 MHz
8	15 MHz
9	13.3 MHz
10	12 MHz
11	10.91 MHz
12	10 MHz
⋮	⋮
30	4 MHz (division by 30)
31	Bypass (CAM_XCLK=CAM_MCLK)

6. 中断产生

当下列事件发生的时候，就会产生中断信号(低电平有效)：

- FIFO_UF——FIFO 下溢；
- FIFO_OF——FIFO 溢出；
- FIFO_THR——FIFO 触发临界值；
- FIFO_FULL——FIFO 已满；
- FIFO_NOEMPTY——FIFO 不再为空(可以用来检测，第一个数据的写入)；
- FE——帧结束。

当开始读 CC_IRQSTATUS 寄存器时，寄存器就不会自动重置了。如果要重置中断，则必须向对应的位写 1。

任何会产生中断的事件都可以在 CC_IRQENABLE 寄存器中单独启用。假如特定的事件没有被使能(例如：CC_IRQENABLE[5]=0)，那么对应的状态(CC_IRQSTATUS[5]=1)位在事件发生时将被标记。当然，这个对中断过程没有什么影响，但是软件可以查询该状态。

7. DMA 接口

CC3200 的相机模块有对应的 DMA 控制器接口。这样，可以在传输数据的时候减小 CPU 的开销。

当 FIFO 缓存区达到临界点(这个临界点可以在 CC_CTRL_DMA.FIFO_THRESHOLD 中设置)时，相机模块就会生成一个 DMA 请求。

当 DMA 控制器读取 32 位字 FIFO 临界值时，会出现一个 DMA 中断请求无效的情况。

图 5－45 中对 DMA 中断请求有效和无效进行了说明，假设 FIFO 的临界值为 8，则剩余部分数据用于结束帧捕获。

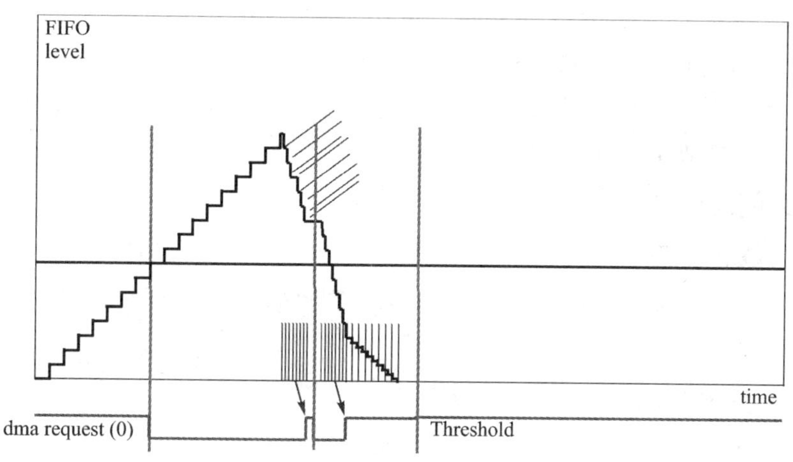

图 5－45　有效和无效的 DMA 请求信号

5.6.2　编程模式

本小节涉及相机模块的编程模式。

1. 相机核心复位

CC3200 相机核心模块可以接受一个通用的软件复位，软件任何位置都能够调用该复位功能。这种复位方式可以初始化模块，并且与硬件复位有相同的效果。

复位方式如下：

① 对 CC_SYSCONFIG. SOFTRESET 写 1。

② 如果读出 CC_SYSSTATUS. RESETDONE 的值为 1，表明成功复位。

如果 CC_SYSSTATUS. RESETDONE 的值读取 5 次以上都为 0，那么可以认为复位过程中出现了错误。

如果相机模块所在的位置属于当前设计的子系统，那么程序设计者不应直接在当前的系统中对 CC_SYSCONFIG. SOFTRESET 进行写 1 的操作（软件复位）。更安全的方式是在子系统层级中进行软件复位。

2. 启用图像采集

CC3200 的相机核心必须使用下述编程模式来进行设置。

① 根据需要使用 CC_IRQSTATUS 和 CC_IRQENABLE 寄存器来进行中断配置（最常见的是溢出和下溢中断）。

② CC_CTRL_DMA. FIFO_THRESHOLD 必须被设定成一个特定的值（具体值取决于 DMA 模块的情况），另外，在通常的使用情况下，CC_CTRL_DMA. DMA_

EN必须被设置为1。

③ 配置CC_CTRL_XCLK。

④ 配置CC_CTRL寄存器来开启图像采集，建议在开启采集的同时（设置CC_EN为1），把CC_FRAME_TRIG和NOBT_SYNCHRO也同时设置为1。如果软件仅需要一帧的图像，那么可以使用CC_ONE_SHOT寄存器位（在这种情况下，相机模块就会自动在一帧结束后关闭）。

3. 关闭图像采集

如果要关闭图像采集，正确的方式应该是把CC_CTRL.CC_EN设为0，同时CC_CTRL.CC_FRAME_TRIG设为1。这样，相机核心就会在当前帧结束后立即停止运行。

5.6.3　中断处理

1. FIFO_OF_IRQ（FIFO溢出）

① 设置CC_CTRL.CC_EN和CC_CTRL.CC_FRAME_TRIG同时为0，这样就可以停止来自图像传感器的数据流。

② 向CC_IRQSTATUS.FIFO_OF_IRQ位写入1来清除中断。

③ 如果CC_CTRL_DMA.DMA_EN位被设为0，那么CPU可能继续从FIFO_DATA读取数据，或者停止读取数据。如果CC_CTRL_DMA.EN被设置为1，那么CPU可能会立刻关闭DMA，或者让DMA保持运行直到没有更多的DMA请求出现。

④ 向CC_CTRL.CC_RST位写1，重置FIFO指针和内部的相机核心状态机。

⑤ 向CC_CTRL.CC_EN位写入1，重新使能图像传感器的数据流。

如果发生了溢出，那么整个数据流的路径都必须被重新设置。

2. FIFO_UF_IRQ（FIFO下溢）

① 设置CC_CTRL.CC_EN和CC_CTRL.CC_FRAME_TRIG同时为0，这样就可以停止来自图像传感器的数据流。

② 向CC_IRQSTATUS.FIFO_UF_IRQ位写入1来清除中断。

③ 向CC_CTRL.CC_RST位写1来重置FIFO指针和内部的相机核心状态机。

④ 向CC_CTRL.CC_EN位写入1来重新使能图像传感器的数据流。

如果发生了溢出，那么整个数据流的路径都必须被重新设置。

5.6.4　外设库函数（API）

本小节列出了CC3200 SDK（外设函数库）中用于配置和使用相机模块的API函数。

void CameraReset(unsigned long ulBase)

- 描述：此函数用于重置相机核心。
- 参数：
  - ulBase——相机模块的基地址。
- 返回值：无。

void CameraXClkConfig(unsigned long ulBase, unsigned long ulCamClkIn, unsigned long ulXClk)

- 描述：此函数根据参数 ulCamClkIn 来设置内部时钟分频器，以产生特定的 XCLK 时钟，所支持的最大分频率为 30。
- 参数：
  - ulBase——相机模块的基地址；
  - ulCamClkIn——相机模块的输入时钟频率；
  - ulXClk——所需的 XCLK 频率。
- 返回值：无。

void CameraParamsConfig(unsigned long ulBase, unsigned long ulHSPol, unsigned long ulVSPol, unsigned long ulFlags)

- 描述：此函数用于设置相机的不同参数。
- 参数：
  - ulBase——相机模块的基地址；
  - ulHSPol——设置 HSync 极性；
  - ulVSPol——设置 VSync 极性；
  - ulFlags——配置标志位。

  参数 ulHSPol 应设置为下列静态常量：
  - CAM_HS_POL_HI HSYNC——极性为高电平有效；
  - CAM_HS_POL_LO HSYNC——极性为低电平有效。

  参数 ulVSPol 应设置为下列静态常量：
  - CAM_VS_POL_HI VSYNC——极性为高电平有效；
  - CAM_VS_POL_LO VSYNC——极性为低电平有效。

  参数 ulFlags 可以用下列静态常量或者 0，通过或(||)运算符设置一个或者多个参数：
  - CAM_PCLK_RISE_EDGE PCLK——极性为高电平有效；
  - CAM_PCLK_FALL_EDGE PCLK——极性为低电平有效；
  - CAM_ORDERCAM_SWAP——交换字节顺序；
  - CAM_NOBT_SYNCHRO——在帧开始时捕捉数据；
  - CAM_IF_SYNCHRO——同步所有的传感器输入信号。
- 返回值：无。

void CameraXClkSet(unsigned long ulBase, unsigned char bXClkFlags)

- 描述:此函数用于设置在特定模式下的内部时钟分频。
- 参数:
  - ulBase——相机模块的基地址;
  - bXClkFlags——用于设置分频模式。

  参数 bXClkFlags 应设置为下列静态常量:
  - CAM_XCLK_STABLE_LO——XCLK 线将被拉低;
  - CAM_XCLK_STABLE_HI——XCLK 线将被拉高;
  - CAM_XCLK_DIV_BYPASS——XCLK 分频器进入旁路模式。
- 返回值:无。

void CameraDMAEnable(unsigned long ulBase)

- 描述:此函数用于使能相机模块的 DMA 传输请求,DMA 的具体设置需要单独进行。
- 参数:ulBase——相机模块的基地址。
- 返回值:无。

void CameraDMADisable(unsigned long ulBase)

- 描述:此函数用于屏蔽相机模块的 DMA 请求。
- 参数:ulBase——相机模块的基地址。
- 返回值:无。

void CameraThresholdSet(unsigned long ulBase, unsigned long ulThreshold)

- 描述:此函数用于设定 FIFO 开始发出 DMA 传输请求的临界值。
- 参数:
  - ulBase——相机模块的基地址;
  - ulThreshold——指定产生 DMA 传输请求时 FIFO 的深度(临界点),值可以介于 1～64。
- 返回值:无。

void CameraIntRegister(unsigned long ulBase, void (* pfnHandler)(void))

- 描述:此函数用于在中断控制器上注册和使能相机全局中断。单一的相机中断源请用 CameraIntEnable()函数来使能。
- 参数:ulBase——相机模块的基地址。
- 返回值:无。

void CameraIntUnregister(unsigned long ulBase)

- 描述:此函数用于在中断控制器取消注册和关闭相机全局中断。
- 参数:ulBase——相机模块的基地址。
- 返回值:无。

void CameraIntEnable(unsigned long ulBase, unsigned long ulIntFlags)

- 描述：此函数用于使能单一相机中断源。
- 参数：
  - ulBase——相机模块的基地址；
  - ulIntFlags——相机中断源对应的位掩码。

  参数 ulIntFlags 应该用下列的常量进行 or(或)操作填充：
  - CAM_INT_DMA DMA——完成中断；
  - CAM_INT_FE——帧结束中断；
  - CAM_INT_FSC_ERR——帧同步错误中断；
  - CAM_INT_FIFO_NOEMPTY——FIFO 空中断；
  - CAM_INT_FIFO_FULL——FIFO 满中断；
  - CAM_INT_FIFO_THR——FIFO 触及临界点中断；
  - CAM_INT_FIFO_OF——FIFO 溢出中断；
  - CAN_INT_FIFO_UR——FIFO 下溢中断。
- 返回值：无。

void CameraIntDisable(unsigned long ulBase, unsigned long ulIntFlags)

- 描述：此函数用于失能单一相机中断源。
- 参数：
  - ulBase——相机模块的基地址；
  - ulIntFlags——相机中断源对应的位掩码。

  参数 ulIntFlags 应该用下列的常量进行 or(或)操作填充：

  ```
  /* 对应 CameraIntEnable()函数 ulIntFlags 参数的枚举值。*/
  ```
- 返回值：无。

unsigned long CameraIntStatus(unsigned long ulBase)

- 描述：此函数返回当前中断的类型。
- 参数：ulBase——相机模块的基地址。
- 返回值：返回当前中断类型，对应 CameraIntEnable()函数 ulIntFlags 参数的枚举值。

void CameraIntClear(unsigned long ulBase, unsigned long ulIntFlags)

- 描述：此函数用于独立清除相机的中断源。
- 参数：
  - ulBase——相机模块的基地址；
  - ulIntFlags——相机中断源对应的位掩码。

  参数 ulIntFlags 应该用下列的常量进行 or(或)操作填充：

  ```
  /* 对应 CameraIntEnable()函数 ulIntFlags 参数的枚举值。*/
  ```
- 返回值：无。

void CameraCaptureStart(unsigned long ulBase)

- 描述：此函数用于开始捕获已配置好的相机接口中的图像数据。此函数应该在彻底配置完相机模块后调用。
- 参数：ulBase——相机模块的基地址。
- 返回值：无。

void CameraCaptureStop(unsigned long ulBase, tBoolean bImmediate)

- 描述：此函数用于停止对图像的捕获。通过参数 bImmediate 来确定是立刻停止，还是在当前帧传输完后再停止。
- 参数：
  - ulBase——相机模块的基地址；
  - bImmediate——布尔值类型参数，如果为 True 则代表函数立刻停止捕获，如果为 False 则在当前帧结束后再停止。
- 返回值：无。

void CameraBufferRead(unsigned long ulBase, unsigned long * pBuffer, unsigned char ucSize)

- 描述：此函数用于在相机的 FIFO 缓存区中读取数据。
- 参数：
  - ulBase——相机模块的基地址；
  - pBuffer——用于读数据的指针；
  - ucSize——需要读的数据长度。
- 返回值：无。

第6章

SimpleLink 子系统

Wi-Fi 网络处理器子系统包括一个专用的 ARM MCU，该专用 MCU 支持 802.11 b/g/n、基带以及 MAC(媒体介入控制层)，利用强大的加密引擎可以在采用 256 位加密措施的情况下，提供快速、安全的无线局域网和互联网连接。CC3200 支持 station、AP 以及 Wi-Fi Direct 模式。CC3200 支持 WPA2 个人和企业级安全加密措施以及 WPS 2.0，同时 Wi-Fi 网络处理器内嵌一个 IPv4 TCP/IP 协议栈。

本章向使用 Wi-Fi 子系统的程序员提供网络功能的相关知识，使其了解如何通过主机驱动的方式使用这些功能。另外，本章还详细描述了网络操作模式和设备特征，并对每个 API 驱动进行介绍。

6.1 SimpleLink 概述

SimpleLink 系列的 CC3100 和 CC3200 是下一代的嵌入式 Wi-Fi 设备。CC3100 的片上网络系统可以将 Wi-Fi 和网络添加到任何的微控制器(MCU)上，比如 TI 的超低功耗的 MSP430 系列。CC3200 是一个具有可编程 Wi-Fi 功能的 MCU，该器件真正满足了物联网的发展需求。Wi-Fi 网络处理器子系统在所有的 SimpleLink Wi-Fi 设备上集成了 Wi-Fi 和网络所需的协议，这大大减少了对 MCU 资源的需求。随着安全协议的建立，SimpleLink Wi-Fi 设备提供了一个稳定并简单的安全检测方法。

SimpleLink 主机驱动只需要占用极小的主机内存，TCP 客户应用只需不到 7 KB的闪存和 700 B 的 RAM 内存。该驱动严格遵照 ANSI C(89)编程标准编写，使用工业标准 BSD 套接字和简单的 API，这些措施可以改善软件的集成和应用开发者的开发时间。该主机驱动具备很强的兼容性，能方便地访问不同的 MCU、编译器、操作系统、通信接口和用例。

SimpleLink 主机驱动的框架包括 6 个简单的 API 模块如下：

- 设备 API——用来管理硬件相关功能，如开始、停止、设置和读取设备配置等。
- 无线局域网 API——用来管理 WLAN、802.11 协议相关的功能，如设备模式(站，AP 或 P2P)、设置配置方法、添加连接配置文件和设置连接策略。
- 套接字 API——为用户应用程序设置最常见的 API，并遵守伯克利套接字 API。

- 网络应用 API——用来启用不同网络服务，包括 HTTP 服务器服务、DHC 服务器服务和 MDNS 客户/服务器服务。
- 网络配置 API——用来配置不同网络的参数，例如设置 MAC 地址，通过 DHCP 获取 IP 地址和设置静态 IP 地址。
- 文件系统 API——用来提供进入串行闪存的组件，来对网络或用户专有的数据进行读取和写入操作。

图 6-1 展示了主机驱动剖析，表 6-1 总结了 NWP 所支持的功能。

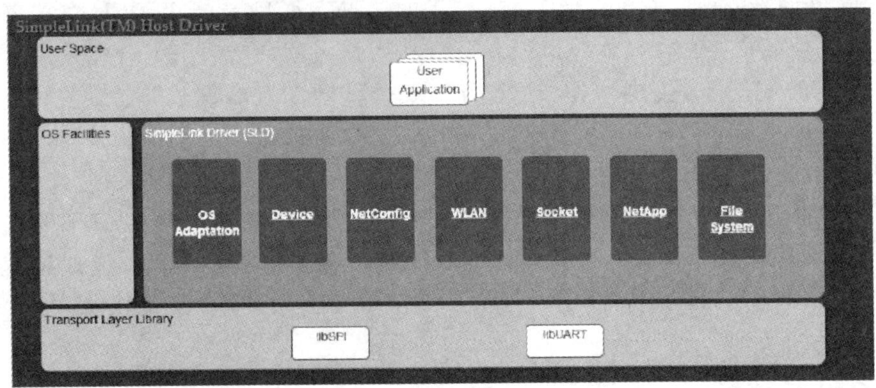

图 6-1　主机驱动剖析

表 6-1　NWP 子系统特点概要

编　号	分　类	种　类	特　点	详细描述
1	TCP/IP	Network Stack	IPv4	IPv4 协议栈的基准
2	TCP/IP	Network Stack	TCP/UDP	基本协议
3	TCP/IP	Protocols	DHCP	客户端/服务器模式
4	TCP/IP	Protocols	ARP	支持 ARP 协议
5	TCP/IP	Protocols	DNS/mDNS	DNS 地址解析和本地服务器
6	TCP/IP	Protocols	IGMP	升级到 IGMPv3 便于适应组播管理
7	TCP/IP	Applications	mDNS	支持多播 DNS 的服务发布
8	TCP/IP	Applications	mDNS-SD	本地网络中的设备发现协议
9	TCP/IP	Applications	Web Sever/ HTTP Server	URL 静态和动态响应
10	TCP/IP	Security	TLS/SSL	TLS v1.2 (client/server)/SSL v3.0
11	TCP/IP	Security	TLS/SSL	支持的加密套件请访问 SimpleLink Wi-Fi CC3200 SDK

续表 6-1

编 号	分 类	种 类	特 点	详细描述
12	TCP/IP	Sockets	RAW Sockets	用户自定义封装在 WLAN MAC / PHY 或 IP 层
13	WLAN	Connection	Policies	允许管理连接和重新连接策略
14	WLAN	MAC	Promiscuous mode	基于过滤器的混杂模式帧接收器
15	WLAN	Performance	Initialization time	从允许连接到 AP 打开所需时间小于 50 ms
16	WLAN	Performance	Throughput	UDP=16 Mbps
17	WLAN	Performance	Throughput	TCP=12 Mbps
18	WLAN	Provisioning	WPS2	使用按键或 pin 方法建立连接
19	WLAN	Provisioning	AP Config	初始产品配置模式 AP(配置网页和信标信息元素)
20	WLAN	Provisioning	SmartConfig	初始产品配置模式的替代方法
21	WLAN	Role	Station	采用传统 802.11 节能模式的 802.11 bgn Station
22	WLAN	Role	Soft AP	采用传统 802.11 节能模式的 802.11 bg single Station
23	WLAN	Role	P2P	用作 GO 的 P2P 操作
24	WLAN	Role	P2P	用作 CLIENT 的 P2P 操作
25	WLAN	Security	STA-Personal	WPA2 个人安全
26	WLAN	Security	STA-Enterprise	WPA2 企业级安全
27	WLAN	Security	STA-Enterprise	EAP-TLS
28	WLAN	Security	STA-Enterprise	EAP-PEAPv0/TLS
29	WLAN	Security	STA-Enterprise	EAP-PEAPv1/TLS
30	WLAN	Security	STA-Enterprise	EAP-PEAPv0/MSCHAPv2
31	WLAN	Security	STA-Enterprise	EAP-PEAPv1/MSCHAPv2
32	WLAN	Security	STA-Enterprise	EAP-TTLS/EAP-TLS
33	WLAN	Security	STA-Enterprise	EAP-TTLS/MSCHAPv2
34	WLAN	Security	AP-Personal	WPA2 personal security

6.1.1 主机驱动 SW 概念

在 Wi-Fi 子系统主机驱动开始工作之前，理解每个主要结构的概念非常重要。主机驱动程序支持任何的标准 C 编译器(C89)：

- 主机驱动程序的编写严格遵照 ANSI C(C89)。

● 主机驱动程序不使用编译或任何其他扩展编译器属性。

主机驱动程序与设备通信使用的信息称为命令：

● Wi-Fi 子系统能够在给定的时间内处理单条命令。

● Wi-Fi 子系统会为每个命令发送一个标志成功接收的"命令完成"信息。

主机驱动程序支持异步时间处理：

● 某些网络命令可能会花费相对长的时间来处理(例如网络连接命令)。因此 Wi-Fi 子系统使用异步事件来标志主机驱动程序确定的状态变化。

● 在"长"命令的情况下，主机驱动程序将会获得一个立即命令完成响应，在异步事件完成后来标志处理完成并返回结果。

微控制器驱动程序：

● 能运行在 8 位、16 位和 32 位条件下。

● 能运行在任何时钟速度下——没有执行或时钟依赖性。

● 支持大和小的位数格式。

● 很小的内存占用——可在编译时配置，驱动程序只需要不到 7 KB 的代码内存和 700 B 的 RAM 内存。

驱动程序的标准接口通信：

● SPI——支持标准的 4 线串行外设接口：
  - 8、16、32 位的字长；
  - 默认模式 0(CPOL=0，PHA=0)；
  - SPI 时钟能配置高达 20 Mbps；
  - 片选是需要的(CS)；
  - 附加的 IRQ 线需要异步操作。

● UART：
  - 标准的 UART 使用硬件流控制(RTS/CTS)高达 3 Mbps；
  - 默认的波特率是 115 200(8 位，无校验，1 个开始/结束位)。

驱动程序支持有操作系统和无操作系统下运行：

● 简单的 OS 包装，要求只有两个对象包装。

● 同步对象(事件/二进制信号)。

● 锁定对象(互斥/二进制对象)。

● 驱动程序里的内置逻辑支持系统运行在无操作系统下。

6.1.2 常见术语和参考

常见术语和缩写如表 6－2 所列。

可用的文件如下：

● CC3100 数据手册(SWAS031)。

● CC3200 数据手册(SWAS031)。

- CC31xx 主机驱动程序 APIs。
- CC31xx 主机接口。

表 6-2　常见术语和缩写

缩　写	含　义
主机	主机参考一个嵌入控制器运行 SimpleLink 驱动程序并使用 SimpleLink 设备作为一个网络外设

其他资源如下：

- http://www.ti.com/simplelinkwifi。
- CC31xx SimpleLink wiki。

6.2　一个简单的网络应用

6.2.1　总　述

本小节主要介绍如何编写一个网络应用所需的软件模块。另外，还描述了大多数应用应遵循的程序流程。书中的介绍只是一种建议和指导，程序员完全可以依照自己的需求，灵活地使用各种软件模块。

SimpleLink 设备向程序提供的软件模块如下：

- 无线网络(Wi-Fi)子系统的初始化操作——从休眠状态唤醒 Wi-Fi 子系统。
- 配置操作——主要是一次性配置操作，如冷启动配置、不常用的设备配置等。例如，将 Wi-Fi 子系统从 WLAN STA 状态配置为 WLAN soft AP 或 WLAN P2P 状态，再或者改变 MAC 地址。配置操作完成以后，需要重启 Wi-Fi 子系统，这时新的配置才起作用。
- WLAN 连接——建立的物理接口是无线局域网通信(例如，手动连接到一个 AP 上，作为一个无线站点)。
  - DHCP——在使用 TCP/UDP 套接字前必须分配到 IP 地址。
- Socket 连接——设置 TCP/IP 层。请按如下步骤进行设置：
  - 创建 Socket——选择 TCP、UDP 或 RAW 套接字。将设备作为客户端套接字还是服务套接字。设定套接字的配置，如阻塞/非阻塞、超时。
  - 查询服务器 IP 地址——当要实现某个客户端的通信时，通常情况下是不知道另一方远程服务器端的 IP 地址的，此时需要使用 DNS 协议利用服务器的名字查询服务器的 IP 地址。
  - 建立 Socket 连接——TCP 套接字在执行数据处理前需要建立合适的 Socket 连接。
- 数据处理——一旦 Socket 连接建立，利用应用程序的传输逻辑，数据就可以在客户端与服务器端之间相互传输。

- Socket 断开——完成所需数据的处理后，Socket 连接通道就会关闭。
- 无线网络(Wi-Fi)子系统休眠——如果 Wi-Fi 子系统在很长的一段时间内都处于不活跃的状态，那么子系统就会进入休眠状态。

6.2.2 基本示例代码

实现一个网络应用需要考虑不同的应用程序模块。主机驱动程序软件的概念描述了上层和系统层的作用，如硬件和操作系统。

如图 6-2 所示是一个基本网络应用的状态机。

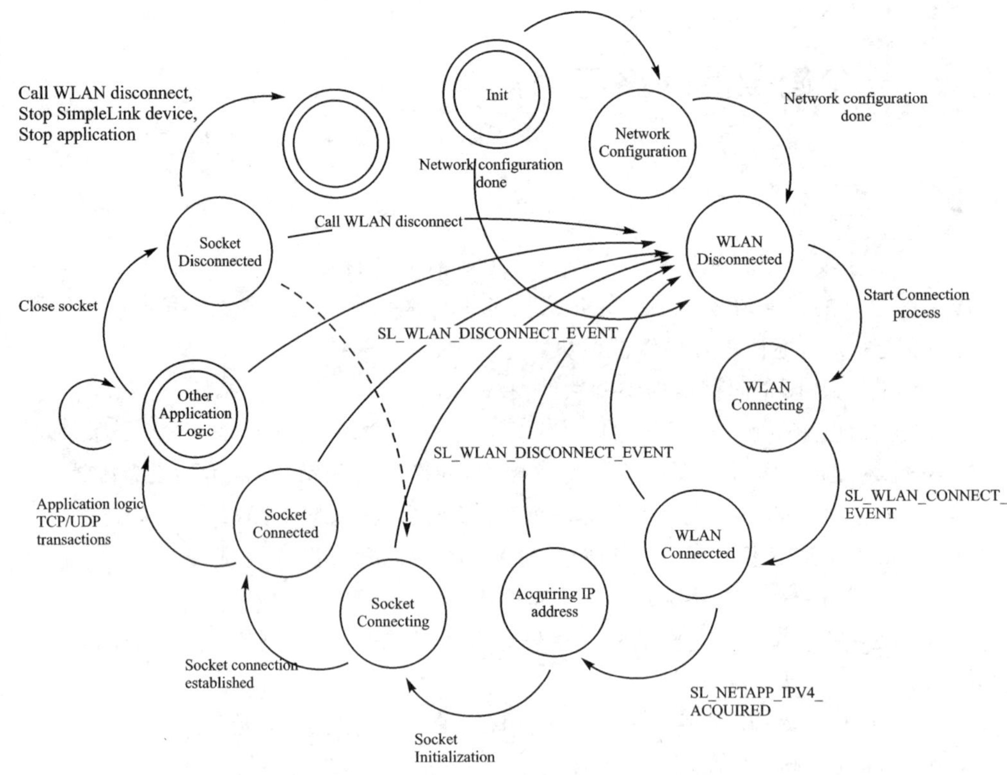

图 6-2 基本网络应用的状态机

图 6-2 描述了本章节所要介绍的不同状态，主要是主机驱动事件如何触发代码在不同的状态之间移动，以及基本的错误处理事件。

利用下面的代码可以实现一个状态机：

- 初始状态——初始化 Wi-Fi 子系统，将其作为 WLAN 站点。

```
case INIT:
    status = sl_Start(0, 0, 0);
    if (status == ROLE_STA)
```

```
    {
        g_State = CONFIG;
    }
    else
    {
        g_State = SIMPLELINK_ERR;
    }
    break;
```

● WLAN 连接——下面是 WLAN 和网络事件处理程序的例子，该例子展示了 WLAN 连接、等待连接、连接成功建立和请求 IP 地址。

```
/* SimpleLink WLAN event handler */
void SimpleLinkWlanEventHandler(void *pWlanEvents)
{
    SlWlanEvent_t *pWlan = (SlWlanEvent_t *)pWlanEvents;
    switch(pWlan->Event)
    {
        case SL_WLAN_CONNECT_EVENT:
        g_Event |= EVENT_CONNECTED;
        memcpy(g_AP_Name, pWlan->EventData.STAandP2PModeWlanConnected.ssid_name,
               pWlan->EventData.STAandP2PModeWlanConnected.ssid_len);
        break;

        case SL_WLAN_DISCONNECT_EVENT:
        g_DisconnectionCntr++;
        g_Event |= EVENT_DISCONNECTED;
        g_DisconnectionReason = pWlan->EventData.STAandP2PModeDisconnected.reason_code;
        memcpy(g_AP_Name,pWlan->EventData.STAandP2PModeWlanConnected.ssid_name,
               pWlan->EventData.STAandP2PModeWlanConnected.ssid_len);
        break;

        default:
        break;
    }
}
/* SimpleLink Networking event handler */
void SimpleLinkNetAppEventHandler(void *pNetAppEvent)
{
    SlNetAppEvent_t *pNetApp = (SlNetAppEvent_t *)pNetAppEvent;
    switch( pNetApp->Event )
    {
        case SL_NETAPP_IPV4_ACQUIRED:
```

```
        g_Event | = EVENT_IP_ACQUIRED;
        g_Station_Ip = pNetApp - >EventData. ipAcquiredV4. ip;
        g_GW_Ip = pNetApp - >EventData. ipAcquiredV4. gateway;
        g_DNS_Ip = pNetApp - >EventData. ipAcquiredV4. dns;
        break;

        default:
        break;
    }
}
⋮
/ *  initiating the WLAN connection * /
case WLAN_CONNECTION:
    status = sl_WlanConnect(User. SSID,strlen(User. SSID),0,
&amp;secParams, 0);
    if (status == 0)
    {
        g_State = WLAN_CONNECTING;
    }
    else
    {
        g_State = SIMPLELINK_ERR;
    }
/ *  waiting for SL_WLAN_CONNECT_EVENT to notify on a successful connection * /
case WLAN_CONNECTING:
    if (g_Event
&amp;EVENT_CONNECTED)
    {
        printf("Connected to % s\n", g_AP_Name);
        g_State = WLAN_CONNECTED;
    }
    break;
/ *  waiting for SL_NETAPP_IPV4_ACQUIRED to notify on a receiving an IP address * /
case WLAN_CONNECTED:
    if (g_Event
&amp;EVENT_IP_ACQUIRED)
    {
        printf("Received IP address: % d. % d. % d. % d\n",
        (g_Station_Ip>>24)&amp;0xFF,(g_Station_Ip>>16)&amp;0xFF,(g_Station_Ip
        >>8)&amp;0xFF,(g_Station_Ip&amp;0xFF));
        g_State = GET_SERVER_ADDR;
    }
```

```
    break;
```

● Socket 连接——下面的例子展示了如何使用服务器的名字来请求远程服务器的 IP 地址，创建一个 TCP 套接字并与远程服务套接字连接。

```
case GET_SERVER_ADDR:
    status = sl_NetAppDnsGetHostByName(appData.HostName,
strlen(appData.HostName),
&amp;appData.DestinationIP, SL_AF_INET);
    if (status == 0)
    {
        g_State = SOCKET_CONNECTION;
    }
    else
    {
        printf("Unable to reach Host\n");
        g_State = SIMPLELINK_ERR;
    }
    break;
case SOCKET_CONNECTION:
    Addr.sin_family = SL_AF_INET;
    Addr.sin_port = sl_Htons(80);

    /* Change the DestinationIP endianity, to big endian */
    Addr.sin_addr.s_addr = sl_Htonl(appData.DestinationIP);

    AddrSize = sizeof(SlSockAddrIn_t);
    SockId = sl_Socket(SL_AF_INET,SL_SOCK_STREAM, 0);
    if( SockId < 0 )
    {
        printf("Error creating socket\n\r");
        status = SockId;
        g_State = SIMPLELINK_ERR;
    }
    if (SockId >= 0)
    {
        status = sl_Connect(SockId, ( SlSockAddr_t * )
&amp;Addr, AddrSize);
    if( status >= 0 )
            {
    g_State = SOCKET_CONNECTED;
            }
    else
```

```
            {
        printf("Error connecting to socket\n\r");
        g_State = SIMPLELINK_ERR;
            }
    }
    break;
```

● 数据处理——通过开放的套接字发送和接收 TCP。

```
case SOCKET_CONNECTED:
/* Send data to the remote server */
sl_Send(appData.SockID, appData.SendBuff, strlen(appData.SendBuff), 0);

    /* Receive data from the remote server */
    sl_Recv(appData.SockID,
&amp;appData.Recvbuff[0], MAX_RECV_BUFF_SIZE, 0);
break;
```

套接字断开——下面是一个断开套接字的例子。

```
case SOCKET_DISCONNECT:
    sl_Close(appData.SockID);
    /* Reopening the socket */
    g_State = SOCKET_CONNECTION;
    break;
```


设备休眠——下面的例子展示了如何让 Wi-Fi 子系统进入休眠状态。

```
case SIMPLELINK_HIBERNATE:
    sl_Stop();
    g_State = …
    break;
```

6.3　SimpleLink API

本节主要探讨不同的 SimpleLink APIs，并不介绍参数数目、参数类型或返回类型。如果需要与之相关的信息，请参考 API doxygen 指南。本节将 APIs 分成了 6 个主要部分：

- 设备。
- 网络配置。
- WLAN。
- 套接字。
- 网络 APP。

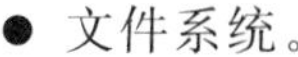

● 文件系统。

6.3.1 设　备

设备 APIs 控制设备的电源和通用配置。

Sl_Start——该函数初始化通信接口，使能相应的引脚并调用初始化完成回调函数。如果没有提供回调函数，该函数会一直处于阻塞状态直到设备完成初始化过程。在初始化成功的情况下，设备会返回：ROLE_STA、ROLE_AP、ROLE_P2P。否则，如果初始化失败，它会返回：ROLE_STA_ERR、ROLE_AP_ERR、ROLE_P2P_ERR。

Sl_Stop——该函数会清除设备的使能引脚配置，关闭通信接口并调用停止完成回调函数(如果该函数存在)。函数中设定超时时间的参数用来控制休眠时间：

- 0——立即进入休眠状态。
- 0xFFFF——主机会一直等待设备的回应，然后才会进入休眠状态，此情况下没有超时保护。
- 0<Timeout[msec]<0xFFFF——主机会一直等待设备的回应，然后才会进入休眠状态，此情况下有超时保护机制。参数 Timeout 设定了主机等待的最大时间。NWP 响应可以在超时之前送达。

sl_DevSet——该函数配置不同的设备参数。需要配置的主要参数有 DeviceSetID 和 Option。这两个参数可以取以下可能的值：

- SL_DEVICE_GENERAL_CONFIGURATION——一般的配置选项。
  - SL_DEVICE_GENERAL_CONFIGURATION_DATE_TIME——配置设备的内部日期和时间。需要注意的是：时间参数在设备处于休眠状态时会一直保持，但是在关机状态时会进行重置。

下面是设定时间和日期的例子：

```
SlDateTime_t dateTime = {0};
dateTime.sl_tm_day = (unsigned long)23; // Day of month (DD format) range 1～13
dateTime.sl_tm_mon = (unsigned long)6; // Month (MM format) in the range of 1～12
dateTime.sl_tm_year = (unsigned long)2014; // Year (YYYY format)
dateTime.sl_tm_hour = (unsigned long)17; // Hours in the range of 0～23
dateTime.sl_tm_min = (unsigned long)55; // Minutes in the range of 0～59
dateTime.sl_tm_sec = (unsigned long)22; // Seconds in the range of 0～59
sl_DevSet(SL_DEVICE_GENERAL_CONFIGURATION,SL_DEVICE_GENERAL_CONFIGURATION_DATE_
TIME,sizeof(SlDateTime_t),(unsigned char * ) (&amp;dateTime));
```

sl_DevGet——该函数允许用户读取不同的设备参数。这里用到的主要参数有：DeviceSetID 和 Option。这两个参数可以取以下可能的值：

- SL_DEVICE_GENERAL_VERSION——返回设备的固件版本。
- SL_DEVICE_STATUS——设备状态选项。

  - SL_EVENT_CLASS_DEVICE——可能的值有：
    - EVENT_DROPPED_DEVICE_ASYNC_GENERAL_ERROR——一般系统错误，请检查你的系统配置。
    - STATUS_DEVICE_SMART_CONFIG_ACTIVE——设备处于 SmartConfig 模式。
  - SL_EVENT_CLASS_WLAN——可能的值有：
    - EVENT_DROPPED_WLAN_WLANASYNCONNECTEDRESPONSE。
    - EVENT_DROPPED_WLAN_WLANASYNCDISCONNECTEDRESPONSE。
    - EVENT_DROPPED_WLAN_STA_CONNECTED。
    - EVENT_DROPPED_WLAN_STA_DISCONNECTED。
    - STATUS_WLAN_STA_CONNECTED。
- SL_EVENT_CLASS_BSD——可能的值有：
  - EVENT_DROPPED_SOCKET_TXFAILEDASYNCRESPONSE。
- SL_EVENT_CLASS_NETAPP——可能的值有：
  - EVENT_DROPPED_NETAPP_IPACQUIRED。
  - EVENT_DROPPED_NETAPP_IP_LEASED。
  - EVENT_DROPPED_NETAPP_IP_RELEASED。
- SL_EVENT_CLASS_NETCFG。
- SL_EVENT_CLASS_NVMEM。

下面是一个获取版本的例子：

```
SlVersionFull ver;
pConfigOpt = SL_DEVICE_GENERAL_VERSION;
sl_DevGet(SL_DEVICE_GENERAL_CONFIGURATION, &amp;pConfigOpt, &amp;pConfigLen, (un-
        signed char *)(&amp;ver));
printf("CHIP %d\nMAC 31.%d.%d.%d.%d\nPHY %d.%d.%d.%d\nNWP %d.%d.%d.%d\
      nROM %d\nHOST
%d.%d.%d.%d\n",ver.ChipFwAndPhyVersion.ChipId,
ver.ChipFwAndPhyVersion.FwVersion[0],ver.ChipFwAndPhyVersion.FwVersion[1],
ver.ChipFwAndPhyVersion.FwVersion[2],ver.ChipFwAndPhyVersion.FwVersion[3],
ver.ChipFwAndPhyVersion.PhyVersion[0],ver.ChipFwAndPhyVersion.PhyVersion[1],
ver.ChipFwAndPhyVersion.PhyVersion[2],ver.ChipFwAndPhyVersion.PhyVersion[3],
ver.NwpVersion[0],ver.NwpVersion[1],ver.NwpVersion[2],ver.NwpVersion[3],
ver.RomVersion, SL_MAJOR_VERSION_NUM, SL_MINOR_VERSION_NUM, SL_VERSION_NUM, SL_SUB_
VERSION_NUM);
```

sl_EventMaskSet——屏蔽来自设备的异步事件。屏蔽的事件不会产生来自设备的异步消息。该函数接收一个 EventClass 和位掩码。事件和屏蔽选项有：

- SL_EVENT_CLASS_WLAN 用户事件：
  - SL_WLAN_CONNECT_EVENT。
  - SL_WLAN_DISCONNECT_EVENT。
  - SL_WLAN_STA_CONNECTED_EVENT。
  - SL_WLAN_STA_DISCONNECTED_EVENT。
- SmartConfig 事件：
  - SL_WLAN_SMART_CONFIG_START_EVENT。
  - SL_WLAN_SMART_CONFIG_STOP_EVENT。
- SL_EVENT_CLASS_DEVICE 用户事件：
  - SL_DEVICE_FATAL_ERROR_EVENT。
- SL_EVENT_CLASS_BSD 用户事件：
  - SL_SOCKET_TX_FAILED_EVENT。
  - SL_SOCKET_SSL_ACCEPT_EVENT。
- SL_EVENT_CLASS_NETAPP 用户事件：
  - SL_NETAPP_IPACQUIRED_EVENT。
  - SL_NETAPP_IPACQUIRED_V6_EVENT。

下面是一个屏蔽来自 WLAN 类的连接与断开的例子：

```
sl_EventMaskSet(SL_EVENT_CLASS_WLAN, (SL_WLAN_CONNECT_EVENT | SL_WLAN_DISCONNECT_
EVENT) );
```

sl_EventMaskGet——返回设备的事件位屏蔽字段。如果某个事件处于屏蔽状态，设备不会发送该事件。该函数类似于 sl_EventMaskSet。

下面是一个获取 WLAN 类的事件屏蔽字段的例子：

```
unsigned long maskWlan;
sl_StatusGet(SL_EVENT_CLASS_WLAN,&amp;maskWlan);
```

sl_Task——在以下情况中，该函数必须在主循环调用或使用专用线程调用：

- Non-Os Platform——应在主循环中调用。
- Multi Threaded Platform——如果用户没有实现外部再生功能，该函数必须由分配给 SimpleLink 驱动的专用线程来调用。在这种模式下，函数绝不会返回。

sl_UartSetMode——如果用户选择的主机接口是 UART，那么必须使用该函数。该函数用于设定 UART 的配置：

- 波特率。
- 流控制。
- COM 端口。

6.3.2　WLAN

sl_WlanSetMode——WLAN 设备有若干 WLAN 模式。默认情况下，设备作为一个 WLAN 站点，不过该设备也可以用作其他的 WLAN 功能。不同的选项有：

- ROLE_STA——配置为 WLAN station 模式。
- ROLE_AP——配置为 WLAN AP 模式。
- ROLE_P2P——配置为 WLAN P2P 模式。

注意：这些模式只会在下次设备启动时生效。

下面是一个将设备从任意功能切换为 WLAN 接入点的例子：

```
sl_WlanSetMode(ROLE_AP);
/* Turning the device off and on in order for the roles change to take effect */
sl_Stop(0);
sl_Start(NULL,NULL,NULL);
```

sl_WlanSet——允许用户配置不同的 WLAN 相关参数。主要使用的参数有 ConfigID 和 ConfigOpt。ConfigID 和 ConfigOpt 的可能取值有：

- SL_WLAN_CFG_GENERAL_PARAM_ID——WLAN 参数：
  - WLAN_GENERAL_PARAM_OPT_COUNTRY_CODE。
  - WLAN_GENERAL_PARAM_OPT_STA_TX_POWER——设定 STA 模式的 TX 功率电平(是一个 0～15 的数字)，用作最大功率的 dB 等级偏移(0 表示最大功率)。
  - WLAN_GENERAL_PARAM_OPT_AP_TX_POWER——设定 AP 模式的 TX 功率电平(是一个 0～15 的数字)，用作最大功率的 dB 等级偏移(0 表示最大功率)。
- SL_WLAN_CFG_AP_ID——AP 的配置选项有：
  - WLAN_AP_OPT_SSID。
  - WLAN_AP_OPT_COUNTRY_CODE。
  - WLAN_AP_OPT_BEACON_INT——设定信标间隔。
  - WLAN_AP_OPT_CHANNEL。
  - WLAN_AP_OPT_HIDDEN_SSID——设定 AP 处于隐藏还是非隐藏模式。
  - WLAN_AP_OPT_DTIM_PERIOD。
  - WLAN_AP_OPT_SECURITY_TYPE——可能的选项有：
    - Open security：SL_SEC_TYPE_OPEN。
    - WEP security：SL_SEC_TYPE_WEP。
    - WPA security：SL_SEC_TYPE_WPA。
  - WLAN_AP_OPT_PASSWORD——AP 模式下设定安全密码：

  • For WPA：8 to 63 characters。
  • For WEP：5 to 13 characters (ASCII)。
- WLAN_AP_OPT_WPS_STATE。

● SL_WLAN_CFG_P2P_PARAM_ID：
- WLAN_P2P_OPT_DEV_NAME。
- WLAN_P2P_OPT_DEV_TYPE。
- WLAN_P2P_OPT_CHANNEL_N_REGS——在 P2P 发现和监听阶段，监听通道的配置选项和监管类决定设备的监听通道。操作通道的配置选项和监管类决定设备首选的操作通道(如果该设备是一个组的拥有者，那么该操作会决定操作通道)。通道应为下列常见频道之一：1、6、11。如果没有选择监听或监管通道，将会从 1、6、11 中随机选择一个。
- WLAN_GENERAL_PARAM_OPT_INFO_ELEMENT——应用设置每个角色的 MAX_PRIVATE_INFO_ELEMENTS_SUPPORTED 信息元素(AP / P2P GO)。如要删除某个信息元素，可以将相关指数和长度置零。应用程序设置 MAX_PRIVATE_INFO_ELEMENTS_SUPPORTED 有相同的作用。然而，在 AP 模式下，对所有的信息元素，超出 INFO_ELEMENT_MAX_TOTAL_LENGTH_AP 设定的字节不会被存储。在 P2P 模式下，对所有的信息元素，超出 INFO_ELEMENT_MAX_TOTAL_LENGTH_AP 设定的字节不会被存储。
- WLAN_GENERAL_PARAM_OPT_SCAN_PARAMS——改变扫描频道和 RSSI 门槛。

下面是一个设置 AP 模式中 SSID 的例子：

```
unsigned char str[33];
memset(str, 0, 33);
memcpy(str, ssid, len); // ssid string of 32 characters
sl_WlanSet(SL_WLAN_CFG_AP_ID, WLAN_AP_OPT_SSID, strlen(ssid), str);
```

sl_WlanGet——运行用户配置不同的 WLAN 相关参数。使用的主要参数有：ConfigID 和 ConfigOpt。sl_WlanGet 的使用说明和 sl_WlanSet 相似。

sl_WlanConnect——手动连接到 WLAN 网络。

sl_WlanDisconnect——断开 WLAN 连接。

sl_WlanProfileAdd——当采用自动启动连接策略时，设备将会利用配置表连接某个 AP。最多支持 7 个配置表。如果有多个表可用，设备将会选择具有最高优先级的表。在每个优先级组中，设备依据下面的参数选择配置表：安全策略、信号强度。

sl_WlanProfileGet——从设备中读取一个 WLAN 配置。

sl_WlanProfileDel——删除一个存在的配置。

sl_WlanPolicySet——对下面的 WLAN 功能进行配置：

- SL_POLICY_CONNECTION——SL_POLICY_CONNECTION 类型定义了 3 个与 CC31XX 设备连接 AP 相关的选项。
  - Auto Connect——当连接失败或者设备重新启动时，CC31XX 设备将会依照其存储的配置信息进行自动重连。可以使用下面的命令设定该选项：

```
sl_WlanPolicySet(SL_POLICY_CONNECTION,SL_CONNECTION_POLICY(1,0,0,0,0),NULL,0)
```

  - Fast Connect——CC31XX 设备试图建立一个到 AP 的快速连接。可以使用下面的命令设定该选项：

```
sl_WlanPolicySet(SL_POLICY_CONNECTION,SL_CONNECTION_POLICY(0,1,0,0,0),NULL,0)
```

  - P2P Connect——如果设置了 P2P 模式，CC31XX 设备将会试图自动连接到第一个可用的 P2P 设备上，只支持按钮。可以使用下面的命令设定该选项：

```
sl_WlanPolicySet(SL_POLICY_CONNECTION,SL_CONNECTION_POLICY(0,0,0,1,0),NULL,0)
```

  - Auto smart config upon restart——设备在 SmartConfig 模式下唤醒。**注意：任何来自主机的命令将会结束该状态**。可以使用下面的命令设定该选项：

```
sl_WlanPolicySet(SL_POLICY_CONNECTION,SL_CONNECTION_POLICY(0,0,0,0,1),NULL,0)
```

- SL_POLICY_SCAN——定义了当无连接时系统进行信号扫描的间隔时间。默认间隔是 10 min。当设定好间隔后，将会立即执行一次扫描。下一次的扫描将会依照设定的时间间隔进行。下面的例子说明如何将扫描间隔时间设定为 1 min：


```
unsigned long intervalInSeconds = 60;
#define SL_SCAN_ENABLE 1
sl_WlanPolicySet(SL_POLICY_SCAN,SL_SCAN_ENABLE, (unsigned char * )
&amp;intervalInSeconds,sizeof(intervalInSeconds));
To disable the scan, use:
#define SL_SCAN_DISABLE 0
sl_WlanPolicySet(SL_POLICY_SCAN,SL_SCAN_DISABLE,0,0);
```

- SL_POLICY_PM——设定站点模式下的电源管理策略。一共有 4 种可用的电源管理策略：
  - SL_NORMAL_POLICY（默认）——使用下面的命令设置正常模式的电源管理策略：

```
sl_WlanPolicySet(SL_POLICY_PM , SL_NORMAL_POLICY, NULL,0)
```

  - SL_LOW_LATENCY_POLICY——使用下面的命令设置低延迟模式的电

源管理策略：

```
sl_WlanPolicySet(SL_POLICY_PM , SL_LOW_LATENCY_POLICY, NULL,0)
```

- SL_LOW_POWER_POLICY——使用下面的命令设置低功耗模式的电源管理策略：

```
sl_WlanPolicySet(SL_POLICY_PM , SL_LOW_POWER_POLICY, NULL,0)
```

- SL_ALWAYS_ON_POLICY——使用下面的命令设置长连接模式的电源管理策略：

```
sl_WlanPolicySet(SL_POLICY_PM , SL_ALWAYS_ON_POLICY, NULL,0)
```

- SL_LONG_SLEEP_INTERVAL_POLICY——使用下面的命令设置长睡眠间隔模式的电源管理策略：

```
unsigned short PolicyBuff[4] = {0,0,800,0}; // 800 is max sleep time in mSec
sl_WlanPolicySet(SL_POLICY_PM , SL_LONG_SLEEP_INTERVAL_POLICY,
PolicyBuff,sizeof(PolicyBuff));
```

● SL_POLICY_P2P——定义了处于 P2P 模式下，协商策略所需的参数。设定协商值的参数可以是下面三者之一：

- SL_P2P_ROLE_NEGOTIATE——intent 3。
- SL_P2P_ROLE_GROUP_OWNER——intent 15。
- SL_P2P_ROLE_CLIENT——intent 0。

设定协商发起值（第一个协商动作帧的发起策略）的参数可以是下面三者之一：

- SL_P2P_NEG_INITIATOR_ACTIVE。
- SL_P2P_NEG_INITIATOR_PASSIVE。
- SL_P2P_NEG_INITIATOR_RAND_BACKOFF。

例如：

```
set sl_WlanPolicySet(SL_POLICY_P2P,
    SL_P2P_POLICY(SL_P2P_ROLE_NEGOTIATE,SL_P2P_NEG_INITIATOR_RAND_BACKOFF),
NULL,0);
```

sl_WlanPolicyGet——读取不同的 WLAN 策略设定。可能的选项有：

● SL_POLICY_CONNECTION。

● SL_POLICY_SCAN。

● SL_POLICY_PM。

sl_WlanGetNetworkList——获取最近的 WLAN 扫描结果。

sl_ WlanSmartConfigStart——让设备进入 SmartConfig 状态。一旦 SmartConfig成功结束，将会接收到一个异步事件：SL_OPCODE_WLAN_SMART_CONFIG_

START_ASYNC_RESPONSE。该事件包括 SSID 和一个可能需要交付的额外字段(例如设备名字)。

sl_WlanSmartConfigStop——停止 SmartConfig 程序。一旦 SmartConfig 停止,将会接收到一个异步事件:SL_OPCODE_WLAN_SMART_CONFIG_STOP_ASYNC_RESPONSE。

sl_WlanRxStatStart——开始进行 WLAN 接收统计(无限制时间)。

sl_WlanRxStatStop——停止 WLAN 接收统计。

sl_WlanRxStatGet——获取 WLAN 接收统计信息。调用该命令后,统计计数器将会被清零。返回的统计信息包括:

- Received valid packets——正确接收的数据包的总数(包括过滤的数据包)。
- Received FCS Error packets——由于 FCS 错误而丢失的数据包的总数。
- Received PLCP error packets——由于 PLCP 错误而丢失的数据包的总数。
- Average data RSSI——所有接收到的可用数据包的平均 RSSI。
- Rate histogram——所有接收到的可用数据包的速率直方图。
- RSSI histogram——从−40～−87 的 RSSI 直方图(此范围外的值出现在第一个和最后一个单元中)。
- Start time stamp——开始进行接收统计时的时间戳,单位是 μs。
- Get time stamp——读取接收统计信息时的时间戳,单位是 μs。

6.3.3 Socket

sl_Socket——创建一个新 socket 类型的 socket 连接,然后用整数表示它并向它分配系统资源。支持的 socket 的类型有:

- SOCK_STREAM(TCP——可靠的面向流的服务或流的套接字)。
- SOCK_DGRAM(UDP——数据报服务或数据包套接字)。
- SOCK_RAW(网络层之上的原协议)。

sl_Close——正常关闭套接字。该函数会使系统释放为套接字分配的资源。在使用 TCP 的情况下,连接会终止。

sl_Accept——该函数用于以连接为基础的 socket 类型(SOCK_STREAM),该函数会提取悬挂连接队列中的第一个连接请求并创建一个新的连接 socket,然后返回一个文件描述符指向该 socket。新创建的 socket 并不处于监听状态。该函数的调用不会影响已有的 socket sd。

sl_Bind——向 socket 发送本地地址 addr。addr 的大小是地址字节大小。通常,如果创建一个新的 socket,它存在于名字空间(地址族)中但是名字还未分配,此时会引用该函数。在 SOCK_STREAM 类型 socket 接收连接之前必须分配本地地址。

sl_Listen——指定想要接收的传入连接并为该连接分配专用队列。listen()函数仅用于 SOCK_STREAM 类型的 socket 连接，参数 backlog 定义了挂起连接队列的最大长度。

sl_Connect——将 socket 描述符指定的 socket 与 addr 指定的地址连接起来。参数 addrlen 制定了 addr 的长度。参数 addr 的格式由 socket 中的地址空间决定。如果该 socket 是 SOCK_DGRAM 类型，调用该函数将会指定与哪个套接字关联对等。数据报应该发送到一个地址，该地址是数据报应该被接收的地址。如果该 socket 是 SOCK_STREAM 类型，调用该函数将会导致建立与另一个 socket 的连接。这个 socket 的地址通过 socket 通信空间中的某个地址决定。

sl_Select——允许程序监视多个文件描述符，并一直等待直到一个以上的文件描述符对 I/O 操作类可用。sl_Select 具有若干子功能，这些功能用于设定文件描述符中的下述选项：

- SL_FD_SET——选择 SlFdSet_t 设置功能。设定(SlFdSet_t 容器中)当前的 socket 描述符。
- SL_FD_CLR——选择 SlFdSet_t 清除功能。清除(SlFdSet_t 容器中)当前的 socket 描述符。
- SL_FD_ISSET——选择 SlFdSet_t ISSET 功能。检查当前的 socket 描述符是否已设定(TRUE/FALSE)
- SL_FD_ZERO——选择 SlFdSet_t 清零功能。将(SlFdSet_t 容器中)所有的 socket 描述符清除。

sl_SetSockOpt——操作与套接字关联的选项。这些选项存在多种协议等级并且常常出现在最高层的套接字等级中。支持的套接字选项有：

- SL_SO_KEEPALIVE——通过启用定期传输消息的功能来保持 TCP 连接一直处于活跃状态；启用/禁用，周期性保持活跃。默认值：启用，保持活跃状态超时 300 s。
- SL_SO_RCVTIMEO——设定超时时间的值，该值决定输入函数等待输入完成的最大等待时间。默认值：无超时限制。
- SL_SO_RCVBUF——设定 TCP 最大接收窗口。
- SL_SO_NONBLOCKING——设置套接字进行无阻塞操作。对以下操作有影响：connect、accept、send、sendto、recv 和 recvfrom。默认值：阻塞。
- SL_SO_SECMETHOD——设定 TCP 安全套接字(SL_SEC_SOCKET)的方法。默认值：SL_SO_SEC_METHOD_SSLv3_TLSV1_2。
- SL_SO_SECURE_MASK——设置 TCP 安全套接字(SL_SEC_SOCKET)的密码。默认值："Best" cipher suitable to method。
- SL_SO_SECURE_FILES——将程序文件映射到安全的套接字(SL_SEC_SOCKET)上。
- SL_SO_CHANGE_CHANNEL——设定收发器模式的频道。

- SL_IP_MULTICAST_TTL——设定 socket 发送的多播数据包的存活时间。
- SL_IP_RAW_RX_NO_HEADER——原始套接字,从接收到的数据中移除 IP 头部字段。默认值:包含 IP 头部字段。
- SL_IP_HDRINCL——只用于原始套接字,当发送一个数据包时,除非 IP_HDRINCL 套接字选项启用,否则 IPv4 层会产生一个 IP 头部字段。当启用 IP_HDRINCL 套接字选项时,数据包本身必须已经包含 IP 头部字段。默认值:禁用,网络协议栈会自动生成 IPv4 头部字段。
- SL_IP_ADD_MEMBERSHIP——UDP 套接字,加入一个多播组。
- SL_IP_DROP_MEMBERSHIP——UDP 套接字,离开一个多播组。
- SL_SO_PHY_RATE——原始套接字,设定 WLAN PHY 传输率。
- SL_SO_PHY_TX_POWER——原始套接字,设定 WLAN PHY 发送功率。
- SL_SO_PHY_NUM_FRAMES_TO_TX——原始套接字,设定收发器模式下发送帧的数量。
- SL_SO_PHY_PREAMBLE——原始套接字,设定 WLAN PHY 前文。

sl_GetSockOpt——操纵与套接字关联的选项。这些选项存在多种协议等级并且常常出现在最高层的套接字等级中。套接字选项与 sl_SetSockOpt 中的选项相似。

sl_Recv——从 TCP 套接字中读取数据。

sl_RecvFrom——从 UDP 套接字中读取数据。

sl_Send——向 TCP 套接字写入数据。向设备发送数据后直接返回。如果发送数据失败,将会接收到异步事件 SL_NETAPP_SOCKET_TX_FAILED。如果是原始套接字(收发器模式),在帧数据缓存的尾部应为 WLAN FCS 保留 4 个额外的字节。

sl_SendTo——向 UDP 套接字写入数据。该函数向另一个套接字(无连接的套接字 SOCK_DGRAM, SOCK_RAW)发送消息。向设备发送数据后直接返回。如果发送数据失败,将会接收到异步事件 SL_NETAPP_SOCKET_TX_FAILED。

sl_Htonl——将 32 位无符号数按字节从处理器的数据排列方式变更为网络数据排序方式。

sl_Htons——将 16 位无符号数按字节从处理器的数据排列方式变更为网络数据排序方式。

6.3.4 NetApp

sl_NetAppStart——启用或开始不同网络服务。可以取以下的多个值:

- SL_NET_APP_HTTP_SERVER_ID——HTTP 服务器服务。
- SL_NET_APP_DHCP_SERVER_ID——DHCP 服务器服务(DHCP 客户端一直支持)。

● SL_NET_APP_MDNS_ID——MDNS 客户端/服务器服务。

sl_NetAppStop——禁用或停止某个网络服务。其配置选项与 sl_NetAppStart 相似。

```
sl_NetAppSet
sl_NetAppGet
```

sl_NetAppDnsGetHostByName——通过设备名获取网络上某个设备的 IP 地址。具体使用的例子如下：

```
unsigned long DestinationIP;
sl_NetAppDnsGetHostByName("www.ti.com",strlen("www.ti.com"),&amp;DestinationIP,SL_
AF_INET);
Addr.sin_family = SL_AF_INET;
Addr.sin_port = sl_Htons(80);
Addr.sin_addr.s_addr = sl_Htonl(DestinationIP);
AddrSize = sizeof(SlSockAddrIn_t);
SockID = sl_Socket(SL_AF_INET,SL_SOCK_STREAM, 0);
```

sl_NetAppDnsGetHostByService——依照服务名字，返回服务属性如 IP 地址、端口和文本。用户设定服务名字全称/部分（具体请看下面的例子），可以得到如下的信息：

● 服务的 IP。
● 服务的端口。
● 服务的文本。

通过名字方法得到主机的方法与之类似。利用一个包含服务名字的 PTR 类型的 shot 请求就可以实现。利用服务名字全称的例子如下：

● PC1._ipp._tcp.local。
● PC2_server._ftp._tcp.local。

利用部分服务名字的例子如下：

● _ipp._tcp.local。
● _ftp._tcp.local。

sl_NetAppGetServiceList——获取对等服务的列表。列表采用服务结构的格式记录。用户可以选择服务结构的类型。支持的服务结构如下：

● 包含文本的完全服务参数。
● 完全服务参数。
● 短服务参数（只包含端口和 IP 地址），特别是小型主机。

注意：不同类型的数据结构可以节约主机的内存。

sl_NetAppMDNSRegisterService——向 mDNS 包和数据库注册一个新的 mDNS 服务。该注册服务由应用程序提供。该服务的名字应该按照 DNS-SD RFC

的规范设定并是一个完全服务名字。

一个服务名字的例子：

- PC1._ipp._tcp.local。
- PC2_server._ftp._tcp.local。

如果已经设定 is_unique 选项，那么在网络上发布某个服务前，mDNS 会探测该服务名以确保该服务名是独一无二的。

sl_NetAppMDNSUnRegisterService——从 mDNS 包和数据库中删除某个 mDNS 服务。

sl_NetAppPingStart——向网络主机发送一个 ICMP ECHO_REQUEST（或 ping）。下面例子的主要功能是：发送 20 个 ping 请求，当所有的请求发送后报告回调例程的结果。

```
// callback routine
void pingRes(SlPingReport_t * pReport)
{
// handle ping results
}
// ping activation
void PingTest()
{
SlPingReport_t report;
SlPingStartCommand_t pingCommand;
pingCommand.Ip = SL_IPV4_VAL(10,1,1,200); // destination IP address is
10.1.1.200
pingCommand.PingSize = 150; // size of ping, in bytes
pingCommand.PingIntervalTime = 100; // delay between pings, in
milliseconds
pingCommand.PingRequestTimeout = 1000; // timeout for every ping in
milliseconds
pingCommand.TotalNumberOfAttempts = 20; // max number of ping requests. 0 -
forever
pingCommand.Flags = 0; // report only when finished
sl_NetAppPingStart( &amp;pingCommand, SL_AF_INET, &amp;report, pingRes ) ;
}
```

6.3.5 NetCfg

sl_NetCfgSet——管理下列网络功能的配置：

- SL_MAC_ADDRESS_SET——用新的 MAC 地址覆盖默认的 MAC 的值，并将新的 MAC 地址保存在 SFlash 文件系统中。

- SL_IPV4_STA_P2P_CL_DHCP_ENABLE——当设备处于 WLAN STA 模式或 P2P 客户端模式时，命令设备通过 DHCP 服务获取 IP 地址。建立 WLAN 连接后，该选项的模式是系统获取 IP 地址的默认模式。
- SL_IPV4_STA_P2P_CL_STATIC_ENABLE——当设备处于 STA 或 P2P 客户端模式时，向设备分配一个静态的 IP 地址。该 IP 地址保存在 SFlash 文件系统中。如果想要禁用静态 IP 配置并获取 DHCP 分配的 IP 地址，可以使用 SL_STA_P2P_CL_IPV4_DHCP_SET。
- SL_IPV4_AP_P2P_GO_STATIC_ENABLE——当设备处于 AP 模式或 P2P go 模式时，向设备分配一个静态的 IP 地址。该 IP 地址保存在 SFlash 文件系统中。

使用这些配置的例子如下：

```
_NetCfgIpV4Args_t ipV4;
ipV4.ipV4 = (unsigned long)SL_IPV4_VAL(10,1,1,201); // unsigned long IP
address
ipV4.ipV4Mask = (unsigned long)SL_IPV4_VAL(255,255,255,0); // unsigned long
Subnet mask for this AP/P2P
ipV4.ipV4Gateway = (unsigned long)SL_IPV4_VAL(10,1,1,1); // unsigned long
Default gateway address
ipV4.ipV4DnsServer = (unsigned long)SL_IPV4_VAL(8,16,32,64); // unsigned long DNS
server address
sl_NetCfgSet(SL_IPV4_AP_P2P_GO_STATIC_ENABLE,1,sizeof(_NetCfgIpV4Args_t),(unsigned
char * )
&amp;ipV4);
sl_Stop(0);
sl_Start(NULL,NULL,NULL);
```

注意： ① AP 模式必须使用静态 IP 地址。

② 所有改变的配置都需要重启系统才能生效。

sl_NetCfgGet——读取网络配置。选项如下：

- SL_MAC_ADDRESS_GET。
- SL_IPV4_STA_P2P_CL_GET_INFO——从 WLAN 站或 P2P 客户端获取 IP 地址。将会返回一个 DHCP 标志位，用来说明 IP 地址是静态分配还是来自 DHCP。
- SL_IPV4_AP_P2P_GO_GET_INFO——返回 AP 的 IP 地址。

下面是一个从 WLAN 站或 P2P 客户端获取 IP 地址的例子：

```
unsigned char len = sizeof(_NetCfgIpV4Args_t);
unsigned char dhcpIsOn = 0;
_NetCfgIpV4Args_t ipV4 = {0};
```

```
sl_NetCfgGet(SL_IPV4_STA_P2P_CL_GET_INFO,&amp;dhcpIsOn,&amp;len,(unsigned char * )
&amp;ipV4);
printf("DHCP is %s IP %d.%d.%d.%d MASK %d.%d.%d.%d GW %d.%d.%d.%d DNS %
d.%d.%d.%d\n",
(dhcpIsOn
> 0) ? "ON":"OFF",
SL_IPV4_BYTE(ipV4.ipV4,3),
SL_IPV4_BYTE(ipV4.ipV4,2),
SL_IPV4_BYTE(ipV4.ipV4,1),
SL_IPV4_BYTE(ipV4.ipV4,0),
SL_IPV4_BYTE(ipV4.ipV4Mask,3),
SL_IPV4_BYTE(ipV4.ipV4Mask,2),
SL_IPV4_BYTE(ipV4.ipV4Mask,1),
SL_IPV4_BYTE(ipV4.ipV4Mask,0),
SL_IPV4_BYTE(ipV4.ipV4Gateway,3),
SL_IPV4_BYTE(ipV4.ipV4Gateway,2),
SL_IPV4_BYTE(ipV4.ipV4Gateway,1),
SL_IPV4_BYTE(ipV4.ipV4Gateway,0),
SL_IPV4_BYTE(ipV4.ipV4DnsServer,3),
SL_IPV4_BYTE(ipV4.ipV4DnsServer,2),
SL_IPV4_BYTE(ipV4.ipV4DnsServer,1),
SL_IPV4_BYTE(ipV4.ipV4DnsServer,0));
```


6.3.6 File System

sl_FsOpen——在 SFlash 存储器 AccessModeAndMaxSize 中打开一个文件用于读或写。可能的输入如下：

- FS_MODE_OPEN_READ——读取一个文件。
- FS_MODE_OPEN_WRITE——打开一个存在的文件并写入信息。
- FS_MODE_OPEN_CREATE(maxSizeInBytes,accessModeFlags)——创建一个新的文件。文件的最大大小是以字节度量的。对优化过的文件系统来说,文件可用的最大大小是 4 KB－512 B(例如,3 584,7 680)。根据 SlFileOpenFlags_e,某些访问模式可能会混合到一起。

下面是相关的一个例子：

```
sl_FsOpen("FileName.html",FS_MODE_OPEN_CREATE(3584,_FS_FILE_OPEN_FLAG_COMMIT|_FS_
        FILE_PUBLIC_WRITE) ,NULL, &amp;FileHandle);
sl_FsClose——关闭 SFlash 存储器中的文件
sl_FsRead——读取文件的某一文件块信息
sl_FsWrite——向文件的某一文件块写入信息
sl_FsDel——删除 SFlash 存储器中的指定文件或全部文件(格式化)
sl_FsGetInfo——返回如下的文件信息:标志、文件大小、分配空间大小和标记
```

第7章

MiCO 系统

嵌入式实时操作系统(RTOS)在嵌入式开发中正得到越来越广泛的应用。实时操作系统与一般的操作系统相比,最大的特色就是其“实时性”。如果有一个任务需要执行,实时操作系统会马上(在较短时间内)执行该任务,不会有延时(或延时在预定范围内)。这种特性保证了各个任务的及时执行。采用嵌入式实时操作系统可以更合理、更有效地利用 CPU 的资源,简化应用软件的设计,缩短系统开发时间,更好地保证系统的实时性和可靠性。

本章将简要介绍嵌入式 RTOS 的一些必要基础知识,包括常见的 RTOS,以及 RTOS 的衍生 MiCO 系统,并对 MiCO 系统的层次、MiCO 系统的移植,以及与云平台的交互做详细的介绍。关于 MiCO 的更多技术细节,以及获取开发者支持或相关论坛等,请参考 MiCO 官网 http://www.mico.is。

7.1 RTOS 基础

与 PC 软件的开发不同,开发嵌入式系统的软件通常需要考虑系统与应用软件的集成,以及软件的结构。因此,对于嵌入式软件的开发,必须要使用相应的软件开发方式,并且根据软件的使用情况与需求进行系统结构的选择。

嵌入式软件的设计通常分为使用 RTOS 与不使用 RTOS(裸机嵌入式系统软件)两种设计方法。

裸机嵌入式系统软件由于没有操作系统,用户程序的执行从 main 函数开始,不存在任务调度与切换。由于没有操作系统负责任务调度,因此用户程序应合理地设计软件结构,充分利用硬件资源,以实现定时器中断、系统控制等功能,并且必须对内存资源进行合理使用。

RTOS 与 PC 的操作系统相似,RTOS 有基础的内核,以及一些附加的功能模块,例如文件系统、网络协议堆栈和某些设备驱动程序。RTOS 的核心被称为系统内核,并提供有一个可以透过系统内核去创建任务的 API。一个任务就像是一个拥有自己的堆栈,并带有任务控制区块(TCB——任务 Control Block)的函数。除了任务本身私有的堆栈之外,每个 TCB 也包含一部分该任务的状态消息。

RTOS 内核还含有一个调度器,调度器会按照一套机制来执行任务。各种任务调度器之间的主要差异，就是如何分配执行它们所管理的各种任务的时间。基于优先级的抢占式调度器，如图7-1所示，是嵌入式RTOS之间最流行和普遍的任务调度算法。通常情况下，相同优先级的任务会以round robin循环的方式加以执行。

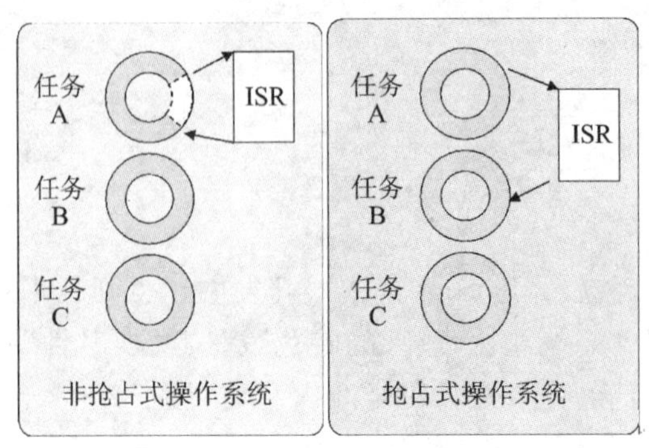

图7-1 非抢占式与抢占式的RTOS示意图

多数内核还会利用系统频率(system tick)中断，其典型的频率为10 ms。如果在RTOS中缺乏系统时钟，仍然能够有某种基本形式的调度。这种与时间有关的服务内容包括：软件定时器、任务睡眠API呼叫、任务时间片，以及任务超时的API回调等。

嵌入式芯片的硬件定时器能够实现系统中断，大多数的RTOS有能力动态地扩增或重新设置定时器的中断频率，以便让该系统进入睡眠，直到被下一个定时器期限或外部事件唤醒。例如，有一个对耗能敏感的应用程序，用户可能不希望每10 ms就运行一次不必要的系统频率处理程序。所以假设应用程序处于闲置状态，想要把下一个定时器期限改为1 000 ms。在这种情况下，定时器可以被重新规划成1 000 ms，应用程序则会进入低功耗模式。一旦在这种模式下，处理器将进入休眠状态，直到产生了外部事件，或是定时器的1 000 ms到期。在任一种情况之下，当处理器恢复执行时，RTOS就会根据已经经过了多少时间来调整内部时间，并恢复RTOS和应用程序处理。如此一来，处理器只会在执行应用程序有事可做时进行运算。空闲期间处理器可以睡眠，节省电源消耗。

7.1.1 使用RTOS的优势

无RTOS系统就像无OS的裸机一样，处理多任务会很不方便，一但软件结构确定就很难改变，既不能适应系统扩充，也不能适应系统升级换代。

通常，无RTOS的简单嵌入式系统使用超循环(Super-Loop)这一概念，其中应用程序按固定顺序执行每个函数。中断服务例程(ISR)用于时间敏感或关键部分的程序，而超循环体内处理一些对时间不敏感的运算和操作，这使得ISR函数变得非常重要，并且要尽可能优化。

此外，超循环和ISR之间的数据交换是通过全局共享变量进行的，因此还必须确保应用程序数据的一致性。对超循环程序的一个简单的更改，就可能产生不可预测的副作用。对这种副作用进行分析通常非常耗时，这使得超循环应用程序变得非常复杂，并且难以调试和扩展。

超循环非常适合简单的小系统，但对较为复杂的应用程序会有限制，似乎使得所做的一切工作都是硬件相关的，像使用一台 PC 裸机一样，需要很高的专业水平，并且容易出错，可维护性低，开发效率也不高。

虽然不使用 RTOS 也能创建实时程序，但 RTOS 可以实现并解决许多超循环不能实现的嵌入式系统的调度、维护和任务计时问题。

使用 RTOS 系统后，嵌入式系统结构上就能设计得更灵活，因而适应性强，可适应各种预想不到的扩展因素。同时也使系统成为一定意义上的“通用机”，可重用性得到提高。

7.1.2　常见的 RTOS

目前，应用于嵌入式系统的 RTOS 系统已经非常成熟，常见的 RTOS 包括以下几种。

1. μC/OS-II

μC/OS-II 是美国嵌入式系统专家 Jean J. Labrosse 用 C 语言编写的一个结构小巧、抢占式的多任务实时内核。μC/OS-II 能管理 64 个任务，并提供任务调度与管理、内存管理、任务间同步与通信、时间管理和中断服务等功能，具有执行效率高、占用空间小、实时性能优良和可扩展性强等特点。μC/OS-II 在中国比较流行，现在已经推出 μC/OS-III。

2. FreeRTOS

FreeRTOS 是一个迷你操作系统内核的小型嵌入式系统。作为一个轻量级的操作系统，功能包括：任务管理、时间管理、信号量、消息队列、内存管理、记录功能等，可基本满足较小系统的需要。

相对 μC/OS-II、embOS 等商业操作系统，FreeRTOS 操作系统是完全免费的操作系统，具有源码公开、可移植、可裁减、调度策略灵活的特点，可以方便地移植到各种单片机上运行。

由于 FreeRTOS 源码公开、完全免费，符合互联网时代合作分享的精神，在物联网应用中被普遍采用。本章同时也将对 FreeRTOS 做基本的介绍。

3. ThreadX

ThreadX 是优秀的硬实时操作系统，具有规模小、实时性强、可靠性高、无产品版权费、易于使用等特点，其支持多种 CPU，系统优先级可于程序执行时动态设定，并且相关配套基础软件完整，因此广泛应用于消费电子、汽车电子、工业自动化、网络解决方案、军事与航空航天等领域中。

7.2　FreeRTOS 简介

FreeRTOS 作为一个轻量级嵌入式操作系统，具有源码公开、可移植、可裁减、调度策略灵活的特点，可以方便地移植到各种嵌入式控制器上实现满足用户需求的应用。此外，无论商业应用还是个人学习，都无需商业授权，FreeRTOS 是完全免费的操作系统。

FreeRTOS 的主要特性如下：

实时性：FreeRTOS"可以"配置成为一个硬(Hard)实时操作系统内核。要注意这里用的是"可以"，FreeRTOS 也可以配置为非实时型内核，甚至于部分任务是实时性的，部分不是。这一点比 μC/OS-II 要灵活。

任务数量：FreeRTOS 对任务数没有限制，同一优先级也可以有多个任务。这一点比 μC/OS-II 好。

抢占式或协作式调度算法：任务调度既可以为抢占式也可以为协作式。采用协作式调度算法后，一个处于运行态任务除非主动要求任务切换，否则是不会被调度出运行态的。

任务调度的时间点：调度器会在每次定时中断到来时决定任务调度，同时外部异步事件也会引起调度器任务调度。

调度算法：任务调度算法首先满足高优先级任务最先执行，当多于 1 个任务具有相同的高优先级时，采用 round robin 算法调度。

7.2.1　FreeRTOS 的体系结构

FreeRTOS 的体系结构，包括：任务调度机制、系统时间管理机制、内存分配机制、任务通信与同步机制等。FreeRTOS 还提供 I/O 库、系统跟踪(Trace)、TCP/IP 协议栈等相关组件。如图 7-2 所示，为 FreeRTOS 的体系结构框图。

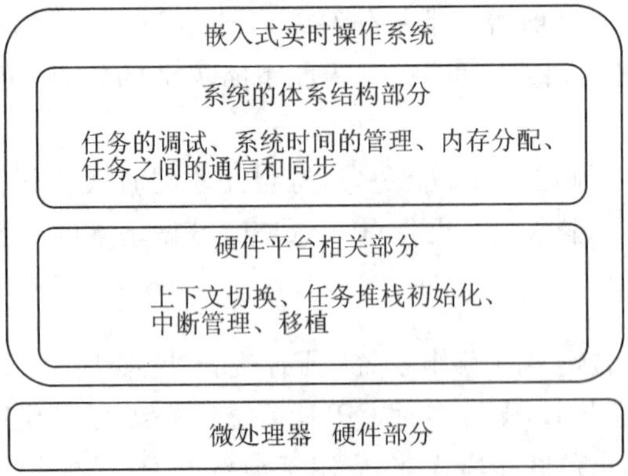

图 7-2　FreeRTOS 的体系结构框图

7.2.2 FreeRTOS 系统的任务调度机制

在 FreeRTOS 系统下可实现创建任务、删除任务、挂起任务、恢复任务、设定任务优先级、获得任务相关信息等功能。

1. 从调度方式上分析

FreeRTOS 可根据用户需要设置为可剥夺型内核或不可剥夺型内核。

当 FreeRTOS 设置为可剥夺型内核时，处于就绪态的高优先级任务能剥夺低优先级任务的 CPU 使用权，这样可保证系统满足实时性的要求。

设置为不可剥夺型内核时，处于就绪态的高优先级任务只有等当前运行任务主动释放 CPU 的使用权后才能获得运行，这样可提高 CPU 的运行效率。

2. 从优先级的配置上分析

FreeRTOS 系统没有优先级数量上的限制。可以根据需要对不同任务，设置不同优先级的大小。其中，0 的优先级最低。也可以对不同任务设置相同的优先级，同一优先级的任务，共享 CPU 的使用时间。

任务的调度采用双向链表结构，这样既能采用优先级调度算法又能实现轮换调度算法。

若此优先级下只有一个就绪任务，则此就绪任务进入运行态。若此优先级下有多个就绪任务，则需采用轮换调度算法实现多任务轮流执行。

3. 系统调度方式

系统调度方式包含以下 4 种状态，如图 7－3 所示。

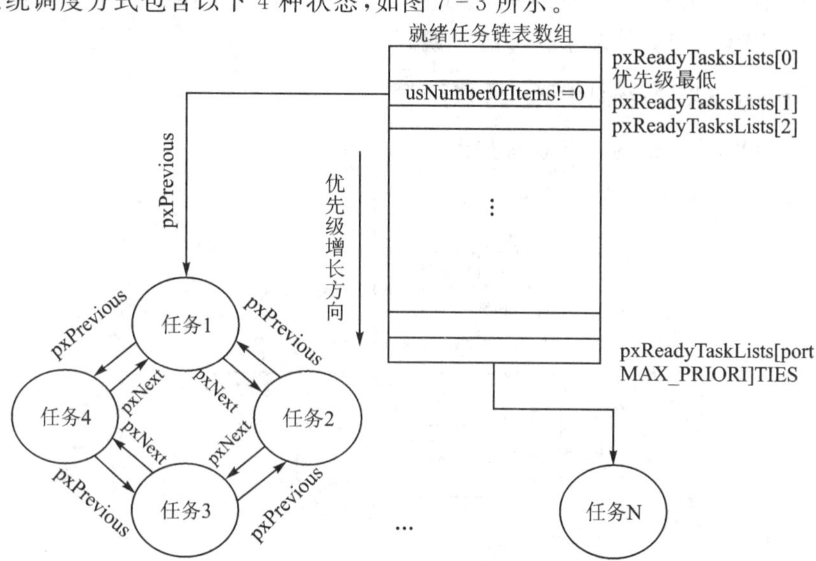

图 7－3　FreeRTOS 系统调度方式框图

系统通过指针 pxIndex 可知任务 1 为当前任务，而任务 1 的 pxNext 结点指向任务 2，因此系统把 pxIndex 指向任务 2 并执行任务 2 来实现任务调度。当下一个时钟节拍到来时，若最高就绪优先级仍为 1，系统会把 pxIndex 指向任务 3 并执行任务 3。

7.2.3　FreeRTOS 系统的任务管理机制

1. FreeRTOS 系统的任务创建和任务删除

(1) FreeRTOS 系统下的任务创建

- 当调用 xTaskCreate()函数创建一个新的任务时，FreeRTOS 首先为新任务分配所需的内存。
- 若内存分配成功，则初始化任务控制块的任务名称、堆栈深度和任务优先级，然后根据堆栈的增长方向初始化任务控制块的堆栈。
- 接着，FreeRTOS 把当前创建的任务加入到就绪任务链表。
- 若当前此任务的优先级为最高，则把此优先级赋值给变量 ucTopReadyPriority。
- 若任务调度程序已经运行且当前创建的任务优先级为最高，则进行任务切换。

(2) FreeRTOS 系统下的任务删除

- 当用户调用 vTaskDelete()函数后，分两步进行删除：
  - 第一步：FreeRTOS 先把要删除的任务从就绪任务链表和事件等待链表中删除，然后把此任务添加到任务删除链表。
  - 第二步：释放该任务占用的内存空间，并把该任务从任务删除链表中删除，这样才彻底删除了这个任务。
- 采用两步删除的策略有利于减少内核关断时间，减少任务删除函数的执行时间，尤其是当删除多个任务的时候。

2. FreeRTOS 系统中的任务状态

FreeRTOS 系统中的任务状态如图 7-4 所示。

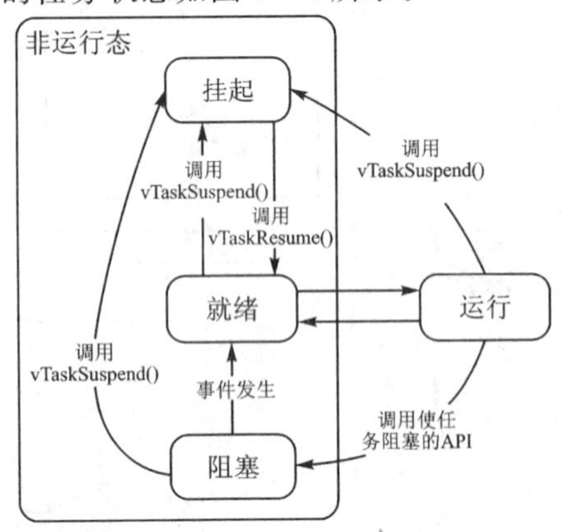

图 7-4　FreeRTOS 系统中的任务状态图

应用程序可以包含多个任务，每个任务的状态可分为：运行状态和非运行状态。每一时刻，只有一个任务被执行，即处于运行状态。当某个任务处于运行态时，处理器就正在执行它的代码。当一个任务处于非运行态时，该任务进行休眠，它的所有状态都被妥善保存，以便在下一次调试器决定让它进入运行态时可以恢复执行。FreeRTOS系统具体包含以下4种状态：

- 运行状态：当前被执行的任务处在此种状态。运行状态的任务占用处理器资源。
- 就绪状态：就绪的任务是指不处在挂起或阻塞状态，已经可以运行，但是因为其他优先级更高（或相等）的任务正在"运行"，而没有运行的任务。
- 阻塞：又称为等待状态，若任务在等待某些事件或资源，则称此任务处于阻塞状态。
- 挂起：又称为睡眠状态，处于挂起状态的任务对于调度器来说是不可见的，任务只是以代码的形式驻留在程序空间，但没有参与调度。

7.2.4　FreeRTOS任务通信与同步机制

在FreeRTOS操作系统中，任务间的通信与同步机制都是基于队列实现。通过FreeRTOS提供的服务，任务或者中断服务子程序可以将一则消息放入队列中，实现任务之间以及任务与中断之间的消息传送。

- 队列可以保存有限个具有确定长度的数据单元，通常情况下队列被作为FIFO（先进先出）使用，即数据由队列尾写入，从队列首读出。
- 队列是具有独立权限的内核对象，并不属于任何任务。
- 所有任务都可以向同一个队列发送消息或读取消息。
- 当队列在使用时，通过消息链表查询当前队列是否为空或满。

7.3　MiCO系统介绍

MiCO系统（Micro-controller based Internet Connectivity Operating system）是MXCHIP公司开发的一款满足IoT应用特点的物联网操作系统。MiCO具有高效的功耗管理、标准的网络协议和安全、可重用的中间件、灵活的云端接口和应用程序框架，可以简化IoT设备开发，缩短产品上市时间。

在MCU开发中，嵌入式实时操作系统（RTOS）正得到越来越广泛的应用。作为一款系统平台，MiCO不但囊括了RTOS的各种功能，还在其基础上实现了简易高效的开发框架、云数据透传等面向物联网的功能与应用。MiCO系统Logo如图7－5所示。

MiCO系统的前身为mxchipWNet软件库，其提供了针对于Wi-Fi模块的软件接口（API）封装。随着对MCU物联网应用开发需求的增加，mxchipWNet软件库的

图 7-5　MiCO 系统 Logo

功能也得到不断完善，随之逐渐抽象为一套较完整的 Wi-Fi 芯片开发接口标准，并形成了 MiCO 系统的雏形。

MiCO 包括了底层的芯片驱动、无线网络协议、射频控制技术、安全、应用框架等模块，MXCHIP 同时提供了阿里物联平台、移动 APP 支持，以及生产测试等一系列解决方案和 SDK，助力“软制造”创业者简化底层的投入，真正实现产品的网络化和智能化，并快速量产。

MiCO 系统的主要特色是向 MCU 的开发者提供了针对物联网应用体系开发的一套较为完整的封装；省去了传统针对 MCU 开发需要进行底层驱动定制，协议栈、RTOS 移植等操作繁琐，大大简化了用户通过 MCU 进行应用开发的学习成本。

MiCO 的出现将给硬件制造商、家电厂商以及物联网硬件创业者带来新的物联网方案，基于 MiCO 系统，开发者可以缩短手头创新项目的开发时间，同时可以得到更加稳妥、可靠的云端服务。

简单来说，MiCO 是智能硬件底层的一个开源系统，有先进的动态功耗管理技术，可灵活运用于广泛的 MCU，支持常见的处理器；具有完整的云端接入框架和应用范例，支持多种类云平台；数据可实时更新、安全可靠；便于进行二次开发。

MiCO 系统的主要特点和优势如下：

- 高能效：该平台上的 CPU 利用率极高，为智能硬件提供了多线程实时操作方案。
- 实时性：精确的时间控制，可以实现硬件端、移动端、云端的实时交互、状态更新。
- 连通性：针对 IoT 应用，包括简易的无线网络配置，智能硬件的初次设置，超快速无线网络接入，本地设备、服务的发现，异常处理，身份认证等。
- 云服务：完整的云端接入框架和应用范例，支持国内外典型的云计算平台，如阿里云。
- 低功耗：先进的动态功耗管理技术，可根据当前的应用负载，采用自适应的功耗控制策略。

- 安全性：完整的网络安全算法，保证云端数据交互的安全可靠。
- 易用性：提供面向物联网的应用程序框架及移动端应用范例。包括对 Apple HomeKit 及中国闪联协议的支持。
- 灵活性：可运行在多种 MCU 平台上，用户可以针对应用方向和开发喜好选择嵌入式硬件平台。
- 稳定性：历经 10 年国内外 800 多家客户的测试和验证，是一个已被证明了的稳定、可靠的 MCU 物联网应用操作系统。

目前，MiCO 支持的开发板已有多种，如表 7-1 所列，有非常成熟的 EMW316x 系列，MXCHIP 的 MiCOKit 开发套件系列，以及一些 MCU 芯片厂商官方的开发板，如 ST 的 NUCLEO411RE 等。CC3200 作为 TI 推出的最新一代的单芯片 Wi-Fi 芯片，同样得到了支持。目前，针对 CC3200 开发的 MiCO 系统已经初见雏形。

表 7-1 MiCO 系统支持的开发板(部分)

开发板	类 型	备 注
MiCOKit-3288	MCU 与射频分开	MXCHIP 官方 MiCOKit 套件
EVB-380-S2	MCU 与射频在一起	需要 EMW 3162 或 EMW 3161 模块
OPEN1081	MCU 与射频在一起	需要 MX1081 模块
MICO_EVB	MCU 与射频分开	
NUCLEO411RE		需要 EMW 1062 射频模块
CC3200 LaunchPad	单芯片 Wi-Fi	使用 TI 官方 CC3200 LaunchPad

MiCO 是一个微内核的小型嵌入式系统。作为一个轻量级嵌入式操作系统，具有可移植、可裁减、调度策略灵活的特点，其提供了包括线程管理、线程间通信、通用定时器等功能，可以方便地移植到各种嵌入式控制器上；其基于物联网、低功耗的特性，能够满足用户各种嵌入式传感器互联、通信的应用需求。系统物联网生态示意图如图 7-6 所示。

MiCO 作为针对微控制器(MCU)的物联网操作系统，并不是一个简单的 RTOS，而是一个包含大量中间件的软件组件包，它可支持广泛的 MCU，可通过内建的云端接入协议，以及丰富的中间件和调试工具，快速开发智能硬件产品。

MiCO 包括了底层的芯片、无线网络、射频技术、安全、应用框架等在内的技术模块。此外，也相应提供阿里物联平台、移动 APP 支持，以及生产测试等一系列解决方案和 SDK。这使得嵌入式工程师可以简化底层的投入，并且使用户实现产品的网络化和智能化，并快速量产。

与传统硬件的开发流程相比，物联网应用由于涉及到 APP 开发、云端方案、联网硬件方案设计等环节，使得智能硬件开发更为复杂。因此，通过使用 MiCO 系统，根

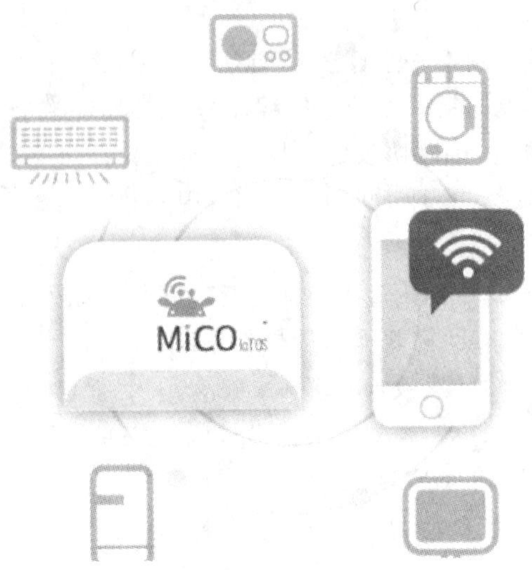

图7-6 MiCO系统物联网生态示意图

据不同厂商的硬件平台精心适配，并且使用厂商提供的不同SDK平台，实现对平台接口的抽象化(抽象化为MiCO API)，使得基于MiCO系统的嵌入式应用程序可以在基本不改写的情况下，在多种开发板上运行，大大提高了嵌入式应用的开发效率。

目前，搭载MiCO系统的模块已经在海尔、美的、A·O·史密斯、金山网络(猎豹移动)等众多厂商的各类智能物联网产品上使用，推出了包括智能烤箱、智能空调、智能热水器、空气净化器等智能家电产品。

图7-7 墨迹空气果

墨迹天气的"空气果"(见图7-7)产品也使用了搭载MiCO系统的模块实现云端数据透传。MiCO系统助力客户解决设备端开发、云端信息处理等技术难点，快速实现了产品的网络化和智能化。

7.4 MiCO在CC3200上的结构

CC3200作为TI推出的首个集成MCU和Wi-Fi于一体的芯片，主要适用于物联网(IoT)应用。从外观来看，CC3200与通常的MCU芯片没有什么不同，但是CC3200将高性能的ARM Cortex-M4 MCU以及无线专用MCU集成到同一个芯片中，并且提供了相当丰富的外设资源。添加了此MCU减轻了应用MCU的处理负担，同时该MCU包含了802.11 b/g/n射频、基带、MAC、嵌入式TCP/IP堆栈等。

作为 MCU 上运行的操作系统，MiCO 系统向上层应用提供了良好的接口与丰富的支持框架。MiCO 系统由硬件相关的 HAL 部分、802.11 无线相关的 Wi-Fi 部分、OS 相关的系统 API 和定时器部分，以及 Socket 相关的网络部分构成，并且协议栈和网络驱动都运行于用户 MCU 上。MiCO 系统在普通非单芯片上的系统框架如图 7－8 所示。

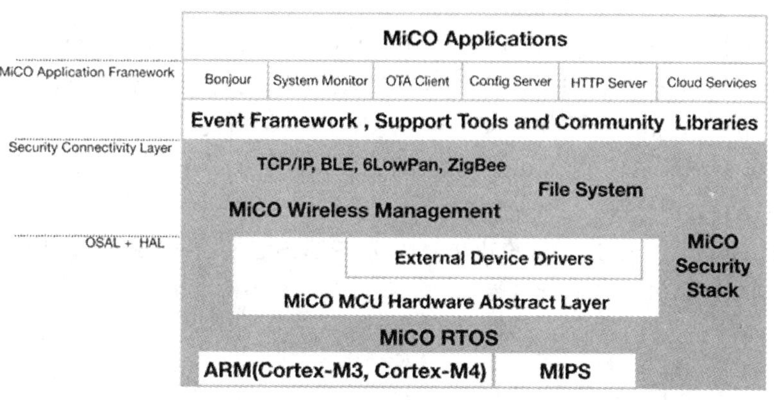

图 7－8 MiCO 架构示意图

CC3200 与普通 MCU 的另一个显著不同点是，TI 提供了功能强大的 SimpleLink 库，对网络驱动和协议栈进行封装，并提供了一套标准 API 接口，使得用户 MCU 无需处理繁杂的 TCP/IP 协议栈和 WLAN 驱动，大大简化了 Wi-Fi MCU 上应用的开发难度。

但是对于整体化的 MiCO 系统而言，在 CC3200 上，通过对 MiCO 系统底层的 API 调用以及支持库进行适配，使得 CC3200 协议栈与网卡驱动的分离模式同样能够与正常的 MiCO 系统相兼容——运行于 MiCO 系统的用户应用程序无需修改，即可在 CC3200 上运行。

CC3200 上的 MiCO 系统架构如图 7－9 所示。作为 MiCO 系统用户，只需调用标准的 MiCO API 即可，而无需关心不同 MCU 底层 MiCO 系统架构的区别。

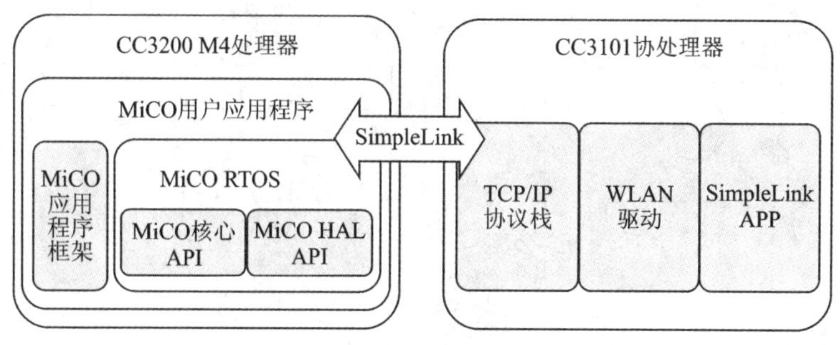

图 7－9 CC3200 上的 MiCO 系统架构示意图

MiCO提供MCU平台的抽象化，使得基于MiCO的应用程序开发不需要关心MCU具体件功能的实现，通过MiCO中提供的各种编程组件快速构建IoT设备中的软件，配合MiCOKit开发套件实现快速产品原型开发。

7.5 MiCO系统API分层

MiCO系统的用户应用程序位于MiCO系统的最上层，与之并列的框架层则提供了部分现成的嵌入式应用程序框架，用户对应用程序结合框架稍作改动，就可创建自己的应用程序，衔接该应用框架的为MiCO API接口。

MiCO系统的API由MiCO核心API(MiCO Core API)，以及硬件抽象层API(MiCO HAL API)这两大部分组成。

其中，核心API还分为初始化工具部分、RTOS部分、Socket部分以及WLAN部分，硬件抽象层API分为硬件外设接口部分以及电源控制部分，如图7-10所示。

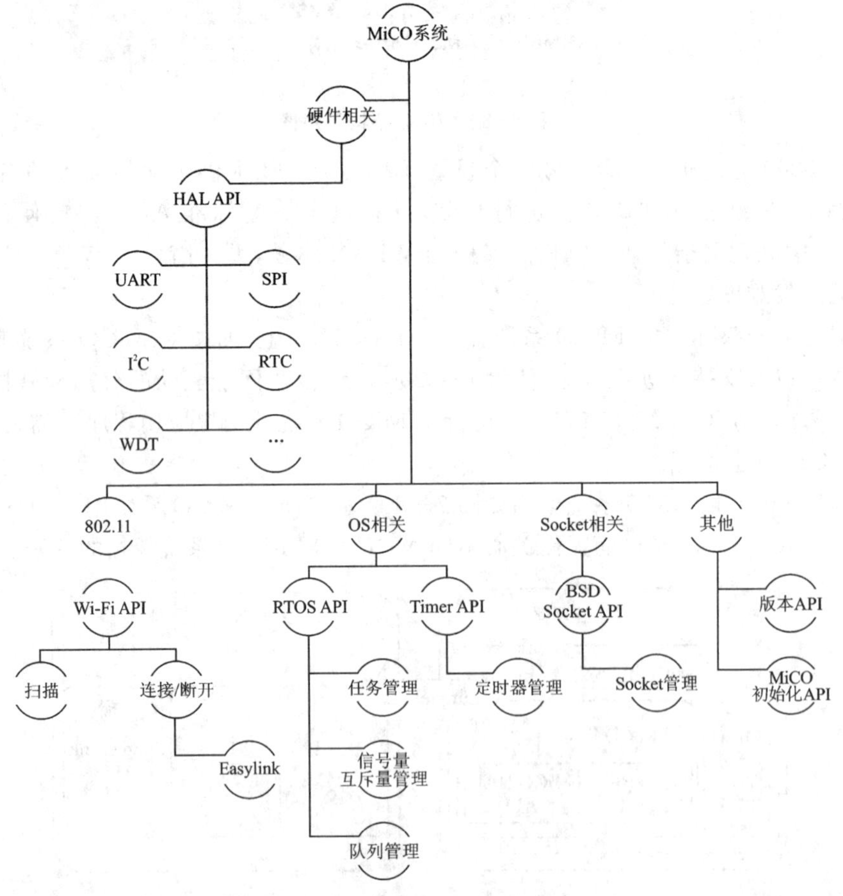

图7-10 MiCO系统分层API

进一步细分，MiCO API由HAL部分、802.11无线相关的Wi-Fi部分、OS相关的系统API和定时器部分，以及Socket相关的网络部分构成。其中，HAL部分提供了各种硬件接口，包括UART、SPI、I^2C、WDT、RTC等的封装；OS部分提供了相应的线程管理、通信、定时器等功能的封装。

Wi-Fi部分包括了EasyLink、WPS等功能，底层衔接了Wi-Fi芯片驱动，上层使用了MiCO系统的TCP/IP协议栈对网络传输部分进行了封装；Socket部分提供了标准的BSD Socket接口封装，下面对各部分进行详细介绍。

7.5.1 MiCO核心API

1. RTOS部分

RTOS部分API包括了线程、信号量、互斥量、队列、定时器这五部分。

- 线程部分：包括了创建/删除线程、暂停/继续线程、唤醒线程、判断是否为当前线程、Sleep函数等API。
- 信号量/互斥量：包括了创建/删除信号量/互斥量、锁定/解锁信号量/互斥量等API。
- 队列部分：包括了创建/删除队列、将数据插入队列、从队列弹出数据等API。
- 定时器部分：包括了创建/删除定时器，暂停/继续定时器、重置定时器、判断定时器是否运行等API。

2. Socket部分

该部分包括一个标准的BSD Socket接口API：创建/关闭Socket、设置/获取Socket选项、绑定、连接、监听、select、发送数据、接收数据等API。

3. WLAN部分

WLAN部分API包括了连接Wi-Fi、获取当前连接状态、获取当前IP地址/DHCP状态、扫描SSID、Wi-Fi电源控制、EasyLink连接、WPS PBC连接以及Wi-Fi低功耗控制等API。

7.5.2 硬件抽象层API

1. 硬件外设接口部分

硬件外设接口部分包括了ADC、Flash、GPIO、I^2C、PWM、RNG、RTC、SPI、UART、WDG等外设及接口通信API。

2. 电源控制部分

电源控制部分包括了重启、休眠、LED控制等API。

7.6 常用 MiCO 系统 API 描述

MiCO 系统的常用 API 主要是 RTOS 部分、Wi-Fi 部分，以及 Socket 部分，而 Socket 部分的 API 与 BSD Socket 完全一致，因此不再列述。下面将对系统 RTOS 部分的常用 API 进行介绍。更加详尽的介绍可以在 MiCO 官网 http://www.mico.io 中获得。

7.6.1 线 程

通过 MiCO RTOS 线程控制 API 可以在系统中定义、创建、控制和销毁线程。一个线程可以处于以下几种状态：

- Running 运行：线程正在运行中，在同一个时间，MiCO RTOS 中只可能有一个线程处于运行状态。
- Ready 就绪：线程已经就绪并且等待运行。一旦当前的运行线程被终止，或者挂起，所有就绪的线程中优先级最高的线程将会变成运行状态。
- Suspend 挂起：线程正在等待事件（一段时间、信号量、互斥锁、消息队列）发生后，转换成就绪状态。
- Terminate 终止：线程处于非活动状态，在 MiCO 系统的 IDLE 线程中，所有的非活动状态的线程所拥有的私有资源将会被自动销毁。

函数：mico_rtos_create_thread

全名：OSStatus mico_rtos_create_thread (mico_thread_t * thread, uint8_t priority, const char * name, mico_thread_function_t function, uint32_t stack_size, void * arg)

描述：创建一个新线程

参数：thread　　指向接收线程句柄的变量的指针
　　priority　　优先级
　　name　　线程的文本名称
　　function　　主函数
　　stack_size　　线程堆栈大小
　　arg　　参数

返回：kNoErr　　成功
　　kGeneralErr　　出错

函数：mico_rtos_delete_thread

全名：OSStatus mico_rtos_delete_thread (mico_thread_t * thread)

描述：删除一个线程

参数：thread　　指向接收线程句柄的变量的指针

返回:kNoErr　　成功

　　kGeneralErr　出错

函数:mico_thread_msleep

全名:voidmico_thread_msleep (int milliseconds)

描述:以 ms 为单位休眠当前线程

参数:milliseconds　　休眠的时间长度

返回:无

函数:mico_thread_sleep

全名:voidmico_thread_msleep (int seconds)

描述:以 s 为单位休眠当前线程

参数:seconds　　休眠的时间长度

返回:无

需要注意的是,MiCO 系统的优先级范围为 0～9,数值越大,则优先级越低。通常用户线程的优先级为 7,系统内核优先级为 0,相应的外设驱动、协议栈、Worker 的优先级为 2～5。高优先级的线程可以抢占低优先级线程,如果高优先级线程不能挂起,会导致低优先级的线程无法得到时间去运行。

系统优先级如图 7-11 所示。

优先级	线　程	
0	MiCO内核	高优先级
1	网络驱动	
2		
3	网络层 Worker	↑
4		
5	默认 Library 默认 Worker	
6	用户线程优先级	
7		
8		
9	空闲线程优先级	低优先级

图 7-11　线程优先级

在 MiCO 系统初始化时,会创建一个以函数 int application_start(void)为主执行体的线程,该线程的优先级是 7(MICO_APPLICATION_PRIORITY)。

7.6.2　信号量

函数:mico_rtos_init_semaphore

全名:OSStatus mico_rtos_init_semaphore(mico_semaphore_t * semaphore, int count)

描述:初始化信号量

参数:semaphore　　指向信号量的指针

　　count　　信号量最大值

返回:kNoErr　　成功

　　kGeneralErr　　出错

函数:mico_rtos_set_semaphore

全名:OSStatus mico_rtos_set_semaphore(mico_semaphore_t * semaphore)

描述:设置信号量(增加)

参数:semaphore　　指向信号量的指针

返回:kNoErr　　成功

　　kGeneralErr　　出错

函数:mico_rtos_get_semaphore

全名:OSStatus mico_rtos_set_semaphore(mico_semaphore_t * semaphore, uint32_t timeout_ms)

描述:获取信号量(减少)

参数:semaphore　　指向信号量的指针

　　timeout_ms　　等待超时

返回:kNoErr　　成功

　　kGeneralErr　　出错

7.6.3 互斥量

函数:mico_rtos_init_mutex

全名:OSStatus mico_rtos_init_mutex(mico_mutex_t * mutex)

描述:初始化互斥量

参数:mutex　　指向互斥量的指针

返回:kNoErr　　成功

　　kGeneralErr　　出错

函数:mico_rtos_lock_mutex

全名:OSStatus mico_rtos__mutex(mico_mutex_t * mutex)

描述:锁定互斥量,若互斥量被其他线程锁定,则当前线程将阻塞,直到互斥量被释放

参数:mutex　　指向互斥量的指针

返回:kNoErr　　成功

　　kGeneralErr　　出错

函数:mico_rtos_unlock_mutex

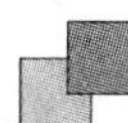

全名:OSStatus mico_rtos__mutex(mico_mutex_t * mutex)

描述:解锁互斥量

参数:mutex　　指向互斥量的指针

返回:kNoErr　　成功

kGeneralErr　　出错

7.6.4 队　列

函数:mico_rtos_init_queue

全名:OSStatus mico_rtos_init_queue(mico_queue_t * queue,const char * name,uint32_t message_size,uint32_t number_of_messages)

描述:初始化 FIFO 队列

参数:queue　　指向需要初始化的队列的指针

name　　队列名称(可以为 NULL)

message_size　　队列的每个对象大小(以 Byte 为单位)

number_of_messages　　队列消息个数

返回:kNoErr　　成功

kGeneralErr　　出错

函数:mico_rtos_pop_from_queue

全名:OSStatus mico_rtos_pop_from_queue(mico_queue_t * queue,const void * message,uint32_t timeout_ms)

描述:初始化 FIFO 队列

参数:queue　　指向队列的指针

message　　队列消息对象

timeout　　等待超时

返回:kNoErr　　成功

kGeneralErr　　出错

函数:mico_rtos_push_to_queue

全名:OSStatus mico_rtos_push_to_queue(mico_queue_t * queue,const void * message,uint32_t timeout_ms)

描述:初始化 FIFO 队列

参数:queue　　指向队列的指针

message　　队列消息对象

timeout　　等待超时

返回:kNoErr　　成功

kGeneralErr　　出错

7.6.5 定时器

函数:mico_get_timec

全名:uint32_t mico_get_time (void)

描述:获取当前系统时间(自OS启动后经过的ms数)

参数:无

返回:系统时间

函数:mico_init_timer

全名:mico_init_timer (mico_timer_t * timer, uint32_t time_ms,timer_handler_t function,void * arg)

描述:重新装载定时器值

参数:timer　　指向定时器的指针

　　time_ms　　定时器超时值(以ms为单位)

　　function　　定时器回调函数

　　arg　　传给回调函数的参数

返回:kNoErr　　成功

　　kGeneralErr　　出错

函数:mico_reload_timer

全名:OSStatus mico_reload_timer(mico_timer_t * timer)

描述:重新装载定时器值

参数:timer　　指向定时器的指针

返回:kNoErr　　成功

　　kGeneralErr　　出错

函数:mico_start_timer

全名:OSStatus mico_start_timer(mico_timer_t * timer)

描述:启动定时器

参数:timer　　指向定时器的指针

返回:kNoErr　　成功

　　kGeneralErr　　出错

7.7 MiCO系统在CC3200上的移植

所谓系统移植,就是指将一个能够在当前的微处理器上运行的操作系统内核放到另一个微处理器上,并进行修改,使之能够正常运行。

通常,嵌入式操作系统的编写者无法一次性完成整个操作系统的所有代码,而必须把一部分与硬件平台相关的代码作为接口保留出来，让用户将其移植到目标平台上。对于 MiCO 来说，其绝大多数代码用 C 语言编写，只有一小部分与具体编译器和 CPU 相关的代码（例如 MCU 是否支持浮点）需要开发人员用汇编语言完成，因此移植较为方便。

对于在新的处理器上实现 MiCO 系统的移植工作，主要包含 5 大部分，分别是 WLAN 驱动程序的调试、RTOS 部分的移植、Socket 部分的移植、WLAN 部分的移植，以及系统控制部分的移植。

WLAN 驱动程序主要涉及到 MCU 与 Wi-Fi 模块，Wi-Fi CPU 使用 SPI、SDIO 等接口与主 MCU 进行通信，因此必须先保证主 MCU 与 Wi-Fi CPU 的通路是打通的，才能进行上层协议栈的移植和开发。例如在 STM32 外接 Marvel 或者 Boardcomm 的 Wi-Fi 芯片，需要保证 STM32 的 MCU 能够与外部 Wi-Fi 芯片通信成功。

对于 CC3200 来说，其将 Wi-Fi CPU 与 MCU 使用 SimpleLink 封装软件库的形式结合在一起，因此在 CC3200 上只需直接操作 SimpleLink 库函数即可实现控制 Wi-Fi 的所有操作。

下面，将对 MiCO 系统各个部分在 CC3200 上的移植，以及相应的注意事项进行详细介绍。如果有任何移植方面的问题可以在 MiCO 官网 http://www.mico.io 中获得帮助。

7.7.1　RTOS 部分的移植

RTOS 主要涉及到的头文件是 MICORTOS.h，该文件包含了所有 MiCO 系统中的线程、信号量/互斥量、队列、定时器的函数头定义，因此必须将该头文件所对应的全部函数进行实现，以衔接 MiCO 系统的 RTOS 部分功能。RTOS 部分必须实现的 API 函数如表 7－2 所列。

表 7－2　RTOS 部分 API

类　型	API 名称	调用的库
线　程	mico_rtos_create_thread	freertos
	mico_rtos_delete_thread	freertos
	mico_rtos_suspend_thread	freertos
	mico_rtos_suspend_all_thread	freertos
	mico_rtos_resume_all_thread	freertos
	mico_rtos_thread_join	freertos
	mico_rtos_thread_force_awake	freertos
	mico_rtos_is_current_thread	freertos
	mico_thread_sleep	freertos
	mico_thread_msleep	freertos
	mico_thread_msleep_no_os	driverlib

续表 7-2

类　型	API 名称	调用的库
信号量/互斥量	mico_rtos_init_semaphore	freertos
	mico_rtos_set_semaphore	freertos
	mico_rtos_get_semaphore	freertos
	mico_rtos_deinit_semaphore	freertos
	mico_rtos_init_mutex	freertos
	mico_rtos_lock_mutex	freertos
	mico_rtos_unlock_mutex	freertos
队列	mico_rtos_deinit_mutex	freertos
	mico_rtos_init_queue	freertos
	mico_rtos_push_to_queue	freertos
	mico_rtos_pop_from_queue	freertos
	mico_rtos_deinit_queue	freertos
	mico_rtos_is_queue_empty	freertos
	mico_rtos_is_queue_full	freertos
定时器	mico_get_time	freertos
	mico_get_time_no_os	driverlib
	mico_init_timer	freertos
	mico_start_timer	freertos
	mico_stop_timer	freertos
	mico_reload_timer	freertos
	mico_deinit_timer	freertos
	mico_is_timer_running	freertos

由于 TI 的 CC3200 SDK 提供了对于 FreeRTOS 与 TI RTOS 两个系统的支持，本 RTOS 部分的移植只是针对使用 FreeRTOS 部分进行的。

对于 OS 部分的源代码移植来说，最简单、清晰的方法即在 FreeRTOS API 的基础上，继续封装一层 MiCO API 层。同样 TI 的 CC3200 提供的 OSAL 库也采用了该方法。这样一来，可以在完全不改动 FreeRTOS 源代码的基础上，保证 MiCO 系统功能的健壮性和可移植性。

例如，对于 mico_rtos_create_thread 函数的移植，由于 FreeRTOS 提供的函数 xTaskCreate 与 MiCO 系统的 xTaskCreatemico_rtos_create_thread 的参数几乎完全是一致的，因此，仅仅需要将函数的参数顺序稍作调整，再进行类型转换，传入

FreeRTOS 的 API 即可。

```
OSStatus mico_rtos_create_thread(mico_thread_t * thread, uint8_t priority, const char
 * name, mico_thread_function_t function, uint32_t stack_size, void * arg)
{
    OSStatus os_result = kNoErr;    //调用返回值

// 调用 FreeRTOS 的线程创建函数
    if(xTaskCreate(function, name, stack_size, arg, (unsigned portBASE_TYPE)priority,
(TaskHandle_t * )thread) != pdPASS)
    {
        os_result = kGeneralErr;
    }

    return os_result;
}
```

RTOS 部分的其余 API 的移植过程与 mico_rtos_create_thread API 基本一致。

对于下层 API 相应的调用返回值,随后进行处理,并向上层返回当前 MiCO API 的调用结果:成功返回 kNoErr,失败返回 kGeneralErr。

在移植 RTOS 部分时,需要注意的是,MiCO 系统的定时器还提供了不使用 OS 的 API 接口,例如 mico_get_time_no_os,对于该函数的实现,则应直接封装 CC3200 外设库的系统控制部分,对系统进行延时。

对于 MiCO 在 CC3200 的 RTOS 部分的移植实现,请参看 mico32_osal.c 源代码进行更详细的了解与学习。

7.7.2 Socket 部分的移植

Socket 主要涉及到的头文件是 MicoSocket.h,该文件包含了所有 MiCO 系统中的 BSD Socket、Socket 工具的函数头定义。由于 MiCO 系统的 BSD Socket 与标准的 BSD Socket 相一致,对于该部分的移植,则需要依照 TI CC3200 的 simplelink 库提供的 simplelink api 相对照,并将差异部分进行衔接和实现,

例如,对于 bind 函数的移植,需要先将输入的参数转换为 simplelink api 的 bind api 能够接受的参数,随后再调用 ti 的 sl_Bind 进行实际的绑定操作。

```
int bind(int sockfd, const struct sockaddr_t * addr, socklen_t addrlen)
{
    int net_result;

    SlSockAddrIn_t sl_sock_addr = { 0 };

    sl_sock_addr.sin_family = SL_AF_INET;                    //设置为 IPv4
```

```
    sl_sock_addr.sin_port = sl_Htons(addr->s_port);           //转换端口
    sl_sock_addr.sin_addr.s_addr = sl_Htonl(addr->s_ip);      //转换 IP
    addrlen = sizeof(SlSockAddrIn_t);                          //结构体长度

    // 调用 simplelink api 进行绑定操作
    net_result = sl_Bind(sockfd, (SlSockAddr_t *)&sl_sock_addr, addrlen);

    return net_result;
}
```

Socket 部分必须实现的 API 函数如表 7-3 所列。

表 7-3 Socket 部分 API

类 型	API 名称	调用的库
BSD Socket	socket	simplelink
	setsockopt	simplelink
	getsockopt	simplelink
	bind	simplelink
	connect	simplelink
	listen	simplelink
	accept	simplelink
	select	simplelink
	send	simplelink
	write	simplelink
	sendto	simplelink
	recv	simplelink
	read	simplelink
	recvfrom	simplelink
	close	simplelink
Socket 工具	inet_addr	lwip
	inet_ntoa	lwip
	gethostbyname	simplelink
	set_tcp_keepalive	simplelink
	get_tcp_keepalive	simplelink

需要注意的是，对于常用的 inet_addr 与 inet_ntoa 函数，TI 提供的 simplelink api 缺少对其的支持，因此，必须引入第三方的协议栈 lwip 中的部分函数，来弥补该功能在 simplelink 中的缺失。

对于MiCO在CC3200的Socket部分的移植实现,请参看mico32_sock.c源代码进行更详细的了解与学习。

7.7.3 WLAN部分的移植

WLAN部分主要涉及到的头文件是MicoWlan.h。

由于WLAN部分的功能较为庞杂,因此MiCO系统的WLAN部分与TI的simplelink api的衔接也较为复杂,涉及的参数转换也更多。

首先是对于加密方式等结构体的支持列表,MiCO系统与simplelink有着显著的差异,simplelink的API直接将WPA与WPA2的AES与TKIP加密方式进行了统一,不区分使用何种加密方式,而统一使用SL_SCAN_SEC_TYPE_WPA与SL_SCAN_SEC_TYPE_WPA2。而对于MiCO系统来说,则将每种加密方式都进行了细分,包括SECURITY_TYPE_WPA_AES、SECURITY_TYPE_WPA2_TKIP、SECURITY_TYPE_WPA2_AES、SECURITY_TYPE_WPA2_MIXED,因此为了将其统一,必须将MiCO的调用直接制作成表映射的形式。

```
// simplelink的加密方式/扫描方式<=> mico的加密方式
const Tab_Sec_Type_Cc32xx_Mico tab_sec_type_mico32[] = {
 { SL_SEC_TYPE_OPEN, SL_SCAN_SEC_TYPE_OPEN, SECURITY_TYPE_NONE, },
 { SL_SEC_TYPE_WEP, SL_SCAN_SEC_TYPE_WEP, SECURITY_TYPE_WEP, },
 { SL_SEC_TYPE_WPA, SL_SCAN_SEC_TYPE_WPA, SECURITY_TYPE_WPA_TKIP, },
 { SL_SEC_TYPE_WPA, SL_SCAN_SEC_TYPE_WPA, SECURITY_TYPE_WPA_AES, },
 { SL_SEC_TYPE_WPA_WPA2, SL_SCAN_SEC_TYPE_WPA2, SECURITY_TYPE_WPA2_TKIP, },
 { SL_SEC_TYPE_WPA_WPA2, SL_SCAN_SEC_TYPE_WPA2, SECURITY_TYPE_WPA2_AES, },
 { SL_SEC_TYPE_WPA_WPA2, SL_SCAN_SEC_TYPE_WPA2, SECURITY_TYPE_WPA2_MIXED, },
 { SL_SEC_TYPE_WPA_WPA2, SL_SCAN_SEC_TYPE_WPA2, SECURITY_TYPE_AUTO, },
};
```

WLAN部分的API需要在结合上述转换表使用,对于扫描当前AP列表的micoWlanStartScan函数的移植,需要先调用simplelink的Wi-Fi扫描策略API,将扫描状态设置为打开;随后调用sl_WlanPolicySet触发扫描,并等待扫描完成;最后,调用sl_WlanGetNetworkList获取扫描结果,并关闭扫描。

在向上层返回扫描结果时,还应进行处理,将扫描到的加密方式,依照上述映射表转换成MiCO可识别的加密方式。

```
_u8 mico_wlan_scan(Sl_WlanNetworkEntry_t * sl_ap_list)
{
    _u8 policy;              //扫描策略
    _u32 interval_sec;       //扫描间隔

    _u8 ap_count;            //扫描到的AP个数
```

```
    policy = SL_SCAN_POLICY(1);                     //使能扫描
    interval_sec = MICO32_SCAN_INTERVAL;            //扫描间隔

    sl_WlanPolicySet(SL_POLICY_SCAN, policy, (_u8 * )&interval_sec, sizeof(interval_
                sec));                              //触发扫描

    mico_thread_msleep(MICO32_AP_SCAN_DELAY);       //等待扫描完成

    //获取扫描结果
    ap_count = sl_WlanGetNetworkList(0, MICO32_AP_SCAN_COUNT, sl_ap_list);

    //关闭扫描
    policy = SL_SCAN_POLICY(0);
    sl_WlanPolicySet(SL_POLICY_SCAN, policy, 0, 0);

    return ap_count;            //返回扫描到的AP个数
}

void micoWlanStartScan(void)
{
    //创建simplelink的扫描列表
    Sl_WlanNetworkEntry_t sl_ap_list[MICO32_AP_SCAN_COUNT] = { 0 };

    //扫描结果
    ScanResult scan_result;

    _u8 i_ap;     //当前的ssid

    //为扫描结果预先分配内存空间
    scan_result.ApList = malloc(AP_LIST_BUFFER_LEN);
    memset(scan_result.ApList, 0, AP_LIST_BUFFER_LEN);

    scan_result.ApNum = mico_wlan_scan(sl_ap_list);

    //将simplelink扫描的结果转换为mico的扫描结果
    for (i_ap = 0; i_ap < MICO32_AP_SCAN_COUNT; i_ap ++ )
    {
        //复制ssid信息
        memcpy(scan_result.ApList[i_ap].ssid, sl_ap_list[i_ap].ssid,
                sl_ap_list[i_ap].ssid_len);

        //复制信号强度信息
```

```
        scan_result.ApList[i_ap].ApPower = sl_ap_list[i_ap].rssi;
    }

    //通知上层扫描完成
    ApListCallback(&scan_result);

    //释放内存
    free(scan_result.ApList);
}
```

MiCO 系统的 WLAN 部分必须实现的 API 函数如表 7-4 所列。

表 7-4 WLAN 部分 API

类 型	API 名称	调用的库
WLAN	micoWlanStart	simplelink
	micoWlanStartAdv	simplelink
	micoWlanGetIPStatus	simplelink
	micoWlanGetLinkStatus	simplelink
	micoWlanStartScan	simplelink
	micoWlanStartScanAdv	simplelink
	micoWlanPowerOff	simplelink
	micoWlanPowerOn	simplelink
	micoWlanSuspend	simplelink
	micoWlanSuspendStation	simplelink
	micoWlanSuspendSoftAP	simplelink
	micoWlanStartEasyLink	simplelink
	micoWlanStartEasyLinkPlus	simplelink
	micoWlanStopEasyLink	simplelink
	micoWlanStartWPS	simplelink
	micoWlanStopWPS	simplelink
	micoWlanEnablePowerSave	simplelink
	micoWlanDisablePowerSave	simplelink

除了标准的 WLAN 连接配置功能以外，MiCO 系统还提供了 EasyLink V2、EasyLink Plus 等较为先进的配网功能，针对该部分的功能，MXCHIP 将通过通用库的形式，将这些功能在官网上放出，并提供下载。用户只需将相应需要使用的库直接包含进工程即可添加相应的功能。

对于 MiCO 在 CC3200 的 WLAN 部分的移植实现，请参看 mico32_wlan.c 源代码进行更详细地了解与学习。

7.7.4 系统控制部分的移植

MiCO 的系统控制部分主要涉及到的头文件是 Mico.h。

控制部分 API 与系统的电源、系统指示灯，以及系统开关按钮相关。用户通过调用该控制部分的 API 可以实现系统复位、系统待机、系统低功耗等电源控制的功能。

由于该部分的 API 大多和电源控制、GPIO 输入/输出等有关，因此对于该部分的移植，主要的工作是与 CC3200 的 driverlib 库进行衔接。

例如，对于 MicoSystemReboot 函数的移植，直接调用 driverlib 的 PRCMMCUReset 函数，即可实现系统复位；对于 MicoSystemStandBy 函数的移植，调用 driverlib 的 PRCMSleepEnter 函数，可使系统进入休眠模式。

```
void MicoSystemReboot(void)
{
PRCMMCUReset(true);          //MCU 复位重启
}

void MicoSystemStandBy(void)
{
PRCMSleepEnter();            //进入休眠模式
}
```


系统控制部分必须实现的 API 函数如表 7-5 所列。

表 7-5 系统控制部分 API

类　型	API 名称	调用的库
系统控制部分	MicoSystemReboot	driverlib
	MicoSystemStandBy	driverlib
	MicoMcuPowerSaveConfig	driverlib
	MicoSysLed	driverlib
	MicoRfLed	driverlib
	MicoShouldEnterMFGMode	driverlib
	MicoShouldEnterBootloader	driverlib

对于系统控制部分的移植实现，请参看 mico32_misc.c 源代码进行更详细的了解与学习。

如果读者想获取 MiCO 系统最新的 API 详细定义参考资料，或查看相应的 API

升级变更等信息，请访问MiCO系统官网的micoapis文档：http://www.mxchip.com/mico/begin/micoapis/。

7.8　云平台、MiCO系统与FogCloud

云平台作为近几年流行的一个最新的概念，其可以看成是一个专门为智能硬件提供后台支持的Internet服务平台。

由于硬件在连接上Wi-Fi后，必须与Internet上的某个服务器连接，才能够保证与远程用户进行交互，因此智能硬件的物联网离不开云平台的服务。云平台通常由IoT设备、云平台提供商、开发者、最终用户这几部分构成，如图7-12所示。云平台为嵌入式设备与最终用户的交互提供了桥梁，实现了设备真正意义上的物联网通信。

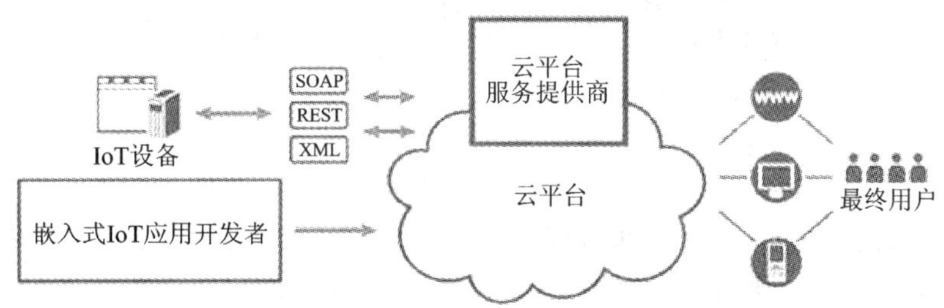

图7-12　云平台拓扑结构框图

现阶段，云平台主要为智能硬件开发者提供以下服务：设备接入、OTA固件升级、数据统计分析等。其中，设备接入实际上包括了Wi-Fi设备路由器接入、远程监控和管理等物联网基础服务；数据统计分析可以从多维度分析设备的使用和用户行为；而OTA固件升级支持多种定向升级策略，解决设备出厂后的持续升级要求。此外，最新的硬件社交服务提供了类似于设备与微信客户端交流的机制，使得云平台服务的价值进一步得到提升。

7.8.1　FogCloud简介

FogCloud（庆科云）是MXCHIP公司专为智能硬件提供后台支持的云服务平台，实现了硬件产品与智能手机及云端服务互连，为多种行业提供云端解决方案。

FogCloud提供了功能强大的云端服务，包括产品管理、APP管理、第三方微信平台开发、代码托管、在线调试、远程获取设备状态数据并同步到手机设备等功能。在极大地减少了智能硬件开发者的研发时间，提高了效率的同时，能够支持较为丰富的云端功能，开发者无需把精力耗费在后端处理、底层构建、协议转换等工作上，只需关注产品的顶层应用，使得智能硬件产品的快速产出、迭代及量产成为了可能。

MiCO系统自带了FogCloud平台，实现了云服务接入统一接口。此外用户也可以根据自身需求，使用相应的MiCO插件，来快速对接包括阿里智能云、Microsoft、

Amazon、IBM、微信 AirKiss、Ayla、GizWits、海尔 U+、Arrayent、苏宁智能云等主流云服务平台。FogCloud 云架构如图 7-13 所示。

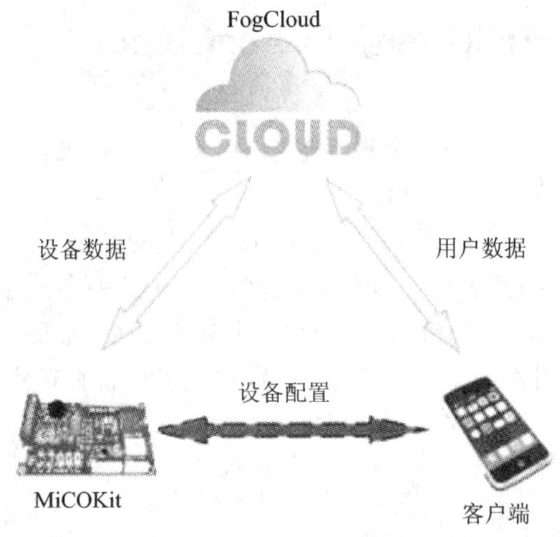

图 7-13　FogCloud 云架构

FogCloud 工作架构由 MiCO 设备端、FogCloud 端以及客户端三部分组成，在 FogCloud 中，APP 和设备之间的消息收发采用 MQTT 协议。APP 开发者根据此协议完成 APP 对已经连接上 FogCloud 的 MiCO 设备的远程读/写操作，从而完成对设备的远程控制操作。

由于 FogCloud 对于数据的传输采用了 MQTT 协议，因此下面我们对 MQTT 协议做简要介绍。

7.8.2　MQTT 协议简介

MQTT 是一个物联网传输协议，它被设计用于轻量级的发布/订阅式消息传输，旨在为低带宽和不稳定的网络环境中的物联网设备提供可靠的网络服务。

MQTT 是专门针对物联网开发的轻量级传输协议。MQTT 协议针对低带宽网络、低计算能力的设备，做了特殊的优化，使得其能适应各种物联网应用场景。

MQTT 的设计思想是开源、可靠、轻巧、简单，MQTT 的传输格式非常精小，最小的数据包只有 2 个比特，且无应用消息头。MQTT 可以保证消息的可靠性，它包括三种不同的服务质量（最多只传一次、最少被传一次、一次且只传一次），如果客户端意外掉线，可以使用“遗愿”发布一条消息，同时支持消息订阅。

MQTT 的推送是通过推送服务进行的，如图 7-14 所示。应用服务器首先将数据通过 HTTP 的形式发送至 API 端，随后推送服务的 RSMB 端将数据发送至所有连接在推送服务上的应用服务端。

相较于同类协议，MQTT 最快速，也最省流量（固定头长度仅为 2 字节），且极易扩

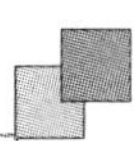

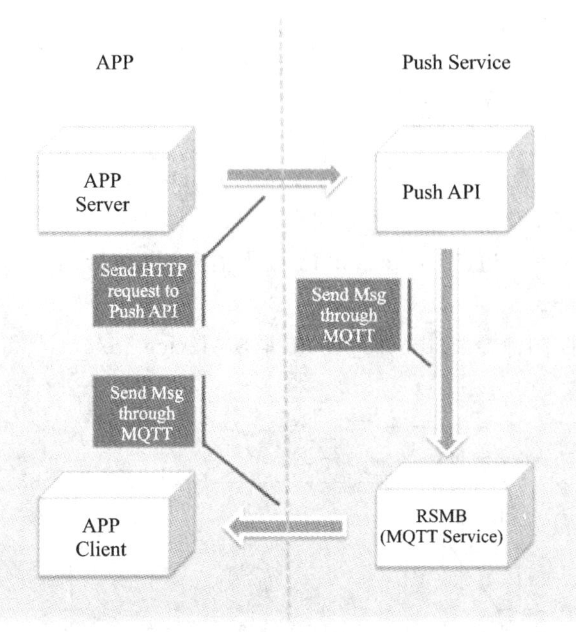

图 7-14　MQTT 推送示意图

展，适合二次开发，因此 FogCloud 采用 MQTT 作为数据传输协议，其优点也较为明显。

7.8.3 FogCloud 工作流程与实例

FogCloud 工作流程主要由配置模式和正常工作模式两个模式构成。

1. 配置模式

在该模式下，MiCO 设备通过 Wi-Fi 配置、设备参数设置、设备云连接配置等几个流程完成初始化配置。

该模式主要包括了用户设备 Wi-Fi 网络配置和设备参数的设置两个步骤。设备在收到 APP 发送的 SSID/KEY，并成功连接路由器后，就会自动连接 APP 端的 FTCServer，并发送设备的当前配置信息给 APP。APP 在修改配置参数后，发送给设备，完成配置过程。MiCO 的配网模式支持 EasyLink 以及 Airkiss 配网协议。

2. 正常工作模式

设备 Wi-Fi 网络和设备参数配置完成后，重启设备，进入正常工作模式。此时设备默认开启 ConfigServer(TCP Server)，用户 APP 作为 TCP client 与之连接。APP 使用 mDNS 协议发现设备，并与之建立 TCP 连接，之后通过 HTTP 协议与设备进行数据交互，数据包采用 JSON 格式。

FogCloud 为 MiCO 设备提供两种服务接口：Http OpenAPI 和 MQTT。当设备和 APP 在配置模式下时，是通过 OpenAPI 完成用户/设备的注册登录授权的，然后连接 MQTT 通道，即可进行控制命令和数据的传输。

FogCloud 各环节的拓扑图如图 7－15 所示，其详细工作流程如下：

① APP 注册用户并登录(1.0)。

② APP 向 Device 发送激活请求(1.1)。

③ Device 发送激活信息到云端，获得设备唯一 ID：device_id 和 device_key(1.2)。

④ APP/Device 连接 MQTT 服务器(2.0)。

⑤ Device 通过消息频道 device_id/in 接收消息，将执行结果和上传数据发送到 device_id/out。

⑥ APP 发送控制命令到 device_id/in，监听 device_id/out 获得设备最新状态。

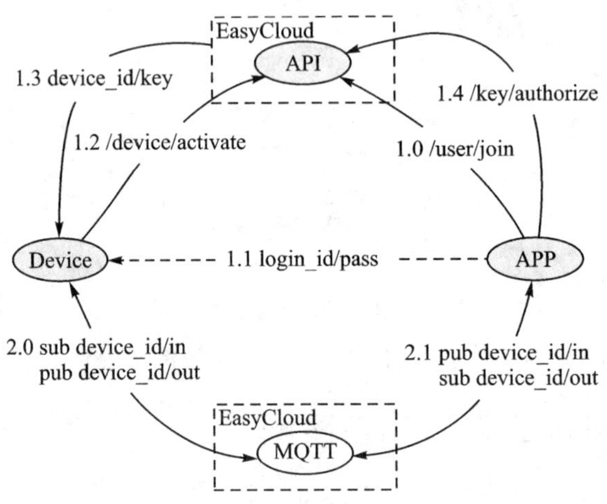

图 7－15　FogCloud 拓扑图

APP 与 MiCO 设备进行数据传输的格式严格遵循 FogCloud 格式定义，以标准的 JSON 格式进行封装，其定义如下。

1. 查询设备状态请求

APP 向设备发送的 JSON 状态请求格式定义如表 7－6 所列。

表 7－6　APP 向设备发送的 JSON 定义

Header	Host	mDNS 发现设备，获得设备 IP
	Port	8001
	URL	/dev-state
Data	login_id	设备登录名(默认 admin)
	dev_passwd	设备登录密码(默认 12345678)
	user_token	用户 token

设备向 APP 发回的 JSON 响应数据格式定义如表 7-7 所列。

表 7-7 设备向 APP 发回的状态请求 JSON 定义

Header	status	200 OK
	Content Type	application/json
Data	isActivated	激活状态(true/false)
	isConnected	云连接状态(true/false)
	version	ROM 版本字符串(如：v0.x.x)

2. 设备激活请求

设备激活请求遵循图 7-15 中 1.2 的授权过程。APP 向设备发送的激活请求格式定义如表 7-8 所列。

表 7-8 APP 向设备发送的激活请求格式定义

Header	Host	mDNS 发现设备，获得设备 IP
	Port	8001
	URL	/dev-activate
Data	login_id	设备登录名(激活后保存)
	dev_passwd	设置设备登录密码(激活后保存)
	user_token	用户 token

设备向 APP 发回的 JSON 激活请求响应数据格式定义如表 7-9 所列。

表 7-9 设备向 APP 发回的激活 JSON 定义

Header	status	200 OK
	Content Type	application/json
Data	device_id	设备激活后获得的唯一 ID

下面是一个 APP 激活 MiCO 设备数据发送的实例，分为两个部分，APP 发送至设备以及设备返回激活信息。

MiCO 设备分到的本地局域网 IP 为 192.168.31.180。其中，dev_passwd 部分可由用户自行设置，其目的是确保在激活成功后，用户能够通过输入正确的密码来将设备分享给他人。数据的传输格式严格遵循上述格式定义。

● APP 发送：

```
POST /dev - activate HTTP/1.1
Host: 192.168.31.180:8001
Content - Length: 74
Cache - Control: no - cache
{"login_id":"admin","dev_passwd":"12345678","user_token":"11111111"}
```

● 设备返回：

```
{ "device_id"："af2b33be/c8934645dd0a" }
```

3. 用户授权请求

设备授权请求遵循图 7－15 中 1.4 的授权过程。APP 向设备发送的授权请求格式定义如表 7－10 所列，dev_passwd 的定义与用户激活部分一致。

表 7－10　APP 向设备发送的授权请求格式定义

Header	Host	mDNS 发现设备，获得设备 IP
	Port	8001
	URL	/dev-authorize
Data	login_id	设备登录名
	dev_passwd	设备登录密码
	user_token	用户 token

设备向 APP 发回的 JSON 激活请求响应数据格式定义如表 7－11 所列。

表 7－11　设备向 APP 发回的授权 JSON 定义

Header	status	200 OK
	Content Type	application/json
Data	device_id	设备的唯一 ID

下面是一个 APP 授权 MiCO 设备数据发送的实例，分为两个部分，APP 发送至设备以及设备返回授权信息。数据的传输格式严格遵循上述格式定义。

● APP 发送：

```
POST /dev－authorize HTTP/1.1
Host：192.168.31.180:8001
Content－Length：74
Cache－Control：no－cache
{"login_id":"admin","dev_passwd":"12345678","user_token":"22222222"}
```

● 设备返回：

```
{ "device_id"："af2b33be/c8934645dd0a" }
```

关于 FogCloud 更详细的使用及注册、管理流程，请参考本书的 9.5 节"MiCOKit 云端接入协议"部分，或访问 FogCloud 官网：http://www.fogcloud.io/。

如果读者对于 MiCO 系统有任何问题或者建议，请访问 MiCO 论坛提出您的问题或建议：http://mico.io/ask/。

第8章

开发环境

德州仪器公司提供了一套完整的 CC3200 SDK，方便用户基于 CC3200 进行软硬件的开发和调试。本章的主要目的是让读者熟悉整个 CC3200 系列的开发流程并能按照各自的需求独立开发基于 CC3200 的应用。本章先主要介绍德州仪器公司为 CC3200 系列芯片所提供的各种开发工具与资源，随后介绍如何使用 IAR 或使用 CCS6.0 平台进行程序的设计与开发，最后详细地介绍了 CC3200 LaunchPad 的硬件规格、功能特性。需要注意的是，使用 CC3200 SDK 进行程序开发时，并不强制要求使用 IAR 或 CCS，用户可以使用其他的开发平台。

8.1 开发流程简介

本节主要介绍如何在 CCS 以及 IAR 下对 CC3200 LaunchPad 进行软件开发，如何搭建开发环境以及进行仿真调试。

8.1.1 硬件需求

硬件开发需要准备的工具比较简单，使用到的硬件设备如下：

- CC3200 LAUNCHXL 套装（CC3200 LP＋USB 线）。
- 802.11 b/g/n (2.4 GHz)——路由器。
- Windows 7 or XP 操作系统的计算机。

8.1.2 软件需求

为了使用 CC3200 LaunchPad 进行应用的开发，需要安装多个软件进行协同工作，本小节将简要介绍这些“必备”软件。

1. CC3200 SDK 软件开发包

CC3200 SDK 包含了 CC3200 的软件驱动库、40 多个应用示例以及对应的说明文档。使用这个开发包，可以加快用户的开发过程。同时，这个 SDK 开发包还可以用于 CC3200 LaunchPad。

SDK 中所有的应用例程均支持 CCS 开发环境，并且都是不带操作系统的。当然，有一部分例程支持实时操作系统 FreeRTOS 和 TI RTOS，也有一部分支持 IAR 和 GCC 开发环境。

可以从 TI 官网进行下载，安装过程如图 8－1 所示。

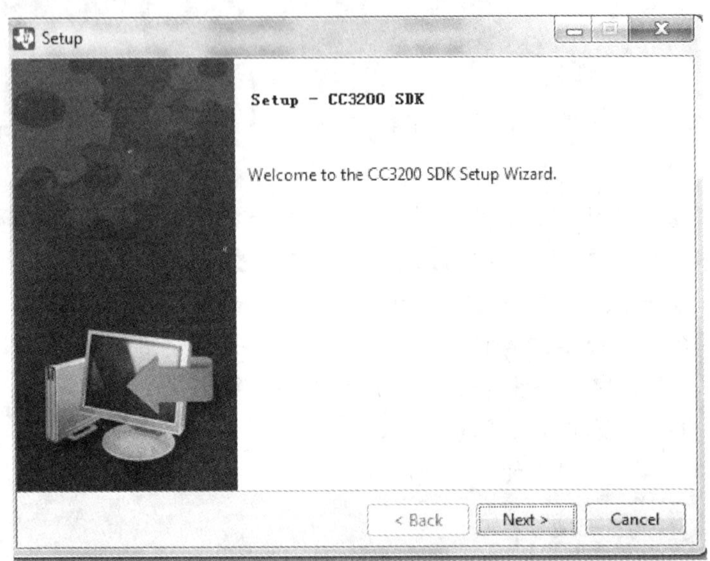

(a) 步骤(1)

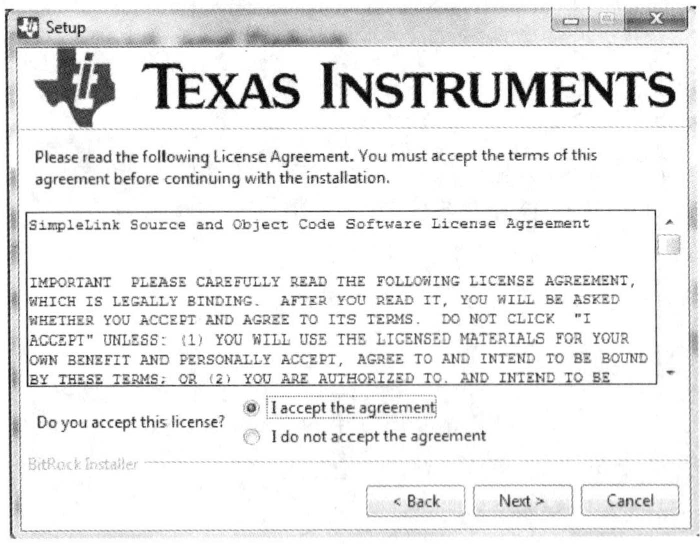

(b) 步骤(2)

图 8－1　CC3200 SDK 的安装步骤

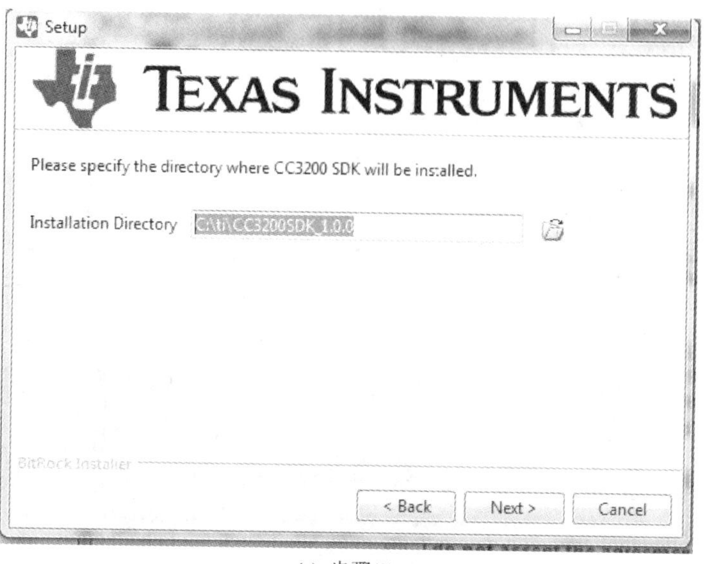

(c) 步骤(3)

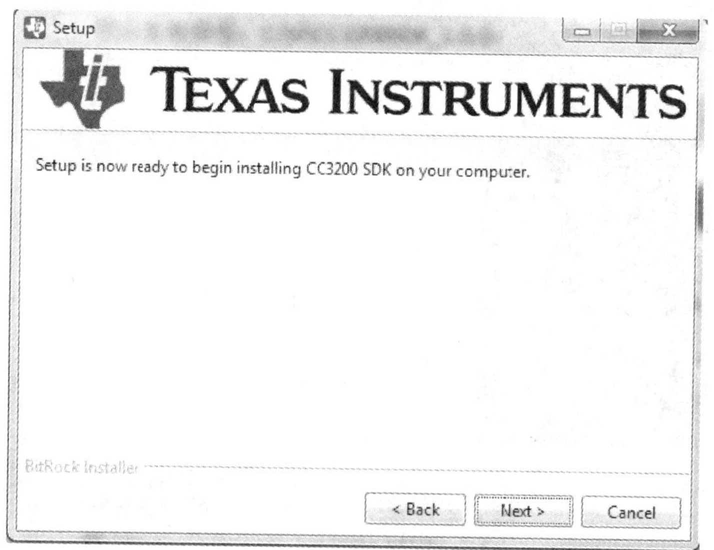

(d) 步骤(4)

图8-1 CC3200 SDK的安装步骤(续)

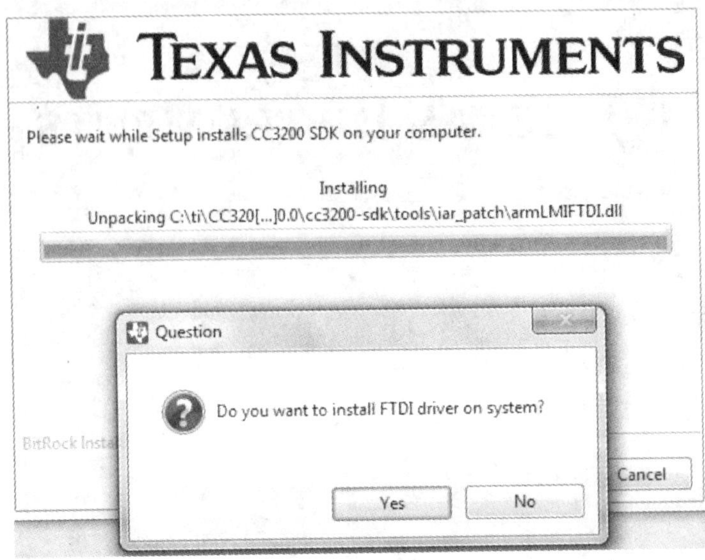

(e) 步骤(5)

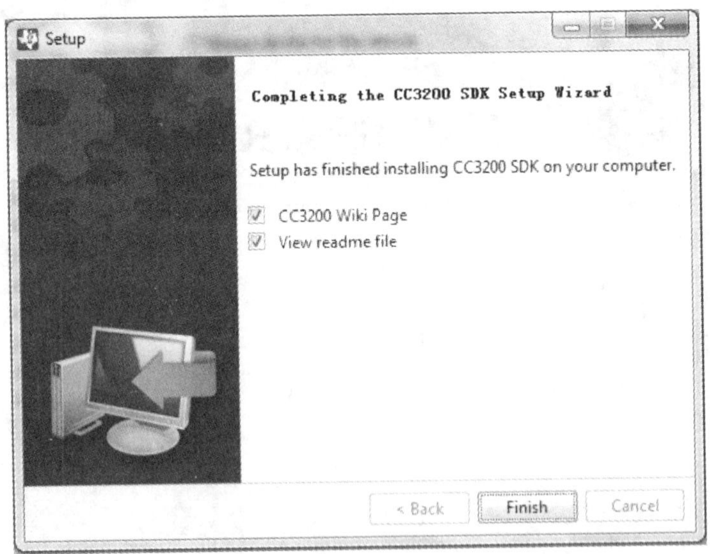

(f) 步骤(6)

图 8-1 CC3200 SDK 的安装步骤(续)

2. CC3200 LaunchPad 串口驱动 FTDI

在前面安装 SDK 开发包的过程当中，会提示是否安装串口驱动(FTDI 驱动)。

安装成功之后，将 CC3200 LaunchPad 连接到计算机，如果已经正确安装，则从计算机的设备管理器中可以查到 CC3200 对应的 COM 端口号，如图 8-2 所示为 COM12。

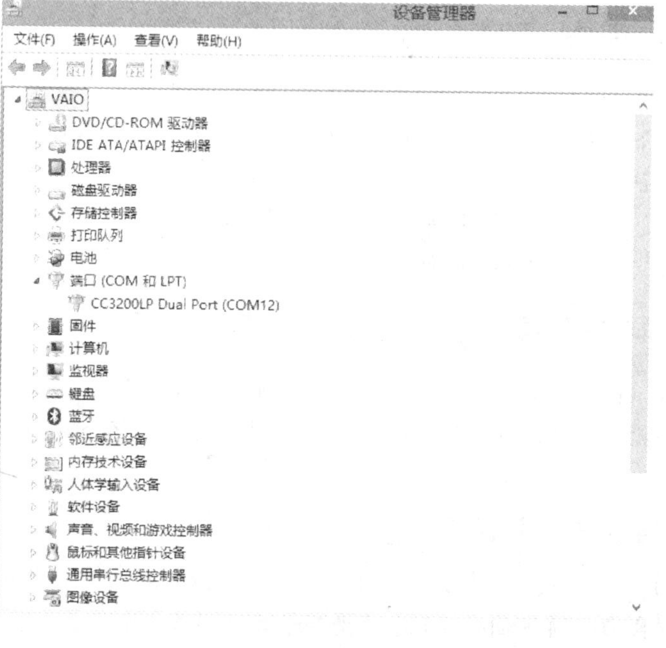

图 8-2 驱动安装正确后的设备管理器

3. Flash 下载工具 UniFlash

从 TI 官网下载 UniFlash,安装完成,启动界面如图 8-3 所示。

图 8-3 UniFlash 启动界面

4. 集成开发环境 CCS 或 IAR

从 TI 官网下载 CCS6.0 进行安装,或从 IAR 官网下载 IAR FOR ARM 7.2 进行安装。具体使用请参照下面的章节。

8.2　IAR开发环境

本节主要介绍IAR开发环境，通过该章的学习，读者可以快速、方便地使用德州仪器公司提供的CC3200 SDK在IAR平台下进行软件的开发和调试。本节以CC3200 SDK为例，介绍在IAR平台下如何进行程序的调试，详细说明了各个调试按钮的作用以及各个调试窗口的使用。

8.2.1　如何进入某个工程的调试模式

IAR的调试模式是面向工程的，大部分情况下一个工作空间会有多个工程，为了进行调试必须正确连接CC3200并将对应工程设为活动状态，随后才能进行调试工作。

1. 将工程设为活动状态

IAR采用一个工作空间内有多个工程的设计模式，如果想要调试某个工程，则必须将该工程变为活动状态，如图8-4所示。

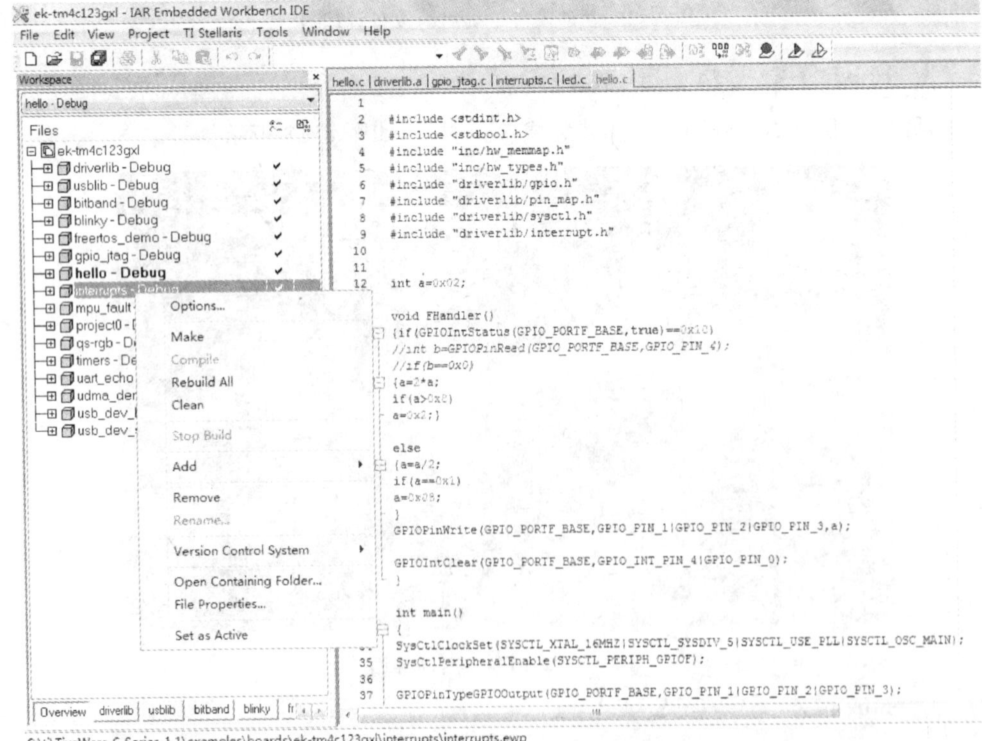

图8-4　将工程变为活动状态

图 8-4 中，工作空间为：ek-tm4c123gxl；该工作空间内有多个工程，当前处于活动状态的工程是：hello，该工程名会加粗显示；对处于非活动状态的工程，如 interrupt，右击，选择“set as active”，就可将其设为活动状态；同时只能有一个工程处于活动状态。

2. 正确连接 CC3200

正确连接 CC3200 如图 8-5 所示。

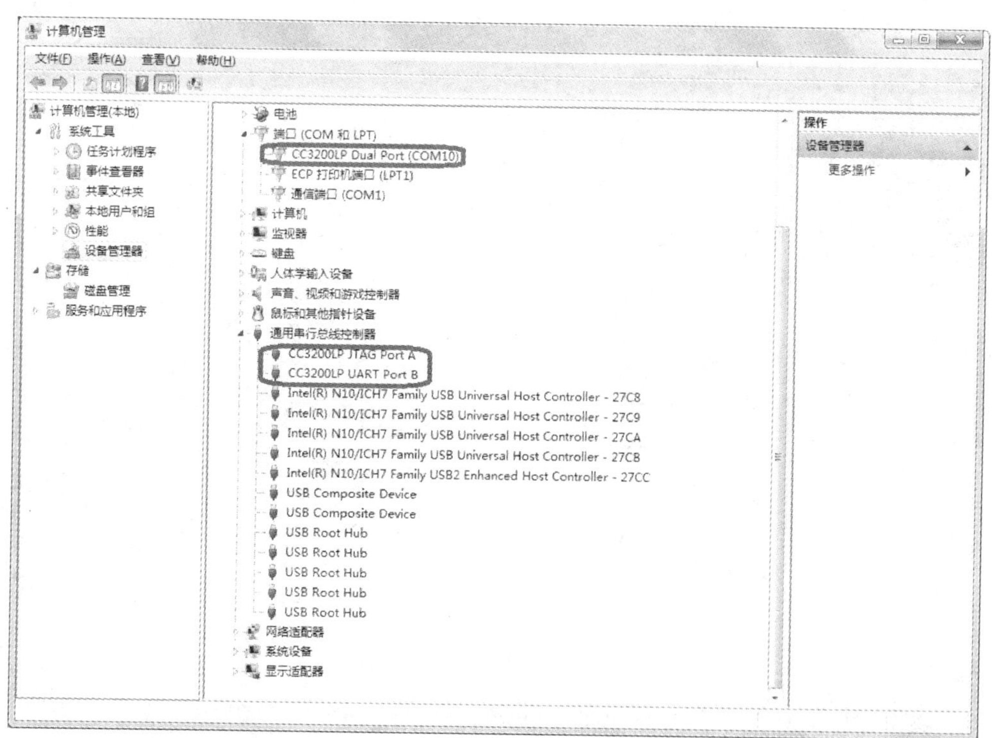

图 8-5　正确连接 CC3200

当正确连接 CC3200 时，计算机的设备管理器会显示方框内的 3 个设备。

3. 进入调试模式

图 8-4 的右上角为编译、链接和进入调试状态的按钮，具体说明如图 8-6 所示。

图 8-6 从左到右依次为：编译、链接、停止编译/链接、光标处设置断点、进入下载调试模式、进入非下载的调试模式。一般常用的是：编译、链接和进入下载调试模式这 3 个按钮。

图 8-6　调试按钮

8.2.2　如何调试工程

本小节主要介绍 IAR 的调试界面，先总览了 IAR 提供的整个调试界面，随后按照用户的使用习惯，依次介绍各个调试工具栏的属性和作用。

1. 调试界面总览

当单击进入下载调试模式按钮后，IAR 会将程序载入到 CC3200 中，该过程完成后，IAR 将会如图 8－7 所示。

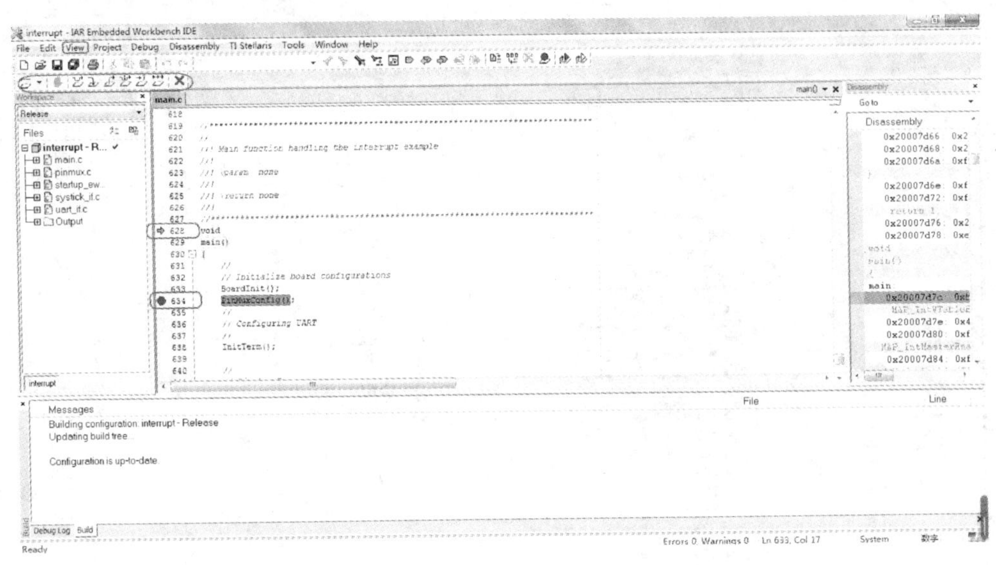

图 8－7　调试界面总览

该调试界面分为 5 个部分：顶部的工具和菜单栏、左侧的工程栏、中间的代码栏、右侧的观察栏、下方的状态栏。

2. 菜单栏

菜单栏中最为主要的是 View，如图 8－8 所示。

View 菜单栏主要决定选择哪种观察窗口，常用的有反汇编窗口（图 8－8 的右侧）、寄存器窗口和变量观察窗口（图 8－8 中画框的部分）。其他的观察窗口可以根据具体的使用环境进行选择。

以寄存器窗口为例，当在 View 中选择 Register 选项时，图 8－8 变为图 8－9。

选择 Register 选项后，IAR 界面的右侧会多出一个观察窗口，该观察窗口包括一个下拉菜单（用于选择所需观察的寄存器组）和一个寄存器值显示窗口。这些寄存器值所代表的含义请查阅对应的 datasheet。

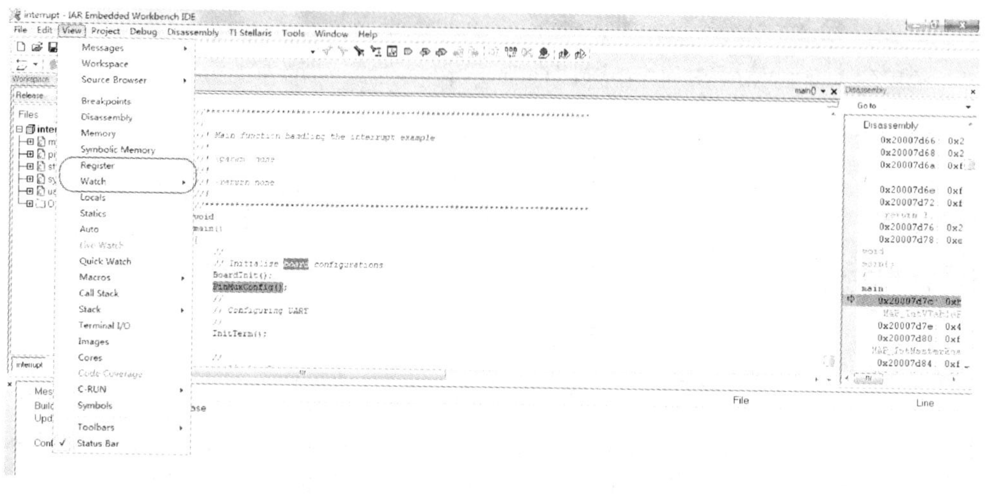

图 8-8　菜单栏中的 View

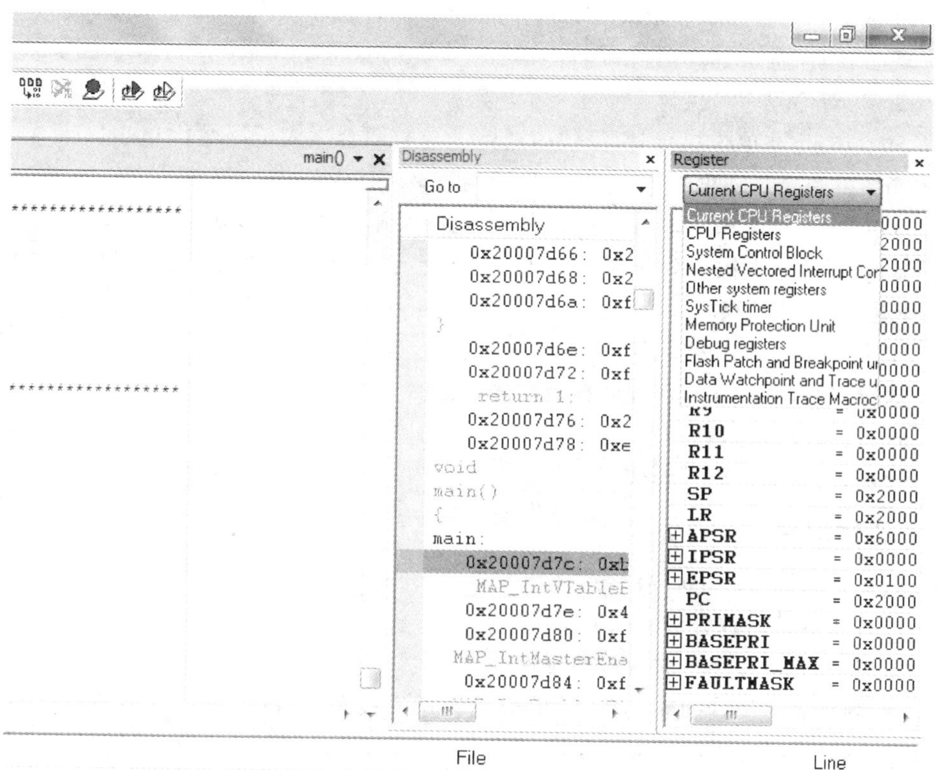

图 8-9　寄存器观察窗口

3. 工具栏

常用的工具栏如图8-10中椭圆框所示，位于图8-7的左上方。

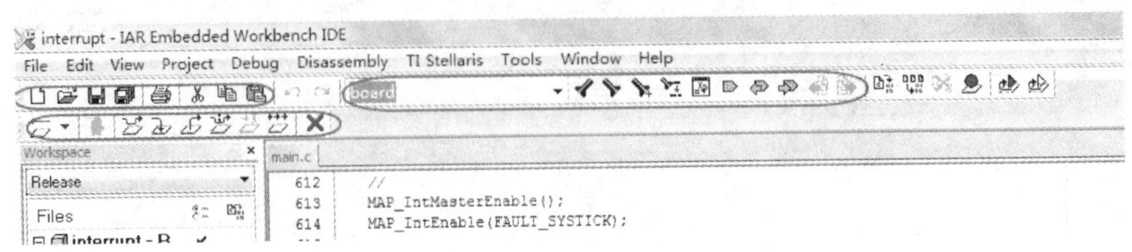

图8-10　工具栏

该工具栏分为3个部分：左上角的是有关保存的按钮，这些按钮与调试关系不大；正中间的是查找栏，可以方便地查找代码栏中的关键字；这里主要介绍下方的调试工具栏。

调试工具栏从左到右依次为：

重置：程序将从main处执行。

暂停：暂停程序的执行。

Step over：在单步执行时，函数内遇到子函数不会进入子函数内单步执行，而是将子函数整个执行完再停止，也就是把子函数整个作为一步。

Step into：就是单步执行，遇到子函数就进入并且继续单步执行。

Step out：单步执行到子函数内时，用Step out就可以执行完子函数余下的部分，并返回上一层函数。

单步执行：一步一步执行。

执行到光标处：从当前程序执行到光标处。

执行：一直执行，直到遇到设置的断点处暂停。

停止调试：退出调试模式。

4. 代码栏

代码栏如图8-11所示。

方框部分的内容分别表示如下：

- 箭头表明程序当前运行到哪里。
- 圆点表示设置的断点，通过单击代码栏的最左边可以设置/取消断点。不同的开发环境可能会对一次调试所能同时设置的断点总数进行限制。
- 阴影部分是顶端查找的结果。

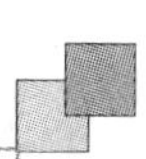

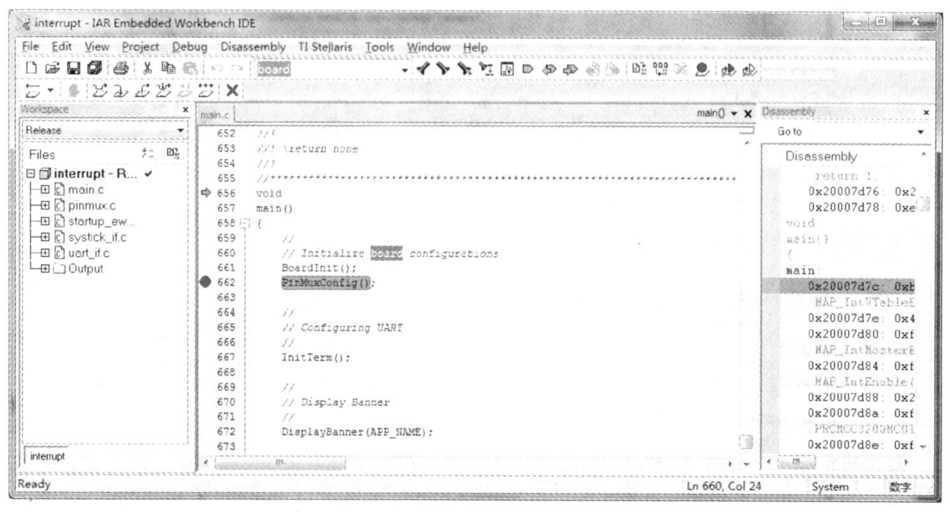

图 8-11　代码栏

8.3　CCS6.0 开发环境

本节主要介绍 CCS6.0 版本的开发环境，不同版本在使用过程中可能会有轻微的差异。下面主要介绍如何新建和导入 CC3200 开发项目。由于 CCS 是一个通用的开发平台，使用某些特殊功能如 TI-RTOS 时，需要额外进行配置。

8.3.1　下载和安装 CCS6.0 开发环境

CC3200 需要运行在 CCS6.0.1 版本以上的环境，可在 TI 官网或者 CC3200 WIKI 下载 CCS6.0 安装包(ccs_setup_win32.exe)。如图 8-12 所示，勾选对应编译环境，单击 Next 按钮直至安装完毕。

接下来在 TI 官网 http://www.ti.com/tool/cc3200sdk 下载 CC3200SDK，并安装，如图 8-13 所示。

8.3.2　配置 CCS6.0 开发环境

本小节主要介绍如何新建和导入一个 CC3200 开发项目。

1. 新建 CC3200 开发项目

打开安装完毕的 CCS6.0，如图 8-14 所示，选择 Project→New CCS Project 选项。

如图 8-15 所示配置 CC3200 所需的参数，单击 Finish 按钮就创建了一个工程。

接下来在工程中，需要包含许多 CC3200 库文件中的.c 和.h 文件。.c 文件需要

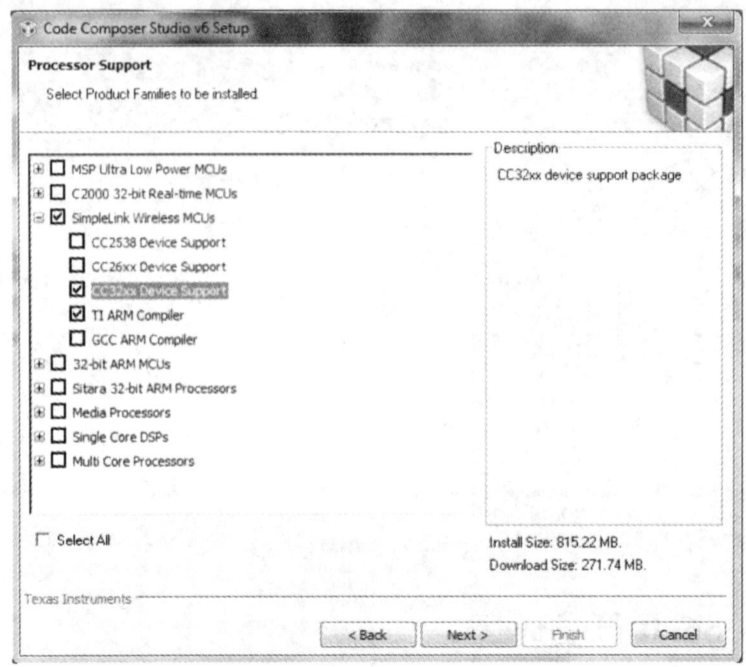

图 8－12　选择需要支持的芯片种类

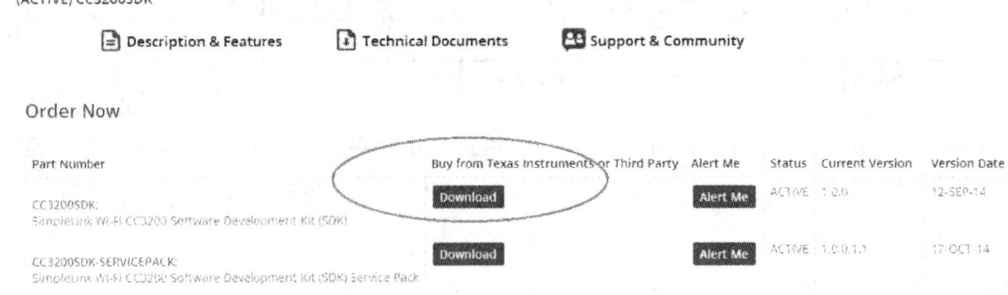

图 8－13　选择下载 CC3200 的 SDK

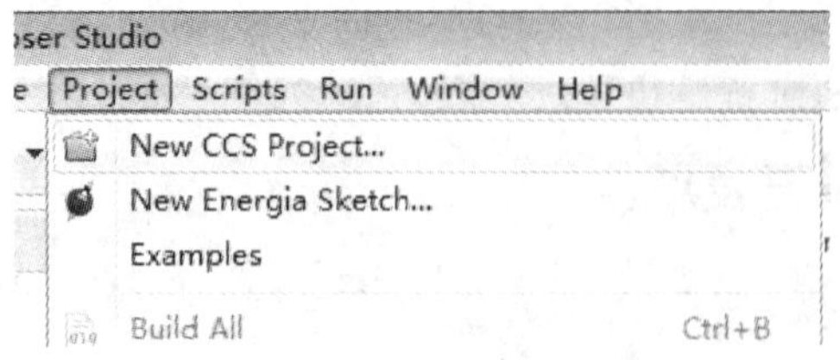

图 8－14　新建 CCS 项目

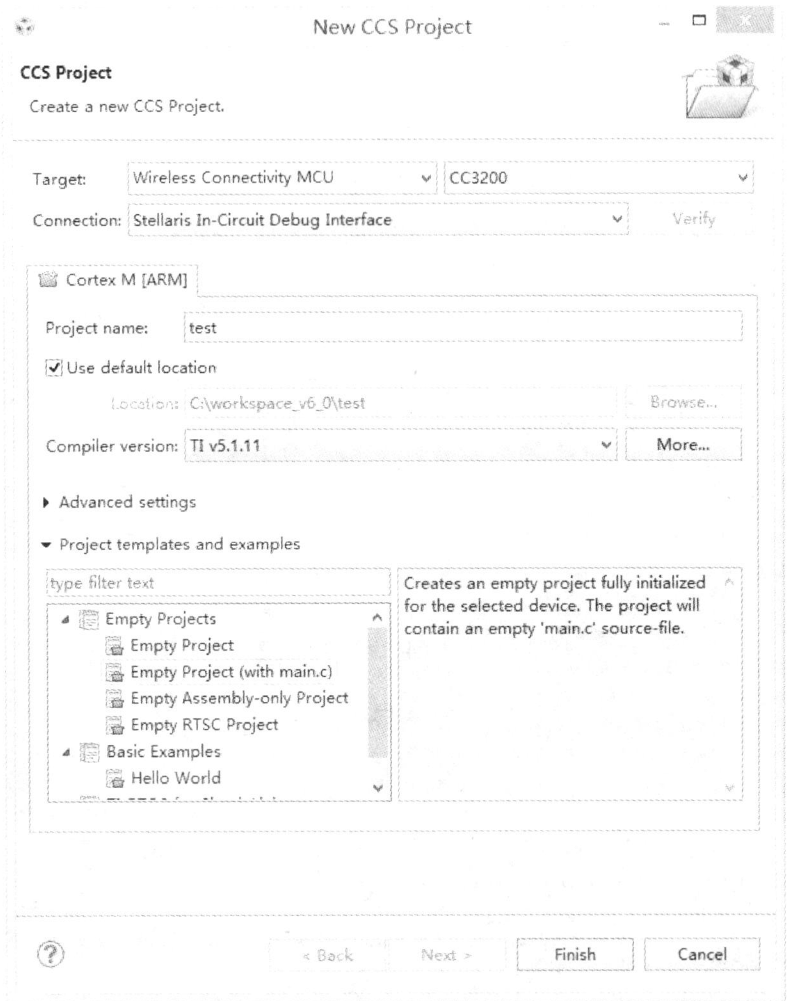

图 8-15　对新建的 CCS 进行配置

直接添加到工程项目中，而. h 文件需要设置编译和链接的路径使得编译器能找到这些头文件，而这些文件就在 CC3200 安装好后的目标文件目录下。

右击工程项目文件，单击最下面的 Properties 进入工程配置界面。

第一步配置一个路径变量，如图 8-16 所示，把 CC3200SDK 的文件路径设置成路径变量。

第二步，在 Build→Include Options 选项卡下面把几个重要的库文件地址加进去，以便系统在编译的时候可以查找这些路径把对应的头文件关联进去，如图 8-17 所示。

接下来，便可以开始编写代码了。

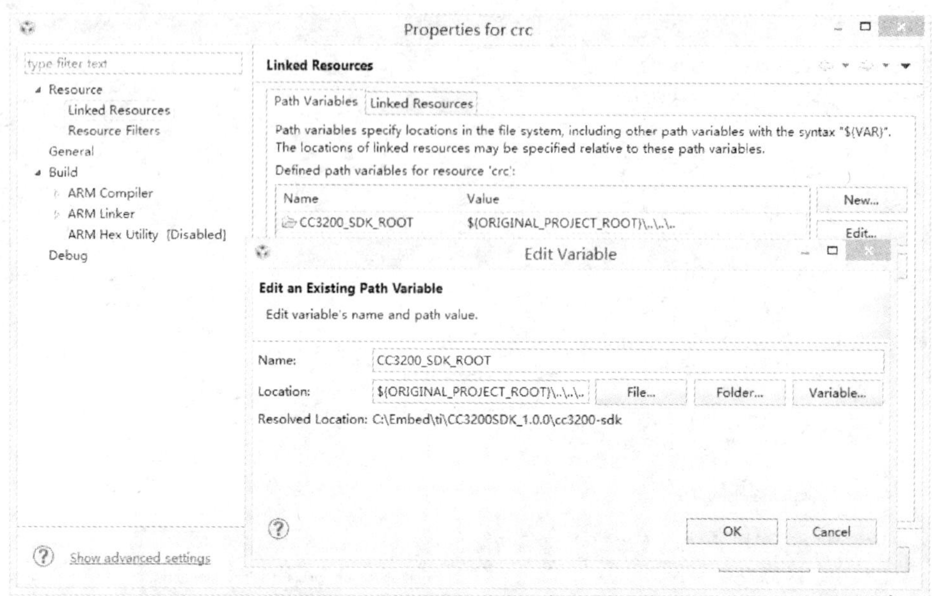

图 8-16 项目的链接器配置

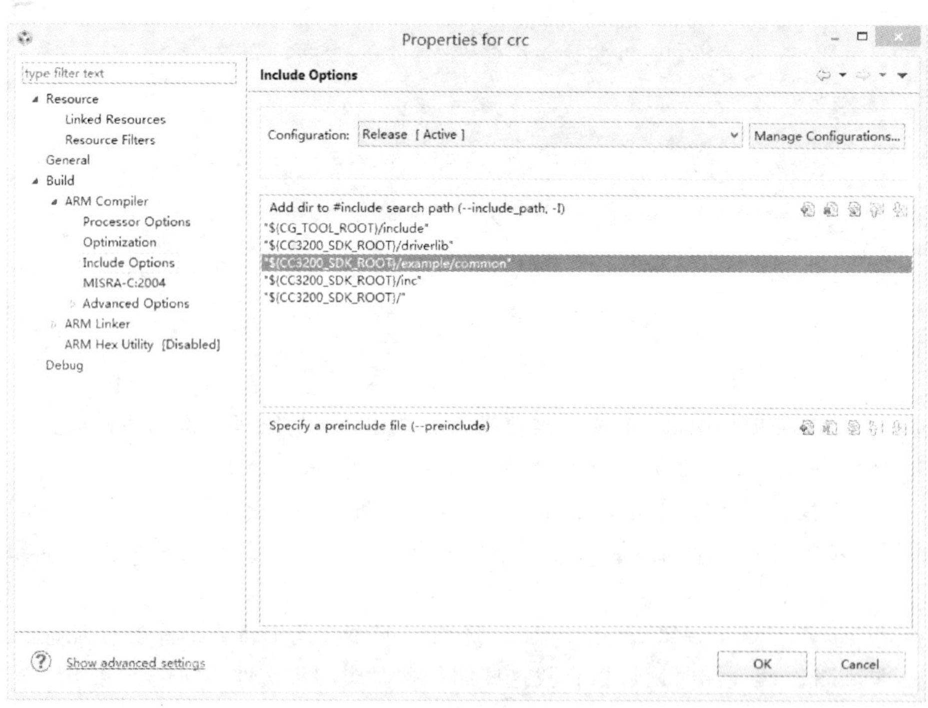

图 8-17 CCS 的 Include 配置

2. 导入 CC3200 开发项目

在 CC3200 SDK 根目录下面的 example 文件夹下有很多官方的项目范例，可以很好地帮助我们学习。下面介绍如何导入官方自带的各种项目文件。

首先单击 Project→Import CCS Projects 进入工程导入界面，如图 8-18 所示，先选取 example 文件夹路径，然后选中需要导入的工程项目文件，单击 Finish 按钮，即可完成工程导入。

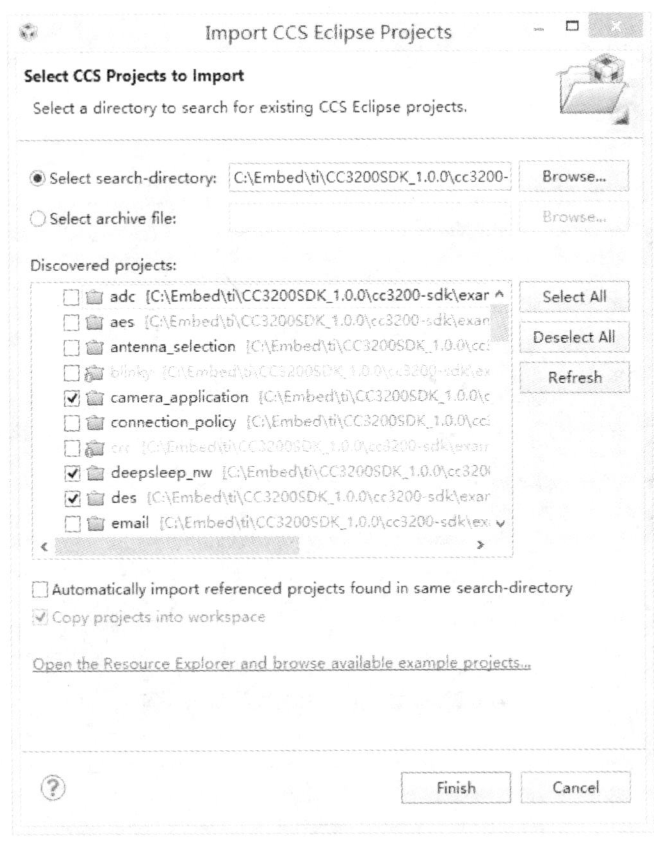

图 8-18　导入 CCS 项目工程

由于导入的例程文件会同时包含对应的配置信息，所以不需要进行 #Include 路径的配置。

插入 CC3200 设备后，单击工具栏上的 就是 build 工程， 就是 debug。

8.3.3　CCS6.0 开发环境下 TI-RTOS 的使用

与 IAR 开发环境不同的是：在 CCS 的开发环境下，如果要使用 TI-RTOS，则必须进行一些特殊的配置，具体过程如下。

1. 针对 SimpleLink 和 CC3200 安装 TI-RTOS 支持包

从 CCS APP CENTER 安装 TI-RTOS。

① 运行 CCS，选择一个工作区，如图 8-19 所示。

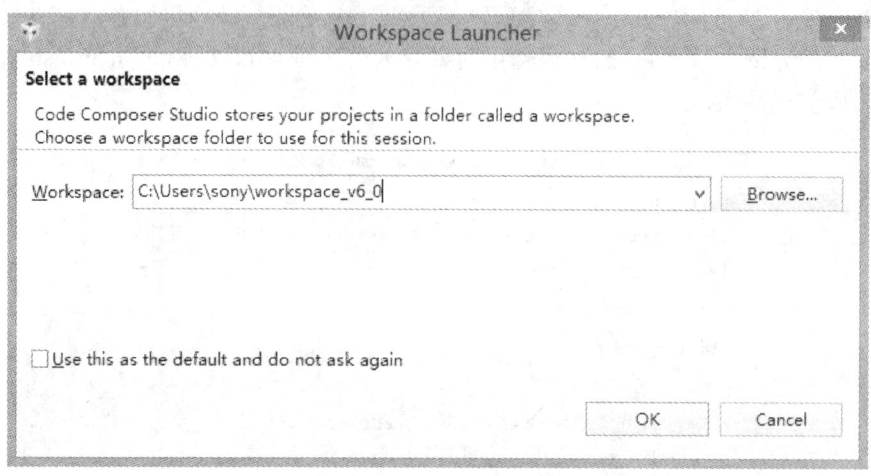

图 8-19 建立工作区路径

② 从 Help→Getting Started 打开 APP CENTER，如图 8-20 所示。

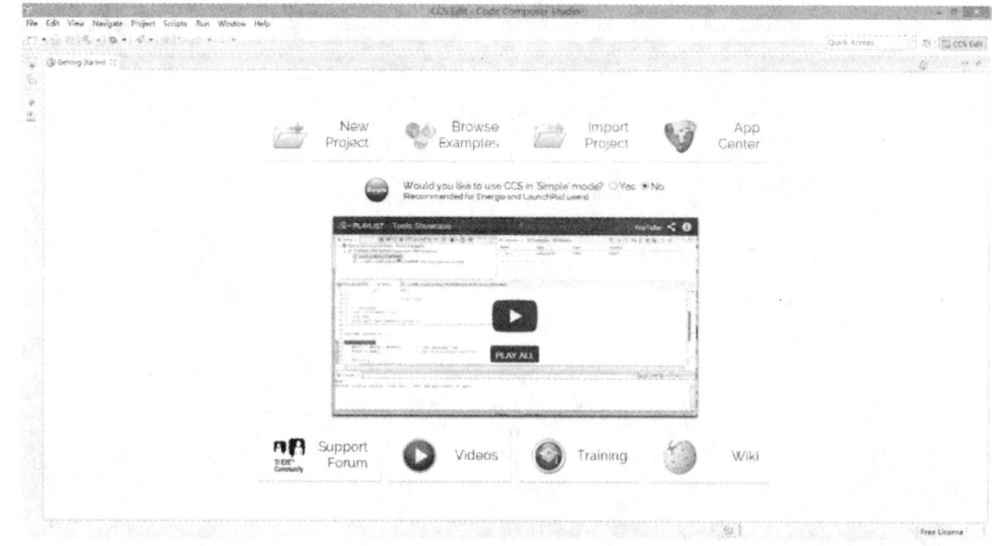

图 8-20 打开 APP CENTER

③ 在 APP CENTER 里搜索 CC3200，发现 TI-RTOS for SimpleLink 和 CC3200 Add-On，如图 8-21 所示。

④ 选择 TI-RTOS。

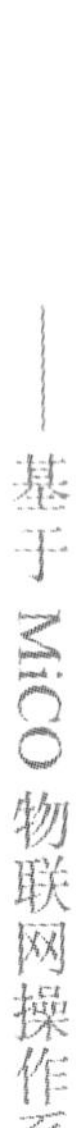

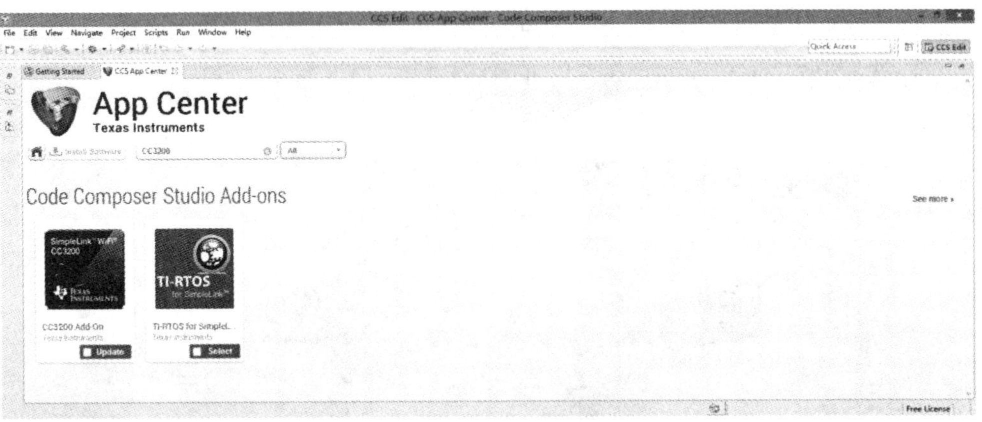

图 8-21 搜索 CC3200

⑤ CC3200 Add-On 应该已经安装，如果没有安装，同样需要选中，如图 8-22 所示。

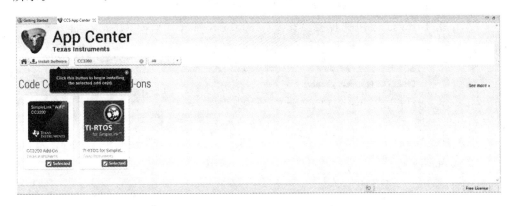

图 8-22 安装 TI-RTOS 及升级 CC3200 Add-On

⑥ 单击安装软件，如图 8-23 所示。

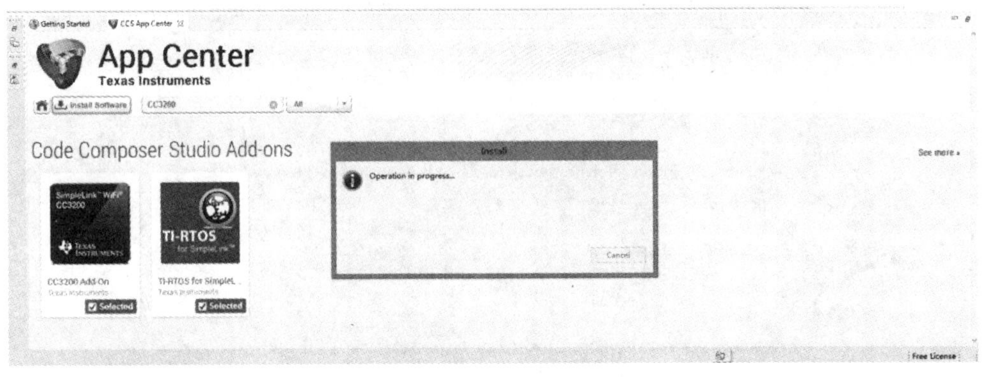

图 8-23 安装软件

2. 导入和配置包含 TI-RTOS 的工程

① 选择 Project→Import CCS Projects 选项，如图 8－24 所示。

图 8－24 选择 CCS 项目进行导入

② 单击 Browse 按钮选择 C:\ti\CC3200SDK_1.0.0\cc3200-sdk，如图 8－25 所示。

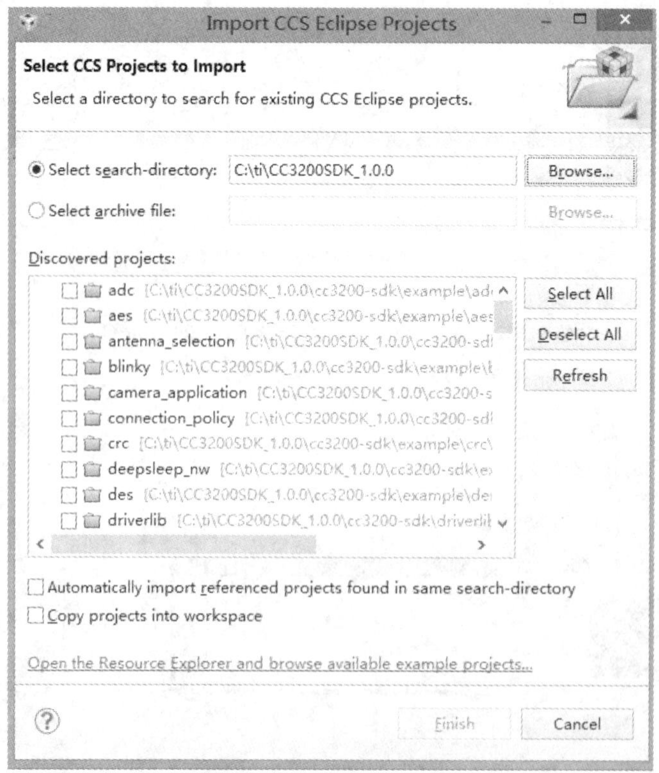

图 8－25 工程目录

③ 选择 wlan_station、driverlib、simplelink、oslib、ti_rtos_config 项目。对于库的导入，不必要选中 Copy projects into workspace，单击 Finish 按钮，如图 8-26 所示。图 8-27 为选定工程。

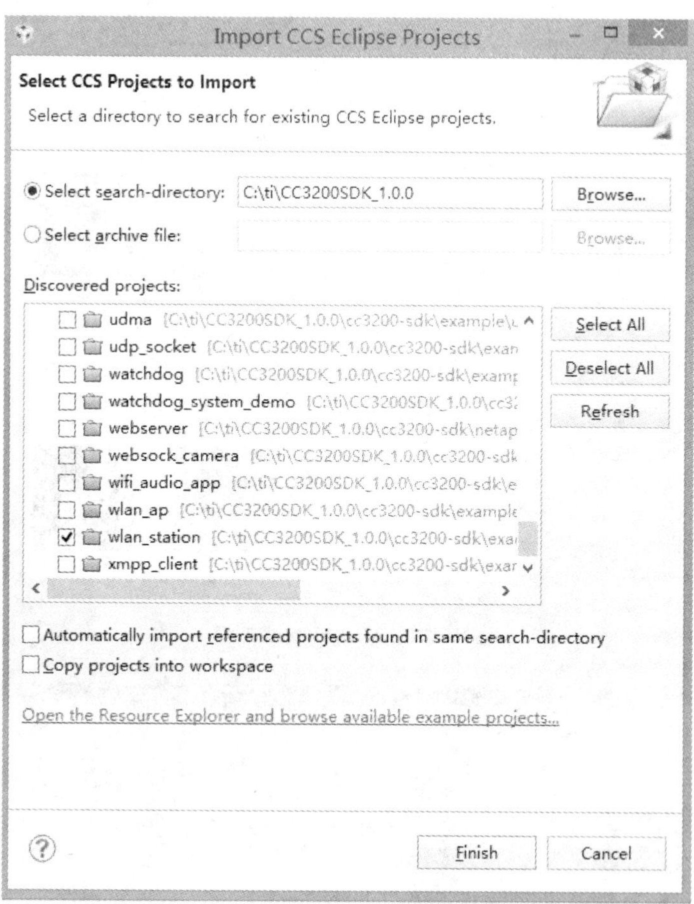

图 8-26　选择需要导入的工程

④ 在项目资源管理器中选择 ti_rtos_config 工程，右击选择 Project→Properties 选项，建立 ti_rtos_config 的工程配置，如图 8-28 所示，针对 SimpleLink，安装最新版本的 XDCtools 和 TI-RTOS，如图 8-29 所示。

⑤ 选择 simplelink 工程，并进行 build，如图 8-30 所示。

⑥ 选择 ti_rtos_config 工程并 build。

⑦ 选择 driverlib 工程并 build。

⑧ 选择 oslib 工程并 build。

⑨ 打开 C:\ti\CC3200SDK_1.0.0\cc3200-sdk\example\common\路径下的 common.h 文件，如图 8-31～图 8-33 所示。

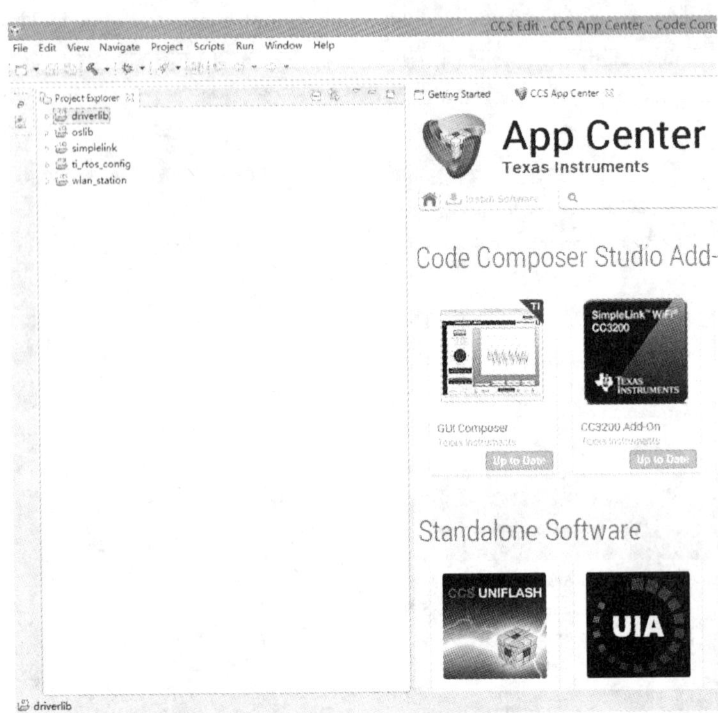

图 8-27　wlan_station 工程

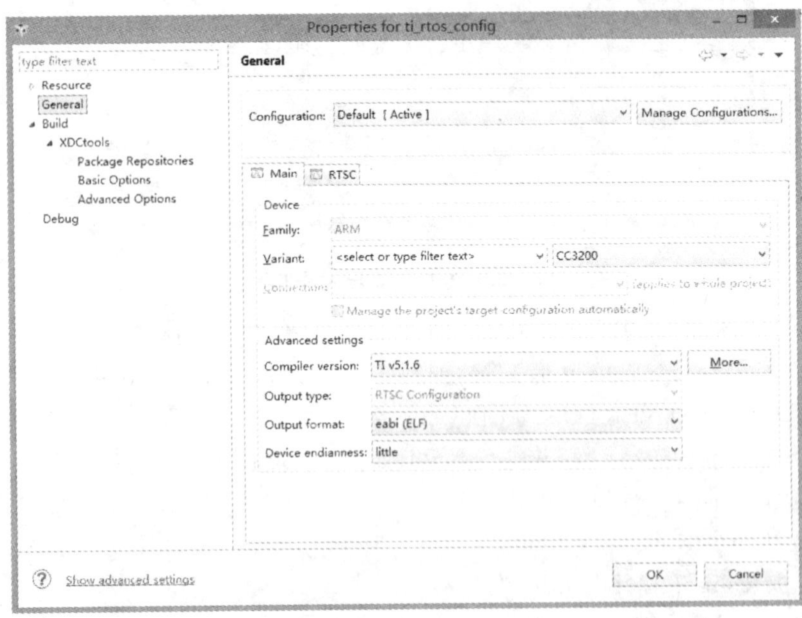

图 8-28　properties

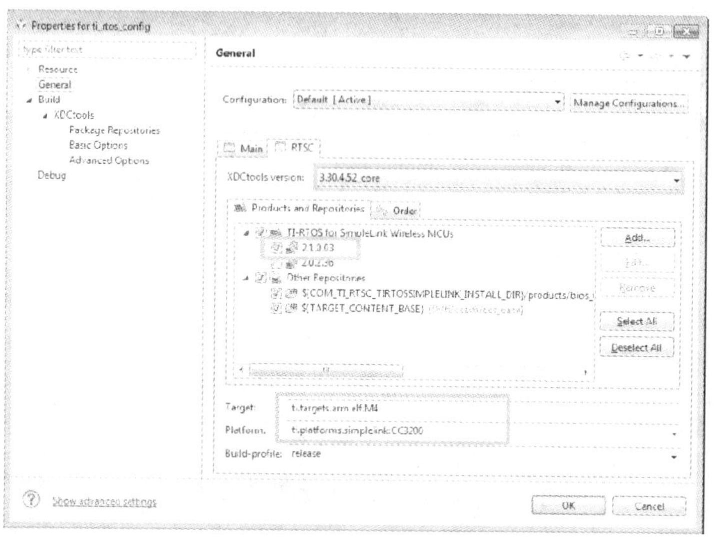

图 8-29　ti_rtos_config 特性

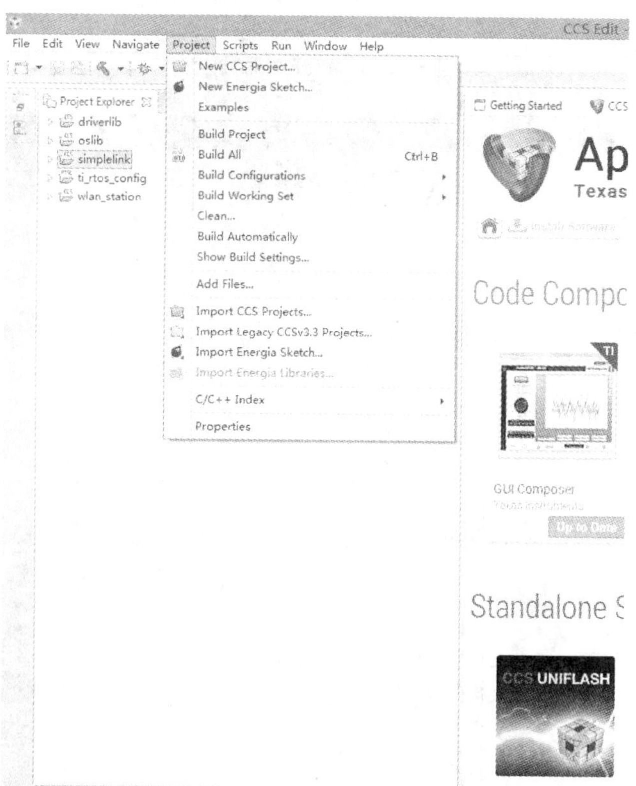

图 8-30　选择 simplelink 工程进行 build

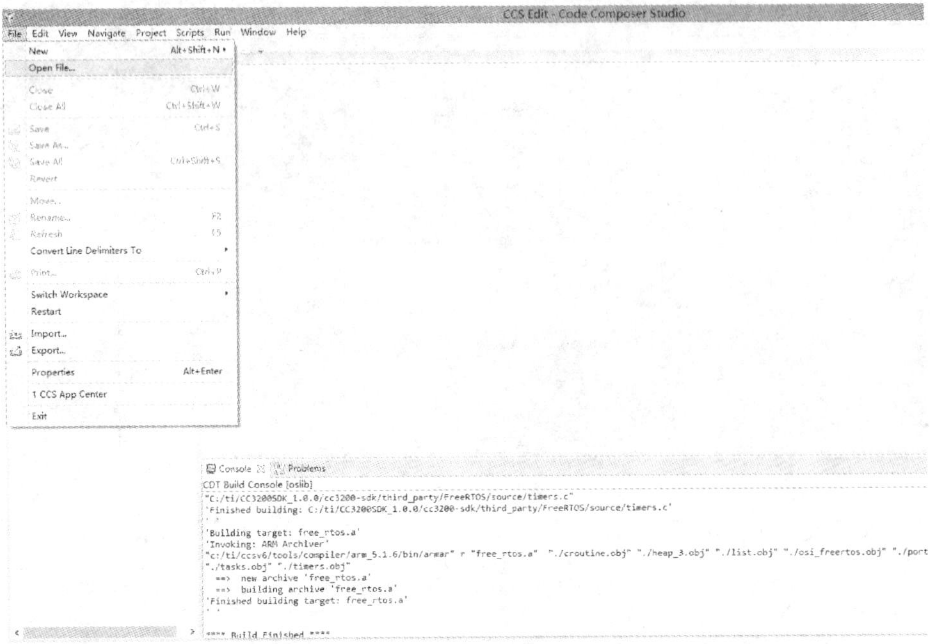

图 8－31　“打开文件”选项

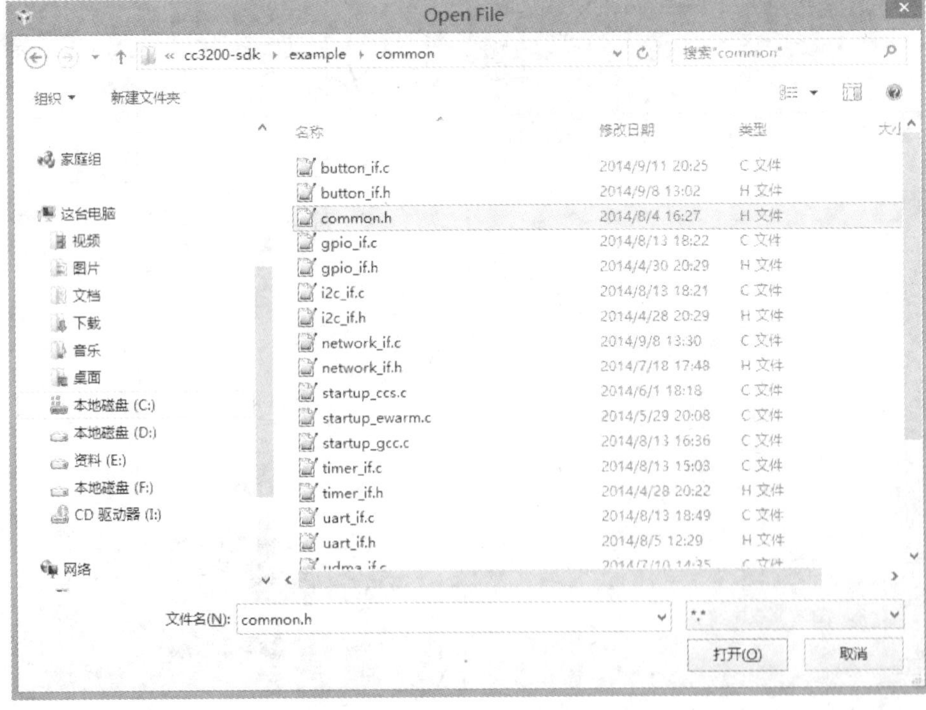

图 8－32　找到 common.h 文件

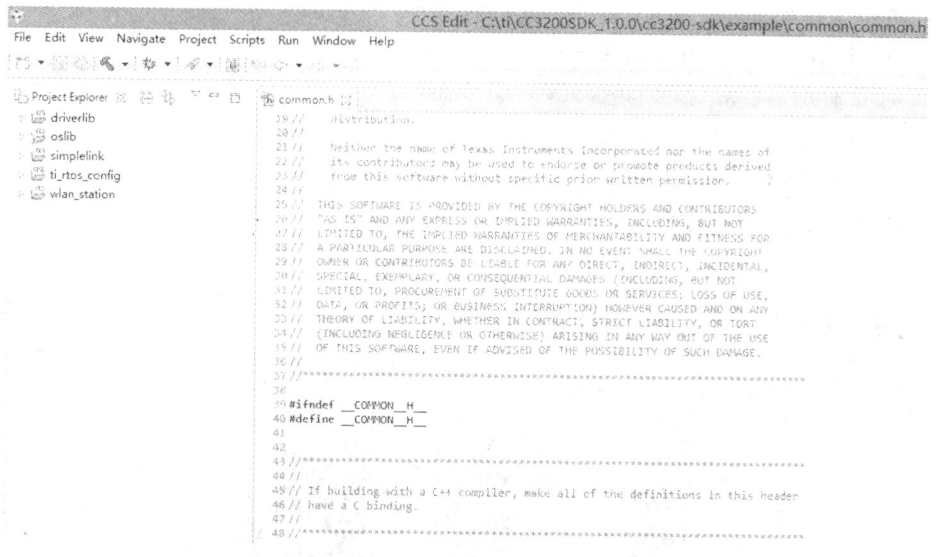

图 8-33 打开 common.h 文件

8.4 CC3200 LaunchPad 硬件使用

本节主要介绍 CC3200 LaunchPad 的硬件规格及其功能特性，以及相关的硬件配置如何使用。

8.4.1 CC3200 LaunchPad 概述

针对物联网(IoT)应用的 SimpleLink CC3200 器件是业界第一个具有内置 Wi-Fi 功能的无线 MCU，集成了高性能 ARM Cortex-M4 内核，使客户能够使用单芯片的方案来完成开发。

CC3200 LaunchPad 是集成 Cortex-M4 微控制器的低成本评估套件，设计充分发挥了 CC3200 片上 Wi-Fi 以及微控制的优势。整个 CC3200 LaunchPad 具有可编程的用户自定义按钮，RGB LED 以及用于调试应用程序的板载仿真器。CC3200 LaunchPad 的可扩展引脚能使其很轻松地应用芯片外设功能，如与图形显示、音频编解码器等外围设备配合使用，此外还可选择天线，有很强的环境适应能力。

CC3200 LaunchPad 的特点如下：

- 单芯片 Wi-Fi 解决方案。
- 40 Pin LaunchPad 标准扩展引脚。
- Micro USB 接口可用于供电和调试。
- FTDI JTAG 仿真器，支持串口 Flash 编程。
- 支持 4 线 JTAG 和 2 线 SWD。

- 2个按键和3个LED灯可供用户使用。
- 虚拟串口，通过PC的USB口进行UART通信。
- 带有加速度和温度传感器（I^2C总线通信）。
- 电流测量接口以及外部JTAG接口。
- 优化后的天线设计使得传输距离更远（空旷地典型距离200 m）。
- 板载量产的芯片天线测试端口。
- 低至2.3 V的电池供电，如电池2×AA或者2×AAA。

8.4.2　CC3200 LaunchPad功能简述

CC3200 LaunchPad硬件描述如图8-34所示。

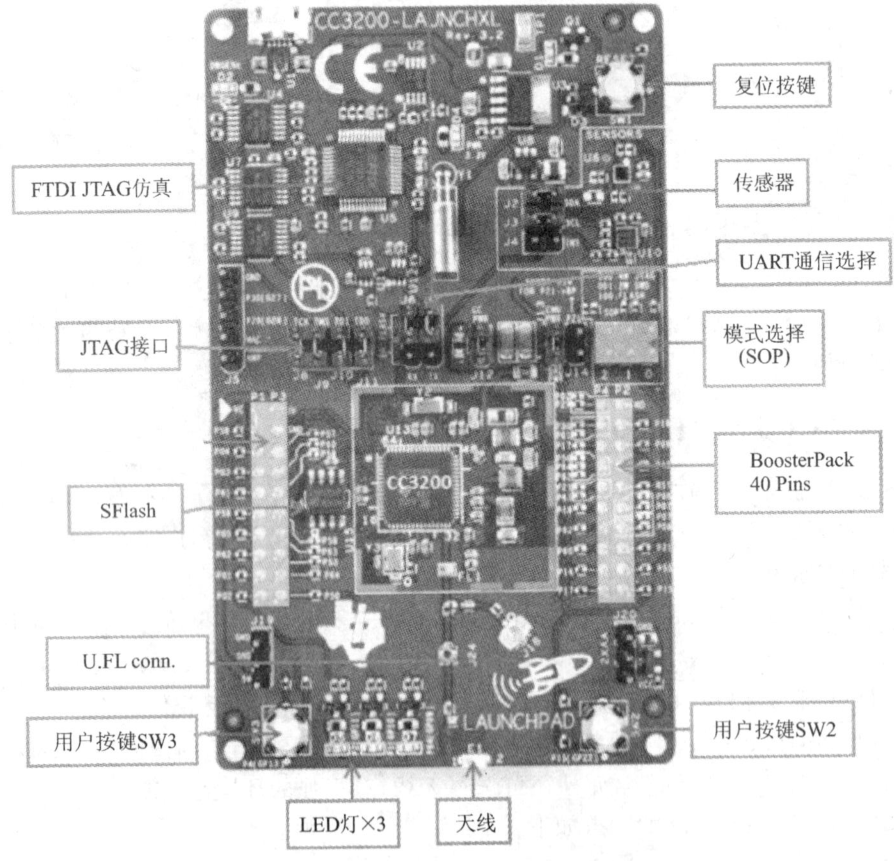

图8-34　CC3200 LaunchPad硬件描述

8.4.3　CC3200 LaunchPad硬件电路功能框图

CC3200 LaunchPad功能框图，如图8-35所示。

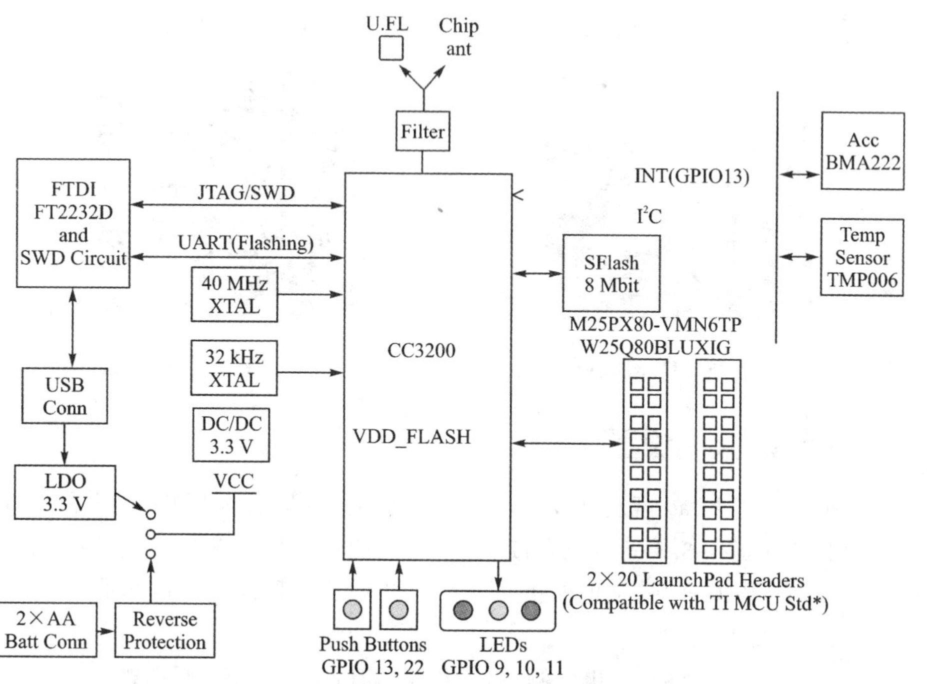

图 8-35　CC3200 LaunchPad 硬件电路功能框图

8.4.4　CC3200 LaunchPad 扩展引脚

CC3200 LaunchPad 的扩展引脚符合 2×20 Pin 的 BoosterPack 扩展引脚定义。在使用 BoosterPack 时，要注意防止插反，防止连接时引脚错位。

要特别留意 BoosterPack 上丝印的标记引脚 VCC 和 5 V，在 CC3200 LaunchPad 上靠近 1 引脚的地方有个白色的小三角与之对应，如图 8-36 所示。

图 8-36　VCC 标识

8.4.5　跳线帽设置

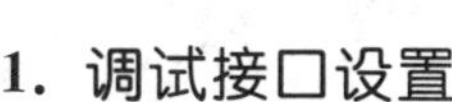

1. 调试接口设置

JTAG 接口采用跳线帽的方式连接。如图 8-37 所示，上侧是 FTDI JTAG 仿真器，下侧是 CC3200 器件的 JTAG 接口，使用 FTDI 仿真器时，直接通过短路帽连接。如果要使用外部的仿真器，请先移除跳线帽，然后直接连接靠下侧的 JTAG。

2. I^2C 接口跳线帽设置

J2 和 J3 用于 CC3200 芯片的 I^2C 总线与传感器模块单元的连接。移除 J2、J3 的短路帽，加速度传感器和温度传感器将从 I^2C 总线上断开，同时会移除 I^2C 总线的上拉电阻。另外,J4 用于加速度传感器的中断输出,连接 CC3200 的 GPIO 13,如图 8-38 所示。

图 8-37　JTAG 接口

图 8-38　接口跳线帽设置

8.4.6　电源供电设置

CC3200 LaunchPad 可通过 Micro USB 口供电,板子上的 LDO 可以给 CC3200 芯片和其他模块提供 3.3 V 电压。J1 用于供电选择,一般情况下,接上短路帽采用板子上的 LDO 供电;否则,从电池接口 J20 处取电;J20 是 3.3 V 电源输入,可以采用两节 AA 电池串联供电。

J12 用于 CC3200 器件的电流测量,正常使用时,请直接接上短路帽。

J19 是 5 V 输出,电源来自 USB 口的 VBUS(中间串了一个二极管,压降约为 0.4 V),如图 8-39 所示。

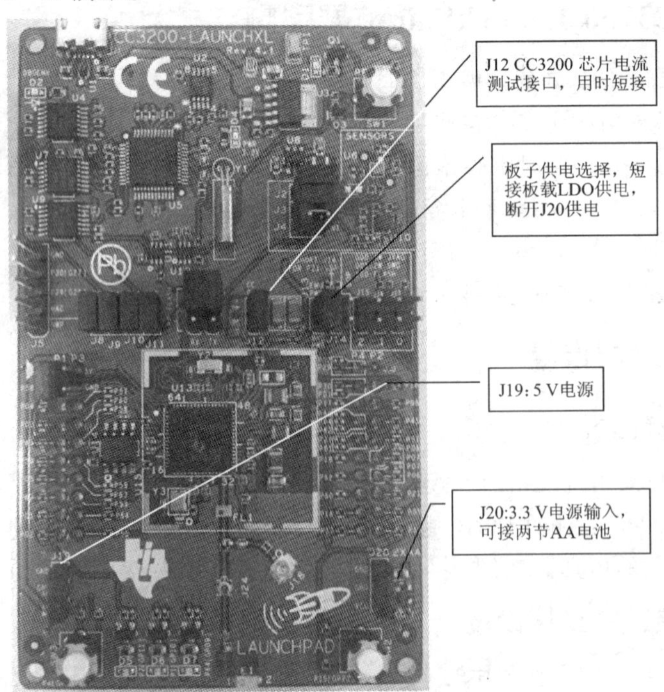

图 8-39　CC3200 的电源供电

8.4.7　UART 接口跳线帽设置

板子提供了虚拟串口，使用了芯片 FT2232D，该芯片具有两路接口，一路用于仿真(JTAG/SWD)，另一路用于虚拟串口。同样，通过跳线帽的方式，这个 UART 接口可以连接到 20 Pin 的 BoosterPack，如图 8－40 所示。

8.4.8　工作模式选择

通过设置 Sense on Power(SOP)，CC3200 可配置为 3 种不同的操作模式。SOP 连接着 CC3200 的引脚 21、34、35，如图 8－41 所示。

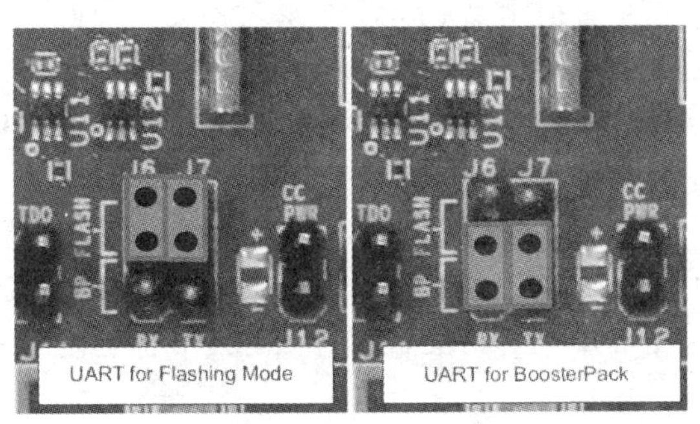

图 8－40　UART 接口跳线帽设置

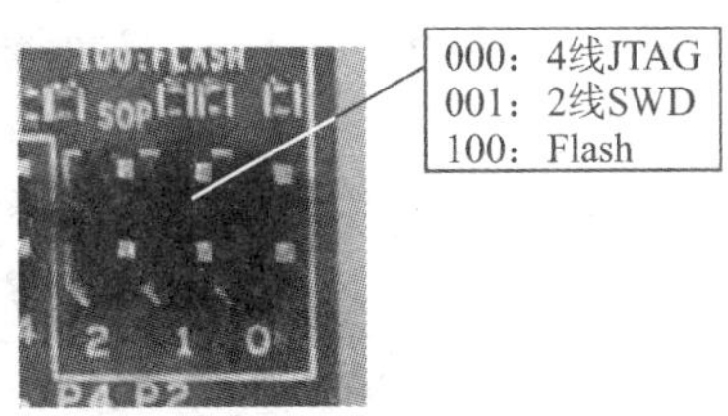

图 8－41　工作模式选择

8.4.9　按键和 LED 灯

如图 8－42 所示，CC3200 LaunchPad 上有 3 个按键，其中 1 个为复位按键 SW1，另外两个为用户按键 SW2 和 SW3，当用户按下按键时，会接通高电平。

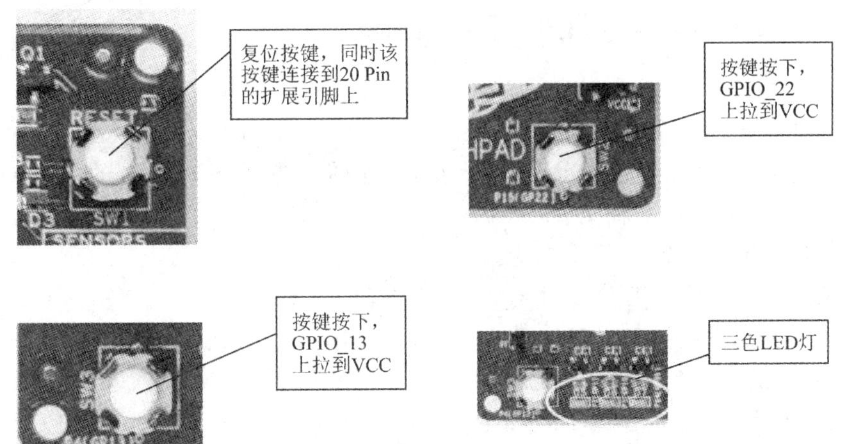

图 8－42　CC3200 LaunchPad 的安装与 LED 灯

第 9 章

CC3200 的开发与应用

本章将先介绍适用于 CC3200 LaunchPad 的 MiCOKit - 3200 开发套件，然后介绍 MiCOKit 的基本使用方法、云端接入通信流程，最后介绍一个使用 CC3200 LaunchPad 的典型应用——基于 CC3200 的低功耗报警器。

MiCOKit 套件是上海庆科(MXCHIP)推出的基于物联网操作系统(MiCO)开发的入门系列套件，可直观、方便地用于物联网、智能硬件的原型机开发，以及 Demo 演示。

MiCOKit 套件使用 MiCO 系统作为开发环境。目前，MXCHIP 的 3288 硬件平台已经非常成熟，作为 MiCO 系统的一个典型应用，MiCOKit 在 CC3200 扩展板的组合上也能进行直观的学习与使用。

使用 MiCOKit - CC3200 套件，并配合 MXCHIP 提供的强大 FogCloud 云端服务和 MiCO 手机 APP，可以用手机 APP 演示控制开发板上的外设(如 RGB LED)；同时，在手机上可实时显示开发板上的各种传感器(如温湿度、电位器)的数据。由于所有的通信是基于云服务的，因此，只要能够连上 Internet，就能够在世界的任意一个角落上借助 MiCOKit 平台的翅膀远程控制 MiCOKit 设备，实现各种各样丰富的、基于物联网的应用。

9.1 MiCOKit - 3200 开发套件

MiCOKit - 3200 开发套件是配合 TI CC3200 LaunchPad 口袋实验平台的一个演示套件，由于采用了标准的 BP 针脚定义，其能够支持目前 TI 所有的 LaunchPad。MiCOKit - 3200 开发套件为 3200 提供了丰富的外设接口，以及各类传感器，为 MCU 提供了良好的输入、输出功能。

MiCOKit - 3200 开发套件有两个特点：一是体积小巧，其长度和 CC3200 LaunchPad 系列电路板外形尺寸基本一致，宽度比 LaunchPad 稍大；二是其能够脱离实验室仪器，让使用者自行学习，方便携带，简单易用。

此外，开发套件还支持 Arduino 平台(Arduino 已经成为公认的 MCU 开发板的行业标准)，其正面包括了标准的 Arduino 接口、传感器、多功能接口(SPI、UART、I^2C、I^2S 等)。模块化设计的开发套件，使得主板在脱离模块后，仍然可完成一些基本的 MCU 的实验。

如图 9-1 所示为 MiCOKit-3200 开发板的实物图。

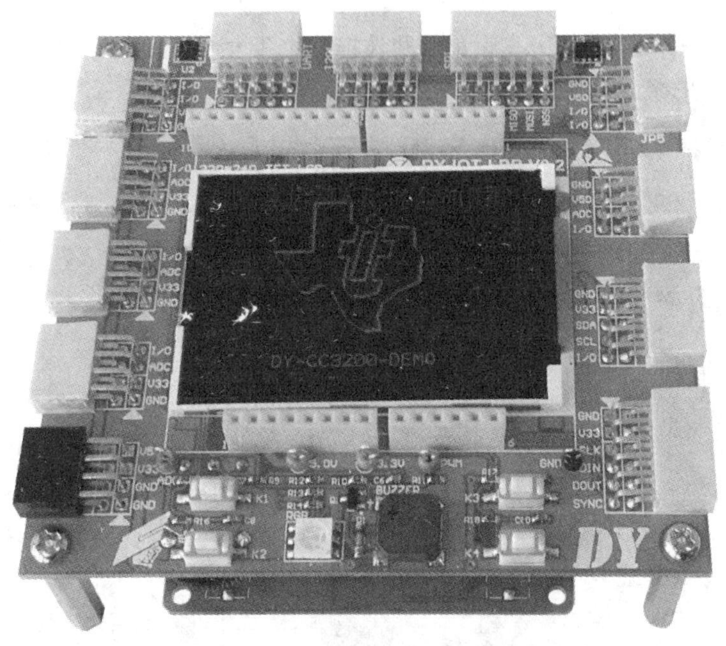

图 9-1　MiCOKit-3200 开发板

MiCOKit-3200 开发套件的主板提供了如下资源：

- 4 个按键；
- 3 色 RGB LED；
- 无源蜂鸣器；
- 模拟电位器；
- 320×240 TFT LCD 屏；
- 中文字库；
- TF 存储卡；
- 温湿度传感器；
- 光照、距离传感器；
- TI 标准 LaunchPad 接口；
- 标准 Arduino 接口；
- Arduino 传感器接口(模拟和数字)；
- 多功能接口(SPI、UART、I^2C、I^2S)。

此外，MiCOKit-3200 与 TI CC3200 LaunchPad 开发套件的配色方面也很吻合。与 TI CC3200 LaunchPad 连接后，CC3200 的可用性大大提高，使得 CC3200 能够实现各类传感器、数据传输实验。

9.2 MiCOKit - 3200 硬件结构与电路

MiCOKit - 3200 套件由主板单元和外扩模块两大部分构成，下面将对这两部分的硬件结构和电路分别进行介绍。

9.2.1 MiCOKit - 3200 主板单元

主板部分包括彩色 LED 与字库单元、温湿度传感器单元、距离传感器单元、按键和 RGB 灯单元、PWM 蜂鸣器单元、ADC 电位器单元与 TF 卡储存单元。

图 9 - 2 为 MiCOKit - 3200 主板硬件的正面硬件结构图。

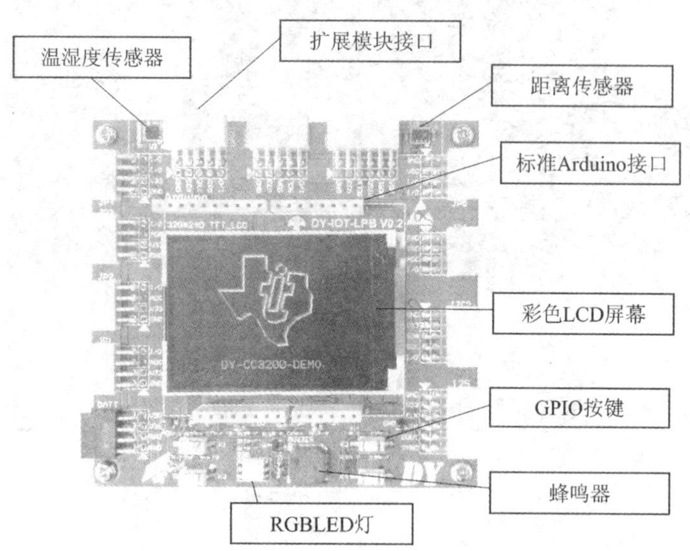

图 9 - 2 MiCOKit - 3200 主板硬件结构示意图

1. 彩色 LCD 与字库单元

由于 CC3200 没有专用的 LCD 接口，但是芯片的速度较快，并且适合于物联网应用，所以选择一个彩色 LCD 是最好的，可以显示任意的文字和图形。同时由于 CC3200 LaunchPad 上的 I/O 资源很有限，并口的 LCD 会占用很多 I/O 资源，所以选择一个串口的 LCD 是最合适的。MiCOKit 套件的主板上选择了一个 320×240 点阵的串行接口彩色 LCD。串口采用 SPI，再设置 RESET 引脚用于一个复位 $\overline{\text{RESET}}$信号，P07 设置为片选$\overline{\text{CS}}$，显示单元的原理图如图 9 - 3 所示。

为了配合能够在 LCD 屏幕上显示中文，另外增加了一片 GT20 字库芯片作为 MCU 字库显示存储，其内部包含了 16×16 和 8×8 等多种 GB2312 常用汉字的点阵，能够满足中文输出的需要。

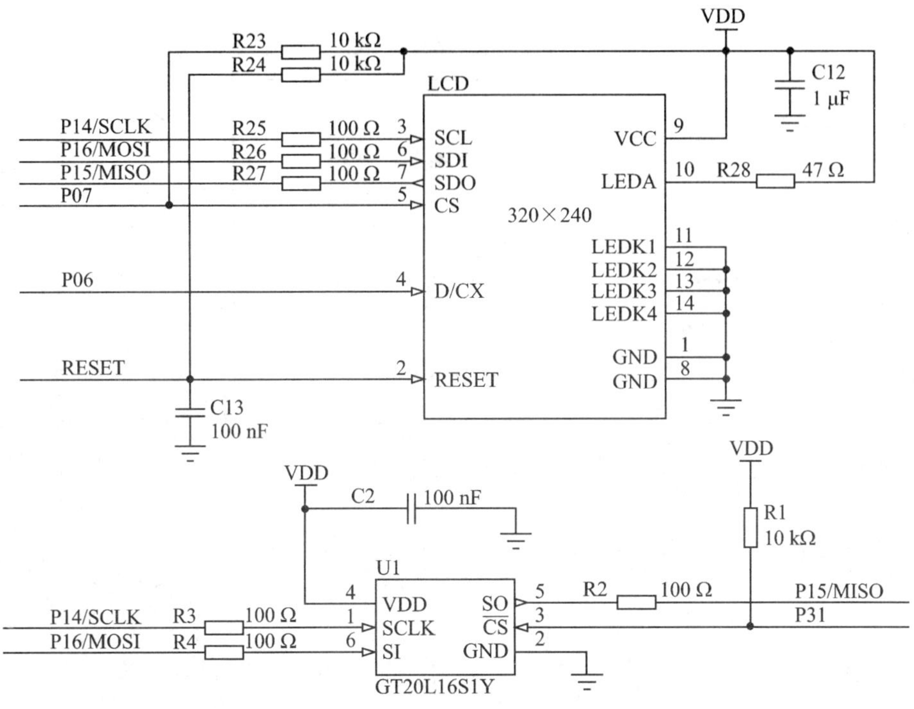

图 9-3　彩色 LCD 与字库单元原理图

2. 温湿度传感器单元

现在的环境，传感器无处不在，MiCOKit-3200 套件的主板上配置了一个温湿度传感器 SHT20。SHT20 是一款工业级的数字温度传感器，I²C 接口，它也是湿度传感器，在 −40～120 ℃的测量范围内的精度是±3%。LM75A 的工作电压为+2.1～+3.6 V。I²C 通信的速度高达 400 kHz，SHT20 有 3 个可选的逻辑地址引脚，允许同时接多个这样的器件而不发生地址冲突。

SHT20 与其同类型的传感器 SHT21、SHT25 接口完全一致，因此能够实现完全兼容该类型的传感器。其工作功耗仅为 3.2 μW，因此配合 IoT MCU 能够实现低功耗的 IoT 应用。

温湿度传感器单元的原理图如图 9-4 所示，PA10 和 PA11 配置为 I²C 模式，每个信号连接一个 10 kΩ 的上拉电阻。

3. 近接式传感器单元

数字环境亮度和近接式传感器(ALS)在笔记本电脑、液晶显示器、平板电视机和手机上已经广泛使用。通过读取其数值，能够有效管理显示面板和键盘背光等亮度控制。

MiCOKit-3200 套件上集成了 APDS-9901 数字环境亮度和近接式传感器检

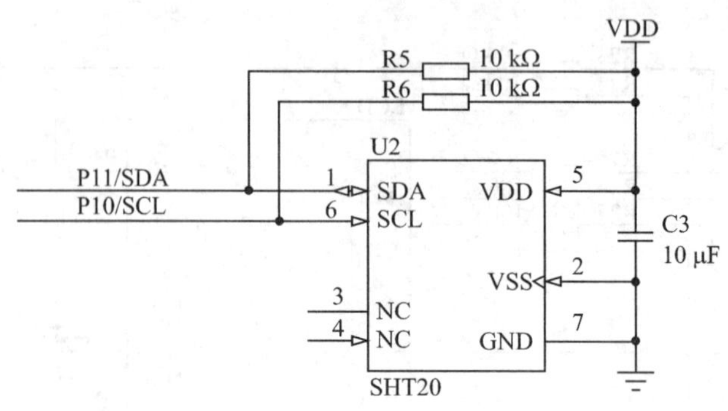

图 9-4　温湿度传感器单元原理图

测系统，其可进行 100 mm 的距离检测，如进行短距离检测操作。此外，内部状态机具有能将设备放置于 ALS 和近接测量之间的低功率模式的能力，使得传感器拥有极低的功耗。

近接式传感器单元的原理图如图 9-5 所示，PA6 和 PA7 配置为 I^2C 模式与传感器通信。

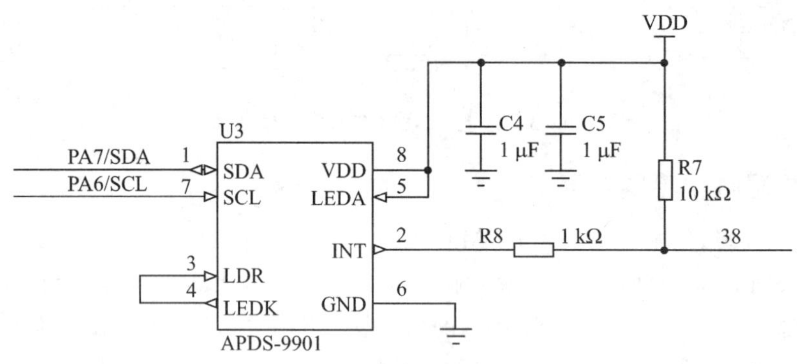

图 9-5 近接式传感器单元原理图

4. 按键和 RGB 灯单元

按键和 LED 指示是最基本的输入和输出设备，MiCOKit-3200 套件主板上设有 4 个按键和 1 个 RGB LED 指示灯。本单元的功能比较简单，原理图如图 9-6 所示。

5. PWM 蜂鸣器单元

PWM 技术是数字技术应用的一个重要方法，特别是在电机控制等领域。很多以前必须用模拟方法实现的电路，现在都逐渐被数字 PWM 技术等效取代。CC3200 拥有 PWM 功能，为了配合 LaunchPad 的 PWM 功能演示，因此在开发套件上增设了蜂鸣器单元。

在 MiCOKit-CC3200 套件中将 PWM 信号输出至蜂鸣器，并将信号通过三极

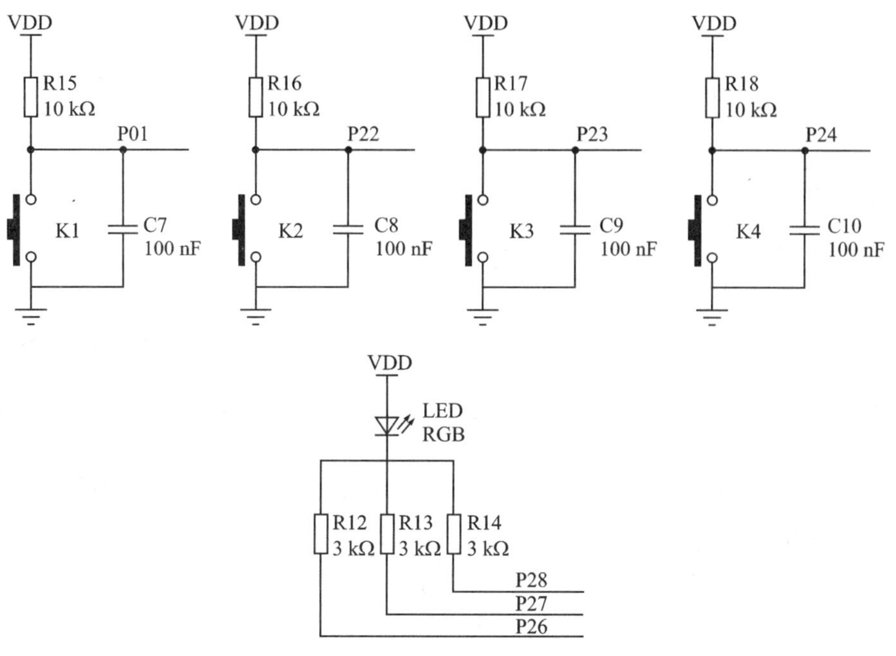

图 9－6　按键和 LED 显示单元的原理图

管放大。当 MCU 通过 PWM 输出的频率在人耳能听到的范围内时，蜂鸣器便会发声。通过该模块，能够直观地展示音频合成与电路的关系，其原理图如图 9－7 所示。

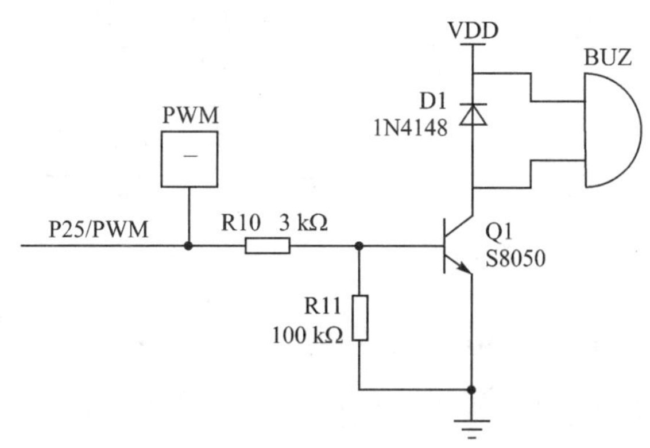

图 9－7　PWM 蜂鸣器单元原理图

6. ADC 电位器单元

ADC 是实际应用中经常被用到的外设，特别是在传感器、测量仪器、自动监测等设备中。利用 CC3200 自带的 ADC 和比较器功能，通过圆盘电位器调节电压，同时输出给 ADC 和比较器，可以完成 ADC 和比较器的实验，实验的结果还可以显示在彩色 LCD 屏上。

电位器单元原理图如图 9-8 所示。

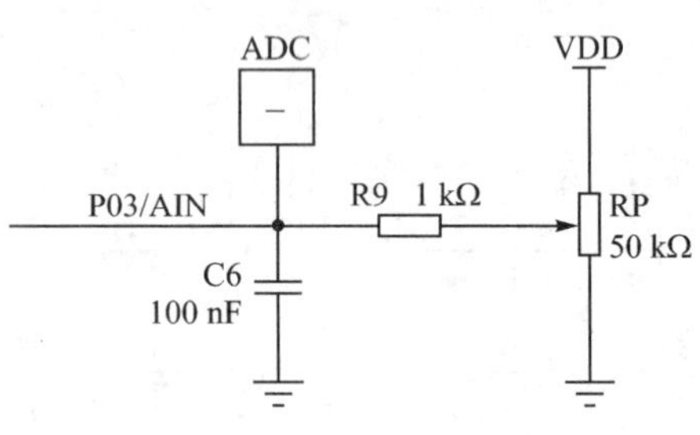

图 9-8 电位器单元原理图

7. TF 卡存储单元

CC3200 内部资源、功能较多，可以实现文件系统等高级应用。本单元的主要功能是使得 CC3200 可以用 TF 卡实现文件读/写操作。

TF 卡也叫 MircoSD 卡，与 SD 卡的引脚操作几乎完全一致，只是体积缩小了。作为一种非常流行的存储器，学习如何用单片机控制 SD 卡将很有意义。此外，还可同时学习 SPI 通信协议，以及几乎无限扩大 MCU 的存储空间。

如图 9-9 所示，TF 卡的 SPI 通信接口串入 100 Ω 的电阻，可减少 SPI 通信切换时信号的干扰，信息的读取更可靠。

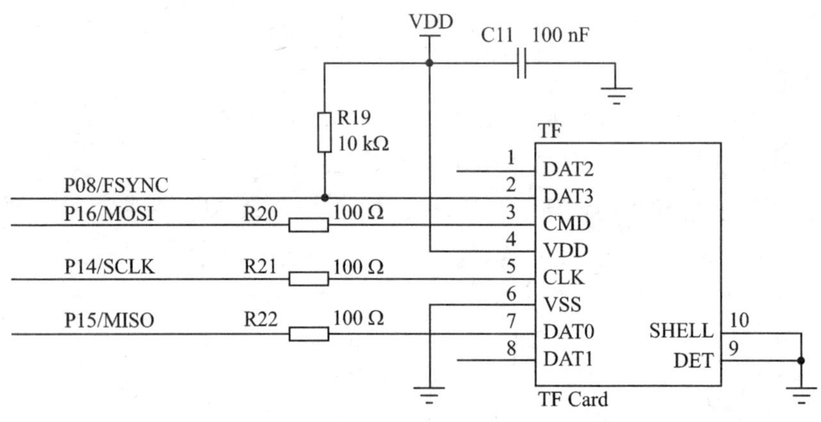

图 9-9 TF 卡存储单元原理图

9.2.2 MiCOKit-3200 外扩模块

外扩模块部分包括电机模块、PID 模块、噪声模块、语音模块和 NFC 模块。外扩模块可以根据实际需要，向德研科技公司购买，随后插上 MiCOKit-3200 主板的扩展接口，即可使用。

1. 电机模块

该模块可演示 CC3200 的电机控制功能。步进电机和直流电机共用一个驱动芯片，型号是 DRV8833。读者可通过电位器调节速度，通过一个按键切换正转和反转，同时在 LCD 上显示相应功能。电机模块与主板的连接如图 9-10 所示。

电机模块与主板的插座是 SPI 接口或者 I^2S 接口(6 芯)。将通信接口设置为普通

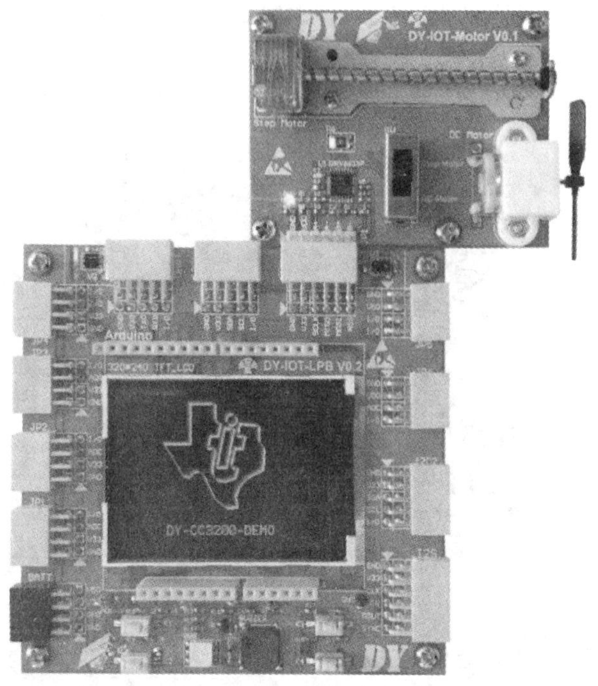

图 9-10　电机模块连接示意图

的 I/O 口模式，可以用定时器的方式实现对电机的控制。电机模块原理图如图 9-11 所示。

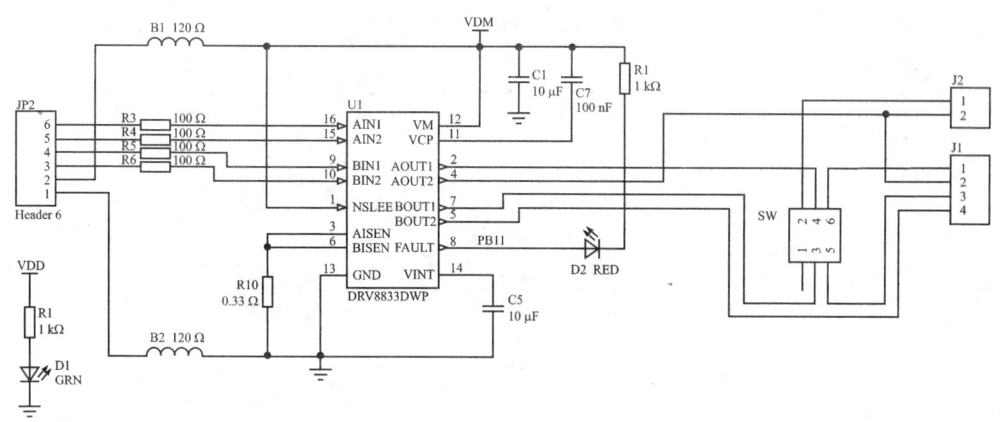

图 9-11　电机模块原理图

2. PID 模块

PID 模块可用于展示恒温控制功能，其主要由加热电阻和温度传感器构成，采用的传感器使用的是 I^2C 接口，型号是 TMP75。“加热”电阻的驱动模式采用 PWM 的控制方式，设定一个目标温度（如 60℃）和读到的温度比较，以决定 PWM 的占空比。

模块的控制脚为 GPIO01，低电平有效。PID 模块连接示意图如图 9－12 所示。

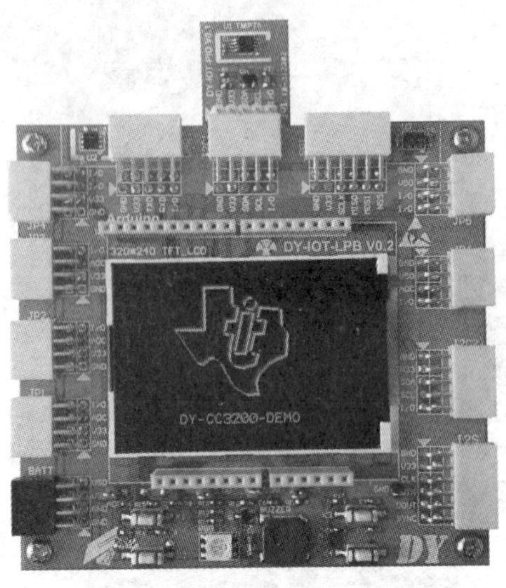

图 9－12　PID 模块连接示意图

使用 MiCOKit－3200 套件的主板上的 I2C1 接口，可实现与模块上 TMP75 温度传感器的通信。PID 模块原理图如图 9－13 所示。

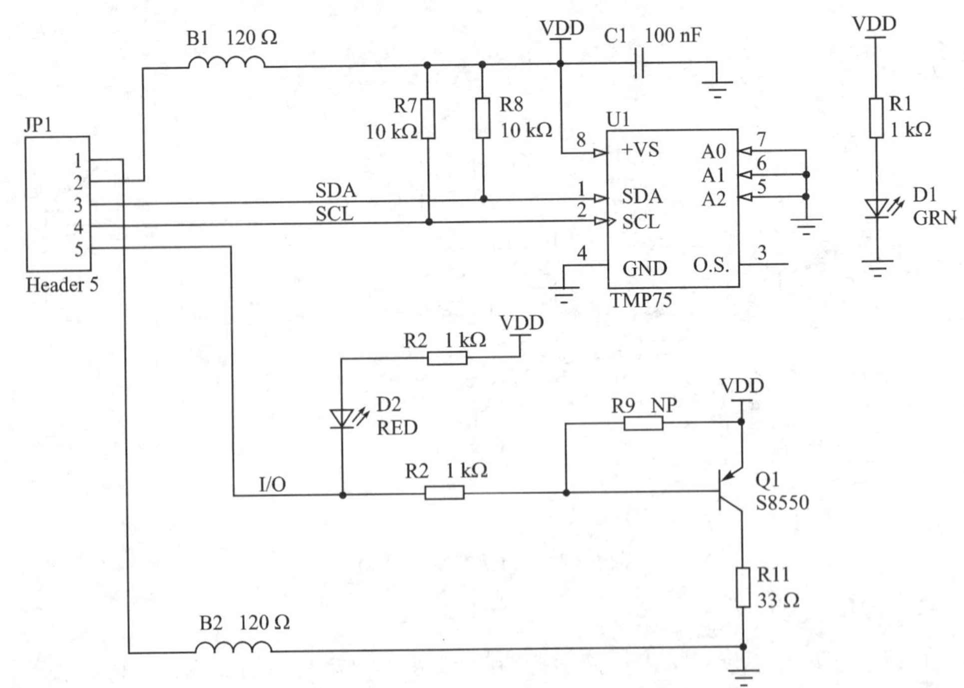

图 9－13　PID 模块原理图

3. 噪声模块

噪声模块使用模拟麦克风采样的 A/D 值，提供直接测量噪声的功能。采用的传感器是麦克风，将模拟电压输出，再通过 LM386M 将模拟量转换为电压放大。最后 CC3200 通过将该电压值进行 A/D 转换，完成采样，并显示在 LCD 上。

在 MiCOKit－3200 套件的主板上，可使用 JP1、JP2、JP3 连接该模块，如图 9－14 所示。麦克风与 LM386 的连接如图 9－15 所示。

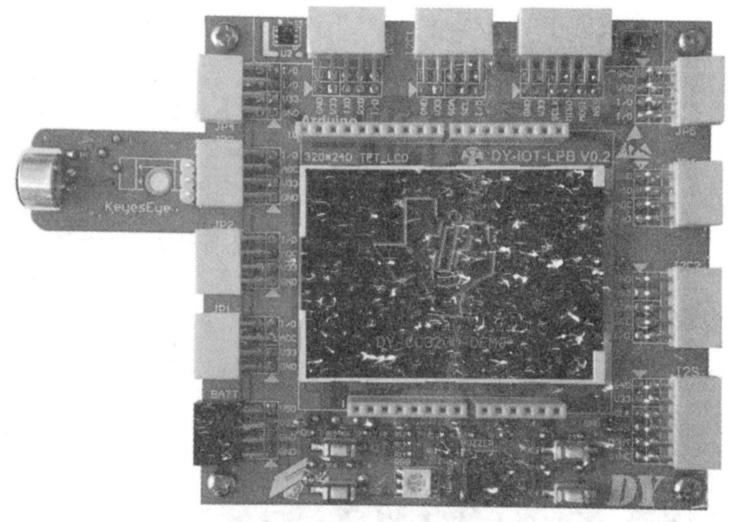

图 9－14 噪声模块连接示意图

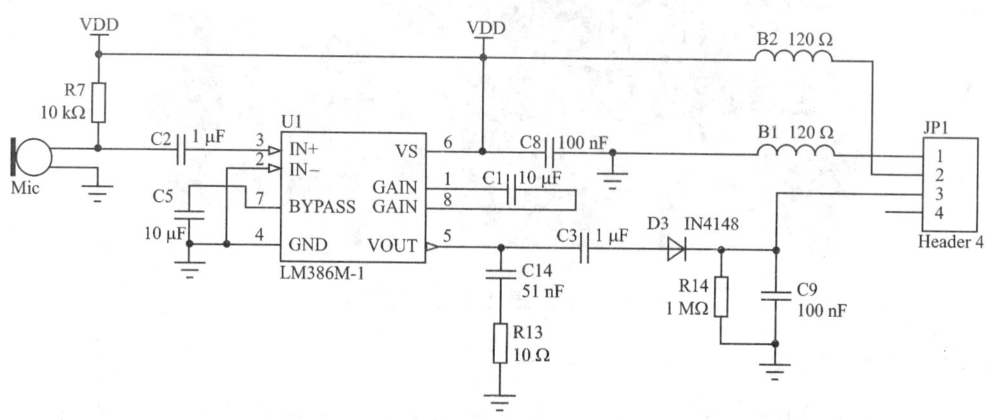

图 9－15 噪声模块原理图

4. 语音模块

为体现 CC3200 MCU 的高性能，MiCOKit－3200 套件扩展了音频模块，具有立体声音乐播放和录音功能。音频接口采用了 TI 具有耳机放大器的低功耗立体声音频编解码器芯片 TLV320AIC3254，实现了立体声播放和录音。

TLV320AIC3254 是 TI 推出的一款高度集成模拟功能的高性能立体声音频编解码器。片内的模拟/数字转换器（ADC）和数字/模拟转换器（DAC）使用多位 Σ－Δ 技术，集成了超采样数字插值滤波器，数据传输字的长度支持 16、20、24 和 32 位以及从 8～96 kHz 的采样率。ADC 的 Σ－Δ 调制器具有三阶多位架构，高达 90 dB 的信号噪声比（SNR）和高达 96 kHz 的音频采样率，可在低功耗状态下实现音频的录音。DAC 的 Σ－Δ 调制器采用二阶多位架构，高达 100 dB 的信噪比（SNR），音频采样率高达 96 kHz，可在功耗低于 23 mW 的状态下，实现高品质的立体声数字音频播放能力。

通过 I^2C 接口对 TLV320AIC23B 进行配置和控制，如音量调节等。由于扩展模块比较小，没有配扬声器，因此需要通过外接耳机听音乐。由于一般耳机阻抗较高（32 Ω），左右声道各通过一个 100 μF/10 V 的电解电容进行音频的耦合。对于更低阻抗的耳机/喇叭，需要用更大的电容才能有较好的低频效果。板载小型麦克风，通过芯片可实现录音等。语音模块与 MiCOKit－3200 主板的连接如图 9－16 所示。语音模块原理图如图 9－17 所示。

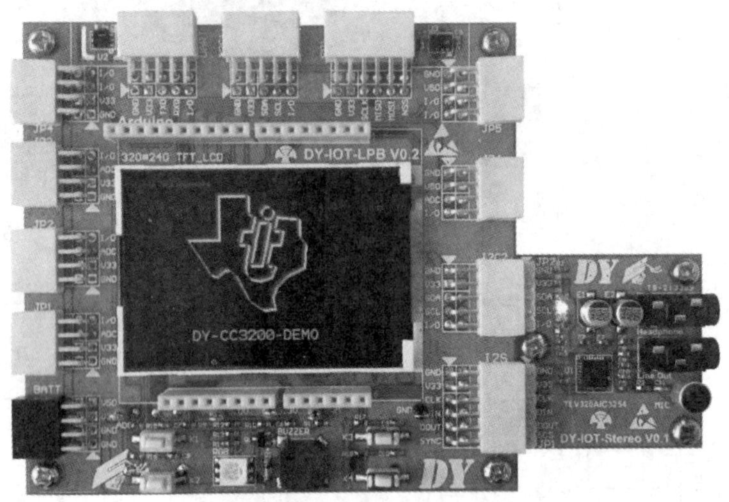

图 9－16 语音模块示意图

5. NFC 模块

NFC 近场通信模块可用于演示短距高频无线电传输，可实现在 13.56 MHz 频率下，20 cm 距离内进行感应。NFC 模块与 MiCOKit－3200 主板的连接如图 9－18 所示。

MiCOKit－3200 套件的 NFC 模块采用 I^2C 接口的 RF430CL330H 芯片，其可用于简化的蓝牙与 Wi-Fi 连接配对过程，并能实现手机 APP 读/写等功能。NFC 模块原理图如图 9－19 所示。

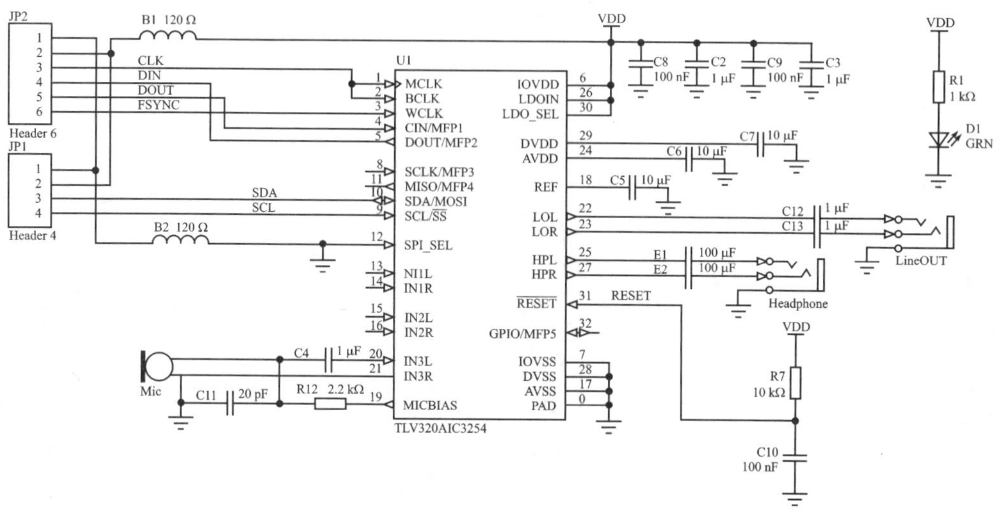

图 9-17 语音模块原理图

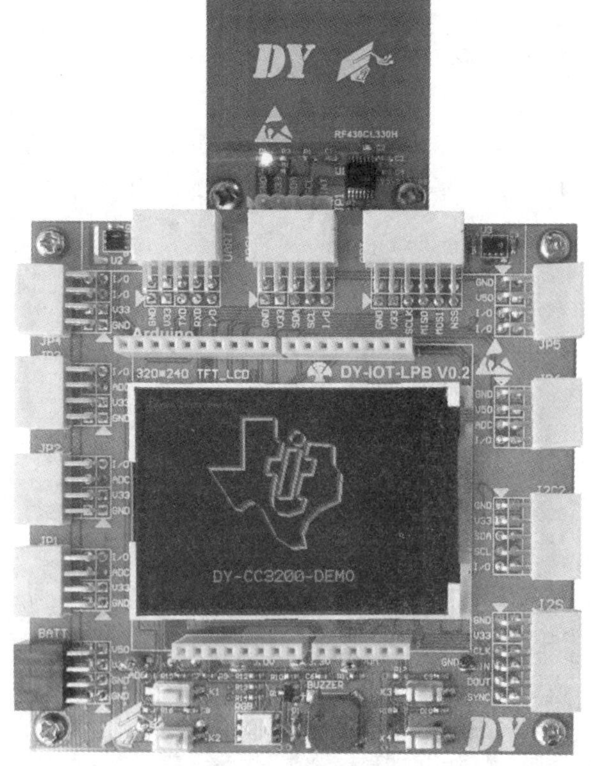

图 9-18 NFC 模块连接示意图

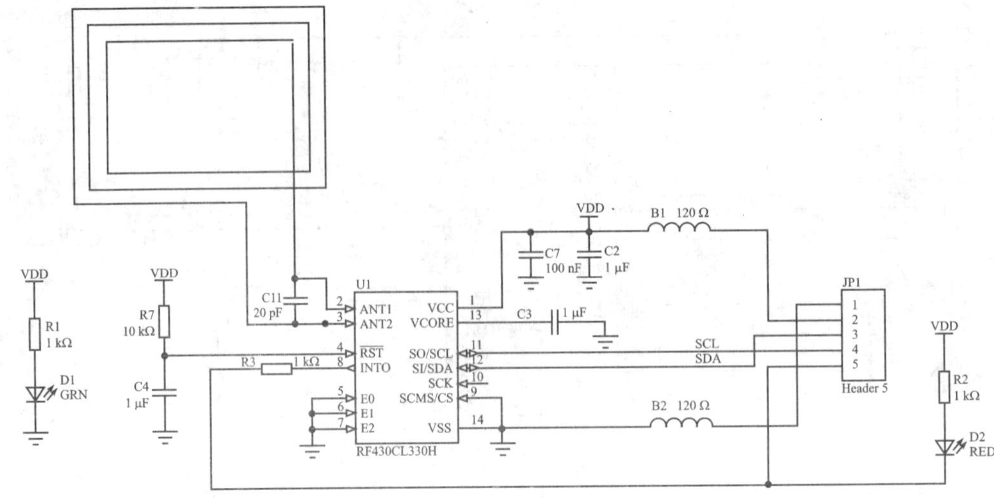

图 9-19 NFC 模块原理图

6. 蓝牙模块

蓝牙(Bluetooth)是一种非常流行的无线技术标准，可实现固定设备、移动设备和个人局域网之间的短距离数据交换。CC3200 的扩展蓝牙模块采用了 TI 的低功耗 CC2541 芯片作为蓝牙射频方案。

CC2541 是一款低功耗、2.4 GHz、具有很高性价比的 SoC，具有非常好的 RF 收发性能，且其内部还集成了标准的增强型的 8051 MCU、系统内可编程闪存存储器，自带了 8 KB RAM，因此能够将其功能强大的特性和外设组合在一起实现各类低功耗蓝牙应用。蓝牙模块与 MiCOKit-3200 主板的连接如图 9-20 所示。

图 9-20 蓝牙模块连接示意图

通过在蓝牙模块上外接仿真器，也可以向 CC2541 中增加相应的蓝牙部分功能。目前的蓝牙模块与 CC3200 主板是通过串口进行通信的，其原理图如图 9-21 所示。此外，结合 NFC 模块，还能实现扫一扫，配对蓝牙设备等功能。

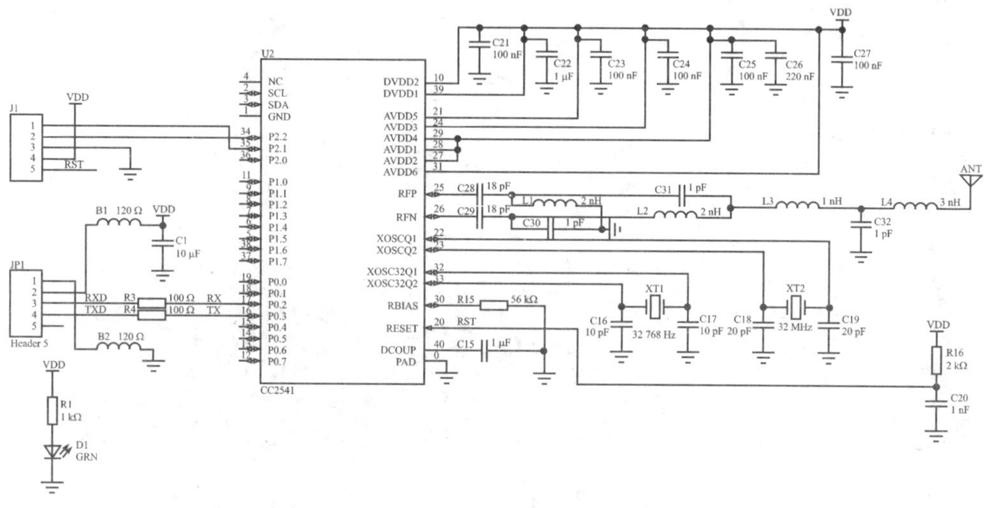

图 9-21 蓝牙模块原理图

9.3 MiCOKit 手机 APP

MiCOKit 手机 APP 是用于配置、控制 MiCOKit 套件设备的软件程序。在将 MiCOKit 设备上电后，需要先将其配置入网，因此首先需要在手机上进行该 APP 的安装。在完成配网后，即可通过该 APP 实现对 MiCOKit 设备的各类控制功能。

下面将对 APP 的使用流程进行详细介绍。

9.3.1 下载、安装手机 APP

使用 Android/iOS 手机扫描开发板背面的微信二维码，关注微信公众账号"MiCO总动员"，根据首页提示下载、安装 MiCOKit 手机 APP。

打开 MiCOKit 手机 APP，将进入登录界面，如图 9-22 所示。如果没有 MiCO 账号，则需要点击下方的 Create Account 按钮注册一个账号。

9.3.2 注册开发者账号

点击首页中的 Create Account 按钮进入账号注册页面，填写相应的信息，如图 9-23所示。需要注意的是 MiCO 账号必须通过手机验证。

用户根据提示完成 MiCO 开发者账号注册，注册成功后会自动登录。

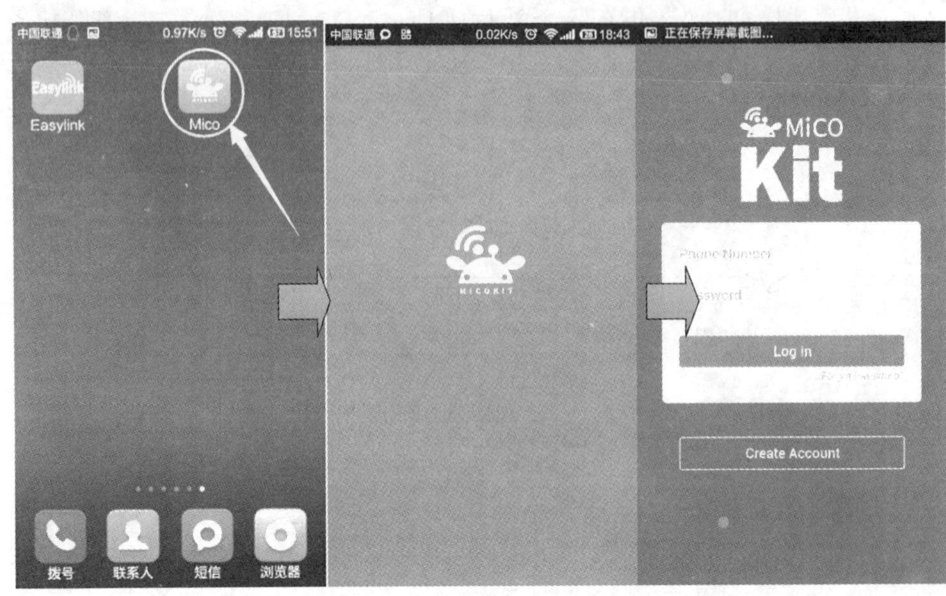

图 9-22　MiCO APP 启动界面

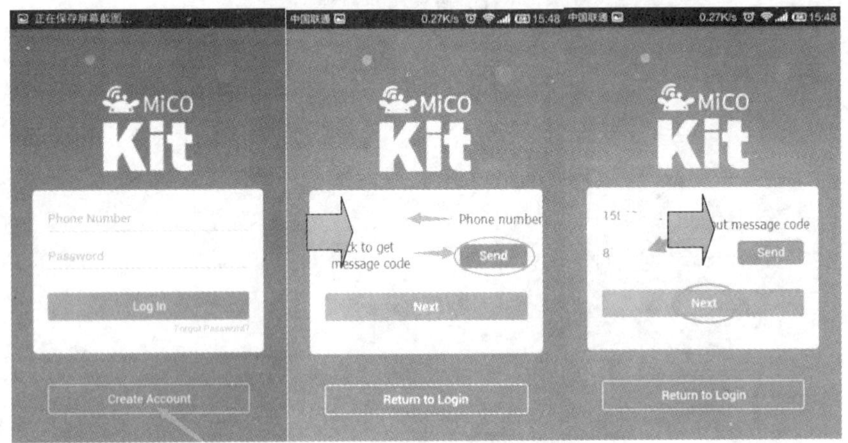

图 9-23　在 MiCO APP 中注册用户账号

9.3.3　开发板配置

接下来，用户需要使用手机 APP 给开发板配置 Wi-Fi 网络，并且进行设备激活、绑定设备，步骤如下：

① 点击 APP 右上角的加号，进入 EasyLink 页面，如图 9-24 所示。

② 连接 LaunchPad 的电源，设备进入 EasyLink 配置模式，此时绿色 LED 灯快速闪烁。

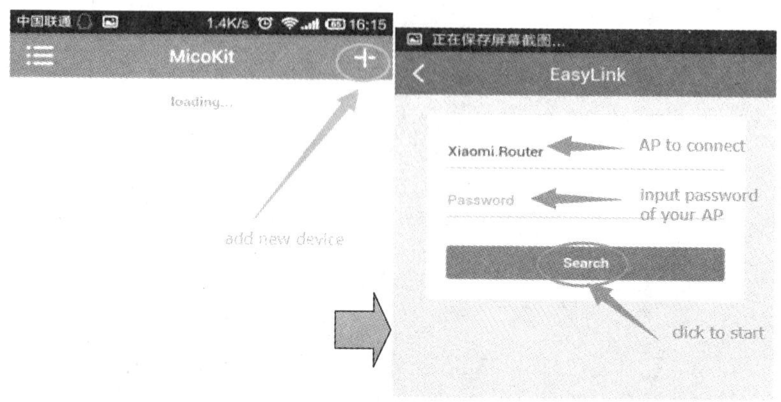

图 9-24　使用 EasyLink 配置 MicoKit 设备入网

③ 在 APP 上输入开发板要连接的 Wi-Fi 的 Pasword，点击确认，开始配置。

④ 设备收到 APP 发送的 SSID 和 Password 后，绿色、黄色 LED 同时闪烁，等待 Wi-Fi 连接成功后，黄色 LED 灯常亮，Wi-Fi 配置成功。

⑤ 设备 Wi-Fi 配置成功后，APP 会进入密码设置页面，设备会自动重启。

⑥ 等待设备重启完成，如图 9-25 所示，如果设备没有激活过，则会等待用户激活；否则设备直接连接 FogCloud，并等待用户 APP 绑定。此时在 APP 上输入任意设备密码，并点击 Save，开始激活设备（如果设备已激活过，则该操作实际为绑定设备，输入的密码必须和激活时匹配），如果失败，待设备稳定后直接点击 Save 重试）。

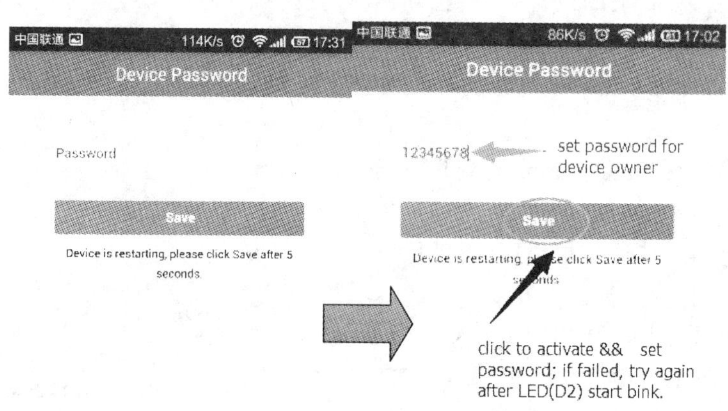

图 9-25　设置 MiCOKit 密码，并激活设备

⑦ 设备激活（绑定）成功后，APP 返回首页设备列表，刷新设备列表即可看到已绑定的设备，如图 9-26 所示，名字亮起为在线设备；如果配置失败，则需要按照以上步骤重新配置。

图9-26　已激活、连接的MiCOKit设备

9.3.4　控制设备

设备配置好Wi-Fi，并且激活后，即开始连接FogCloud云端；连接成功后LaunchPad的黄色LED灯常亮，此时可以使用手机APP查看已绑定的设备，并进行控制。

下拉刷新APP上的设备列表，找到相应的设备，点击进入设备控制页面。

点击相应的模块，即可对设备上的各个模块进行控制。MiCOKit控制界面如图9-27所示。

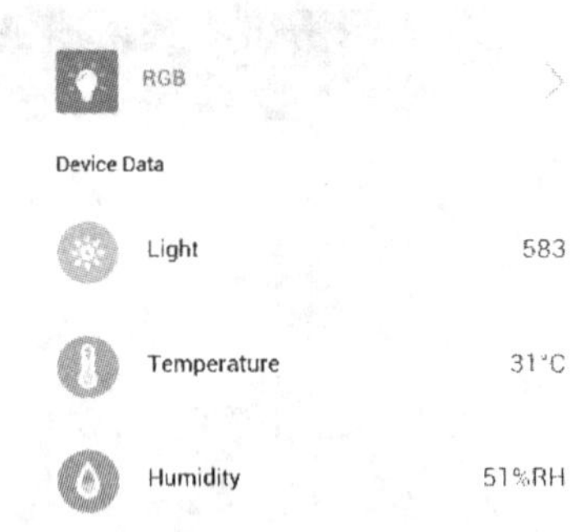

图9-27　MiCOKit控制界面

(1) APP查看设备传感器的实时数据

给温湿度传感器吹一口气，使得采集的数据发生变化，然后手机APP上就可以看到传感器上报的数据。

(2) APP控制RGB LED灯

进入RGB LED控制页面，调节LED色彩、亮度、开关等，可以看到开发板上的RGB LED相应的颜色变化。MiCOKit RGB LED控制界面如图9-28所示。

(3) APP和设备串口通信

进入设备控制页面中的UART模块，即可从APP端给设备发送消息。此时打开串口工具，可观察到设备接收到的信息，如图9-29所示。

设备接收到串口透传后，将从云端收到的消息输出到串口，并回显给APP。

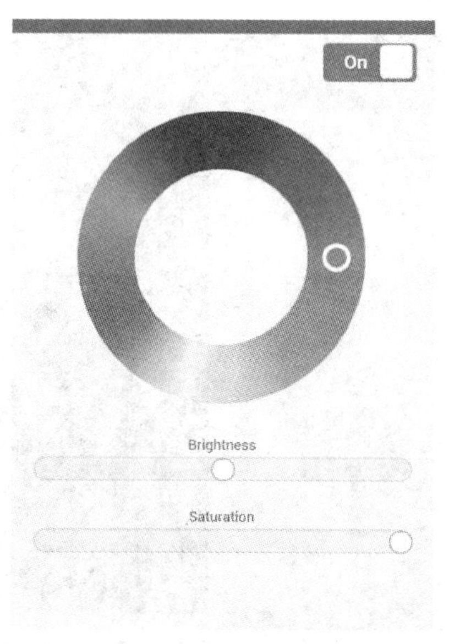

图 9-28　MiCOKit RGB LED 控制界面

图 9-29　MiCOKit 数据透传演示

9.3.5　设备分享

设备分享使得多个用户可以对同一设备进行控制，MiCOKit APP 支持绑定多个设备，并且一个设备也支持多个 APP 访问。

拥有设备访问权限的用户在 APP 上进入用户管理界面，如图 9-30，点击 Authorzie进入该用户已绑定的设备列表，点击要分享的设备，输入要分享的用户账号(如 guest)，点击 OK 即将该设备分享给了该用户(guest)。

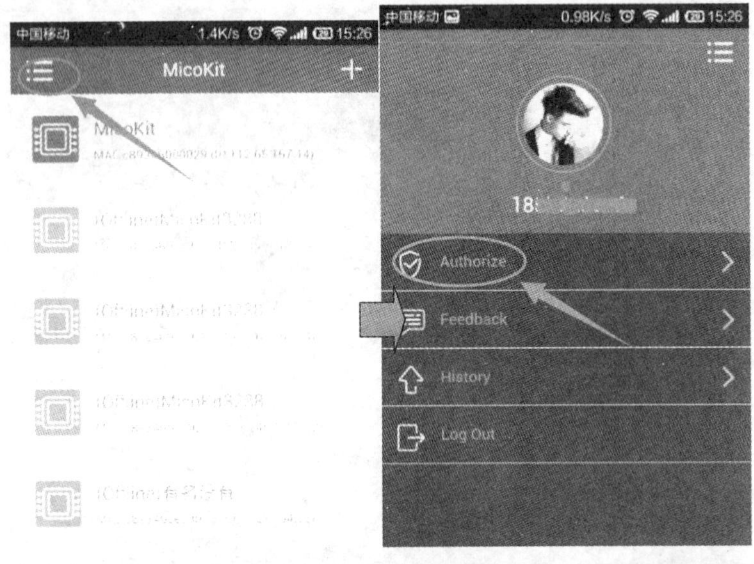

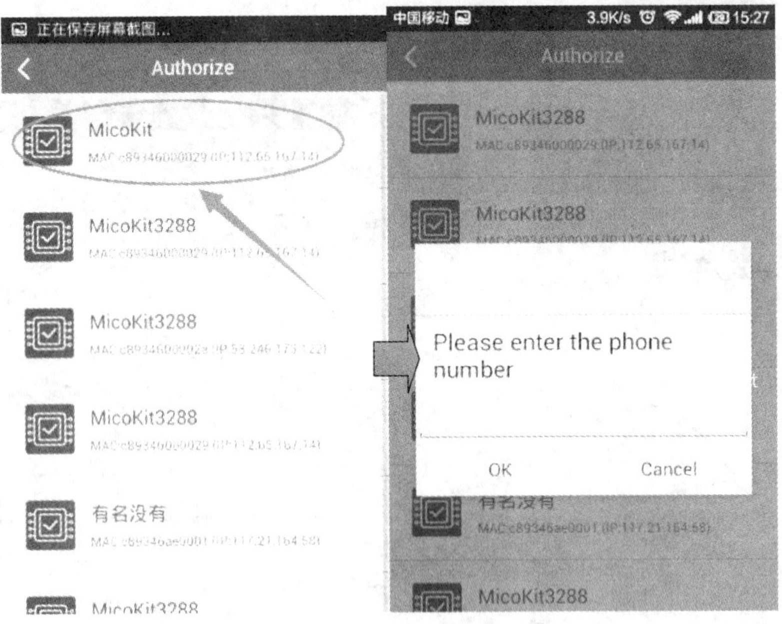

图 9-30　MiCOKit APP 多用户设备分享

9.3.6　设备重置

用户如果需要重置开发板上的配置参数，可以按两下 CC3200 LaunchPad 上的 SW3，并按照"开发板配置"中的步骤重新配置即可。

注意： 由于设备重置参数前，需要先向云端发送设备重置请求，从云端删除设备信息，所以整个重置过程设备会重启两次，但是手机APP操作步骤不变，只需要等到设备重启完成之后，再设置密码，重新激活设备即可。

9.4　MiCOKit设备端软件结构

本节主要介绍MiCOKit软件架构分层，及入门的开发方法，以帮助开发者深入理解MiCOKit的工作机制，以便进行更深入的二次开发工作。

MiCOKit开发流程可分为上手体验，以及开发两大部分，如图9-31所示。

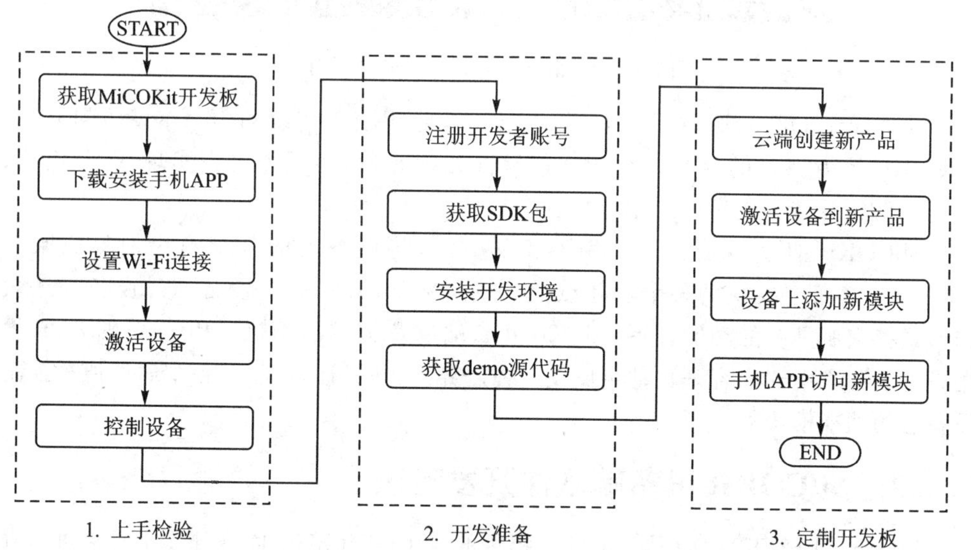

图9-31　MiCOKit开发流程

MiCOKit固件基于庆科MiCO物联网操作系统，能够使MiCO设备快速接入Wi-Fi网络；并通过庆科的FogCloud云完成设备和手机APP之间的交互，从而实现物联网应用的各种功能。

前面已经对上手体验部分环节进行了介绍，下面将先对MiCOKit软件分层进行简要介绍，随后介绍MiCOKit开发的方法和框架。

9.4.1　MiCOKit设备端软件分层

MiCOKit设备软件作为运行于MiCO系统上的应用程序，其与底层的MiCO系统为平行关系。如图9-32所示，MiCO的应用程序层通过调用下层的MiCO API实现相应功能，而MiCOKit设备软件则是基于MiCO应用程序更高层的抽象。

MiCOKit设备软件由硬件操作部分、用户参数配置部分、消息处理部分以及状态机部分构成，当使用MiCOKit框架进行开发时，其已经囊括了对底层MiCO API的封装，因此用户无需再去直接调用底层API进行系统级操作。

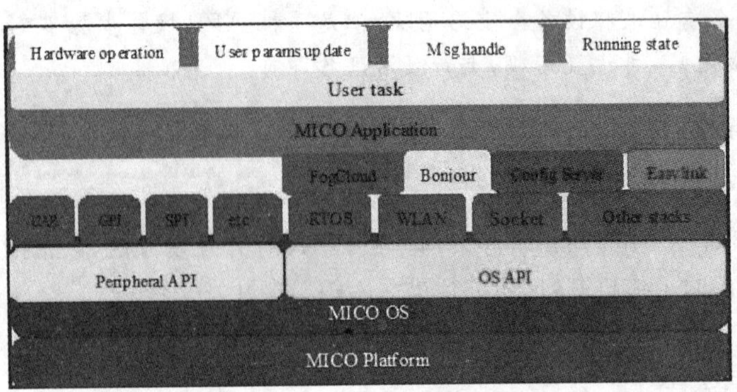

图 9-32 MiCOKit 软件分层示意图

此外，MiCOKit 默认接入 FogCloud 云，因此相较于传统的 Internet 访问方式，MiCOKit 较为完善的封装使得用户能够高效地开发，而无需再去实现 TCP 连接、HTTP 解析等较为复杂的应用层协议。

MiCOKit 的设备端软件采用抽象的方法，将设备上的各个模块抽象成服务(service)，将每个模块的各个功能点抽象成属性(property)。设备通过设备描述表的形式将它所具有的功能告诉 FogCloud 云端以及配套的手机 APP。手机 APP 根据设备描述表中的内容来自动生成设备控制界面，并且通过读/写各个属性值来控制设备上的功能模块。

9.4.2 MiCOKit 设备端软件开发方法

MicoKit 固件开发使用 MXCHIP 提供的 MiCOKit 3200 固件开发工具包进行开发。该开发包主要包括了 MiCOKit 固件实例工程以及相关资料文档。

1. 下载 MiCOKit SDK

使用已注册的 MiCO 开发者账号登录 mico.io 开发者中心网站，进入 SDK 下载页面，可以下载 MiCOKit 相应的开发工具包，以及相应的工程实例代码，如图 9-33 所示为登录 mico.io 开发者中心网站。

2. 固件 SDK 包使用步骤

① 登录 MiCO 开发者网站 mico.io 下载 MiCOKit Firmware SDK 开发包。

② 解压 SDK 开发包，安装固件开发环境：

- 安装 IAR workbench for ARM on Windows(7.30.1 及以上)；
- 安装 ST-LINK 驱动；
- 安装 USB 虚拟串口驱动(FTDI)。

③ 打开 SDK 开发包中的 Demo 工程。

④ 修改、编译代码、下载到开发板中。

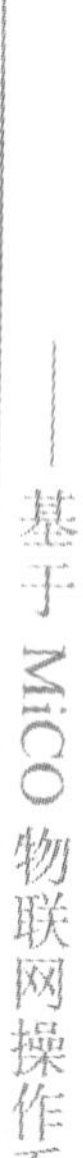

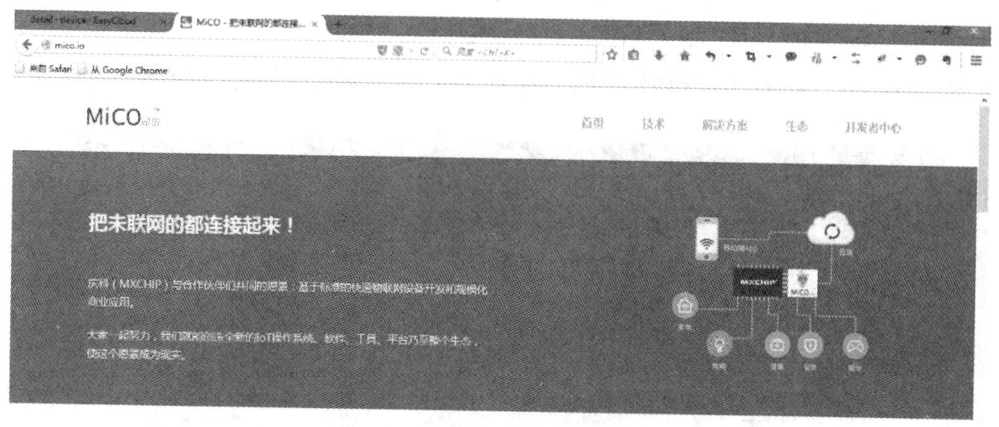

图 9－33　mico.io 开发者中心

⑤ 按开发板上的 Reset 键运行程序，可通过串口 LOG 查看固件运行情况，并使用 SDK 中配套的手机 APP 测试功能。

3. 实例工程说明

① 使用 IAR 打开 ewarm/MICO32.eww 工程环境，有多个工程，选择 MiCO-KIT 工程，如图 9－34 所示。

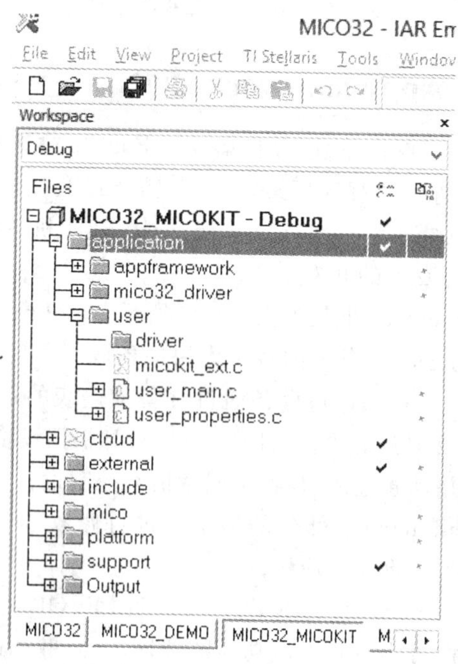

图 9－34　MiCOKit 工程目录结构

② 查看(修改)用户代码:工程中application/user/下的代码。

③ 开始编译、调试、下载,如图 9-35 所示。

④ 在 PC 上运行串口调试工具,打开相应的串口,查看设备运行 LOG。

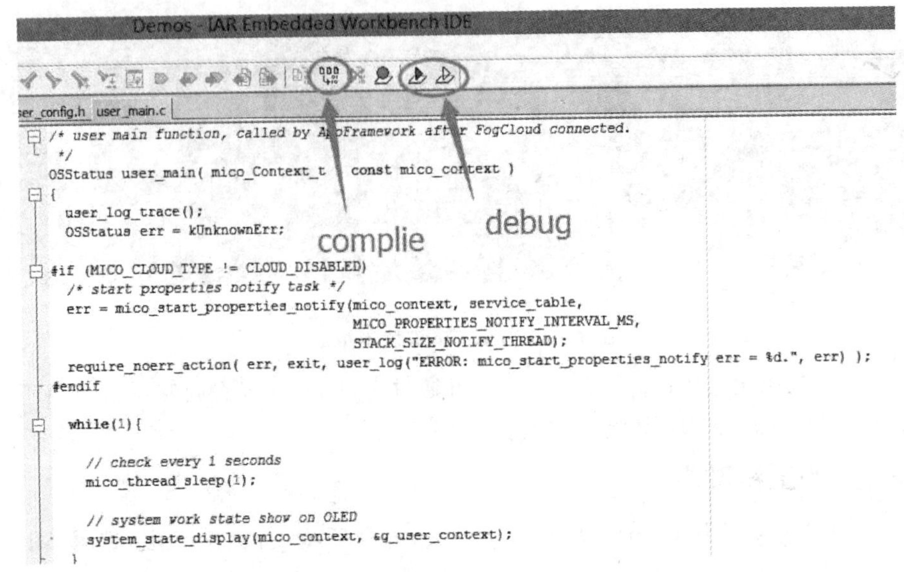

图 9-35　MiCOKit 工程编译调试

9.4.3　MiCOKit AppFramework 简介

MiCOKit 基于 MiCO 操作系统,并且集成了 FogCloud 云接入功能,给开发者提供了一套简单易用的固件应用程序框架,用户只需要修改控制具体硬件模块的代码即可测试相应的功能,无需关心设备网络连接、云接入、手机 APP 软件界面的修改等工作,大大节约了固件开发者的开发工作。

MiCOKit AppFramework 框架如图 9-36 所示,AppFramework 默认接入 Fog-Cloud 云;采用抽象的方法将设备上的各个模块抽象成服务(service),将每个模块的各个功能点抽象成属性(property);设备通过设备描述表的形式将它所具有的功能告诉 FogCloud 云端以及配套的手机 APP,手机 APP 根据设备描述表中的内容来自动生成设备控制界面,并且通过读/写各个属性值来控制设备上的功能模块。

用户只需对 AppFramework 部分的最顶层进行修改,即可完成 MiCOKit 的二次开发,大大提高了嵌入式物联网应用的开发效率。

对于用户层 AppFramework 的使用,只需依照 MiCOKit 工程的例子,直接对其设备描述表进行修改,即可实现相对应功能的开发,下面将对其修改方法和接入协议进行详细介绍。

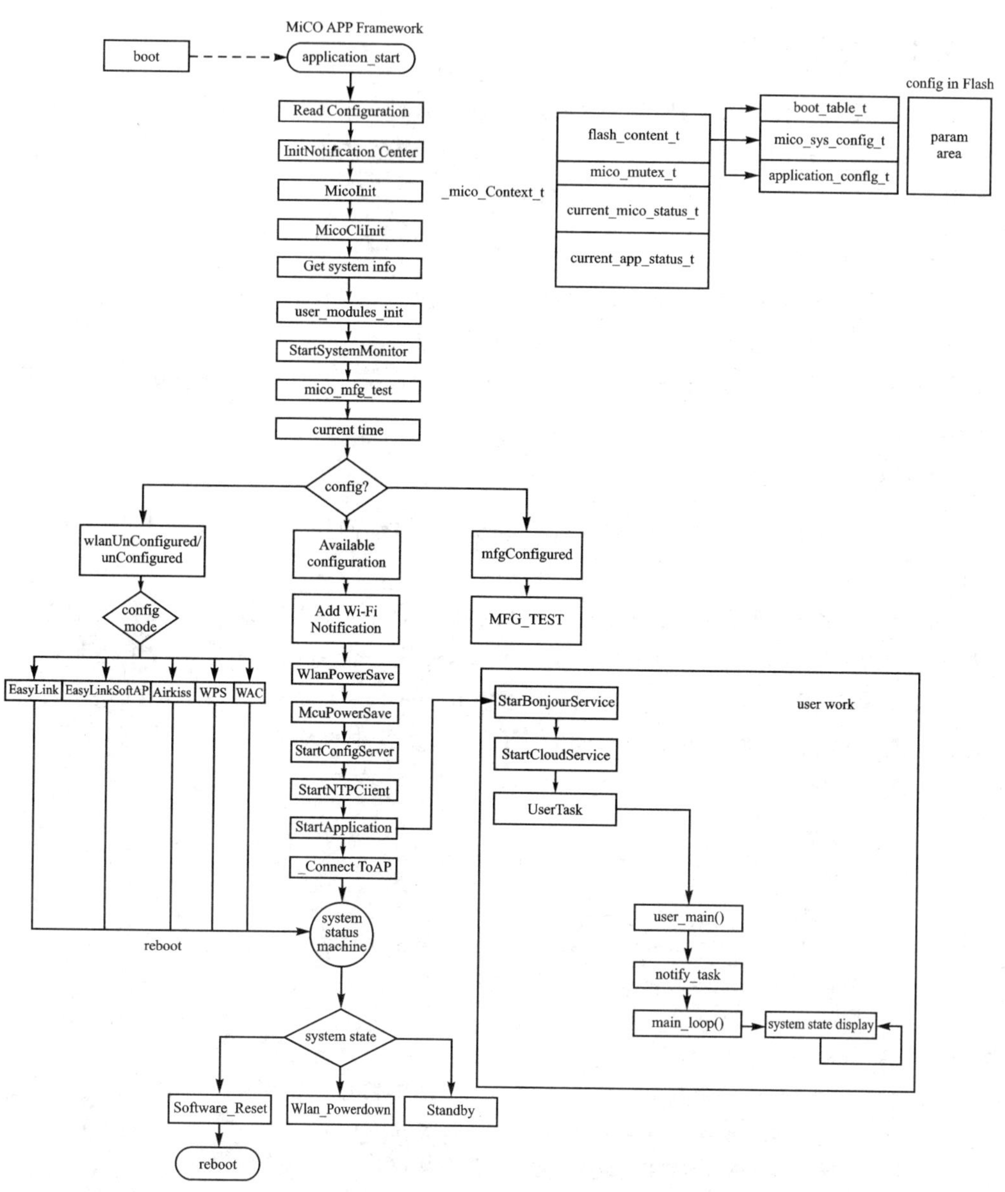

图9-36 MiCOKit AppFramework框架

9.5 MiCOKit云端接入协议

本节主要介绍APP与FogCloud的云端接入协议，以及MiCOKit设备与FogCloud进行数据交互的通信协议。根据此协议，APP开发者可完成APP对MiCO设备的远程读、写操作，从而实现对设备的远程控制。

9.5.1 设备描述

MiCOKit 将不同的硬件描述为用户自定义属性的操作方法，即 get/set/notify_check 方法。AppFramework 调用相应的 get/set 方法读取硬件数据或者操作硬件，调用 notify_check 方法检测属性值是否需要上报给云端。

1. 设备抽象

协议将 MiCO 设备所具有的功能模块（如开关、LED、串口等外设）抽象成可访问的服务（service），将每个模块所具有的功能（开关的状态、LED 灯的亮度值等）抽象成可读/写的属性（property）。每一个 service/property 都分配一个固定的 iid，作为访问标识。

2. 设备描述表

MiCO 设备的每个功能模块（ervices/properties）都使用一个设备描述表（service_table）来表示。

APP 从设备获取到该设备描述表之后，就可以描绘出整个设备所具有的功能模块，展示给用户。设备描述表采用 JSON 格式，使用一个 services 对象数组表示设备的模块列表；每一个 service 对象中使用一个 properties 对象数组表示该模块所具有的所有属性；每一个属性中使用不同的字段表示该属性的特征。

设备描述表结构如下：


```
{
  "services": [
    {   //服务 1
      "type": "UUID",                      //服务 UUID
      "iid": <integer>,                    //服务 iid
      "properties": [
        {  //属性 1
          "type": "UUID",                  //UUID 类型
          "iid": <integer>,                //属性 iid
          "format": "data_type",           //属性类型
          "perms": [                       //属性权限
            "pr",                          //读取权限
            "pw",                          //写入权限
            "ev"                           //通知权限
          ],
          "maxValue": <value>,             //int/float 最大值
          "minValue": <value>,             //int/float 最小值
          "minStep": <value>,              //int/float 最小步进值
          "maxStringLen": <integer>        //最大字符串长度
```

```
            "unit": "unit string"           //属性单位值
          },
          {  //属性 2
            ...
          }
          ...
        ]
    },
    {  //服务 2
      ...
    },
    ...
      ]
    }
```

其中：

① UUID 为 service 或者 property 的类型，APP 根据此类型给用户提供相应的功能。

② iid 为该设备上所有 services 和 properties 的编号，是一个正整数。

③ UUID 和 iid 的详细说明见后续的“UUID”和“内部 ID”部分。

9.5.2　数据流

在 APP 和 MiCOKit 设备之间，是通过 FogCloud 云的不同数据通道进行数据交互的，因此本小节定义了设备数据通道以及访问流程等信息。

1. 设备数据通道

MiCOKit 设备的数据通道分为两个消息流向，设备数据通道如表 9－1 所列。

表 9－1　设备数据通道

类　型	通　道	消息流向
读取设备	<device_id>/in/read/<session_id>	APP Device
写入设备	<device_id>/in/write/<session_id>	APP Device
读取响应	<device_id>/out/read/<session_id>	Device APP
写入响应	<device_id>/out/write/<session_id>	Device APP
设备异常消息	<device_id>/out/er>	设备异常状态输出到该通道

2. 设备访问流程

① 开发者可通过 3 个不同的消息通道，获取设备描述表，如表 9－2 所列。

表 9-2 获取设备描述表

类　型	发送端	消息通道	消息数据
获取设备描述表	APP	<device_id>/in/read/<session_id>	{}
设备响应	device	<device_id>/out/read/<session_id>	JSON 格式设备描述表
异常消息	device	<device_id>/out/err	成功:{"status":0}失败:见"异常处理"部分

② 开发者可通过 3 个不同的消息通道,读取设备属性,如表 9-3 所列。

表 9-3 读取设备属性表

类　型	发送端	消息通道	消息数据
读取设备属性	APP	<device_id>/in/read/<session_id>	{"iid1": <no use>, "iid2":<no use>,…}
设备响应	device	<device_id>/out/read/<session_id>	{"iid1": value1,"iid2":value2}
异常消息	device	<device_id>/out/err	成功:{"status":0},失败:见"异常处理"部分

③ 开发者可通过 3 个不同的消息通道,写入设备属性,如表 9-4 所列。

表 9-4 写入设备属性

类　型	发送端	消息通道	消息数据
写入设备属性	APP	<device_id>/in/write/<session_id>	{"iid1": value1,"iid2":value2,…}
设备响应	device	<device_id>/out/write/<session_id>	{"iid1":value1,"iid2":value2,…}
异常消息	device	<device_id>/out/err	成功:{"status":0}

9.5.3 异常处理

设备响应状态将会输出到<device_id>/out/err 消息通道之中,随后,APP 就可从该通道中获取命令执行状态。

1. 异常状态码

当设备数据传输或属性设置发生异常时,将在消息通道中输出"异常状态码",通过检查该异常状态码,可以初步判断 MiCOKit 操作中出现问题的原因。

该异常状态码返回值如表 9-5 所列。

表 9-5　异常状态码

值	描　述	值	描　述
0	操作成功	-70 403	服务/属性不存在
-70 101	读取失败	-70 404	Get function 未设置
-70 102	写入失败	-70 405	Set function 未设置
-70 103	部分读取失败	-70 406	Notify check function 未设置
-70 104	部分写入失败	-70 501	数据格式错误
-70 401	属性不可读	-70 502	不支持的操作
-70 402	属性不可写		

2. 异常消息格式

异常消息体数据格式如下。

执行成功：

```
{
  "status": 0
}
```

执行异常：

```
{
  "status": <err_code>,
  "properties":
  {
    "iid1": <err_code>,
    "iid2": <err_code>,
    "iid3": <err_code>,
    ...
  }
}
```

其中："iid1"：<err_code>，表示执行异常的 properties 的 iid 及错误码。

9.5.4　UUID

本部分主要介绍 UUID 的定义规则和具体实例。

1. UUID 定义

使用 UUID（Universally Unique Identifier）来表示设备上不同 services 和 properties 的类型，APP 根据这些事先定义好的类型向用户展示相应的设备功能。

注意： 目前 UUID 码暂时未定，仍使用唯一的字符串表示。

UUID 定义格式如下：

<public/private>.map.<service/property>.<module>

其中：

① public 表示公开定义好的 service 或者 property，如：public. map. service. dev_info 为每个设备必须有的第一个 service；public. map. property. name 表示一个模块的名字的字符串。

② private 表示某一类型的设备所特定的 service 或者 property，如：private. map. service. xxx 表示该设备有一个特定类型的模块 xxx；private. map. property. yyy 表示该设备某个模块的一个特定的属性 yyy。

③ map 为 MiCOKit Accessary Protocol 的缩写。

④ <service/property>表示是一个模块还是一个模块的属性。

⑤ <module>表示具体的类型，如 adc、rgb_led、button 等。

2. UUID 实例

模块和属性的 UUID 定义了设备属性的关系与分类，如表 9－6 所列。

表 9－6　UUID 定义表

service/property type	描　述	分　类
“public. map. service. base_info”	设备描述表	System
“public. map. service. dev_info”	设备基本信息	
“public. map. property. name”	名称	
“public. map. property. manufacturer”	制造商	
“public. map. property. serial_number”	序列号	
“public. map. property. hd_version”	硬件版本号	
“public. map. property. fw_version”	固件版本号	
“public. map. property. mac”	MAC 地址	
“public. map. property. ip”	IP 地址	
…	<其他设备属性>	
“public. map. service. rgb_led"	RGB LED	Modules
“public. map. service. adc"	ADC	
"public. map. service. uart”	串口模块	
“public. map. service. light_sensor”	光线传感器	
“public. map. service. infrared”	红外线反射传感器	
“public. map. service. temperatur”	温度传感器	

续表 9-6

service/property type	描　述	分　类
"public. map. service. humidity"	湿度传感器	Modules
"public. map. service. motor"	直流震动电机	
"public. map. service. ht_sensor"	温湿度传感器	
"public. map. service. proximity_sensor"	距离传感器	
"public. map. service. atmosphere_sensor"	大气压传感器	
"public. map. service. montion_sensor"	三轴加速度传感器	
…	<其他公共模块>	
"private. map. service. <xxxx>"	<自定义模块>	
"public. map. property. brightness"	亮度	
"public. map. property. saturation"	饱和度	
"public. map. property. hues"	色相	
"public. map. property. adc_value"	ADC 采样值	
…	<其他公共属性>	
"private. map. property. <yyyyy>"	<自定义属性>	
"public. map. service. unknown"	<未知类型模块>	未定义的模块，APP 上仅显示 3 个属性的数值
"public. map. property. value1"	<未知模块的属性 1>	
"public. map. property. value2"	<未知模块的属性 2>	
"public. map. property. value3"	<未知模块的属性 3>	

9.5.5　内部 ID(iid)

内部 ID，简写为 internal id，用于标识设备内部 id 与 service 和 property 的对应关系。

1. iid 定义规则

① 每一个 service 和 property 都会分配一个固定的 iid，并且在一个设备上唯一。

② 设备描述表的 iid=0，设备基本信息的 iid=1，后续 services/properties 按顺序分配。

③ APP 可以一次使用多个 iid 读取/设置多个不同的 property。

④ APP 可以一次使用多个 iid 读取多个 service 下的所有 properties。

⑤ 设置某个 property 的值必须指定该 property 的 iid。

⑥ iid 由固件程序按照设备描述表中所列出的所有 services 和 properties 的顺序自动分配。

2. iid 实例

iid 实例表将 iid 数值与 UUID 类型进行了映射，其类型和功能如表 9－7 所列。

表 9－7 iid 实例表

服 务	属 性	iid	类型(UUID)	描 述
Device description	—	—	—	—
Device base information	—	1	“public. map. service. dev_info”	Service 1：设备基本信息（固定保留）
—	“name”	2	“public. map. property. name”	设备名称
—	“manufacturer”	3	“public. map. property. manufacture”	设备制造商
RGB LED	—	4	“public. map. service. rgb_led”	Sevice 2：RGB LED
—	hues	5	“public. map. property. hues”	LED 颜色的 hues 分量
—	saturation	6	“public. map. property. saturation”	LED 颜色的 saturatbility 分量
—	brightness	7	“public. map. property. brightness”	LED 颜色的 brightness 分量
—	switch	8	“public. map. property. switch”	LED 颜色的开关量
ADC	—	9	“public. map. service. adc”	Sevice 3：ADC 模块
—	adc value	10	“public. map. property. adc_value”	ADC 的采样值

9.5.6 消息体数据格式

APP 和设备之间消息体的数据格式采用 JSON 格式，每个 property(或 service) 使用一个 key-value 对表示。key 为请求或者返回的 service/property 的 iid，value 为相应的属性值。

JSON 的 key-value 结构：

```
{
  “iid1”：<value1>,
  “iid2”：<value3>,
  “iid3”：<value3>,
...
}
```

APP 读取属性值请求（其中 k－v 的 k 值为请求的 iid 的字符串）：

```
{
  “iid1”：<no use>,
```

```
  "iid2": <no use>,
  "iid3": <no use>
}
```

设备读取成功响应数据：

```
{
  "iid1": value1,
  "iid2": value2,
  "iid3": value3
}
```

APP 写属性值请求：

```
{
  "iid1": value1,
  "iid2": value2,
  "iid3": value3
}
```

设备写入成功响应数据：

```
{
  "iid1": value1,
  "iid2": value2,
  "iid3": value3
}
```

其中：

① value 为读取或写入成功的属性值。

② 返回状态码见"异常处理"部分的说明。

9.5.7 CC3200 MiCOKit 简易实例

本实例使用 CC3200 的 rgb_led 作为演示，为 rgb 定义了属性的操作方法，即 get/set 方法，当收到相应的属性操作后，自动调用相应的回调函数。

设备描述表如下：

```
const struct mico_service_t  service_table[] = {
  [0] = {.type = "public.map.service.dev_info",      //服务 1:设备信息 (uuid)
    .properties = {
      [0] = {.type = "public.map.property.name",     //设备名 uuid
        .value = &(user_context.config.dev_name),
        .value_len = &(user_context.config.dev_name_len),
        .format = MICO_PROP_TYPE_STRING,
        .perms = (MICO_PROP_PERMS_RO | MICO_PROP_PERMS_WO),
```

```
            .get = string_get,                          //获取设备名
            .set = string_set,                          //设置设备名
            .notify_check = NULL,
            .arg = &(user_context.config.dev_name),     //get/set附加参数
            .event = NULL,
            .hasMeta = false,                           //最大/最小/步进值
            .maxStringLen = MAX_DEVICE_NAME_SIZE,       //设备名最大长度
            .unit = NULL                                //单位
          },
          [1] = {NULL}                                  //结束标志
}
  },
  [1] = {.type = "public.map.service.rgb_led",          //服务2:rgb led (uuid)
    .properties = {
      [0] = {.type = "public.map.property.switch",      //led开关uuid
        .value = &(user_context.config.rgb_led_sw),
        .value_len = &bool_len,                         //bool类型长度
        .format = MICO_PROP_TYPE_BOOL,
        .perms = (MICO_PROP_PERMS_RO | MICO_PROP_PERMS_WO),
        .get = rgb_led_sw_get,                          //led开关状态获取
        .set = rgb_led_sw_set,                          //led开关状态设置
        .notify_check = NULL,                           //不需要通知消息
        .arg = &user_context,                           //用户上下文
        .event = NULL,
        .hasMeta = false,
        .maxStringLen = 0,
        .unit = NULL
      },
      [1] = {NULL}
}
  },
  [2] = { NULL}
}
```

以下为本实例对应的使用APP与MiCOKit设备进行消息通信的方法。

① APP请求设备描述表。

发送通道:<device_id>/in/read/app123

发送数据:{}

设备响应:

数据通道:<device_id>/out/read/app123

返回数据:设备描述表

状态通道:<device_id>/out/err

状态数据:{ "status": 0 }

② APP 读取设备基本信息。

发送通道:<device_id>/in/read/app123

发送数据:{"1":1}

设备响应:

数据通道:<device_id>/out/read/app123

返回数据:{ "2": "MicoKit3200", "3": "MXCHIP" }

状态通道:<device_id>/out/err

状态数据:{ "status": 0 }

③ APP 读取 rgb_led 开关状态。

发送通道:<device_id>/in/read/app123

发送数据:{"5":5}

设备响应:

数据通道:<device_id>/out/read/app123

返回数据:{ "5": false }

状态通道:<device_id>/out/err

状态数据:{ "status": 0 }

④ APP 设置 rgb_led 灯为蓝色,饱和度 100,亮度 100。

发送通道:<device_id>/in/write/app123

发送数据:{"5":true, "6":240, "7":100, "8":100}

设备响应:

数据通道:<device_id>/out/write/app123

返回数据:{ "5": true, "6": 240, "7": 100, "8": 100 }

状态通道:<device_id>/out/err

状态数据:{ "status": 0 }

9.6 基于 CC3200 的低功耗报警器

本节将介绍一个使用 CC3200 LaunchPad 开发的实例——低功耗报警器。

CC3200 的低功耗报警器采用了 CC3200 LaunchPad 作为硬件设备,读取板载三轴加速度传感器,并利用相关算法,实现了对物体的加速度信息进行实时监控,并能够判断出被测物体的运动状态。

当物体的加速度发生变化时,该报警装置将相关报警信息通过无线路由器转发至云服务器,最终由云服务器将报警信息发送到已绑定的用户手机来进行相关的报警操作。

另外，该报警系统充分利用了CC3200的低功耗、嵌入式Wi-Fi SoC的特点，能在正常状态、低功耗状态和休眠状态之间进行正常切换，因此，报警装置具有较低的功耗。

本报警器系统作为CC3200开发的一个例子，因此并未使用MiCO系统，以向读者展示在不使用操作系统下，进行软件开发的相关流程。

下面将对该系统的实现和设计进行详细介绍。

9.6.1 报警系统的整体结构

整个报警系统的软件设计可分为三部分：报警装置（嵌入式设备客户端）软件、云服务器软件、Android手机APP软件，如图9-37所示。

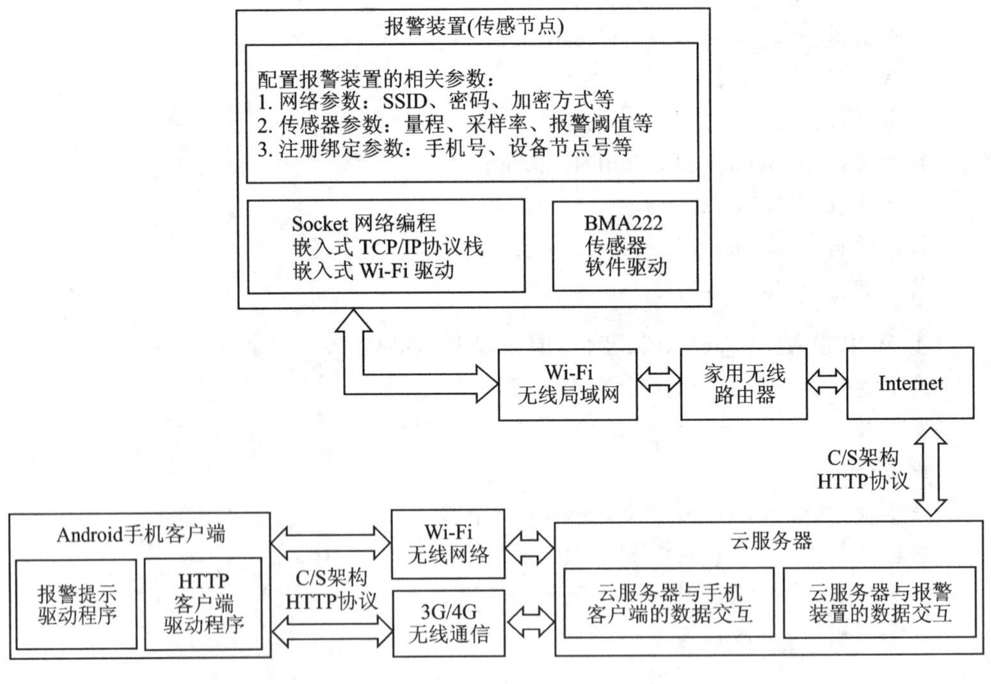

图9-37 报警系统的总体框图

9.6.2 报警器的设计与实现

报警器软件主要是结合微控制器、外围芯片等硬件功能模块，通过对嵌入式外围设备的寄存器读/写，来实现相应的控制。另外，芯片厂商一般会提供嵌入式微控制器的驱动库，开发人员通过将相应的驱动库加载到嵌入式工程中，然后调用驱动库提供的API接口函数，就可以完成相关硬件的功能驱动，开发出高效、稳定的驱动程序。

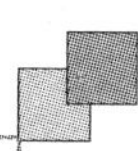

1. 报警装置的总体功能实现

(1) 报警装置主要实现的功能

报警装置上的微控制器 CC3200 通过 I^2C 模块驱动三轴加速度传感器 BMA222，实现对物体加速度信息的实时监控；当物体加速度变化超过设定的报警阈值时，BMA222 的 INT1 中断输出引脚会向 CC3200 具有中断唤醒功能的 I/O 引脚发出中断信号。当 CC3200 接收到有效的引脚中断信号时，将处理相应中断，并使能 CC3200 片内的 Wi-Fi 无线通信模块，将相应的报警信息通过无线路由器发送到云服务器。

(2) 报警装置驱动软件主要包括以下几个部分

- 三轴加速度传感器的驱动设计。
- 嵌入式 Wi-Fi 无线通信的实现。
- 嵌入式网络传输协议的实现。
- 嵌入式设备的低功耗软件设计与实现。

(3) 报警装置驱动软件的程序结构

报警装置驱动软件的程序结构可分为以下三个部分，如表 9-8 所列。

表 9-8　报警装置驱动软件的程序结构

执行的操作	功能描述	现　象
系统初始化	CC3200 时钟、I^2C、UART、Wi-Fi 等模块的初始化、按键和 LED 的 I/O 口初始化、BMA222 传感器初始化、中断配置	指示灯：常亮
Wi-Fi 无线局域网连接	启动 CC3200 Wi-Fi 模块，连接到无线路由器的 AP，启动 IP 自动获取，等待获取 IP，连接成功后，系统进入日常工作	指示灯闪烁：开始连接 指示灯熄灭：连接成功
系统日常工作状态	进入日常工作状态后，由状态机控制，自动进入低功耗状态； 有报警时，系统被中断唤醒，发送报警数据给云服务器； 无报警或报警数据发送成功时，系统自动返回低功耗状态	指示灯：开，发送报警 指示灯：关，无报警

(4) 主程序流程图

如图 9-38 所示为报警装置嵌入式软件的主程序流程图。

(5) 主要程序代码及程序注释

```
int main (void)

{
    //==**(1) 系统初始化部分**============================//
    //--**禁用：系统总中断**--------------------------//
    system_interrupt_disable_global();   //禁用：系统总中断

    //--**CC3200 微控制器初始化 + 时钟配置**----//
    system_Initial();                    //CC3200 微控制器初使化
```

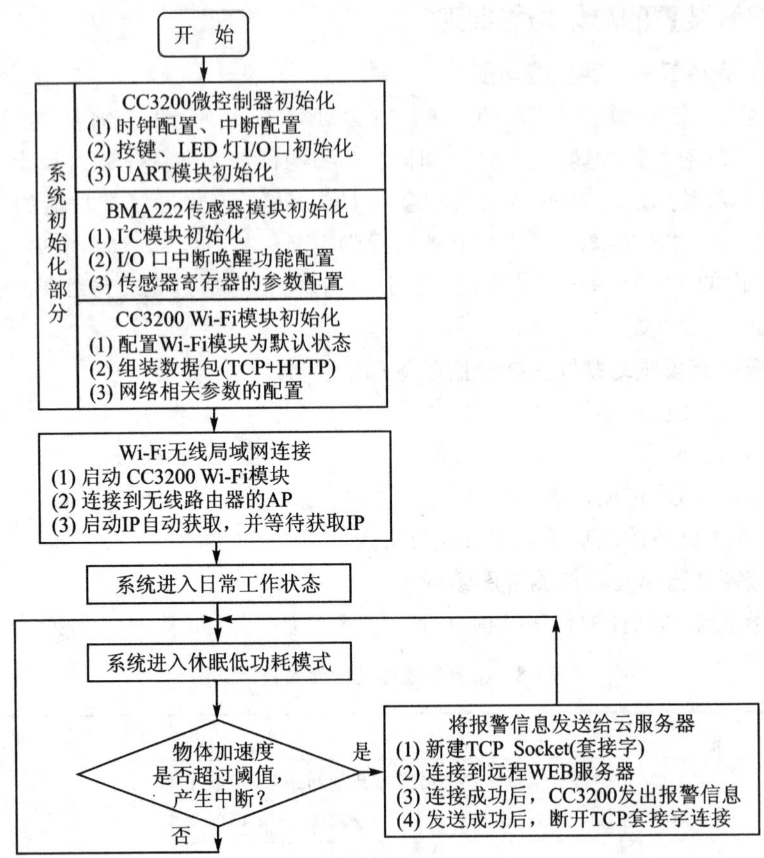

图 9-38　报警装置嵌入式软件的主程序流程图

```
configure_clock();                    //配制 CC3200 微控制器的系统时钟

//--**用户按键、LED 灯 IO 口初始化**------------//
user_keys_init() ;                    //用户按键 IO 口初始化
leds_init();                          //LED 灯 IO 口初始化

//--**BMA222 加速度传感器模块初始化**-------//
configure_i2c_master();   //配置：CC3200 的 I²C 串口通信模块(用于与 BMA222 通信)
io_Interrupt_Initial();   //初使化：CC3200 的 I/O 口中断唤醒功能
bma222_init();            //初始化 bma222 传感器的内部寄存器

//--**CC3200 片内 UART 模块初始化**--------------//
uart_config();  //初始化：UART 模块(串口输出 Wi-Fi 的调试信息)

//--**CC3200 片内 Wi-Fi 模块相关的初始化**----//
WiFi_Initial();     //初始化 CC3200 Wi-Fi 模块(配置 CC3200 恢复到其默认的状态)
```

```
WiFi_Combined_Data_Packet();  //组装数据包(TCP + Http)
AppVariables_Initial();     //初始化相关变量(网络相关的变量:IP、端口号、SSID等)
system_interrupt_enable_global();  //使能:系统总中断

//==**(2) Wi-Fi 无线局域网连接部分**===================//
//--**配置 CC3200 片内 Wi-Fi 模块**------------------//
WiFi_Start();             //启动 CC3200 片内 Wi-Fi 模块
WiFi_Connect_To_AP();  //将报警装置连接到无线路由器的 AP(WLAN)

//--**连接成功后,初始化状态机的状态值**--//
WorkState = WORK_LowPower;  //进入日常工作后,系统自动进入低功耗模式,等待报警

//==**(3) 系统进入日常工作部分(低功耗软件结构)**=======//
//在没有报警触发时,系统一直处于低功耗状态
//有报警时,系统被中断唤醒,将报警信息发给云服务器之后,再返回休眠状态。
while (1)
{
    switch(WorkState)                //状态机:"处理"各工作 Work"状态"下的事务
    {
        case WORK_Test_IdleState:  //Work = "测试时"的空闲状态
            break;

        case WORK_ReadAllVaule_BMA222:       //Work = 读取 BMA222 所有加速度数据
            ReadAllEventVaule_BMA222();      //读取 BMA222 所有加速度数据
            WorkState = WORK_Test_IdleState; //返回到状态:
            break;

        case WORK_Alarm:                     //Work = 报警(工作时)
            //新建 TCP  Socket 套接字
            //连接到远程 WEB 服务器(云服务平台)
            //连接成功后,将报警信息的 TCP 数据包通过 Wi-Fi 发给云服务平台
            //发送成功后,本地客户端,主动断开 TCP 套接字连接
            Send_Alarm_To_Cloud(); //CC3200 Wi-Fi 模块发送报警信息给云服务器
            WorkState = WORK_LowPower; //返回到状态://Work = 进入休眠低功耗状态
            break;

        case WORK_LowPower:                   //Work = 进入休眠低功耗状态
            WiFi_lowPower_mode();             //Wi-Fi 模块工作模式:低功耗模式
            led_Off(RED_LED);                 //关闭:工作指示灯(红色 Led)
            system_sleep();                   //MCU 进入到休眠的低功耗模式
            WorkState = WORK_Test_IdleState;  //返回到状态:
            break;
```

```
            default:    break;
        }
        _SlNonOsMainLoopTask(); //该函数必须在循环中被调用。(TCP/IP 协议栈相关)
    }
}
```

2. 三轴加速度传感器的驱动设计

三轴加速度传感器 BMA222 支持 I²C 和 SPI 两种通信接口。本次设计将利用 CC3200 片内的 I²C 功能模块与三轴加速度传感器 BMA222 进行通信。利用 I²C 通信接口设置 BMA222 的配置寄存器来实现相关控制功能，以及读取 BMA222 内部寄存器的值（即加速度数据）。

(1) CC3200 与 BMA222 的 I²C 通信驱动

I²C 总线是一种由一条串行数据线（SDA）和一条串行时钟线（SCL）组成的双向串行数据总线系统，在标准模式下可达 100 kbps，快速模式下可达 400 kbps。微控制器可以使用 I²C 总线接口与多个外围器件进行便捷的数据通信，不仅节省了有限的 I/O 口资源，同时还简便了硬件电路的布线设计，并节省硬件成本，容易实现模块化设计。

本设计微控制器 CC3200（主设备）利用其 I²C 模块，实现对传感器 BMA222（从设备）内部寄存器的单字节读、单字节写、多字节读，以及多字节写等操作。I²C 功能模块的主要接口函数，如表 9－9 所列。

表 9－9　CC3200 I²C 模块的主要接口函数

序　号	接口函数名	函数功能描述
1	int I2C_IF_Open(unsigned long ulMode)	使能 CC3200 的 I²C 模块
2	int I2C_IF_Close()	禁用 CC3200 的 I²C 模块
3	void I2CMasterInitExpClk(uint32_t ui32Base, uint32_t ui32I2CClk, bool bFast)	配置 I²C 主控模块的时钟源、工作模式：标准模式(100 kbps)、快速模式(400 kbps)
4	void I2CMasterSlaveAddrSet(uint32_t ui32Base, uint8_t ui8SlaveAddr, bool bReceive)	设置 I²C 从机的地址
5	void I2CMasterControl(uint32_t ui32Base, uint32_t ui32Cmd)	控制的 I²C 主控模块的工作方式
6	uint32_t I2CMasterDataGet(uint32_t ui32Base)	I²C 主控模块向从设备那里读取一个字节数据
7	void I2CMasterDataPut(uint32_t ui32Base, uint8_t ui8Data)	I²C 主控模块向从设备那里写入一个字节数据

续表 9-9

序　号	接口函数名	函数功能描述
8	int I2C_IF_Read(unsigned char ucDevAddr, unsigned char * pucData, unsigned char ucLen)	I^2C 主控模块向从设备那里读取多个字节数据
9	int I2C_IF_Write(unsigned char ucDevAddr, unsigned char * pucData, unsigned char ucLen, unsigned char ucStop)	I^2C 主控模块向从设备那里写入多个字节数据

(2) 加速度变化检测原理及实现

BMA222 内部中断控制器具有完善的中断功能，可以检测到多种运动状态，包括：数据更新、任意动作检测、敲击检测、方向变化识别、水平检测、低 g 检测、高 g 检测等。本设计主要用到 BMA222 的任意动作检测中断功能，下面将重点阐述任意动作检测的原理与配置方法。

1) 任意动作检测的基本工作原理

任意动作检测通过计算两次加速度采样信号之间的斜率值，来判断 BMA222 传感器设备是否有动作变化。当被测物体(报警装置)被移动，并且加速度信号的变化斜率大于设置的阈值时，将会通过 BMA222 的中断输出引脚产生中断；当加速度信号变化的斜率值小于设置的阈值时，该中断信号将会立即被清除。

其中，连续两次加速度的采样间隔时间由所选择的带宽(采样率)决定，下面公式给出了带宽 bw 和间隔时间 Δt 的关系：$\Delta t = 1/(2 \times \mathrm{bw})$；斜率 $\mathrm{slope}(t_0) = \mathrm{acc}(t_0) - \mathrm{acc}(t_0 - \Delta t)$。

2) 任意动作检测相关参数的配置

为了增加动作检测的准确性，还可以多增加一个参数 N，即只有当检测到的斜率值连续超过预定阈值 N 次时，才认为此次检测的动作变化有效，最后才会产生中断信号。这个参数 N 的值由寄存器 0x27 的 slope_dur<1:0>位组的值决定，并且 N=slope_dur + 1。而设置的斜率阈值可通过寄存器 0x28 的 slope_th<7:0>位组进行配置，可取其默认值 0x14。0x28 寄存器 slope_th 中的 1 LSB，对应加速度数值的 1 LSB。因此，对于测量范围为 $\pm 2g$ 时，slope_th 每增加 1，相当于 g 值增加 $15.6 \times 10^{-3} g$($\pm 4g$ 时，对应为 $31.3 \times 10^{-3} g$；$\pm 8g$ 时，对应为 $62.5 \times 10^{-3} g$；$\pm 16g$ 时，对应为 $125 \times 10^{-3} g$)。

(3) 传感器 BMA222 相关寄存器的功能配置

加速度传感器 BMA222 的功能驱动，主要由 bma222.c 和 bma222.h 两个文件来实现。本节将对 BMA222 的主要参数寄存器进行阐述，并介绍相应接口函数的设计与实现。

1) BMA222 软件复位操作

通过向寄存器 0x14 写入数据“0xB6”，使能器件的复位操作。复位之后，

BMA222的内部寄存器值将恢复到相应的默认值。

2) BMA222工作模式的配置

BMA222支持3种电源模式,包括:常规模式、低功耗休眠模式、挂起模式。具体的配置方法:通过向寄存器0x11的lowpower_en控制位置1,使器件进入低功耗休眠模式,清0则退出低功耗休眠模式;通过向寄存器0x11的suspend控制位置1,使器件进入挂起模式,清0则退出挂起模式。

3) BMA222加速度数据的读取

每个轴的加速度数据为8位,用二进制的补码表示。x、y、z轴方向的加速度数据分别存于寄存器0x03(acc_x)、0x05(acc_y)、0x07(acc_z)。x、y、z轴的加速度数据的更新标志位,则分别存于0x02(new_data_x)、0x04(new_data_y)、0x06(new_data_z)寄存器中,并且这些寄存器中未使用到的寄存器位的值为0。当加速度数据寄存器的数据更新时,相应的更新标志位将被置1,并在数据寄存器被读取时,相应的更新标志位将被清0。

BMA222提供了两种加速度数据类型,包括未滤波的和经过滤波的数据流。其中,未滤波的数据流使用的采样率为2 kHz。滤波的数据流的采样率取决于所选择的滤波器的带宽(为带宽的2倍)。通过对寄存器(0x13)的寄存器位data_high_bw置1(或清0),选择将未滤波(或滤波)的数据存于加速度数据寄存器。

本设计采用的加速度数据类型为经过滤波的数据流,并且在软件设计中,定义了一个结构体变量,专门用于存储三个轴的加速度数据及相应的状态位。该结构体如下:

```
static struct {
    bma_axis_t acc[3];                     //x、y、z三轴的加速度数据
    int8_t temp;                           //温度数据

    union {
        uint8_t status_byte[4];            //传感器所有状态值
        struct {                           //各状态位定义
            uint8_t low_int        : 1;    //Low - g检测中断标志
            uint8_t high_int       : 1;    //High - g检测中断标志
            uint8_t slope_int      : 1;    //Slope检测中断标志
            uint8_t reserved_09    : 1;    //保留
            uint8_t d_tap_int      : 1;    //double - tap检测中断标志
            uint8_t s_tap_int      : 1;    //Single - tap检测中断标志
            uint8_t orient_int     : 1;    //Orientation检测中断标志
            uint8_t flat_int       : 1;    //Flat检测中断标志

            uint8_t reserved_0a    : 7;    //保留
            uint8_t data_int       : 1;    //New data检测中断标志
```

```
            uint8_t slope_first_x     : 1;  //x - axis any - motion 检测中断标志
            uint8_t slope_first_y     : 1;  //y - axis any - motion 检测中断标志
            uint8_t slope_first_z     : 1;  //z - axis any - motion 检测中断标志
            uint8_t slope_sign        : 1;  //any - motion 加速度变化方向
            uint8_t tap_first_x       : 1;  //x - axis tap 中断标志
            uint8_t tap_first_y       : 1;  //y - axis tap 中断标志
            uint8_t tap_first_z       : 1;  //z - axis tap 中断标志
            uint8_t tap_sign          : 1;  //Tap 加速度变化方向

            uint8_t high_first_x      : 1;  //x - axis high - g 中断标志
            uint8_t high_first_y      : 1;  //y - axis high - g 中断标志
            uint8_t high_first_z      : 1;  //z - axis high - g 中断标志
            uint8_t high_sign         : 1;  //High - g 加速度变化方向
            uint8_t orient            : 3;  //Orientation 方向
            uint8_t flat              : 1;  //Flat 方向
        } status_field;
    };
} event_regs;
```

本设计的三轴加速度传感器 BMA222 功能驱动的主要接口函数，如表 9 - 10 所列。

表 9 - 10　BMA222 功能模块驱动的主要接口函数

序　号	接口函数名	函数功能描述
1	unsigned char bma222_get_device_id(void)	读取：BMA222 芯片的 ID 号
2	void bma222_init(void)	初始化 BMA222 传感器
3	void bma222_soft_reset(void)	对 BMA222 进行软件复位操作
4	void bma222_set_range(unsigned char range)	配置：测试范围，即量程选择
5	void bma222_set_bandwidth(unsigned char bandwidth)	配置：带宽，即采样率
6	void bma222_set_RegVaule(unsigned char reg, unsigned char value)	配置：指定寄存器的值
7	void bma222_set_slope_threshold (unsigned char slope_threshold)	设置“任意动作”的斜率阈值
8	void bma222_set_slope_duration (unsigned char slope_duration)	设置“任意动作”的滤波次数
9	void bma222_get_accel(sensor_hal_t * hal, sensor_data_t * data)	从传感器读取加速度数据、状态值
10	void format_axis_data(const sensor_hal_t * hal, const bma_axis_t acc[], sensor_data_t * data)	转换加速度数据格式

3. 无线局域网的 Wi-Fi 通信程序设计

Wi-Fi 无线通信的流程也就是工作节点(station)无线接入点(AP)的连接过程。首先初始化 CC3200 的 Wi-Fi 模块并配置为 station(节点)模式,扫描指定的 AP,找到指定 AP 后配置参数,在通过认证和关联两个过程和 AP 建立连接,最后获取 IP 地址,完成无线局域网的连接。当 CC3200 连接上指定的 AP 之后,就可以进行数据交互。如果无线路由器已连接到互联网的话,CC3200 还可以通过无线路由器与互联网进行相关的数据交互。

其中,当 CC3200 工作在 station 模式下时,报警装置就是一个无线终端,报警装置本身并不接受其他无线终端的接入,但可以连接到 AP。

Wi-Fi 报警器用到的 CC3200 Wi-Fi 模块驱动的主要接口函数,如表 9 - 11 所列。

表 9 - 11 CC3200 片上 Wi-Fi 模块驱动的主要接口函数

序 号	接口函数名	函数功能描述
1	void WiFi_Initial(void)	初始化 CC3200 Wi-Fi 模块
2	long ConfigureSimpleLinkToDefaultState()	配置 CC3200 恢复到其默认的状态
3	int sl_Start(const void * pIfHdl, char * pDevName, const P_INIT_CALLBACK pInitCallBack)	启动 Wi-Fi 设备:初始化 Wi-Fi 通信接口,设置 Wi-Fi 使能引脚
4	int sl_WlanSetMode(const unsigned char mode)	设置 CC3200 的 WLAN 工作模式
5	int sl_WlanConnect(char * pName, int NameLen, unsigned char * pMacAddr, SlSecParams_t * pSecParams, SlSecParamsExt_t * pSecExtParams)	CC3200 以 station 模式连接到 WLAN 网络
6	int sl_Stop(unsigned short timeout)	停止 Wi-Fi 功能:清除相关使能的引脚、关闭通信接口

4. Socket 通信的实现

Socket(套接字)用于描述 IP 地址和端口,是一个通信链的句柄。本设计的报警装置与云服务器的通信采用 TCP 协议,将使用流式 Socket 类型。

(1) 套接字的创建

在以 TCP/IP 为体系结构的网络上,主机之间的通信实质上就是不同主机的进程间通信。标识一个进程需要三个变量,即主机的本地地址、协议和进程所用的端口号,这三个变量就是一台主机的套接字。而要通过 Internet 进行通信,至少需要一对套接字,其中一个套接字运行在客户端,称之为 ClientSocket,另一个运行于服务器端,称为 ServerSocket。

下面给出了本设计中定义的 IPv4 套接字地址结构:

```
typedef struct SlSockAddrIn_t
{
    unsigned short      sin_family;     //协议类型 IPv4 或 IPv6 套接字
    unsigned short      sin_port;       //端口号(16 位)
    unsigned long       sin_addr;       //IP 地址(32 位)

}SlSockAddrIn_t;
```

(2) 客户端/服务器 TCP 套接字的通信流程

客户端/服务器 TCP 套接字的通信流程可以具体分为下面 4 个步骤。

- 服务器监听：是服务器端套接字实时监控网络状态，处于等待连接的状态。
- 客户端请求：客户端通过服务器套接字、端口号，提出与服务器建立连接请求。
- 连接确认：服务器在收到客户端的连接请求，并通过建立新线程，来响应客户端的请求，完成与客户端之间的连接。
- 数据交互：客户端与服务器建立 TCP 链接后，可进行可靠的数据通信。

要实现报警装置和云服务器的 TCP 链接，需要将云服务器的 IP 地址和端口号等信息，事先存储在 CC3200 微控制器的 Flash 内。

下面给出本设计中，报警装置作为 TCP 客户端向云服务器发送报警信息的主要接口函数 WiFi_Send_Data_TcpClient()。

```
int WiFi_Send_Data_TcpClient(void)  //将采集到的数据，通过 Wi-Fi 模块发送出去
{
    SlSockAddrIn_t  sAddr;
    int             iAddrSize;
    int             iSockID;
    int             iStatus;
//--**(1) 初始化"远端机" TCP 服务器套接字的相关参数(结构体)**-----------//
    sAddr.sin_family = SL_AF_INET;          //IPv4 套接字(UDP, TCP, etc)
    sAddr.sin_port = sl_Htons((unsigned short)g_uiPortNum);  //设置 16 位的端口号
    sAddr.sin_addr.s_addr = sl_Htonl((unsigned int)g_ulDestinationIp);
                                            //设置 32 位的 IP 地址
    iAddrSize = sizeof(SlSockAddrIn_t);     //计算套接字的总字节数
//--**(2) 创建一个套接字(创建一个通信端点)，并分配相应的系统资源**------//
    // 返回"正数"：表示创建成功，此正数为套接字句柄
    iSockID = sl_Socket(SL_AF_INET,SL_SOCK_STREAM, 0);
    if( iSockID < 0 )  // 返回"负数"时：表示创建失败
    {
        return -1;     // 出错，返回负值"-1"
    }
//--**(3) 创建与指定外部端口(网络地址)的连接 **-------------------//
```

```
    iStatus = sl_Connect(iSockID, ( SlSockAddr_t * )&sAddr, iAddrSize);
                                    //返回"0"时:表示成功
    if( iStatus < 0 )               //返回"负数"时:表示连接失败
    {
        sl_Close(iSockID);          //关闭此套接字,并释放该套接字的相关资源
        return -1;                  //出错,返回负值"-1"
    }
//--**(4) 用于向一个已经连接的 socket 发送数据 **--------------------//
    // 返回"正整数":发送成功,为发送的字节个数
    iStatus = sl_Send(iSockID, TxBuffer, TxCounter, 0 );
    if( iStatus <= 0 )              //返回"-1":发送失败
    {
        sl_Close(iSockID);          //关闭此套接字,并释放该套接字的相关资源
        return -1;                  //出错,返回负值"-1"
    }
//--**(5) 发送完 TCP 数据包之后,主动断开与云服务器的 TCP 连接 **----------//
    sl_Close(iSockID);              //发送完 TCP 数据包之后
                                    //关闭套接字,并释放套接字的相关资源
    return 0;
}
```

5. 低功耗软件设计与实现

报警装置采用电池供电,由于每个报警装置传感节点的体积较小,通常只能携带能量十分有限的电池。因此,在设计时必须对系统的功耗进行严格的控制。

报警装置传感节点的能量消耗主要包括:传感器模块、处理器模块和 Wi-Fi 无线通信模块。另外,系统的低功耗不仅取决于硬件,更重要的是合理的软件设计。此项目通过对 CC3200 微控制器的合理控制,Wi-Fi 模块低功耗的使用,并通过合理的软件结构设计,尽可能地降低系统的总体功耗。

(1) 微控制器 CC3200 的低功耗应用

在设计中,为了使 CC3200 微控制器的功耗达到最低,结合了以下几种控制方式:

- CC3200 微控制器的休眠模式选择功耗最低的深度睡眠模式。
- 进入深度睡眠模式之前,禁用未使用的功能模块及时钟模块,进一步降低功耗。
- 微控制器的工作频率越高、使能的时钟模块越多,则功耗越大。故在系统进入深度睡眠模式后,只剩下一个 RTC 的时钟仍在工作,其时钟源选用的是频率最小的 32.768 kHz 振荡器,使功耗得到进一步降低。
- 使能 I/O 口外部中断。只有发生相关中断时,才将微控制器从休眠模式中唤醒。

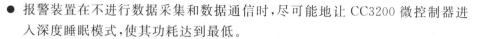

● 报警装置在不进行数据采集和数据通信时，尽可能地让 CC3200 微控制器进入深度睡眠模式，使其功耗达到最低。

(2) CC3200 片上 Wi-Fi 模块的低功耗应用

由于 Wi-Fi 通信时所产生的功耗要比微控制器和外围器件的功耗要大得多。因此，在设计中，为了使 CC3200 片内 Wi-Fi 模块的功耗达到最低，需要尽可能多的让 Wi-Fi 模块处于禁用状态。报警装置只有在需要与云服务器进行数据通信时，才使能 Wi-Fi 模块；其他情况下都将关闭 Wi-Fi 模块。

(3) 三轴加速度传感器 BMA222 的低功耗应用

在设计中，结合 BMA222 传感器的特点功能，给出了以下几种控制方式：

● 利用传感器内部的分析装置(中断功能)，取代微控制器执行密集的数据采集，从而使微控制器在大部分时间里处于低功耗模式，可大幅度地减少功耗。

● 合理地配置 BMA222 的采样率。BMA222 在执行一个完整的操作，电流消耗仅为 139 μA(在 2 kHz 数据采样率情况下)。

● 只使能要用的 BMA222 检测功能模块，禁用其他功能模块，进一步减少功耗。

结合上述分析，下面将给出报警装置的低功耗工作流程图，如图 9-39 所示。

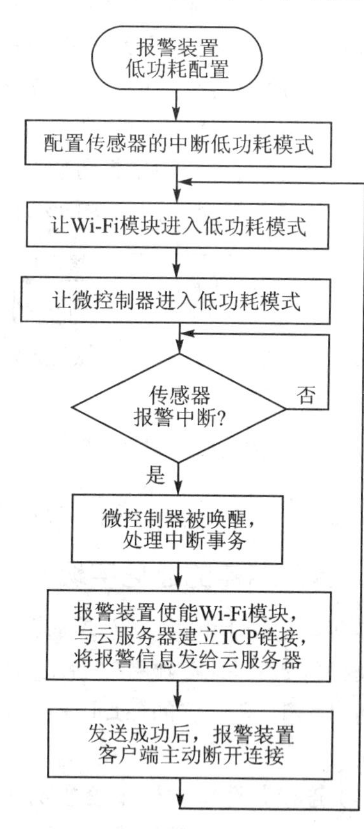

图 9-39　报警装置的低功耗工作流程图

9.6.3　云服务器的设计与实现

云服务器是专为嵌入式设备提供指定服务的远程服务器。服务器通过为用户提供相应的 API 接口，实现与嵌入式终端设备的数据通信。同时，用户可以随时随地通过手机、PC 机等智能终端来访问服务器，并获取嵌入式设备的传感数据以及监控设备工作状态等。

服务器主要承担报警装置终端设备的管理和报警信息的转发功能，并且能够及时响应并处理终端(报警装置、智能手机等)的请求。其功能主要包括以下两个部分：

● 嵌入式设备客户端与云服务器的数据交互。云服务器接收报警装置的报警信息。

- Android 手机客户端与云服务器的数据交互。云服务器将报警装置的报警信息转发给手机客户端。

1. 云服务器的整体结构

报警装置客户端与云服务器、手机客户端与云服务器的数据交互方式都采用 C/S(客户端/服务器)点对点的架构模型。C/S 架构是 IP 网络上一个非常重要的应用模式,它将服务请求功能(客户端)和服务提供功能(服务器)分开。其中,客户端通过向云服务器发送请求信息,服务器接收到请求后将请求内容返回给客户端实现两者的数据交互,两者分别发挥各自优势相互配合紧密合作。如图 9-40 所示,为客户端与云服务器数据交互的结构图。

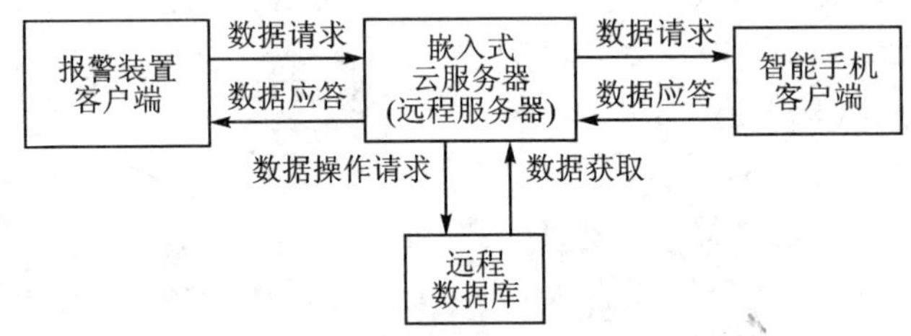

图 9-40　客户端与云服务器数据交互的结构图

2. 云服务器的通信实现

本演示使用 Emlab 嵌入式系统实验室开发的云服务平台。通过对 Web 服务器相关技术的研究,在云服务平台上,进一步开发用于此报警系统的云服务器,即实现一个通过 HTTP 协议的 GET/POST 请求与客户端进行动态数据交互的 Web 服务器系统。

(1) 连接并选择用于报警系统的 MySQL 数据库

要操作 MySQL 数据库时,首先需要通过函数 mysql_connect()与其建立连接,再通过函数 mysql_select_db()选择一个指定的数据库。

```
$hostname = 'localhost';                          //主机名
$user = 'emlab';                                  //用户名
$password = '123456789';                          //密码

mysql_connect($hostname, $user, $password)        //连接 MySQL 数据库
    or die("数据库连接失败!");

mysql_select_db('iot')                            //选择数据库
    or die("数据库选择失败!");
```

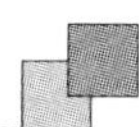

(2) 查询报警系统数据库中各个报警装置的报警参数

智能手机客户端,通过 HTTP GET 方式,从 Web 服务器上获取报警数据。在 mysql 扩展库中,通过函数 mysql_query() 来执行查询的 SQL 语句。

```
$ sql = "SELECT  *  FROM  alarm" ;    //查询语句
$ result = mysql_query( $ sql)      //执行查询语句
      or die(" SQL 语句执行失败!") ;
while( $ row = mysql_fetch_array( $ result))  //获取一行记录
{
    // 向其他 Http 客户端发送数据
   echo $ row ['alarmState01'] . "\r\n" . $ row ['alarmState02'] . "\r\n" . $ row
   ['alarmState03'];
}
mysql_free_result ( $ result) ;    // 释放查询资源
```

9.6.4 监控 APP 的设计与实现

将 Android 移动终端作为本报警系统的控制终端,具有操作简单、可移动和便于扩展等优点。

手机客户端主要实现以下功能:

- 手机客户端直接与云服务器进行通信,接收云服务器发送过来的报警信息。
- 手机客户端接收到报警信息后,进行相关的报警操作。
- 同时管理多个报警装置(传感节点)。

1. 报警系统的事件处理

当用户在程序界面上执行各种操作时,需要对用户的操作做出相对的响应动作,这种响应动作是通过事件处理的方式来实现的。Android 提供了两种事件处理方式:基于回调的事件处理方式和基于监听器的事件处理方式。Android 充分利用了这两种事件处理方式的优点。

本设计主要采用回调方式来处理事件。以 01 号报警器的“清除报警”按钮的单击事件为例,下面给出该事件的回调函数代码及说明:

```
// 01 号报警器:  单击"清除报警"按钮的回调函数
public void ID01_clearAlarm_clickHandler(View source)
{
    alarmImage01.setImageResource(imageIds[6]);  //显示绿色“正常”图片
    ID01_timeText01.setTextColor(Color.parseColor("#000033"));  //黑色文字
                                                               //显示“年月日”
    ID01_timeText02.setTextColor(Color.parseColor("#000033"));  //黑色文字
                                                               //显示“时分秒”
}
```

2. 报警系统的数据存储

Android平台为开发者提供了一个SharedPreferences类，它是一个轻量级存储方案，采用了key-value（即键值对）方式保存数据，并使用xml文件存储方式进行数据存储，非常适合保存一些简单的配置信息。因此，非常适合本设计的功能需求。

数据的具体存储和修改过程，参考下面给出的功能模块代码：

```
// 保存所有报警器测试的物品名称到固定文件中
void saveEditTextToFile()
{
    // 将数据保存至SharedPreferences
    SharedPreferences
    preferences = getSharedPreferences("user",Context.MODE_PRIVATE);
    Editor editor = preferences.edit();              //利用edit()来得到Editor对象

    writeNameEdit  = (EditText)findViewById(R.id.nameEdit01);
    name_ID01 = writeNameEdit.getText().toString();

    writeNameEdit  = (EditText)findViewById(R.id.nameEdit02);
    name_ID02 = writeNameEdit.getText().toString();

    writeNameEdit  = (EditText)findViewById(R.id.nameEdit03);
    name_ID03 = writeNameEdit.getText().toString();
    // 保存key - value数据；
    editor.putString("name_ID01", name_ID01);    //保存//01号报警器测试的物品名称
    editor.putString("name_ID02", name_ID02);    //保存//02号报警器测试的物品名称
    editor.putString("name_ID03", name_ID03);    //保存//03号报警器测试的物品名称
    editor.commit();  //提交所有要存入的数据
}
```

3. 报警系统网络通信模块

对于移动互联网来说，网络通信是系统的核心功能模块之一。Android不仅完全支持TCP、UDP网络通信，还能使用SeverSocket、Socket来建立基于TCP/IP协议的网络通信。另外，Android还内置了HttpClient，可以方便地发送HTTP请求，并获取HTTP响应，简化了智能手机与Web服务器之间的数据交互。

同时，Android系统的HTTP通信功能有两种实现方式：HttpURLConnection和HttpClient。这两种实现方式都可用于HTTP程序的开发，但是HttpURLConnection主要还是用于简单的网络访问，如果要运用比较多样化的联网操作还是要用HttpClient。

通过分析比较，本设计将采用HTTP协议实现手机客户端与云服务器的网络通信。利用Android内置的Apache HttpClient接口，实现一个简单的HTTP客户端，用

于向云服务器发送 HTTP 请求和接收 HTTP 响应，实现报警信息的传递过程。

下面给出本设计中通过 HTTP GET 获取云服务器数据的关键代码及说明。

```
//GET 操作(HTTP):读取云服务器里的数据
void get_http(String url)
{
    HttpGet get = new HttpGet(url);
    try
    {   HttpResponse Response = httpClient.execute(get); //发送 GET 请求
        HttpEntity entity = Response.getEntity();
        if (entity != null)  //获取返回的流量，可以处理了
        {
            //读取服务器响应
            BufferedReader br = new BufferedReader(new InputStreamReader(entity.get-
            Content()));
            int i = 0;
            while ((line = br.readLine()) != null)  //读取数据
            {
                alarmState[i] = line;
                i++;
            }
            Message msg = new Message();
            msg.what = 3;
            myHandler.sendMessage(msg);  //发送 message
        }
    }
    catch (Exception e)
    {  e.printStackTrace();
    }
}
```

关于本报警器设计的更详细的参考文档、源代码，以及 APP 程序，请访问德研电子科技有限公司的资料下载板块：http://www.gototi.com/index.php?m=content&c=index&a=show&catid=13&id=7，并访问 DY-IoT-LPB 物联网创新实训平台的“文档与资料”板块，获得低功耗报警器相应的参考资料与源代码程序。

参考文献

[1] Texas Instruments. CC3200 SimpleLinkWi-Fi and IoT Solution, a Single Chip Wireless MCU Programmer's Guide [M/OL]. [2015]. http://www. ti. com/lit/pdf/swru369.

[2] TI. CC3200 SimpleLink Wi-Fi and Internet-of-Things Solution, a Single-Chip Wireless MCU[EB/OL]. [2015]. http://www. ti. com. cn/cn/lit/ds/symlink/cc3200. pdf.

[3] TI. CC3200 SimpleLink Wi-Fi and IoT Solution With MCU LaunchPad Getting Started Guide[EB/OL]. [2015]. http://www. ti. com/lit/pdf/swru372.

[4] TI. CC3200 SimpleLink Wi-Fi and IoT Solution With MCU Technical Reference Manual[EB/OL]. [2015]. http://www. ti. com/lit/pdf/swru367b.

[5] TI. CC3200 SimpleLink Wi-Fi and IoT Solution With MCU Programmer's Guide[EB/OL]. [2015]. http://www. ti. com/lit/pdf/swru369.

[6] TI. CC3100 and CC3200 SimpleLink Wi-Fi and IoT Solution Layout Guidelines [EB/OL]. [2015]. http://www. ti. com/lit/pdf/swru370.

[7] TI. CC3200 SimpleLink Wi-Fi and IoT Solution With MCU LaunchPad Board Design Files[EB/OL]. [2015]. http://www. ti. com/lit/zip/swrc289.

[8] A Tanenbaum, David Wetherall. Computer Networks 5th[M]. Prentice Hall, 2010.

[9] MXCHIP. MiCO Wiki 中心[EB/OL]. [2015]. mico. io/wiki.

[10] [美] Sloss Andrew N, [英] Symes Dominic, [美] Wright Chris. ARM 嵌入式系统开发——软件设计与优化[M]. 沈建华,译. 北京:北京航空航天大学出版社, 2005.

[11] Joseph Yiu. The Definitive Guide to ARM Cortex-M3 and Cortex-M4 Processors, Third Edition[M]. Newnes, 2013.